新文京開發出版股份有限公司

NEW WCDP

新世紀・新視野・新文京一精選教科書・考試用書・專業參考書

New Wun Ching Developmental Publishing Co., Ltd.
NEW WCDP
New Age · New Choice · The Best Selected Educational Publications — NEW WCDP

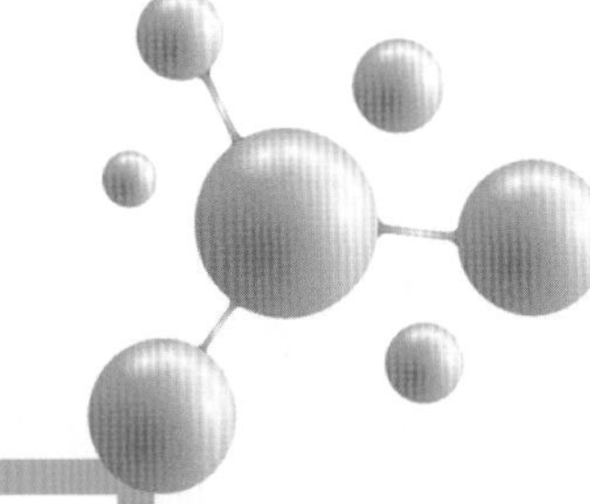

第4版

化學

CHEMISTRY

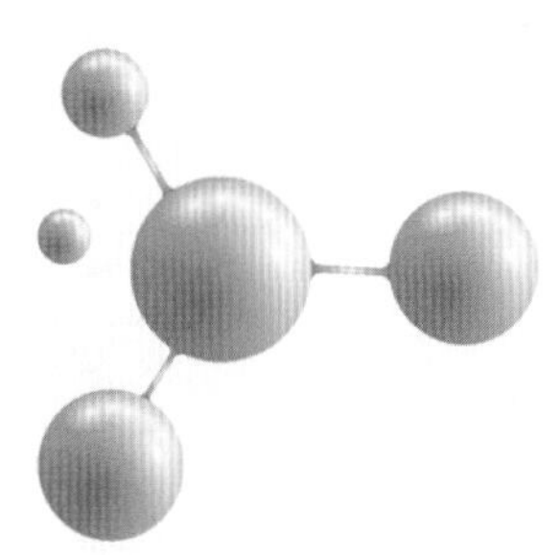

徐惠麗・林麗玲・張瓊云
謝玲鈴・黃玲琨・張禎祐 編著

週 期 表

非金屬　過渡金屬
金 屬　內過渡金屬

1	原子序
氫	元素名稱
H	元素符號
1.008	原子量

週期	1 IA	2 IIA	3 IIIB	4 IVB	5 VB	6 VIB	7 VIIB	8	9 VIIIB	10	11 IB	12 IIB	13 IIIA	14 IVA	15 VA	16 VIA	17 VIIA	18 VIIIA
1	1 氫 H 1.008																	2 氦 He 4.003
2	3 鋰 Li 6.941	4 鈹 Be 9.012											5 硼 B 10.811	6 碳 C 12.011	7 氮 N 14.007	8 氧 O 15.999	9 氟 F 18.998	10 氖 Ne 20.180
3	11 鈉 Na 22.990	12 鎂 Mg 21.305											13 鋁 AI 26.982	14 矽 Si 28.086	15 磷 P 30.974	16 硫 S 32.066	17 氯 CI 35.453	18 氬 Ar 39.948
4	19 鉀 K 39.098	20 鈣 Ca 40.078	21 鈧 Sc 44.956	22 鈦 Ti 47.88	23 釩 V 50.942	24 鉻 Cr 51.996	25 錳 Mn 54.938	26 鐵 Fe 55.847	27 鈷 Co 58.933	28 鎳 Ni 58.69	29 銅 Cu 63.546	30 鋅 Zn 65.39	31 鎵 Ga 69.723	32 鍺 Ge 72.61	33 砷 As 74.922	34 硒 Se 78.96	35 溴 Br 79.904	36 氪 Kr 83.80
5	37 銣 Rb 85.468	38 鍶 Sr 87.62	39 釔 Y 88.906	40 鋯 Zr 91.224	41 鈮 Nb 92.906	42 鉬 Mo 95.94	43 鎝 Tc (98)	44 釕 Ru 101.07	45 銠 Rh 102.906	46 鈀 Pd 106.42	47 銀 Ag 107.868	48 鎘 Cd 112.411	49 銦 In 114.82	50 錫 Sn 118.710	51 銻 Sb 121.75	52 碲 Te 127.60	53 碘 I 126.904	54 氙 Xe 131.29
6	55 銫 Cs 132.905	56 鋇 Ba 137.327	鑭系元素 (57–71)	72 鉿 Hf 178.49	73 鉭 Ta 180.948	74 鎢 W 183.85	75 錸 Re 186.207	76 鋨 Os 190.2	77 銥 Ir 192.22	78 鉑 Pt 195.08	79 金 Au 196.966	80 汞 Hg 200.59	81 鉈 TI 204.383	82 鉛 Pb 207.2	83 鉍 Bi 208.980	84 釙 Po (209)	85 砈 At (210)	86 氡 Rn (222)
7	87 鍅 Fr (223)	88 鐳 Ra 226.025	錒系元素 (89–103)	104 鑪 Rf (261)	105 𨧀 Db (262)	106 𨭎 Sg (263)	107 𨨏 Bh (262)	108 𨭆 Hs (265)	109 䥑 Mt (267)	110 鐽 Ds (269)	111 錀 Rg (272)	112 鎶 Cn (285)	113 Uut	114 鈇 Fl (289)	115 Uup	116 鉝 Lv (293)	117 Uus	118 Uuo 294

金 屬　過渡金屬　非金屬

內過渡金屬

*鑭系元素	57 鑭 La 138.906	58 鈰 Ce 140.115	59 鐠 Pr 140.908	60 釹 Nd 144.24	61 鉕 Pm (145)	62 釤 Sm 150.36	63 銪 Eu 151.965	64 釓 Gd 157.25	65 鋱 Tb 158.925	66 鏑 Dy 162.50	67 鈥 Ho 164.930	68 鉺 Er 167.26	69 銩 Tm 168.934	70 鐿 Yb 173.04	71 鎦 Lu 174.967
**錒系元素	89 錒 Ac 227.028	90 釷 Th 232.038	91 鏷 Pa 231.036	92 鈾 U 238.029	93 錼 Np 237.048	94 鈽 Pu (244)	95 鋂 Am (243)	96 鋦 Cm (247)	97 鉳 Bk (247)	98 鉲 Cf (251)	99 鑀 Es (252)	100 鐨 Fm (257)	101 鍆 Md (258)	102 鍩 No (259)	103 鐒 Lr (260)

四版序

PREFACE

化學是一門探討物質性質、組成、結構、變化，以及物質間相互作用的自然科學；是許多科學，例如材料科學、奈米科技、生物化學等的基礎。其他延展和應用的學門還包括有理論化學、計算化學、光電化學、藥物化學、核化學、天文化學、大氣化學、環境化學、綠色化學、資訊化學、高分子化學等；包含範圍廣泛，人體就是一座小型化學工廠。

技職學生常因為高中職就讀期間沒有充裕時間及機會學習化學，同時感覺自己基礎不好、計算能力不佳、且不知道學化學有什麼用、感覺化學太難讀了，造成學生學習化學動機低落，教師教學沒有成就感。為提升化學學習成效，筆者希望先從教學方案的心臟－教科書改善開始著手。

本書共分十五章，內容涵蓋學習化學所需工具、基礎化學、有機化學、環境化學等相關領域，提供適合學生程度及內容之教科書。

本書之特點如下：

1. 每章開始列出大綱，每一節標題皆為中英文並列模式，方便學生閱讀及記憶。
2. 以單元理論概念為中心，製作概念構圖；幫助學習者統整概念。
3. 為輔助學生了解化學有什麼用，每一章習題部分訂定有與本章理論概念結合之專業、生活、環境題目，例如第六章氣體液體與固體以爆米花為主題，製作概念構圖。第七章溶液以洗腎為主題，製作概念構圖。第十五章環境化學以溫室效應為主題，製作概念構圖。
4. 為輔助學生學習有成效，每介紹一概念，就有相關例題練習；習題部分並附有習題解答。
5. 每一章結束均附有結語，幫助學生把握學習重點，提高學習成效。

因時間緊迫，內容恐有疏漏，尚祈先進不吝賜教，我們定當竭力改進，以臻盡善盡美。

中臺科技大學　醫學檢驗生物技術系

徐惠麗　謹序

化學的學習心態與學習方式

化學學習心態

每一門學科都有其知識架構與學習方法，化學也不例外，應建立屬於自己明確的化學觀念基礎。化學是物質科學中的一門，探討物質的性質及其變化的科學，許多的應用科學會用到它，日常生活也離不開它。由於構成物質的最小單位是原子，而個別原子太小無法用肉眼觀察到，所以原子或原子間的變化對於學習者而言是屬於比較抽象的東西，不像一般物質或物體那樣的具體，因此一開始學習化學會使得同學不易對化學產生興趣，但只要同學打開心胸，一旦慢慢對化學的抽象觀念嘗試理解而產生興趣，相信過不了多久就會對化學的抽象之美著迷，並且被化學變化之多樣性所吸引。

化學學習方式

1. **上課前先瀏覽教材內容**

   即使僅是幾分鐘瀏覽，不管懂或不懂都已在腦海中留下印象。其中不懂得部分，因為不懂，反而將會促使你在上課時，更能注意聽講。而且也比較容易就可抓住老師講課的重點，藉此了解基本原理，不清楚的地方除了查詢相關資料外，找老師或同學討論會更好。因討論有想法交流、激發思考與組織表達等好處。

2. **化學是需要記憶的**

   例如週期表，化學分子式等之記憶有助於化學深入學習。

3. **勤作練習題**

   有的練習題可以幫助整合學過的一些觀念，有的可以幫助觀念的理解，有的可以作推理運用等好處。

不管如何，學習化學絕對不能妄想一步登天，因為主要觀念常常需要細嚼慢嚥，但不要覺得浪費時間，因為在細嚼慢嚥的過程中，無形地已建立了重要的個人資產－思考模式。

目錄

CONTENTS

Chapter 15 環境化學 347

附　錄 371

習題解答 390

Chapter 01

緒　論

徐 惠 麗

本章大綱

Chapter at a Glance

以往在學校的科學課程學習過程中常讓人覺得科學既沉悶又抽象，不酷也不炫，和實際生活沒有太大關係。一旦進入社會謀生，面對複雜的電腦和科學新資訊，如基因複製、奈米科技商品、試管嬰兒等，科學知識突然搖身一變成為用途廣泛的事情，且已融入日常生活中。事實上，接受科學的基本原理，將會改變對於生命、宇宙和人類的基本看法。

在討論科技時發現，重大成就與發明都有著共同脈絡。它們都是以過去四個世紀以來，物理、化學、生物等基本科學的重大發現為基礎。這些基礎包括：(1)萬有引力及物理基本原理、(2)原子結構、(3)相對論、(4)大霹靂及宇宙的形成、(5)演化及天擇說、(6)細胞及遺傳、(7)DNA 的結構。

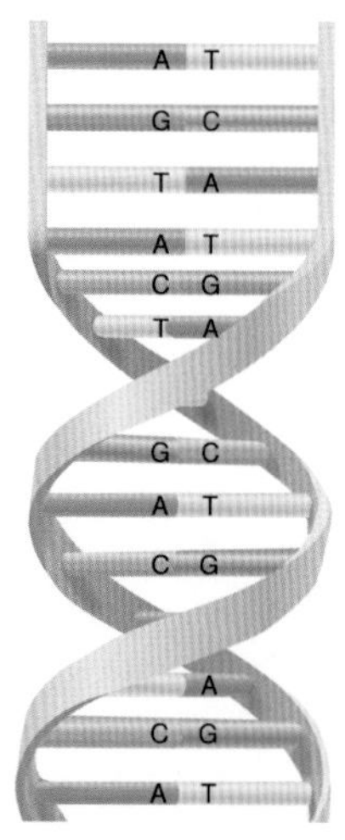

■ 圖 1.1　由含氮鹼基、去氧核糖與磷酸以化學共價鍵、氫鍵形成的 DNA 分子主宰著基因訊息密碼

1-1 化 學 (Chemistry)

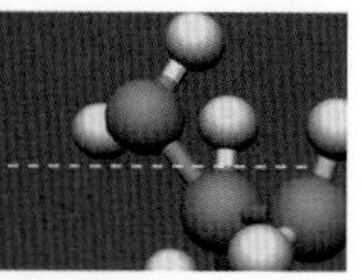

在古代，化學還沒有成為一門獨立的學科，近代化學科學是在十八世紀末到十九世紀初才奠定基礎，十九世紀後才逐步傳入我國。一般認為 1774 年法國的拉瓦錫(A. L. Lavoisier, 1743~1794)創立了化學（圖 1.2），此時才有一些化學的基本概念陸續被介紹出來。然而從人類懂得用火開始就有化學反應行為，那已經好幾萬年了。

早期化學物質的經驗性了解是與工藝相連結的，起源於大約 5000 年前的河谷文化地區。其中烹飪和發酵最具有顯著化學性，其次如陶藝、皮革、玻璃、染料、藥物製作及金屬熔鍊技術等。一般認為，古希臘人是第一個留下有關物質自然性的哲理性記錄。在西方，最早亞理斯多德提出風、火、水、土四種基本元素系統（圖 1.3），西方鍊金術（圖 1.4）則相信若將物質正確運作，一種元素可轉化為另一種元素。到了西元 1200 年，人類的知識累積到一定程度，人們改良了蒸餾操作方法，產生出烈酒飲料，並逐漸地對物質性質、變化有了更深入的探查，進而發明了週期表（圖 1.5）。

■ 圖 1.2　拉瓦錫為法國化學家、生物學家，創立氧化說以解釋燃燒等實驗現象

■ 圖 1.3　火

■ 圖 1.4　鍊金術

■ 圖 1.5　俄國化學家，「週期表之父」門得列夫

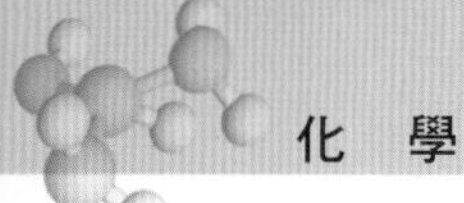

化學(Chemistry)是一門研究物質組成、結構、性質以及在某些特定條件下所發生變化的科學。所以在研究化學的過程中，會探討到物質是由何種成分所組成？各成分是如何結合在一起？其組成的結構為何？結構如何影響性質？在什麼條件下物質會發生變化？是否伴隨著能量變化？及其相關的原理和定律。而物質可以進行化學反應轉變成另一物質（如圖 1.6），例如鐵生鏽是鐵金屬和水及氧氣結合形成氧化鐵。

■ 圖 1.6　鋅片與硫酸銅溶液進行化學反應形成硫酸鋅與紅銅

為了研究上的方便，化學按其領域不同區分為以下類別：**物理化學**(Physical Chemistry)主要探討物質的結構，能量的變化及其形態轉變上的相關定理、原理和學說。**分析化學**(Analytical Chemistry)是研究不同物質及組成的鑑別、分離和定量。**有機化學**(Organic Chemistry)是針對碳化合物的合成及反應的研究。**無機化學**(Inorganic Chemistry)是研究碳以外其他元素的化合物之化學。**生物化學**(Biochemistry)是研究生命分子的相關化學。除上述這些分類之外，尚有許許多多的分支，而各分支之間又彼此互有關聯性，很難明確去界定其分界，而隨著時間及研究所需，將有更多的分類化學產生。

1-2 科學方法
(Scientific Method)

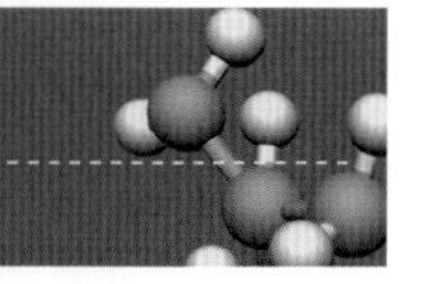

化學是一門實驗科學，在得到結果的過程是使用科學方法的。**科學方法**是進行科學研究，描述科學調查，根據證據獲得新知識的模式或過程。雖然科學領域廣泛，但任何科學研究方法必須是客觀的。

科學普及教育是什麼？簡單的說，就是倡導科學的方法與精神，利用科學的方法解決問題、培養科學精神落實於生活中。「方法」是從實踐上和理論上認清事實，達到某種目的的具體手段、方式與途徑。「科學方法」是指在科學研究中運用之各種方法的總稱。大致可以分成：觀察、提出問題、形成假說、進行實驗、實驗結果、結論。

1. **觀察、提出問題**：廣泛收集資料、透過檢索文獻，取得直接經驗、間接證據。
2. **形成假說**：運用各種思維方法，對已有資料進行科學探索，形成科學假說，此時科學研究的創造性會表現的特別明顯和活躍。
3. **進行實驗**：透過實驗與觀察進行驗證，輔之以邏輯判斷並提出新假設，或者再充實原有的假設。
4. **實驗結果、結論**：將已確證的假設統合基礎理論，建立比較嚴密、有內在邏輯關係的理論系統。

生活小百科

從事自然科學研究，不僅要有充分的熱情、努力的精神，也需要講究方法，以下介紹兩位科學家有效應用科學方法做出傑出科學貢獻的事蹟之例。

「週期表之父」門得列夫(Mendeleev)－探索元素分類週期系統的化學家

狄米崔·門得列夫出生於西伯利亞的多波爾斯克，是十四位兄弟中的老么。於 1860 年出席在德國卡爾斯魯埃所舉行的國際化學家會議。在聆聽過義大利化學家卡尼茲洛「關於原子量」的演講後，深受感動，這件事也成為他日後加強探究週期系統的動機。門得列夫首先分析以往對相似元素的全部分類法。他把當時所有的元素分類法分作人為和自然的兩種：所謂人為的分類法，僅僅基於對各種元素的某些特徵進行分類，例如根據元素對氧和氫的關係來對元素進行劃分。門得列夫認為，如此劃分會把極為相似的元素分割開來，以元素鉍為例，因它不易跟氫形成化合物，會和與它相似的元素－氮和磷－分為不同的類別，若以元素的金屬性與非金屬性之間的分區別來進行分類，也有很大的侷限性。元素的金屬性與非金屬性的區別乍看是絕對的，事實上是相對的。如在金屬與非金屬之間存在著砷、銻等所謂「半金屬」元素。

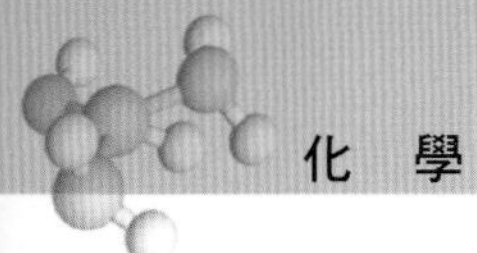

與當時大多數化學家不同，門得列夫不是單純地為分類而分類，而是為了發現元素彼此之間相關的普遍規則。為此，需要將性質不類似的元素加以比對；還必須探求統一的、對所有元素都是共同的基礎，元素的原子量能夠反應出化學元素間的一致性及互相的差異。以往的元素分類法認為，性質不類似的元素的原子量似乎不能互相比較，但恰恰在性質不類似的元素比較中發現元素性質隨原子量的變化而變化的規律性，即「元素週期律」。

門得列夫認為應該按著一個準確嚴密的標準來進行編排。因為元素性質是多樣的，有熱學、光學和電學等方面；這些性質都隨著條件的變化而變化。其中保持穩定不變性質的是原子量。所以，他認為以原子量為標準是適合的。於是，門得列夫按原子量遞增的順序，先把所有元素進行分類，然後在此基礎上建立起化合物的系統。

「原子科學家」愛因斯坦(Einstein)－善於在大腦中進行思考實驗的物理學家

「思考，思考，再思考。」

「科學研究好像鑽木板，有人喜歡鑽薄的，我喜歡鑽厚的。」

～阿伯特．愛因斯坦～

1879 年，阿伯特．愛因斯坦(Albert Einstein)出生在德國西南部古城烏耳姆的一個猶太人家庭。父親是個電工設備店店主。母親是個有成就的鋼琴家。1880 年，他隨全家搬到慕尼黑，三歲才開始講話，被人認為是反應遲鈍的孩子。愛因斯坦 4 歲時目睹了慕尼黑首次接通照明用電時人們的歡樂情景。大家驚嘆於只是一個小小的開關就能使整幢大樓一片光亮。大學四年，他的主要精力不是用於正規課程，而是自學一些名家的著作。1900 年大學畢業之後，由於愛因斯坦給教授的印象不佳，使他沒能如願留校擔任助教。最後在瑞士的專利局謀得一份工作，職務是對所有的發明作初審，並將每一件發明的細節，用清晰而有系統的文字表達出來，這份工作使他有機會學到新奇的觀念，而且能很快的把握住要點和結果。

1895 年時，16 歲的愛因斯坦到義大利與家人團聚的路途中，在火車上，當他的雙眼被不知從哪裡反射過來的陽光刺了一下，忽然他的心裡頭出現了一個奇怪的想法：如果有一條光線在火車邊經過，而自己坐的火車又開的像光一樣快，那麼我看到的這道光線會是什麼樣子呢？事實上，電的廣泛應用和英國科學家馬克士威在 1873 年建立的電磁場理論關係密切。依據牛頓力學，波動必須在介質中傳播。那麼，傳播光波或電磁波的介質是什麼呢？當時大家猜想是一種既看不見又摸不著、瀰漫在整個空間中沒有質量的物質，並為這種物質起了一個古怪的名字－以太。因此，在大多數物理學家的頭腦中有這樣一幅圖像：光在以太中傳送，而以太是靜止的，這有點像火車在鐵軌上行駛，鐵軌卻靜止不動的情景。我們知道，當我們坐的火車與另一列火車以同樣的速度齊頭並進時，我們可以看到另一列火車彷彿是靜止不動的。現在我們坐在像光一般行馳的列車，那麼看到的光線還是靜止不動的「光線」，就像兩列開得一樣快的火車中的乘客所看到的情景。

但根據馬克士威的電磁場理論，看到的仍是那條光線。那麼，問題出在哪裏呢？物理學家們幾乎都認為牛頓的力學理論是對的，而馬克士威的磁場理論有問題，或認為馬克士威的磁場理論只在相對以太靜止不動的世界裏適用。愛因斯坦沒有馬上地認同物理學家們的想法，他直覺地認為，馬克士威的電磁場理論是對的，在以光速追逐一條光線時看到的應是那條光線。那麼，牛頓的力學理論中又是何處值得懷疑呢？經過 10 年的思考，愛因斯坦終於找到問題的癥結所在。他說：「直到最後，我終於醒悟到時間是可疑的！」第一次，有人會這樣說；人們可能會想，時間就是時間，有什麼可疑不可疑的呢？對此愛因斯坦這樣解釋：時間可疑，指的是牛頓力學裏隱含著時間的絕對性或同時性的絕對性可疑。

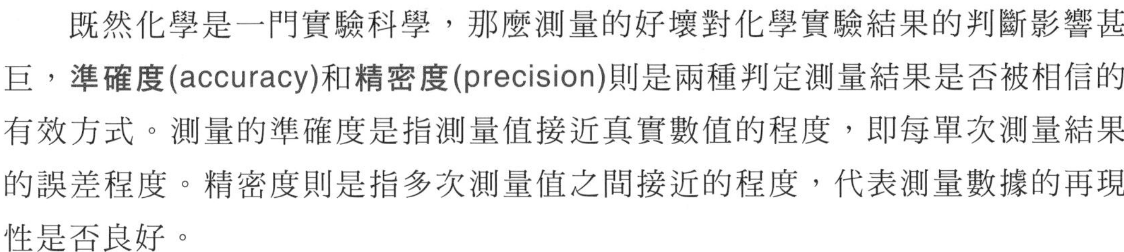

1-3 準確度及精密度 (Accuracy and Precision)

既然化學是一門實驗科學，那麼測量的好壞對化學實驗結果的判斷影響甚巨，**準確度**(accuracy)和**精密度**(precision)則是兩種判定測量結果是否被相信的有效方式。測量的準確度是指測量值接近真實數值的程度，即每單次測量結果的誤差程度。精密度則是指多次測量值之間接近的程度，代表測量數據的再現性是否良好。

實驗的測量猶如射擊，可以用準確度與精密度來判定結果是否優劣。若以靶場上射擊為例，我們可以藉靶紙上彈著點的分佈位置來評估射手的優勢。圖 1.7 中，準確度是由彈著點是否靠近靶心的程度而定；精密度則是由所有彈著點之間彼此靠近的程度而定。圖 1.7(a)每一彈著點均偏離靶心很遠，且到處分散，表示此射手的技術不佳，為低準確度、低精密度；圖 1.7(b)每一彈著點仍偏離靶心（表示不準確），但卻集中（表示夠精密），代表射擊結果為低準確度、高精密度；圖 1.7(c)每一彈著點均接近靶心（表示高準確），且集中在一起（表示夠精密），故視為最佳的射擊結果。

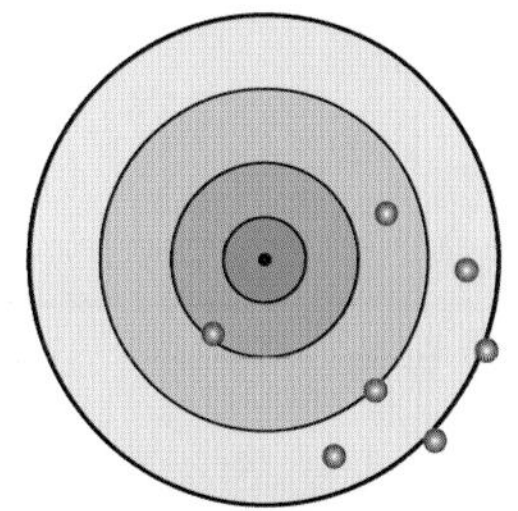

(a)低準確度、低精密度

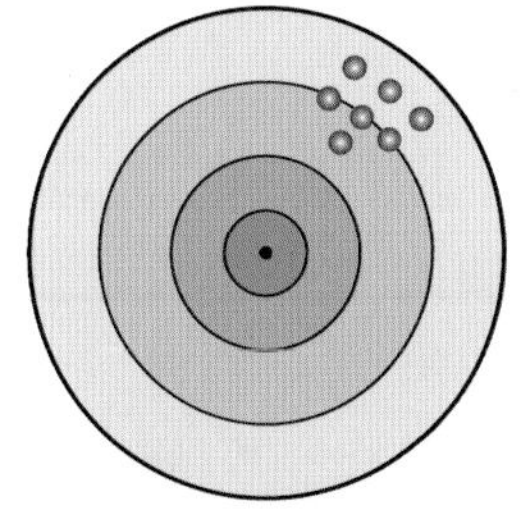

(b)低準確度、高精密度

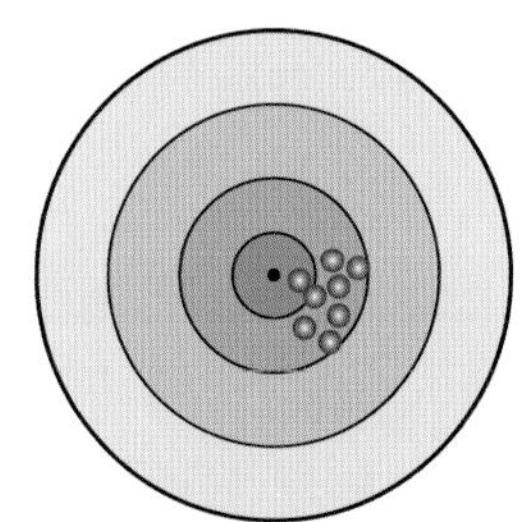

(c)高準確度、高精密度

■ 圖 1.7　射擊的優劣可以彈著點的準確度與精密度來表示

1-4 有效數字 (Significant Figures)

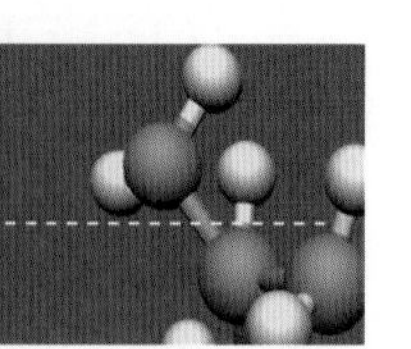

假設以天平去量一待測物質量，這待測物所量測結果十分接近 1.42g，明顯的，最後一位數是我們推估的近似值，是不準確的，而最後一位數恰好是小數點後二位數，因此我們可說量測結果的不準度是 0.01 g 左右。任何測定儀器，都有其測定的極限。因此任一物理量的測量都含有某種程度的不準度存在。而此不準度是量測待測物所用測定儀器最小刻度的下一位數；即任一測量值為準確值加一位估計值。所以 1.35g 的不準度為 0.01 g；1.356g 的不準度為 0.001 g；15L 的不準度為 1 L；0.000297m 的不準度為 0.000001 m，依此類推，而此由準確值加上一位估計值，合稱為**有效數字**(significant figures)。

一般實驗數據的記錄應考慮使用有效數字，且使用時有一定的法則：

一、有效數字的判斷

“1~9”九個非零的數字，在測量值中均為有效數字；“0”在測量值的中間或小數點後之尾端時，均視為有效數字，但在整數末端或 10 的指數乘方或小數時最左端直到遇非零數字前皆為無效數字。

0.1205 →4 位有效數字

10.005209 →8 位有效數字

70 →1 位有效數字

63 →2 位有效數字

30872 →5 位有效數字

40.0 →3 位有效數字

138.172 →6 位有效數字

0.0240 →3 位有效數字

7.20×10^4 →3 位有效數字

二、有效位數在運算上的取捨

1. 有效位數在運算時的取捨，以“四捨五入”為原則，小於 5 時拾棄，如 2.21 取兩位有效數字則為 2.2；大於及等於 5 時則進位，如 2.37 取二位有效數字則為 2.4。
2. 加減運算：加減運算後，位數之取捨，以各運算值中，小數點以下位數最小者為主。
3. 乘除運算：其有效位數之取捨，以各運算值中位數最少者為原則。

例題 1.1

請計算下列結果，並考量有效數字。

1. 4.383g＋1.0023g＝
2. 486.39g－412g＝

1. 4.383g＋1.0023g ＝ 5.3853g → 5.385g

（三位）（四位） （應取三位） （記為）

2. 486.39g－412g ＝ 74.39g → 74g

（二位）（0 位） （應取 0 位） （記為）

例題 1.2

請計算下列結果，並考量有效數字。

0.6238cm×6.6＝

0.6238cm× 6.6 ＝ 4.11708cm → 4.1cm

（四位） （二位） （應取二位） （記為）

結 語

在古代，化學還沒有成為一門獨立的學科，近代化學科學是在十八世紀末到十九世紀初才奠定基礎，十九世紀後才逐步傳入我國。**化學**是一門研究物質組成、結構、性質以及在某些特定條件下所發生變化的科學。化學按其領域不同區分為**分析化學**、**有機化學**、**無機化學**、**生物化學**等。化學是一門實驗科學，在得到結果的過程是使用科學方法的。**科學方法**是進行科學研究，描述科學調查，根據證據獲得新知識的模式或過程。**準確度**和**精密度**則是兩種判定測量結果是否被相信的有效方式。

有效數字是從事化學分析工作者必須通曉之常識，準確值加上一位估計值，合稱為**有效數字**。“1~9”九個非零的數字，在測量值中均為有效數字；“0”在測量值的中間或小數點後之尾端時，均視為有效數字，但在整數末端或 10 的指數乘方或小數時最左端直到遇非零數字前皆為無效數字。

小試身手

1. (1)您認為對於科學發展最有影響力的科學家？為什麼？
   (2)您認為對於化學發展最有影響力的化學家？為什麼？
   (3)您最有印象的科學家是誰？為什麼？

2. 我覺得在化學課程中，學習要有成效，個人有哪些態度或習慣需要配合？

3. 請嘗試畫出生物科技、奈米科技、海洋科學的概念構圖。

4. 下列敘述中所提到的，何者不是有效數字？
   (1)體育館約有 500 人。
   (2)桌子上有 3 杯果汁。
   (3)鉛筆盒中有 2 支鉛筆、1 個橡皮擦。
   (4)玻璃杯中有 250c.c.牛奶。
   (5)盒子有 25.5 公克的鹽。

5. 試求下列數字之有效位數？
   (1)12.07km　(2)3265ft　(3)3500m　(4)0.006050kg
   (5)0.0035g　(6)108.4mL　(7)$19.4\times10^{8}\ m^{2}$　(8)2.790×10^{-3} Å

6. 試求下列有效數字之運算結果？
   (1)$5.0\times31.0\times4.88$　(2)$6.87\times0.090\div0.428$
   (3)$0.147+0.0078+0.012$　(4)$14+7.6+0.14$
   (5)$38\times95\times1.792$　(6)$30\times740\div6.5$
   (7)$16-0.24-0.018$

7. (1)求 13.7m; 1.575m; 2.374m 與 8.63m 四個量測值之和？結果以有效數字表示？
   (2)求 58.0kg 與 $2.40m/s^2$ 的乘積並除上 5.40m？結果以有效數字表示？

8. 下列各組測量結果，何者具有較精密值？
   (1)12.20g 或 12.208g
   (2)0.5mL 或 0.50mL
   (3)10s 或 10.1s

參考書籍

1. 曾正義編著(1985)・化學史・臺中：柏林。
2. 袁運開、王順義主編(2002)・科學方法篇・世界科技英才錄・臺北：世潮。
3. Eliot Brody, Arnold R. Brody 著(1999)・發現科學：七大科學理論與大師・臺北：先覺。

Chapter 02

基本概念

徐惠麗

本章大綱

Chapter at a Glance

物質(matter)為佔有空間且具有質量的一切物體(圖 2.1)。「佔有空間」這個性質可輕而易舉地從我們的感官看到或摸到；而「質量」是物質本身所含的量；可藉由施力於物體上而改變其速度或其方向即可測量出該物體的質量，或由其重量亦可量測出質量。

■ 圖 2.1　生活環境中物質

物質可以以三種不同的物理型態存在自然界：即固態、液態和氣態（圖 2.2）。固態具有一定的體積及形狀，分子間距離最小，受到溫度和壓力的影響較小；液態具流動性，視盛裝容器而有不同的形狀，具有一定體積；氣態沒有一定體積及形狀，分子間距離最大，具可壓縮性及膨脹性。

■ 圖 2.2　自然界中的物質水的物理型態：固態、液態和氣態

2-1 物質的分類
(The Matter)

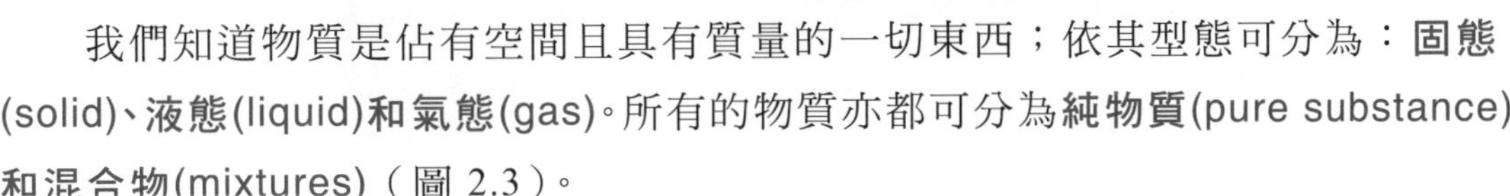

我們知道物質是佔有空間且具有質量的一切東西；依其型態可分為：**固態**(solid)、**液態**(liquid)和**氣態**(gas)。所有的物質亦都可分為**純物質**(pure substance)和**混合物**(mixtures)（圖 2.3）。

一、混合物

所謂的混合物是由二種以上的物質混合在一起，沒有一定的性質，且可以用物理的方法將其分離，如空氣便是由氧氣、氮氣、二氧化碳、水蒸氣及其他微量氣體所組合而形成的混合物。在任何混合物中，各純物質仍保有其原來的特性。

當糖溶解在水中會形成一種**均相混合物**(homogeneous mixture)，此種均相混合物一般又可稱為**溶液**(solution)，其他例如鹽水、空氣、汽油等；另一種混合物組成不具一定比例，每一小部分也不盡相同，此種混合物稱為**非均相混合物**(heterogeneous mixtures)，如沙拉醬及圖 2.4 所示之泥土等都是。

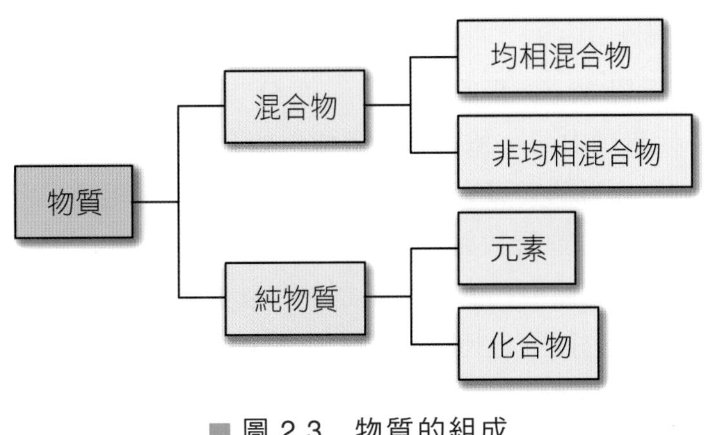

■ 圖 2.3 物質的組成

■ 圖 2.4　泥土

二、純物質

純物質簡稱純質，其各含量均勻且具有一定的化學組成和性質，如鑽石、葡萄糖等。均勻混合物是由許多純物質所組成，舉例來說，汽水是由水、糖、色素、香料和二氧化碳所組成，當汽水瓶蓋打開瞬間二氧化碳即因壓力減小而從汽水釋出空氣中，故汽水中二氧化碳含量便會改變，無法維持一定，所以汽水為一種均勻混合物。

純物質依其組成原子的種類，可分為**元素** (elements) 和**化合物** (compounds)；元素是由同一種原子所構成，如金、銀、銅、鐵、硫、氧和碳。到 2007 年為止，已發現的元素有 118 種，其中 94 種存在地球自然界中，而原子序大於 82 都不穩定，會進行放射衰變。即使是原子序數高達 94，沒有穩定原子核的元素都一樣能在自然中找到，這就是鈾和釷的自然衰變。而化合物是由兩種或兩種以上之元素，以一定比例化合而成，其性質與其組成元素性質不同，如氧化汞是由元素汞和氧化合而成（如圖 2.5），氧化汞的性質與元素汞、元素氧是不相同的。

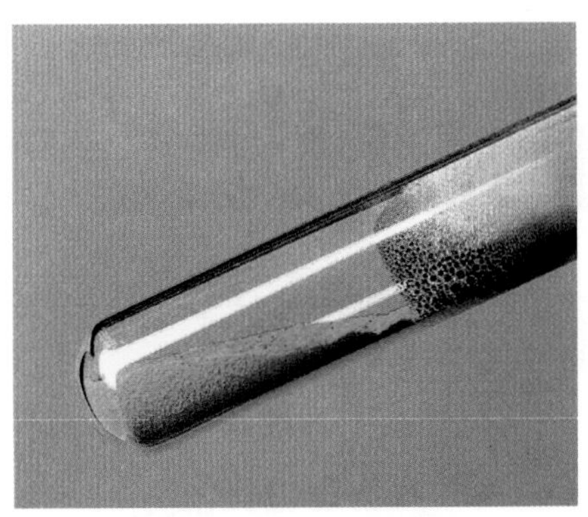

圖 2.5 氧化汞

[表 2.1] 一些常見的元素及其符號（英文名稱）

元素	符號（英文名稱）	元素	符號（英文名稱）
鋁	Al (Aluminium)	鐵	Fe (Iron) (from *ferrum*)
溴	Br (Bromine)	鉛	Pb (Lead) (from *plumbum*)
鈣	Ca (Calcium)	鎂	Mg(Magnesium)
碳	C (Carbon)	汞（水銀）	Hg (Mercury) (from *hydrargyrum*)
氯	Cl (Chlorine)	氮	N (Nitrogen)
鉻	Cr (Chromium)	氧	O (Oxygen)
鈷	Co (Cobalt)	鉀	K (Potassium) (from *kalium*)
銅	Cu (Copper)(from *cuprum*)	矽	Si (Silcon)
氟	F (Fluorine)	銀	Ag (Silver) (from *argentum*)
金	Au (Gold)(from *aurum*)	鈉	Na (Sodium) (from *natrium*)
氦	He (Helium)	硫	S (Sulphur)
氫	H (Hydrogen)	錫	Sn (Tin) (from *stannum*)
碘	I (Iodine)	鋅	Zn (Zinc)

2-2 物質的物理及化學性質 (The Chemical and Physical Properties of Matter)

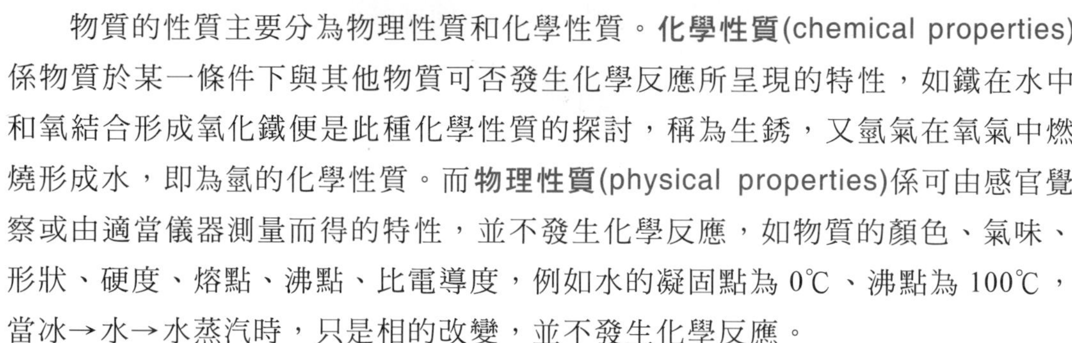

物質的性質主要分為物理性質和化學性質。**化學性質**(chemical properties)係物質於某一條件下與其他物質可否發生化學反應所呈現的特性，如鐵在水中和氧結合形成氧化鐵便是此種化學性質的探討，稱為生銹，又氫氣在氧氣中燃燒形成水，即為氫的化學性質。而**物理性質**(physical properties)係可由感官覺察或由適當儀器測量而得的特性，並不發生化學反應，如物質的顏色、氣味、形狀、硬度、熔點、沸點、比電導度，例如水的凝固點為 0℃、沸點為 100℃，當冰→水→水蒸汽時，只是相的改變，並不發生化學反應。

根據物質之物性和化性區分，物質所發生的變化，可分為**物理變化**(physical change)和**化學變化**(chemistry change)。物理變化係物質變化時並不產生新的物質，僅僅狀態發生改變，而其本質及組成並未改變；若把變化的原因除去，則可恢復其原來的物理狀態，例如水的結冰及水變成水蒸汽都是物理變化。化學變化係變化時物質的本質及型態完全改變而產生與原來本質不同的新物質；由於其本質已完全改變，若把變化的原因除去，則不能恢復其原來的物質，例如鐵的生銹、牛奶酸化、物質燃燒等（圖 2.6）。

圖 2.6 物質燃燒的化學變化

2-3 SI 制單位 (SI Units)

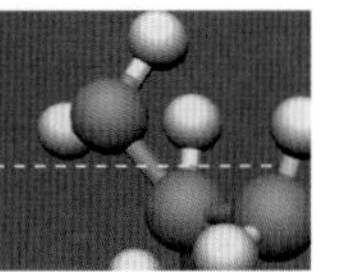

科學測量的結果，大多採用公制表示單位，如長度單位使用公尺；質量單位使用公斤；時間單位使用秒。現國際通用的**國際系統單位**(International System of Units)**或簡稱 SI 單位**包含七個基本單位（表 2.2），其餘單位皆可由此推導產生（表 2.3）。

[表 2.2] 測量的基本單位及符號

物理性質	單位	符號
長度	公尺	m
質量	公斤	kg
時間	秒	s
電流	安培	A
溫度	凱氏溫度	K
光強度	光	cd
物質含量	莫耳	mol

[表 2.3] 公制中常用數字及其字首

字首	符號	因子	例子
pico	p	10^{-12}	1 picometer(pm) = 1×10^{-12}m (0.000000000001 m)
nano	n	10^{-9}	1 nanogran(ng) = 1×10^{-9}g (0.000000001 g)
micro	μ	10^{-6}	1 microliter(μL) = 1×10^{-6}L (0.000001 L)
milli	m	10^{-3}	2 milliseconds(ms) = 2×10^{-3}s (0.002s)
centi	c	10^{-2}	5 centimeters(cm) = 5×10^{-2}m (0.05m)
deci	d	10^{-1}	1 deciliter(dL) = 1×10^{-1}L (0.1 L)
kilo	k	10^{3}	1 kilometer(km) = 1×10^{3}m (1000m)
mega	M	10^{6}	3 megagrans(Mg) = 3×10^{6}g (3,000,000g)
giga	G	10^{9}	5 gigameters(Gm) = 5×10^{9}m (5,000,000,000m)
tera	T	10^{12}	1 teraliter(TL) = 1×10^{12}L (1,000,000,000,000L)

2-4 質量及重量
(Mass and Weight)

我們在前提到**質量**(mass)就是物質它本身所含的量，這個量是不會改變的（圖 2.7）；相反的，重量就是物質所受的重力，它是個可變量，會隨與所在行星地心距離不同而有大小變化。例如一本書的重量在高山上一定會比在海平面上輕，但其質量卻在任何地方都是一樣的！

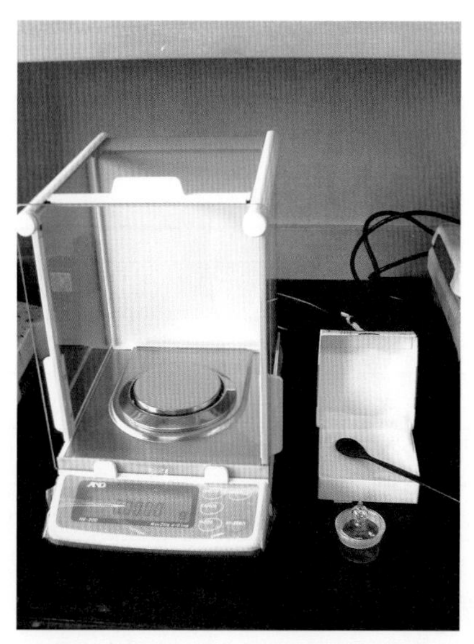

■ 圖 2.7　用來量測質量的儀器稱為天平(balance)

2-5 體　積
(Volume)

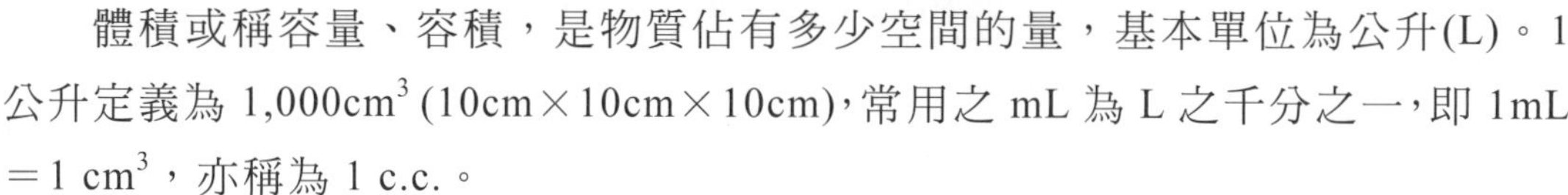

體積或稱容量、容積，是物質佔有多少空間的量，基本單位為公升(L)。1 公升定義為 1,000cm^3 (10cm×10cm×10cm)，常用之 mL 為 L 之千分之一，即 1mL＝1 cm^3，亦稱為 1 c.c.。

在實驗室裡，我們常用有刻度的量器來測定液體的容積（圖 2.8）。常用的容積單位列於表 2.4。

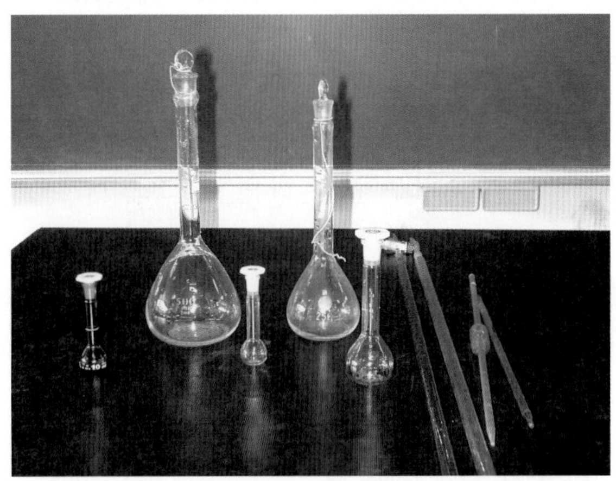

■ 圖 2.8　測定液體容積的刻度量器

[表 2.4]　常用的容積單位

單位	符號	關係
公升	L	1 L＝1,000mL
毫升	mL	1 mL＝10^{-3}L
微升	μL	1 μL＝10^{-6}L
立方公分	cm^3	1 cm^3＝1 mL

例題 2.1

含 725mL 的一瓶水果酒為多少 cm^3？c.c.？L？

1 mL＝1 cm^3＝1 c.c.

725mL＝725cm^3＝725c.c.＝0.725L

2-6 密　度 (Denisty)

所謂**密度**(density)即是由物質的單位質量與單位體積的比值稱之，以數學式表示如下：

$$D=\frac{M}{V} \quad \text{或} \quad 密度=\frac{質量}{體積}$$

一般而言，我們可以利用密度來區別不同的物質，因為不同的物質其密度大多數亦不相同，通常我們對於氣體的密度都以 g/L 表示，而固體或液體的密度都以 g/cm^3 表示（如表 2.5）。

[表 2.5]　1 大氣壓、25℃下物質的密度

物質	密度	物質	密度
空氣	1.29g/L	食鹽	$2.17g/cm^3$
氦氣	0.179g/L	鐵	$7.86g/cm^3$
水	$0.997g/cm^3$	銀	$10.5g/cm^3$
甘油	$1.26g/cm^3$	金	$19.3g/cm^3$
水銀	$13.6g/cm^3$		

例題 2.2

已知汽油的密度為 0.82g/mL；現有汽油 10.5 加侖(39.7L)，求其質量（以 kg 表示）？（請考量有效數字）

$$D=\frac{M}{V} \rightarrow M=D\times V$$

$$=0.82g/mL\times 39.7L$$

$$=0.82g/mL\times 39{,}700mL$$

$$=33{,}000g$$

$$=33kg$$

例題 2.3

一金牌的質量為 360g，體積為 18.7cm^3，試求金牌的密度，並判斷是否為純金？

$D=\frac{M}{V}$ → $D=\frac{360g}{18.7mL}=19.3g/mL$ 如表 2.5 所示，此為純金。

比重也稱**相對密度**，固體和液體的比重是該物質的密度與在標準大氣壓、3.98℃時純水下之密度的比值。氣體的比重是指該氣體的密度與標準狀況下空氣密度的比值。密度是有單位的，比重是無單位的值。

2-7 溫 度 (Temperature)

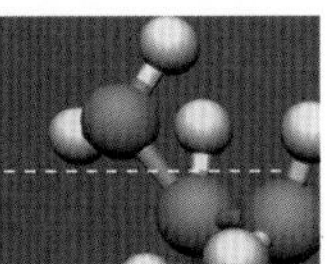

溫度(temperature)這個詞的意義是指物體的冷度或熱度。為了要量測溫度的變化，我們應用物質會隨溫度改變而變化的某些物理性質，如所有物質皆會隨溫度上升而膨脹，下降而收縮的性質，製造了玻璃溫度計，當溫度升高時，水銀或酒精便因體積膨脹而在玻璃管柱中上升。

描述物質的現象、反應，而使用的溫度稱為**凱氏**(Kelvin, K)溫度，其 0 K 被訂為攝氏－273.15℃，而每度大小又正好和攝氏相同；即攝氏 0 ℃正好為凱氏 273.15K，100℃等於 373.15K，寫成方程式如下：

$$K=℃+273.15，即℃=K-273.15$$

例題 2.4

1 大氣壓下，乙醇的沸點為 78.5℃，試將其換算成華氏及凱氏溫度？

$$°F = \frac{9}{5}℃ + 32 = (\frac{9}{5} \times 78.5) + 32 = 141.3 + 32 = 173.3°F$$

$$K = ℃ + 273.15 = 78.5 + 273.15 = 351.65K$$

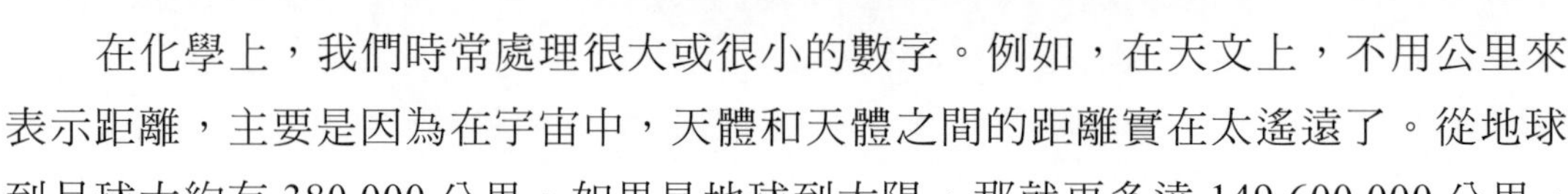

2-8 科學記數法 (Scientific Notation)

在化學上，我們時常處理很大或很小的數字。例如，在天文上，不用公里來表示距離，主要是因為在宇宙中，天體和天體之間的距離實在太遙遠了。從地球到月球大約有 380,000 公里，如果是地球到太陽，那就更多達 149,600,000 公里。

1 光年＝300,000（公里/秒）×60（秒/分）×60（分/小時）×24（小時/天）×365（天/年）＝9,460,800,000,000（公里/年）。

又如電子的質量為 5.485799×10^{-4}a.m.u.，即 9.11×10^{-28}g，而電子質量約為質子質量的 $\frac{1}{1,836}$ 倍，其電荷為 -1.602×10^{-19}coul。

很大或很小的數字在處理過程中，很容易少一個零或多加一個零。為了避免此種誤差，我們使用一系統稱為科學記數法(scientific notation)，不論數字大小均可用下列形式表示：

$$N \times 10^{a}$$

式中 N 的數字是介於 1 和 10 之間，而 a 是指數，可以為正整數或負整數，任何數字以此方式來表示，稱為科學記數法。

例題 2.5

請用科學記數法表示 0.000000352。

$0.000000352 = 3.52 \times 10^{-7}$

（註：a＝0 並不使用於科學記數法的數字中，例如 8.2×10^{0} (a=0)等於 8.2）

2-9 物質及能量不滅定律 (Laws of Conservation of Matter and Energy)

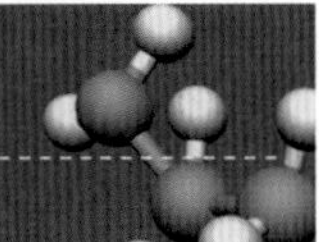

當一塊鈣金屬置於乾空氣中，其會與空氣中的氧結合成氧化鈣，將此產物收集並稱重可發現到其比原來的鈣金屬重，且發現所增加的重量正好等於氧的重量。這事實正驗證了 **"物質不滅定律"** (law of conservation of matter)；當化學反應發生時，只是原子的重新排列和組合，原子並不增加或減少，原子總數不變，故反應前後總質量相同。

一直到西元 1847 年，才有人正式提出「總能量守恆」的觀念。人們相信宇宙間，「能」可以不同的形式存在著，可是它的總值是不變的。煤、石油、天然氣及核能，在被有效使用時，是以「能」的各種不同形式呈現。

能量(energy)的定義為：可以**作功**(work)的量。所謂 "功" 即物質受外力作用所做的運動程序。能量有很多型態，如化學能、電能、機械能、太陽能、位能等，但基本上只分為位能和動能二大類。**位能**(potential energy)是潛在作功的能力；如瀑布頂端的水，我們即稱它具有位能，因其所在位置的高度差，當其由頂往下流動時便會令電廠的發電機組產生電。而**動能**(kinetic enery)則是因為物體運動所作功的能力；如車子在斜坡上的位置不同，其動能與位能亦不相同。

一種物質藉由化學變化轉變成另一種物質通常會伴隨著能量的變化而完成，能量的變化，一般型態不是放熱就是吸熱，但有時亦以光或電能的型態單獨展現或同時伴隨熱能一併產生。也有許多的能量轉換並非以化學變化產生，如電能可變成光、熱或位能。當鈣金屬和氧結合發生化學反應，以化學能轉變成熱能，在某些條件下，鈣甚至可以燃燒產生光。這個事實說明了化學反應的**“能量不滅定律”**(law of conservation of energy)。

■ 圖 2.9　固體廢棄物具有一定能量可轉變成其他有用物質，可循環利用。

結 語

物質是佔有空間且具有質量的一切東西，依其型態可分為：**固態、液態和氣態**。所有的物質亦都可分為**純物質和混合物**。**混合物**沒有一定的性質，且可以用物理的方法將其分離，純物質各含量均勻且具有一定的化學組成和性質，依其組成原子的種類，可分為**元素**和**化合物**。物質的性質主要分為物理性質和化學性質。**化學性質**係物質於某一條件下與其他物質可否發生化學反應所呈現的特性，由感官覺察或由適當儀器測量而得的特性，稱為**物理性質**。科學測量的結果，大多採用國際通用的**國際系統單位或簡稱 SI 單位**。**質量就是物質它本身所含的量，這個量是不會改變的；體積**是物質佔有多少空間的量。**密度**即是由物質的單位質量與單位體積的比值稱之，以數學式表示如下：

$$D=\frac{M}{V} \quad \text{或} \quad 密度=\frac{質量}{體積}$$

溫度的意義是指物體的冷度或熱度。描述物質的現象、反應，而使用的溫度稱為**凱氏溫度，**K＝℃＋273.15。

在化學上，我們時常處理很大或很小的數字，我們可使用一系統，稱為科學記數法，不論數字大小均可用下列形式表示：$N\times10^{a}$。

當化學反應發生時，只是原子的重新排列和組合，原子並不增加或減少，原子總數不變，故反應前後總質量相同，稱為**"物質不滅定律"**。一種物質藉由化學反應轉變成另一種物質通常會伴隨著能量的變化而完成，化學反應發生時，能量有各種型態，化學反應發生時，反應前後總能量不變，稱為**"能量不滅定律"**。

小試身手

1. 如何區分元素、化合物和混合物？

2. 下列各物質何者為元素、化合物或混合物？

(1)啤酒　(2)食鹽　(3)果糖　(4)墨水　(5)礦泉水
(6)石墨　(7)水泥　(8)鑽石　(9)氧氣　(10)蒸餾水

3. 下列何者為物理變化？何者為化學變化？

(1)水的沸騰　(2)食鹽溶於水　(3)乾冰的昇華（由固態直接變為氣態）
(4)樹葉的腐化　(5)光合作用　(6)鐵釘生銹　(7)汽油揮發
(8)蠟燭燃燒　(9)牛奶變酸　(10)衣服漂白

4. 完成下列數量轉換

(1)5.68mg＝__________ g
(2)47.12cm＝__________ km
(3)0.484L＝__________ mL
(4)85.6cm^3＝__________ mL
(5)274.3mm＝__________ m
(6)34.51 g＝__________ mg
(7)2.8×10^2L＝__________ mL
(8)1.8kg＝__________ g
(9)65℃＝__________ K

5. 一個 100.0mL 鹽水溶液，其中含 12.85g NaCl，求此溶液密度為何？

6. 45.2g 的濃鹽酸（密度為 1.19 g/mL），求體積為何？

7. 用科學記數法表示下列數字

(1)0.000000006　(2)532000000　(3)269.4×10^{-5}　(4)36.80×10^{3}

8. 請應用質量及能量不滅定律解釋資源回收的益處。

9. 請以運動為主題（以能量概念為主），製作概念構圖。

參考書籍

1. 徐惠麗、劉東明、方偉平、魏銘琪、張禎祐編譯(2007)．化學（精華版）．台北：新文京。

Chapter 03

原子結構及週期表

林麗玲

本章大綱

Chapter at a Glance

五顏六色國慶煙火，是國慶日晚上的重頭戲。數百年來，人們已知某些元素，可以產生特殊顏色的煙火，像鍶為紅色，鈉為黃色，銅為藍色；因此我們也可由炙熱氣態原子放出的顏色，來判斷原子的種類！

■ 圖 3.1 多彩艷麗輝煌的煙火

氧化劑氯酸鉀分解產生了自由的氯原子，氯原子再與金屬原子反應產生電子，此時高能量激發態的分子不安定，因此會把它多的能量以可見光的形式（煙火）放出來，生成穩定的狀態。

1913 年，拉塞福進行金屬箔的實驗建立了原子的電子模型，接著核子物理學家波耳提出氫原子理論，成功的說明了氫原子的非連續光譜（線性光譜），後來的科學家更提出了量子力學，說明多電子原子核外電子運動的方式，讓我們更進一步瞭解了電子組態與週期表的關係，並能合理解釋元素性質的週期性變化。

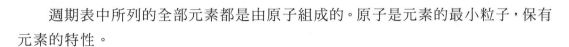

3-1 原子結構
(The Structure of the Atom)

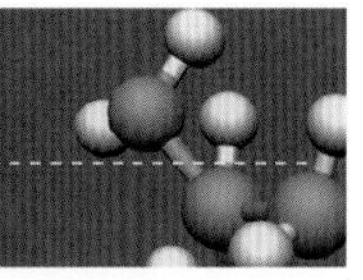

週期表中所列的全部元素都是由原子組成的。原子是元素的最小粒子，保有元素的特性。

要探討元素的組成並不是一件容易的事，在經過許多哲學家、科學家的努力，才有今天的成果，希臘哲學家相信所有物質是連續的且不能再分成更小組成。距今 2400 年前開始，哲學家留基伯(Leucippus)和德暮克利特(Democritus)同時提出的原子哲學理論認為原子是物質不可分割的最小單位，是永恆不滅的。他們認為；世界和宇宙中的萬物都由看不見又不可分割的此一微小粒子所構成的。按照希臘文中（atomos，即「不可分割的」）把這些粒子叫做「原子」；原子總是在空間中運動。另一哲學家亞里士多德反對德莫克利特的原子論，而大力提倡四元素說。之後陸續有一些對於元素組成的相關發現，像是：氧的發現、燃燒的定義、定比定律、水的電解。

1808 年，道耳吞收集了許多科學家實驗數據發表了原子學說，提出化合物中的元素是由原子組成。原子學說(Atomic Theory)指出：

1. 所有物質是由許多不可分割的微小粒子組成。
2. 化合物是由不同元素的原子相結合而成。
3. 化學反應只是原子間的重新排列組合，原子從未在化學反應中被創造或破壞。

他的發現奠定現代化學發展，才有以下發現原子結構的相關實驗。

電子的發現與陰極射線

陰極射線的觀察，需要真空度高的真空泵；蓋斯勒(Heinrich Geissler, 1814~1879)德國吹管工人，製作當時在世界上最純的真空泵，稱為蓋斯勒管(Geissler tube)；德國物理學家普呂克(Julius Plucker,1801~1868)利用一支萬分之一空氣含量的玻璃管兩端裝上兩根白金絲，於兩電極之間通上高壓電，即出現了輝光放電(Electric glow discharge)現象。而普呂克和他的學生希托夫(Hittorf,1824~1914)發現，輝光是在帶負電的陰極附近出現的，且正對陰極的管壁有綠色的螢光。1876 年，德國科學家高德斯坦(Eugen Goldstein,1850~1930)將不同的氣體入真空管，使用不同的金屬製做電極，得到同樣的實驗結果，高德斯坦認為這種輝光與電流本身有關，故將其命名“陰極射線”。湯木生(Joseph John Thomson，1856~1940)證明陰極射線確實是帶負電的，並測量出陰極射線粒子之電荷和質量的比值（荷質比），於 1897 年初，利用磁場使陰極射線偏轉的辦法來測量，結果得到 $e/m= -1.76x10^{11}C/Kg$。

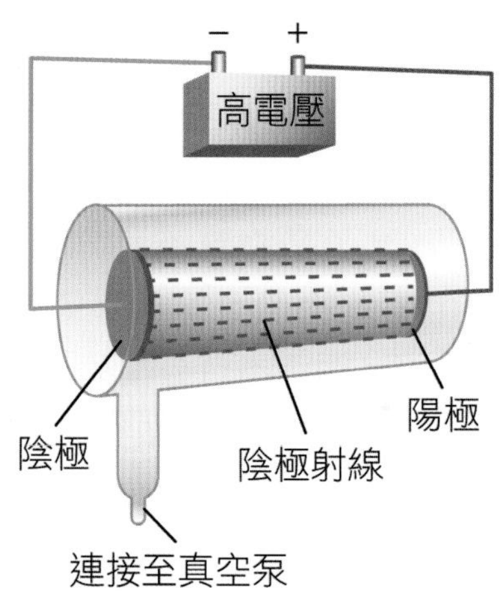

■ 圖 3.2　陰極射線管圖

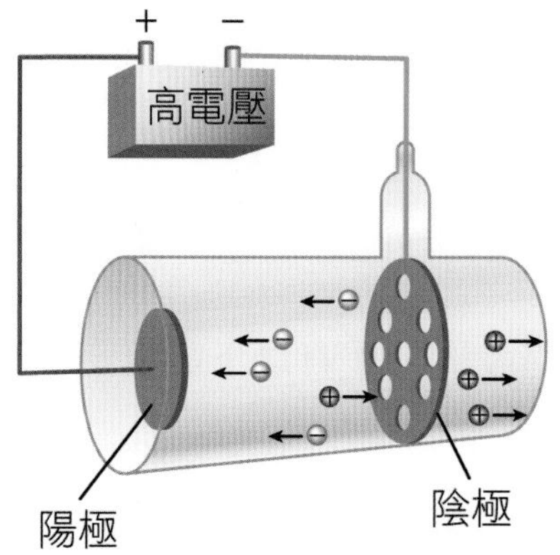

■ 圖 3.3　包含陽極射線之陰極射線管圖

密立根(Robert Andrews Millikan)於 1911 年採取帶電雲霧受重力和靜電力平衡的辦法，用調節電壓改變電場強度來進行油滴實驗，測出電子電量為 $-1.62 \text{ x } 10^{-19}$ 庫侖。代入 $e/m= -1.76x10^{11}C/Kg$ 式子中可以得到

$$m = 9.1 \text{ x } 10^{-28} \text{ g}$$

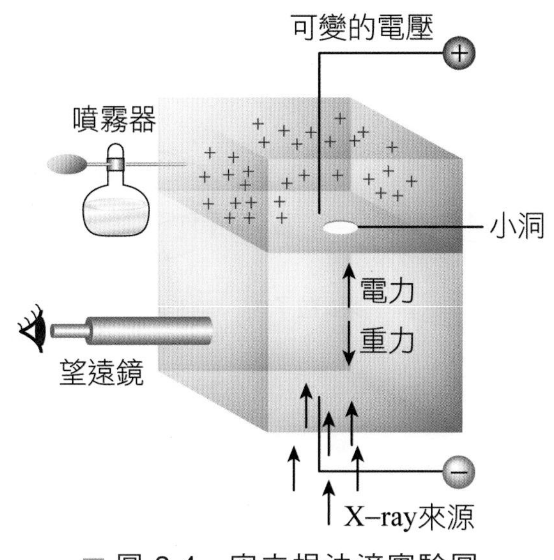

■ 圖 3.4 密立根油滴實驗圖

中子的發現

1935 年諾貝爾物理學獎授予英國利物浦大學的查兌克(Chadwick)，因為他發現了中子。查兌克是拉塞福的學生，1913 年獲碩士學位，隨即得獎學金赴柏林向拉塞福的合作者蓋革(Geiger)學習，在那裏正遇上第一次世界大戰爆發，他被當作戰爭囚犯關起來，但在監禁期間仍然設法成立一個小的研究實驗室。1919 年查兌克回到英國，隨拉塞福來到卡文迪西實驗室，協助拉塞福完成人工核轉變的實驗研究。查兌克發現中子不是偶然的事件。他是在拉塞福的中子假說指導下，進行有關鈹輻射的實驗，經過 12 年的努力，反覆試驗、多方探索才成功的。

原子結構的發現

1919 年，拉塞福(Ernest Rutherfold)進行金屬箔的實驗，他使用帶正電的 α 粒子撞擊金屬箔，發現部分帶正電的 α 粒子通過金屬箔時，會產生偏折，只有少部分的 α 粒子會直接反射回來，但大部分的 α 粒子可直接通過（見圖 3.5）。於是拉塞福推論：原子的中心（原子核）為體積小的正電荷中心，而四周為廣大的電子運動空間。所以帶正電荷的 α 粒子通過時，不容易直接撞擊到正電荷中心。而原子核外的空間幾乎空無一物，只有一些快速移動的電子所佔據（見圖 3.6）。若以操場的大小比喻為原子，其原子核的大小就如同放在操場中的一顆足球。

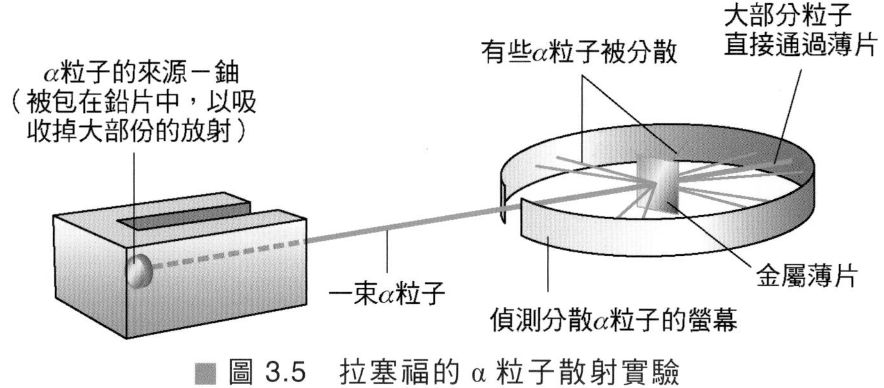

■ 圖 3.5 拉塞福的 α 粒子散射實驗

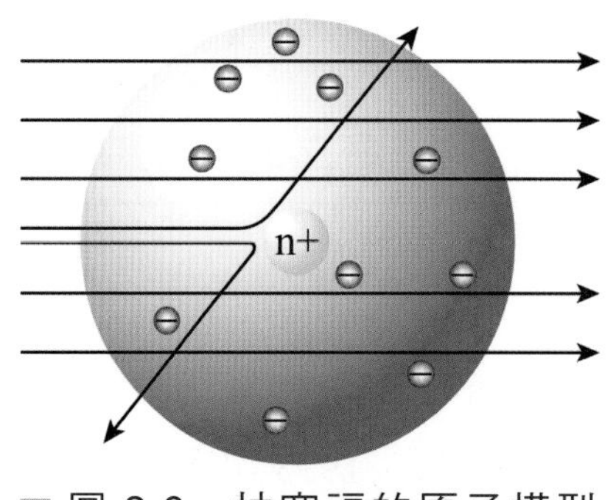

■ 圖 3.6 拉塞福的原子模型

X 射線

1895 年德國科學家倫琴(Roentgen)開始進行陽極射線的研究，發現是一種新的射線；以未知數 X 來命名。接著 1906 年物理學家貝克勒耳(Becquerel)發現 X 射線能夠被氣體散射，對於每一種元素都有其特定 X 光譜線，此發現讓倫琴獲得了 1917 年諾貝爾物理學獎。

當居禮夫人 1891 年留學法國時，剛好貝奎雷發現放射能，因此居禮夫人立志要研究放射能，她首先使用酸液分解研磨過的瀝青鈾礦，再用化學分析方法，分離出瀝青礦裏含有一種比鈾更具放射性的物質成分，就是鉍(Bi)。不久，居禮夫人又從瀝青鈾礦實驗的沈澱物裏，發現了另一種比鈾的活性高三百倍的新元素，為了紀念她的祖國波蘭，把這種新元素定名為釙(Po)。在發現釙之後不久，從礦物裏又感受到一種極強烈的放射性，這比所知道的鈾、釷、釙都強得多。居禮夫人認定這一定又是種新元素！經過各種方法反覆測量、分析、淘汰。終於在 1898 年從溶液裏沈澱出，這種放射性比鈾大九百倍的物質。確定了是新元素，就把它命名為「鐳」，因此 1911 年因「鐳」而獲得諾貝爾化學獎。因為居禮夫人發現了龐大能源存在於原子的內部，發展放射能科學，由於這個發現及功績，使得貝奎雷和居禮夫婦共同獲得 1903 年的諾貝爾物理學獎。居禮夫人不僅在科學上有極大貢獻，對社會的、文化的影響也極其深遠。愛因斯坦曾經描述：

「在所有著名人物中，居禮夫人是唯一不被榮譽所腐蝕的人。」

[表 3.1] 近代原子結構發展史

1803	道爾吞（英國）提出原子理論來解釋原子是以簡單整數比反應。
1814	J.J. Berzelius（瑞典）由比重及元素之字母決定相對原子量。
1859	本生及克希何夫（德國）顯示每個元素有特定光譜。
1869	門得烈夫（俄國）發表含有週期表的教科書。
1879	克魯克（英國）將電流通過密封於充滿氣體之玻璃管兩端的電極中，將管中氣體抽出，可觀察到帶負電粒子之電子流從陰極射向陽極的陰極射線。
1886	哥爾斯坦（德國）從陰極射線管觀察到從陽極射向陰極孔的另一種射線，三年後 Wien 證實這些射線是正電荷粒子。
1895	侖琴（德國）於克魯克管之電子流發現 x 射線。
1897	楊木生（英國）顯示陰極射線為一束負電荷粒子，並計算出電荷質量比值。
1898	居禮夫人（波蘭）及其先生皮耶(Pierre)（法國）發現 Po 及 Ra，是從瀝青鈾礦藉化學步驟分離產生。
1904	湯木生提出帶有電子於正電海中的葡萄乾布丁原子模型。
1905	愛因斯坦（德國）發表質量電荷相關論文。
1909	密立根（美國）由油滴實驗決定電子的電荷值為 1.60×10^{-19} 庫侖。
1911	拉塞福利用 α 粒子撞擊金箔發現原子質量幾乎等於帶正電核的重。
1913	波耳（丹麥）顯示氫原子電子僅存在特定軌道，表示有一定能階。

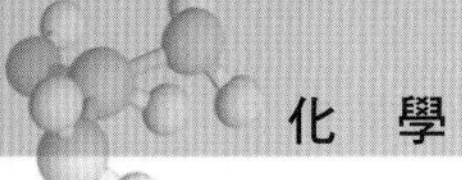

3-2 原子序及原子質量

(Atomic Number and Atomic Masses)

同種元素的所有原子都有相同的質子數，原子的質子數等於原子序。週期表是根據原子序來排列。原子序一般是寫在元素符號左下方的整數。例如：

質量數

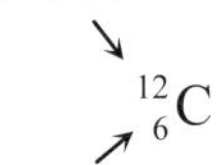

$^{12}_{6}C$

原子序

原子為電中性，故原子內的質子數和電子數相等。原子的質量中心在原子核，原子核內有質子和中子。質量數等於質子數加中子數。

也就是：

原子序＝質子數

質子數＝電子數

質量數＝質子數+中子數

例題 3.1

試求以下元素的原子序、質子數、中子數、電子數。

1. $^{14}_{7}N$，2. $^{24}_{12}Mg^{2+}$，3. $^{71}_{35}Br^{-}$

解

1. $^{14}_{7}N$的原子序為 7，質子數為 7，中子數為 7 (14－7＝7)。
2. $^{24}_{12}Mg^{2+}$的原子序為 12，質子數為 12，中子數為 12 (24－12＝12)，電子數為 10(12−2=10)。
3. $^{71}_{35}Br^{-}$的原子序為 35，質子數為 35，中子數為 36 (71－35＝36)，電子數為 36(35+1=36)。

原子的質量非常小，化學家採用原子的質量單位(atomic mass units; amu)來說明原子質量。1amu 相當於十二分之一個碳原子質量。

$$1\text{amu} = \frac{1}{6.02 \times 10^{23}}\text{g}$$

碳元素的原子量為 12，表示 1 莫耳的碳原子為 12 克，而每 1 個碳原子為 12amu。

3-3 同位素 (Isotopes)

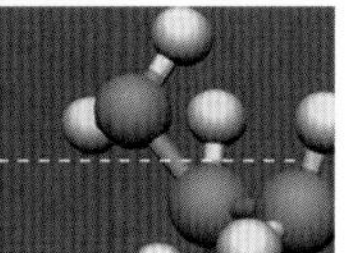

同位素是指原子序相同，質量數不同的原子。例如：所有鎂(Mg)原子的原子序皆為 12，然而其質量數可能為 24、25、26。用元素的表示法來說明，鎂原子可寫為 $^{24}_{12}Mg$ 、 $^{25}_{12}Mg$ 、 $^{26}_{12}Mg$ ，此三種鎂元素稱為同位素（見例 3.2）。

[表 3.2] 輕元素原子核組成

	符 號	原子序	質子數	中子數	質量(amu)	自然界含量(%)
氫	$^{1}_{1}H$	1	1	0	1.0078	99.985
	$^{2}_{1}D$	1	1	1	2.0141	0.015
	$^{3}_{1}T$	1	1	2	3.01605	—
氦	$^{3}_{2}He$	2	2	1	3.01603	0.00013
	$^{4}_{2}He$	2	2	2	4.0026	100
鋰	$^{6}_{3}Li$	3	3	3	6.0151	7.42
	$^{7}_{3}Li$	3	3	4	7.0160	92.58
鈹	$^{9}_{4}Be$	4	4	5	9.0122	100
硼	$^{10}_{5}B$	5	5	5	10.0129	19.6
	$^{11}_{5}B$	5	5	6	11.0093	80.4
碳	$^{12}_{6}C$	6	6	6	12.0000	98.89
	$^{13}_{6}C$	6	6	7	13.0033	1.11
	$^{14}_{6}C$	6	6	8	14.0032	—
氮	$^{14}_{7}N$	7	7	7	14.0031	99.63
	$^{15}_{7}N$	7	7	8	15.0001	0.37

[表 3.2] 輕元素原子核組成（續）

	符 號	原子序	質子數	中子數	質量(amu)	自然界含量(%)
氧	$^{16}_{8}O$	8	8	8	15.9949	99.759
	$^{17}_{8}O$	8	8	9	16.9991	0.037
	$^{18}_{8}O$	8	8	10	17.9992	0.204
氟	$^{19}_{9}F$	9	9	10	18.9984	100
氖	$^{20}_{10}Ne$	10	10	10	19.9924	90.92
	$^{21}_{10}Ne$	10	10	11	20.9940	0.257
	$^{22}_{10}Ne$	10	10	12	21.9914	8.82

➲ ^{12}C質量由國際同意，指定為剛好 12amu。

簡單的說：

1. 元素的表示法

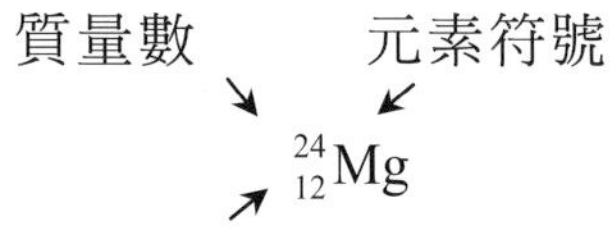

2. **同位素的表示法**：可先寫出元素名稱或符號，其後再寫出質量數。

如：Mg-24

利用質譜儀(mass spectrometer)進行實驗，可得知鎂有三種同位素，也可測得其相對含量，由圖 3.7 鎂的質譜圖可知天然的鎂是由 79% Mg-24、10% Mg-25 及 11% Mg-26 所組成。

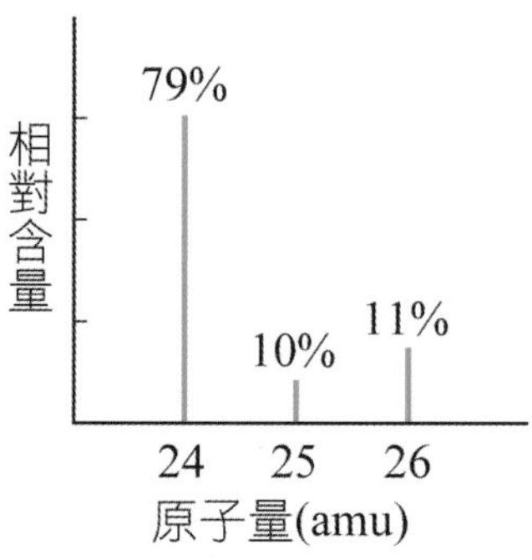

■ 圖 3.7 鎂的質譜圖

自然界中幾乎所有的元素，都是同位素的混合物，所以原子的真正質量（平均原子量）就是所有同位素的原子量乘以相對含量百分比的總和。

例題 3.2

如果 Mg-24 的原子量為 23.9850amu、Mg-25 的原子量為 24.9858amu、Mg-26 的原子量為 25.9826amu。又知天然的鎂是由 79.0% Mg-24、10.0% Mg-25 及 11.0% Mg-26 所組成。試求其平均原子量。

$$
\begin{array}{rl}
 & 23.9850\text{amu} \times 79.0\% \\
 & 24.9858\text{amu} \times 10.0\% \\
+ & 25.9826\text{amu} \times 11.0\% \\
\hline
 & 24.3\text{amu}
\end{array}
$$

有些元素的同位素可放射出高能量的輻射線，可用在醫療用途藉以破壞腫瘤細胞。例如：^{60}Co 可用在耳、口、皮膚等部分之癌症治療；^{131}I 可用在甲狀腺腫大治療。

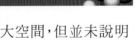

3-4 氫原子的電子模型 (The Model of Electron in Hydrogen Atom)

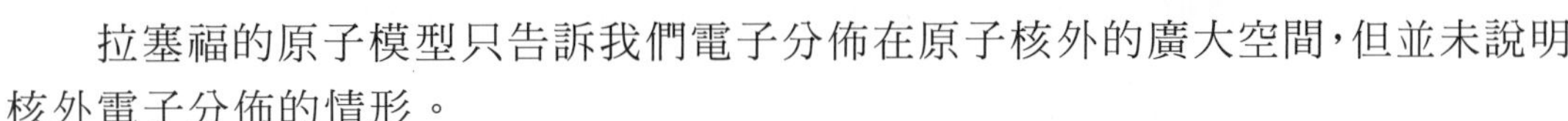

拉塞福的原子模型只告訴我們電子分佈在原子核外的廣大空間，但並未說明核外電子分佈的情形。

首先提出氫原子光譜的是科學家波耳，他觀察激發態的氫原子所散出的光透過三菱鏡時，可見到由許多明線組成的不連續光譜。因此推斷激發態的氫原子電子應該會在某些特定能量的軌道上做運動。

激發態的氫原子電子，由外層高能量軌道跳回內層低能量的軌道時，會放出能量。此能量以光的形式呈現。因軌道間的能量差為定值，所以光也只會出現在幾個特定波長，因而呈現線性光譜（如圖 3.8）。

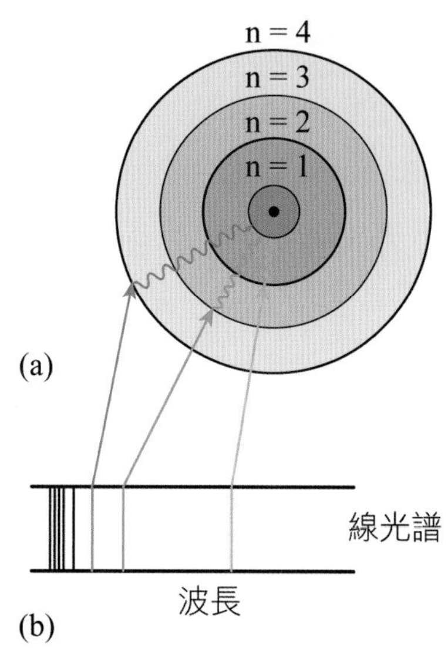

■ 圖 3.8　(a)波耳的氫原子電子軌道圖；(b)電子由激態返回基態時，所放出的能量以光的形式釋放

假定 $n=1$ 代表距原子核最近的軌道，能量最低。n 值越大的軌道，離原子核越遠，能量越高。

當氫原子的電子從高能階(n2)落至低能階時(n1)時，其能量為 E（焦耳）$=2.179\times10^{-18}(\frac{1}{n_1^2}-\frac{1}{n_2^2})$，此能量會以光的形式放出。

已知 $E=h\nu=h\frac{c}{\lambda}$

（h＝普朗克常數＝6.626×10^{-34} JS；c＝光速＝3×10^{8} mS^{-1}；λ＝波長；ν＝頻率）

因此得知 $E=2.179\times10^{-18}(\frac{1}{n_1^2}-\frac{1}{n_2^2})=h\nu$

例題 3.3

原子中電子由 $n=4$ 落至 $n=2$ 的能階，其放出光子的能量（焦耳）和波長為何？

$$E（焦耳）=2.179\times10^{-18}(\frac{1}{n_1^2}-\frac{1}{n_2^2})=4.086\times10^{-19}J$$

$$E=h\nu=h\frac{c}{\lambda} \qquad 故\ \lambda=h\frac{c}{E}$$

$$\lambda=h\frac{c}{\lambda}=\frac{(6.626\times10^{-34})\times(3\times10^{8}mS^{-1})}{4.086\times10^{-19}J}=4.86\times10^{-7}\ m$$

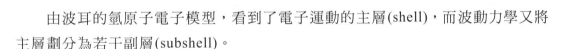

3-5 電子軌域 (Electron Orbitals)

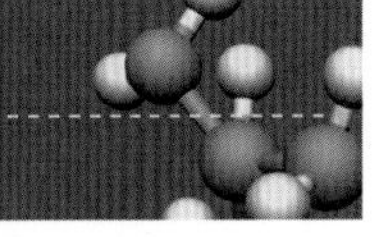

由波耳的氫原子電子模型，看到了電子運動的主層(shell)，而波動力學又將主層劃分為若干副層(subshell)。

量子力學使用四個量子數來說明核外電子的位置。

1. **主量子數(n)**：主層以主量子數(n)表示。

$n=1$（K 層）第一能階，距原子核最近，能量最低。

$n=2$（L 層）第二能階，距原子核次近，能量次低。

$n=3$（M 層）第三能階。

$n=\infty$表示最外層能階，距原子核最遠，能量最高。

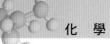

2. **角動量子數(l)：**$l=0\sim(n-1)$，副層以角動量子數(l)來表示。

$l=0$ 稱為 s 副層

$l=1$ 稱為 p 副層

$l=2$ 稱為 d 副層

$l=3$ 稱為 f 副層

主量子數(n)	角動量子數(l)	副層名稱
1	0	1*s*
2	0, 1	2*s*, 2*p*
3	0, 1, 2	3*s*, 3*p*, 3*d*
4	0, 1, 2, 3	4*s*, 4*p*, 4*d*, 4*f*

3. **磁量子數(m)：**$m=-l\sim0\sim+l$，每個副層又可劃分為奇數個$(2l+1)$能量相同的軌域。

s 副層之 l 值為 0，故有 1 個軌域$(2l+1=1)$，見圖 3.9

p 副層之 l 值為 1，故有 3 個軌域$(2l+1=3)$，見圖 3.10

d 副層之 l 值為 2，故有 5 個軌域$(2l+1=5)$，見圖 3.11

f 副層之 l 值為 3，故有 7 個軌域$(2l+1=7)$

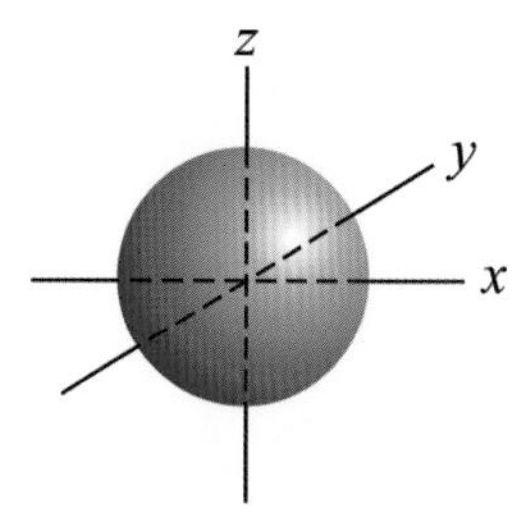

■ 圖 3.9　*s* 軌域。*s* 軌域是球形的

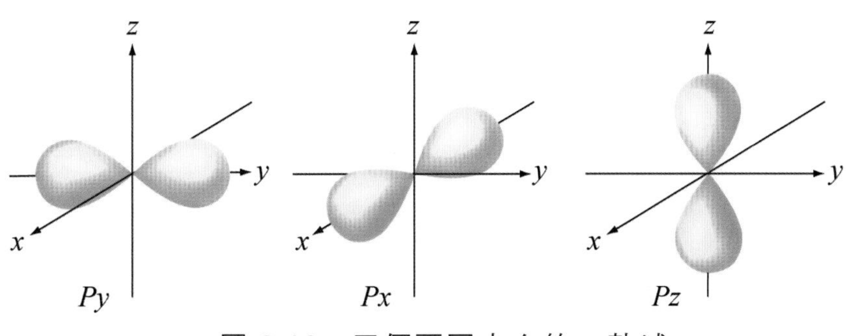

■ 圖 3.10 三個不同方向的 *p* 軌域

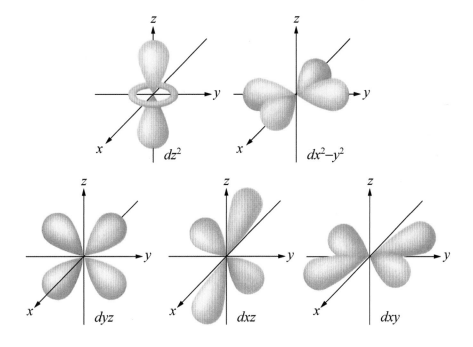

■ 圖 3.11 五個不同方向的 *d* 軌域

4. **自旋量子數(*s*)**：$s=+\frac{1}{2}$代表順時針方向(↑)；$s=-\frac{1}{2}$代表逆時針方向(↓)。每個軌域最多只能容納 2 個電子（自旋方向相反的電子）。

主量子數為 n 時，所能容納的電子總數為 $2n^2$ 個，每一個主層中，所有軌域的數目為 n^2 個。

主層	副層	軌域數目	電子最大容量
$n=1$	1s	1	2
$n=2$	2s	1	2
	2p	3	6
$n=3$	3s	1	2
	3p	3	6
	3d	5	10

根據量子力學，原子核外的電子均可使用四個量子數(n、l、m、s)來標示其所在的位置，而且每個電子的四個量子數，不可能完全相同。

例題 3.4

1. $n=4$，$l=3$ 的副層名稱。

2. $n=3$，$l=2$ 的副層名稱。

1. $l=3$ 為 f 副層，當 $n=4$，$l=3$ 為 4f 副層。

2. $l=2$ 為 d 副層，當 $n=3$，$l=2$ 為 3d 副層。

原子軌域能階

第一主層($n=1$)的 s 副層記為 1s

第二主層($n=2$)的 s 副層記為 2s

第二主層($n=2$)的 p 副層記為 2p

由圖 3.12 可知每個主層又分成若干個副層，由圖 3.13 可知能階的高低不能單從主量子數 n 來判斷。

$1s < 2s < 2p < 3s < 3p < 4s < 3d < 4p < 4d < 4f$

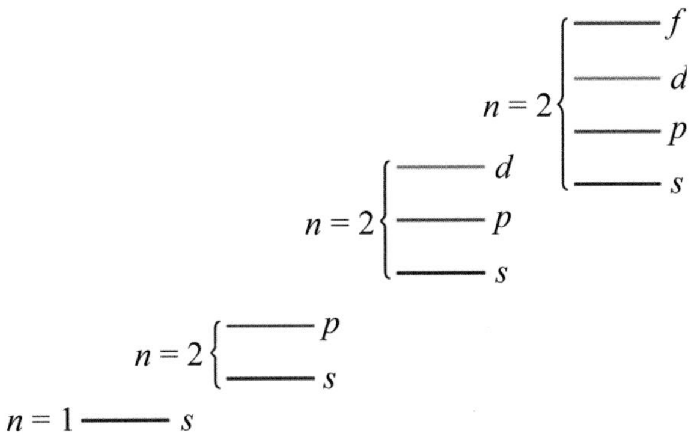

$n=2$ { f, d, p, s }

$n=2$ { d, p, s }

$n=2$ { p, s }

$n=1$ —— s

■ 圖 3.12 $n=1$ 至 $n=4$ 主層和副層的能階關係圖

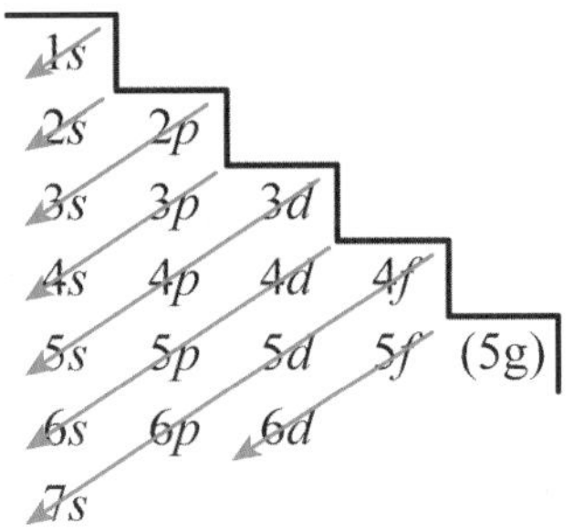

■ 圖 3.13 軌域能階的順序，軌域順序由上而下填滿

3-6 電子組態 (Electron Configuration)

一、何謂電子組態

原子軌域中電子的排列即電子組態。例如：

$2s^2$ 表示在 $n=2$ 的 s 副層有 2 個電子。

$3p^5$ 表示在 $n=3$ 的 p 副層有 5 個電子。

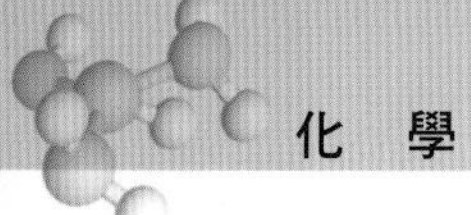

二、電子組態的表示法

要排列各原子之電子組態，必須遵循下列原則：

1. **奧佛包原理**(Aufbau Process)**：**係指電子排入能階的方式，通常依序從最低能階填至最高能階，待低能階填滿後，才進入高能階。

   例如：$_{11}$Na　$1s^2 \rightarrow 1s^2 2s^2 \rightarrow 1s^2 2s^2 2p^6 \rightarrow 1s^2 2s^2 2p^6 3s^1$

   （註：s 副層至多有 2 個電子；p 副層至多有 6 個電子；d 副層至多有 10 個電子；f 副層至多有 14 個電子。）

2. **庖力不相容原理**(Pauli Exclusion Principle)**：**係指每一個軌域最多只能容納 2 個電子。

3. **韓德定律**(Hund's Rules)**：**係指副層超過一個軌域被填滿時，副層中每一軌域先填入一個自旋方向相同的電子，填滿後，再填入另一方向的電子。

   例如：$_5$B 的電子組態 $1s^2 2s^2 2p^1$ 或 1s: ↑↓　2s: ↑↓　2p: ↑ __ __

   例如：$_6$C 的電子組態 $1s^2 2s^2 2p^2$ 或 1s: ↑↓　2s: ↑↓　2p: ↑ ↑ __

   例如：$_7$N 的電子組態 $1s^2 2s^2 2p^3$ 或 1s: ↑↓　2s: ↑↓　2p: ↑ ↑ ↑

   其他常見元素的電子組態見表 3.3。

[表 3.3] 元素的電子組態

原子序	符號	電子組態	原子序	符號	電子組態	原子序	符號	電子組態
1	H	$1s^1$				73	Ta	$[Xe]6s^2 4f^{14} 5d^3$
2	He	$1s^2$	37	Rb	$[Kr]5s^1$	74	W	$[Xe]6s^2 4f^{14} 5d^4$
			38	Sr	$[Kr]5s^2$	75	Re	$[Xe]6s^2 4f^{14} 5d^5$
3	Li	$1s^2 2s^1 = [He]2s^1$	39	Y	$[Kr]5s^2 4d^1$	76	Os	$[Xe]6s^2 4f^{14} 5d^6$
4	Be	$[He]2s^2$	40	Zr	$[Kr]5s^2 4d^2$	77	Ir	$[Xe]6s^2 4f^{14} 5d^7$
5	B	$[He]2s^2 2p^1$	41	Nb	$[Kr]5s^1 4d^4$	78	Pt	$[Xe]6s^1 4f^{14} 5d^9$
6	C	$[He]2s^2 2p^2$	42	Mo	$[Kr]5s^1 4d^5$	79	Au	$[Xe]6s^1 4f^{14} 5d^{10}$
7	N	$[He]2s^2 2p^3$	43	Tc	$[Kr]5s^1 4d^6$	80	Hg	$[Xe]6s^2 4f^{14} 5d^{10}$
8	O	$[He]2s^2 2p^4$	44	Ru	$[Kr]5s^1 4d^7$	81	Tl	$[Xe]6s^2 4f^{14} 5d^{10} 6p^1$
9	F	$[He]2s^2 2p^5$	45	Rh	$[Kr]5s^1 4d^8$	82	Pb	$[Xe]6s^2 4f^{14} 5d^{10} 6p^2$
10	Ne	$[He]2s^2 2p^6$	46	Pd	$[Kr]4d^{10}$	83	Bi	$[Xe]6s^2 4f^{14} 5d^{10} 6p^3$
			47	Ag	$[Kr]5s^1 4d^{10}$	84	Po	$[Xe]6s^2 4f^{14} 5d^{10} 6p^4$
11	Na	$[Ne]3s^1$	48	Cd	$[Kr]5s^2 4d^{10}$	85	At	$[Xe]6s^2 4f^{14} 5d^{10} 6p^5$
12	Mg	$[Ne]3s^2$	49	In	$[Kr]5s^2 4d^{10} 5p^1$	86	Rn	$[Xe]6s^2 4f^{14} 5d^{10} 6p^6$
13	Al	$[Ne]3s^2 3p^1$	50	Sn	$[Kr]5s^2 4d^{10} 5p^2$			
14	Si	$[Ne]3s^2 3p^2$	51	Sb	$[Kr]5s^2 4d^{10} 5p^3$	87	Fr	$[Rn]7s^1$
15	P	$[Ne]3s^2 3p^3$	52	Te	$[Kr]5s^2 4d^{10} 5p^4$	88	Ra	$[Rn]7s^2$
16	S	$[Ne]3s^2 3p^4$	53	I	$[Kr]5s^2 4d^{10} 5p^5$	89	Ac	$[Rn]7s^2 6d^1$
17	Cl	$[Ne]3s^2 3p^5$	54	Xe	$[Kr]5s^2 4d^{10} 5p^6$	90	Th	$[Rn]7s^2 6d^2$
18	Ar	$[Ne]3s^2 3p^6$				91	Pa	$[Rn]7s^2 5f^2 6d^1$
			55	Cs	$[Xe]6s^1$	92	U	$[Rn]7s^2 5f^3 6d^1$
19	K	$[Ar]4s^1$	56	Ba	$[Xe]6s^2$	93	Np	$[Rn]7s^2 5f^4 6d^1$
20	Ca	$[Ar]4s^2$	57	La	$[Xe]6s^2 5d^1$	94	Pu	$[Rn]7s^2 5f^6$
21	Sc	$[Ar]4s^2 3d^1$	58	Ce	$[Xe]6s^2 4f^2$	95	Am	$[Rn]7s^2 5f^7$
22	Ti	$[Ar]4s^2 3d^2$	59	Pr	$[Xe]6s^2 4f^3$	96	Cm	$[Rn]7s^2 5f^7 6d^1$
23	V	$[Ar]4s^2 3d^3$	60	Nd	$[Xe]6s^2 4f^4$	97	Bk	$[Rn]7s^2 5f^8 6d^1$
24	Cr	$[Ar]4s^1 3d^5$	61	Pm	$[Xe]6s^2 4f^5$	98	Cf	$[Rn]7s^2 5f^{10}$
25	Mn	$[Ar]4s^2 3d^5$	62	Sm	$[Xe]6s^2 4f^6$	99	Es	$[Rn]7s^2 5f^{11}$
26	Fe	$[Ar]4s^2 3d^6$	63	Eu	$[Xe]6s^2 4f^7$	100	Fm	$[Rn]7s^2 5f^{12}$
27	Co	$[Ar]4s^2 3d^7$	64	Gd	$[Xe]6s^2 4f^7 5d^1$	101	Md	$[Rn]7s^2 5f^{13}$
28	Ni	$[Ar]4s^2 3d^8$	65	Tb	$[Xe]6s^2 4f^9$	102	No	$[Rn]7s^2 5f^{14}$
29	Cu	$[Ar]4s^1 3d^{10}$	66	Dy	$[Xe]6s^2 4f^{10}$	103	Lr	$[Rn]7s^2 5f^{14} 6d^1$
30	Zn	$[Ar]4s^2 3d^{10}$	67	Ho	$[Xe]6s^2 4f^{11}$	104	Unq	$[Rn]7s^2 5f^{14} 6d^2$
31	Ga	$[Ar]4s^2 3d^{10} 4p^1$	68	Er	$[Xe]6s^2 4f^{12}$	105	Unp	$[Rn]7s^2 5f^{14} 6d^3$
32	Ge	$[Ar]4s^2 3d^{10} 4p^2$	69	Tm	$[Xe]6s^2 4f^{13}$	106	Unh	$[Rn]7s^2 5f^{14} 6d^4$
33	As	$[Ar]4s^2 3d^{10} 4p^3$	70	Yb	$[Xe]6s^2 4f^{14}$	107	Uns	$[Rn]7s^2 5f^{14} 6d^5$
34	Se	$[Ar]4s^2 3d^{10} 4p^4$	71	Lu	$[Xe]6s^2 4f^{14} 5d^1$	108	Uno	$[Rn]7s^2 5f^{14} 6d^6$
35	Br	$[Ar]4s^2 3d^{10} 4p^5$	72	Hf	$[Xe]6s^2 4f^{14} 5d^2$	109	Une	$[Rn]7s^2 5f^{14} 6d^7$
36	Kr	$[Ar]4s^2 3d^{10} 4p^6$						

例題 3.5

試寫出 $_{11}Na$ 的電子組態及價電子組態。

1. $_{11}Na$ 的電子組態

   $_{11}Na$　$1s^2 2s^2 2p^6$　$3s^1$

   　　　　內層電子　外層電子（價電子）

2. $_{11}Na$ 的價電子組態

   $_{11}Na$　$3s^1$

   Na 只有一個價電子

例題 3.6

1. 試寫出 $_{24}Cr$ 的電子組態。
2. 試寫出 $_{29}Cu$ 的電子組態。
3. 試寫出 $_{47}Ag$ 的電子組態。

1. $_{24}Cr$ 的電子組態

   錯誤：$[Ar]4s^2 3d^4$

   正確：$[Ar]4s^1 3d^5$

2. $_{29}Cu$ 的電子組態

   錯誤：$[Ar]4s^2 3d^9$

   正確：$[Ar]4s^1 3d^{10}$

3. $_{47}Ag$ 的電子組態

錯誤：$1s^2 2s^2 2p^6 3s^2 3p^6 3d^{10} 4s^2 4p^6 4d^9 5s^2$

正確：$[Kr]4d^{10}5s^1$

d 軌域半滿或全滿狀態，比較安定，產生能階提昇。

3-7 電子組態及週期表 (Electron Configuration and The Periodic Table)

我們在週期表中發現，同族元素具有相同的價電子組態和價電子數（見表 3.4）。於是科學家們推論外層電子組態（價電子組態）與元素的化學和物理性質有密切關係存在。

[表 3.4]　典型元素的價電子組態

族	價電子組態	價電子數
IA	ns^1	1
IIA	ns^2	2
IIIA	ns^2np^1	3
IVA	ns^2np^2	4
VA	ns^2np^3	5
VIA	ns^2np^4	6
VIIA	ns^2np^5	7
VIIIA	ns^2np^6	8（He 例外）

其他：

過渡金屬 $ns^2(n-1)d^x$

內過渡金屬 $ns^2(n-1)d^1(n-2)f^x$

典型元素 ns^x 或 ns^2np^x

惰性元素 ns^2np^6（He 為 $1s^2$）

由圖 3.14 可知電子組態與週期的關係，例如：某元素的價電子落在 $2s$ 軌域，即可知該元素位於第二週期；若某元素的價電子落在 $3d^5$ 軌域，即可知該元素是位於第四週期的過渡元素。

IA	IIA	IIIA	IVA	VA	VIA	VIIA	VIIIA
H $1s^1$							He $[He]1s^2$
Li $[He]2s^1$	Be $[He]2s^2$	B $[He]2s^2 2p^1$	C $[He]2s^2 2p^2$	N $[He]2s^2 2p^3$	O $[He]2s^2 2p^4$	F $[He]2s^2 2p^5$	Ne $[He]2s^2 2p^6$
Na $[He]3s^1$	Mg $[He]3s^2$	Al $[He]3s^2 3p^1$	Si $[He]3s^2 3p^2$	P $[He]3s^2 3p^3$	S $[He]3s^2 3p^4$	Cl $[He]3s^2 3p^5$	Ar $[He]3s^2 3p^6$

■ 圖 3.14 電子組態及週期表

綜合以上結論，由元素在週期表中的位置即可知道元素的價電子組態；也可由元素的價電子組態推測其在週期表的位置（見圖 3.15）！舉例來說：第三週期IIA 族元素的價電子組態為 $3s^2$；若已知某元素的價電子組態為 $2p^4$，即可知該元素是第二週期VIA 族元素，因此週期表對元素性質的修正有很大的貢獻。

s	
17 VIIA	18 VIIIA
H $1s^1$	He $1s^2$

	s		d										p					
	1 IA	2 IIA	3 IIIB	4 IVB	5 VB	6 VIB	7 VIIB	8	9 VIIIB	10	11 IB	12 IIB	13 IIIA	14 IVA	15 VA	16 VIA	17 VIIA	18 VIIIA
1	H $1s^1$																	
2	Li $2s^1$	Be $2s^2$											B $2p^1$	C $2p^2$	N $2p^3$	O $2p^4$	F $2p^5$	Ne $2p^6$
3	Na $3s^1$	Mg $3s^2$											Al $3p^1$	Si $3p^2$	P $3p^3$	S $3p^4$	Cl $3p^5$	Ar $3p^6$
4	K $4s^1$	Ca $4s^2$	Sc $3d^1$	Ti $3d^2$	V $3d^3$	Cr $3d^5$	Mn $3d^5$	Fe $3d^6$	Co $3d^7$	Ni $3d^8$	Cu $3d^{10}$	Zn $3d^{10}$	Ga $4p^1$	Ge $4p^2$	As $4p^3$	Se $4p^4$	Br $4p^5$	Kr $4p^6$
5	Rb $5s^1$	Sr $5s^2$	Y $4d^1$	Zr $4d^2$	Nb $4d^4$	Mo $4d^5$	Tc $4d^6$	Ru $4d^7$	Rh $4d^8$	Pd $4d^{10}$	Ag $4d^{10}$	Cd $4d^{10}$	In $5p^1$	Sn $5p^2$	Sb $5p^3$	Te $5p^4$	I $5p^5$	Xe $5p^6$
6	Cs $6s^1$	Ba $6s^2$	*	Hf $5d^2$	Ta $5d^3$	W $5d^4$	Re $5d^5$	Os $5d^6$	Ir $5d^7$	Pt $5d^9$	Au $5d^{10}$	Hg $5d^{10}$	Tl $6p^1$	Pb $6p^2$	Bi $6p^3$	Po $6p^4$	At $6p^5$	Rn $6p^6$
7	Fr $7s^1$	Ra $7s^2$	+	Unq $6d^2$	Unp $6d^3$	Unh $6d^4$	Uns $6d^5$	Uno $6d^6$	Une $6d^7$									

■ 圖 3.15 原子軌域在週期表中佔據的順序

例題 3.7

第五週期的某元素，其電子組態為[Kr]$5s^2 4d^{10} 5p^3$，則其元素名稱為何？

Sb（銻）。

例題 3.8

週期表中哪一族元素具有以下價電子組態？

1. ns^2，2. ns^2np^2，3. ns^2np^5。

1. IIA。
2. IVA。
3. VIIA。

3-8 元素性質的週期性變化 (Variation of Properties Within Periods)

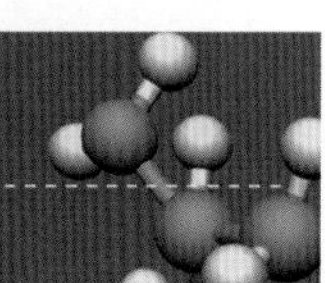

一、原子半徑的週期性變化

從原子核到最外層電子的距離稱為原子半徑(atomic radius)，其常用的單位是微微米(pm) (1pm＝10^{-12} m)。

1. **典型元素的半徑，由上而下漸增，由左而右漸減**

   (1) **同一週期元素由左而右半徑漸減：**同一週期元素由左而右電子數增加，但在同一主層，原子核內帶正電荷的質子數也增加，所以原子核對核外電子的吸引力也增加，所以半徑越來越短。

   (2) **同一族元素由上而下半徑漸增：**同一族元素由上而下電子數增加，外層電子離原子核越遠，半徑也越來越大。

2. **陽離子半徑小於中性原子半徑：**陽離子因電子數減少，電子間的斥力減少，所以半徑變小。

3. **陰離子半徑大於中性原子半徑：**陰離子因電子的加入，電子間的斥力增加，所以半徑變大。

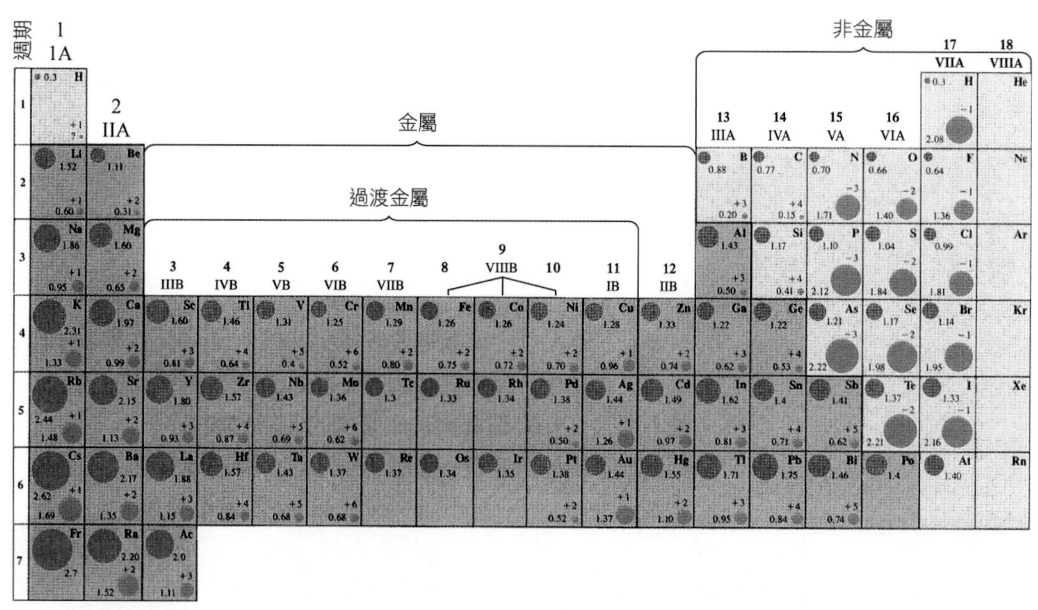

■ 圖 3.16　元素的共價半徑和離子半徑

二、游離能的週期性變化

游離能(ionization energy; IE)是指將中性氣態原子移去一個最外層電子所需能量（或稱第一游離能）；移去最外層的第二個電子，稱為第二游離能。我們可歸納出游離能的週期性變化。

1. **週期表中原子的游離能由上而下漸減：**也就是同一族元素，游離能由上而下漸減，我們可以瞭解其原因是因為同一族元素的價電子組態相似，不同的是原子序越大，內層電子增加，外層電子離原子核越遠，所以其受原子核的束縛也越小，所以較易失去外層電子，游離能小（見表 3.5）。
2. **週期表中原子的游離能由左而右漸增：**但是同一週期的IIA 族元素因為具有全滿的電子組態，較為安定，所以IIA 族元素的游離能高於IIIA 族元素；同樣的，VA 族具有半滿的穩定電子組態，不易失去外層電子，故VA 族元素的游離能高於VIA 族元素（見表 3.6）。

根據以上游離能的週期變化可知，IA 族元素銫(Cs)和鍅(Fr)的游離能最小，最易失去電子，是最活潑的金屬，也是最佳的光電材料。

[表 3.5] 元素的第一游離能，以每莫耳千焦耳表示

1 H 1310																	2 He 2370
3 Li 520	4 Be 900											5 B 800	6 C 1090	7 N 1400	8 O 1310	9 F 1680	10 Ne 2080
11 Na 490	12 Mg 730											13 Al 580	14 Si 780	15 P 1060	16 S 1000	17 Cl 1250	18 Ar 1520
19 K 420	20 Ca 590	21 Sc 630	22 Ti 660	23 V 650	24 Cr 660	25 Mn 710	26 Fe 760	27 Co 760	28 Ni 730	29 Cu 740	30 Zn 910	31 Ga 580	32 Ge 780	33 As 960	34 Se 950	35 Br 1140	36 Kr 1350
37 Rb 400	38 Sr 550	39 Y 620	40 Zr 660	41 Nb 670	42 Mo 680	43 Tc 700	44 Ru 710	45 Rh 720	46 Pd 800	47 Ag 730	48 Cd 870	49 In 560	50 Sn 700	51 Sb 830	52 Te 870	53 I 1010	54 Xe 1170
55 Cs 380	56 Ba 500	[57-71] *	72 Hf 700	73 Ta 760	74 W 770	75 Re 760	76 Os 840	77 Ir 890	78 Pt 870	79 Au 890	80 Hg 1000	81 Tl 590	82 Pb 710	83 Bi 800	84 Po 810	85 At …	86 Rn 1030
87 Fr …	88 Ra 510	[89-103] +	104 Unq …	105 Unp …	106 Unh …	107 Uns …	108 Uno …	109 Une …									

*鑭系	57 La 540	58 Ce 670	59 Pr 560	60 Nd 610	61 Pm …	62 Sm 540	63 Eu 550	64 Gd 600	65 Tb 650	66 Dy 660	67 Ho …	68 Er …	69 Tm …	70 Yb 600	71 Lu 480
+錒系	89 Ac 670	90 Th …	91 Pa …	92 U 400	93 Np …	94 Pu …	95 Am …	96 Cm …	97 Bk …	98 Cf …	99 Es …	100 Fm …	101 Md …	102 No …	103 Lr …

由圖 3.17 可知同一週期元素的游離能呈鋸齒狀上升，其中以鹼金屬的游離能最小，鈍氣的游離能最大。

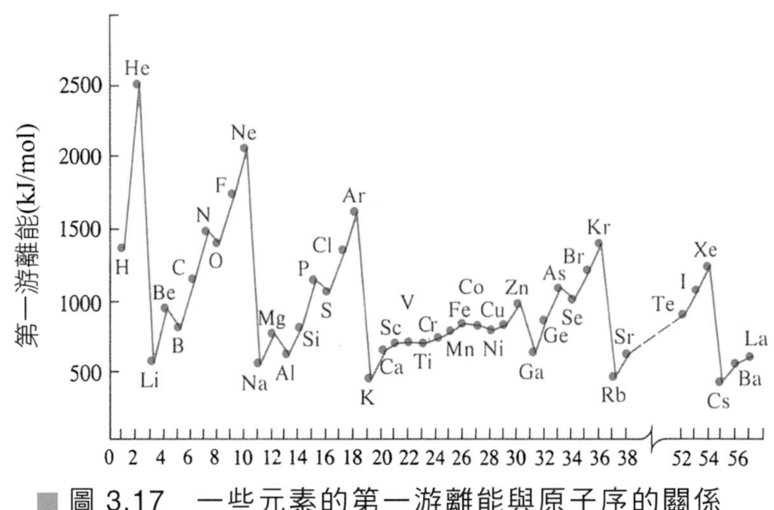

■ 圖 3.17 一些元素的第一游離能與原子序的關係

三、 電子親和力的週期性變化

電子親和力(electron affinity; EA)是指中性氣態原子獲得電子，形成氣態陰離子所釋出的能量。而電子親和力大，表示不易失去電子（游離能大）。

$$X_{(g)} + e^{-} \rightarrow X^{-}_{(g)} + EA$$

[表 3.6] 一些元素的電子親和力大小

I A							VIII A
H							He
−72	II A	III A	IV A	V A	VI A	VII A	+20[a]
Li	Be	B	C	N	O	F	Ne
−60	+240[a]	−23	−123	0	−141	−322	+30
Na	Mg	Al	Si	P	S	Cl	Ar
−53	+230[a]	−44	−120	−74	−201	−348	+35[a]
K	Ca	Ga	Ge	As	Se	Br	Kr
−48	+150[a]	−40[a]	−116	−77	−195	−324	+40[a]
Rb	Sr	In	Sn	Sb	Te	I	Xe
−46	+160[a]	−40[a]	−121	−101	−190	−295	+40[a]
Cs	Ba	Tl	Pb	Bi	Po	At	Rn
−45	+50[a]	−50	−101	−101	−170[a]	−270[a]	+40[a]

[a] 計算值

四、電負度的週期性變化

電負度是 2 個原子結合時，對共用電子的吸引力，電負度越大吸引共用電子的能力越強，其週期性的變化與電子親和力一致。一般來說，週期表中同一週期的元素由左往右，電負度漸增，同一族的元素由上往下，電負度漸減，因此位於週期表左上方的非金屬，具有較高的電負度，其中氟的電負度最大，而金屬的電負度較低。IA 金屬的電負度最小。

[表 3.7] 元素之鮑林電負度值

												非金屬					
H 2.1																	He …
Li 1.0	Be 1.5	金屬										B 2.0	C 2.6	N 3.0	O 3.4	F 4.0	Ne …
Na 1.0	Mg 1.2	過渡金屬										Al 1.6	Si 2.0	P 2.2	S 2.6	Cl 3.2	Ar …
K 0.9	Ca 1.0	Sc 1.2	Ti 1.3	V 1.4	Cr 1.6	Mn 1.6	Fe 1.6	Co 1.7	Ni 1.8	Cu 1.8	Zn 1.7	Ga 1.8	Ge 2.0	As 2.2	Se 2.5	Br 3.0	Kr …
Rb 0.9	Sr 1.0	Y 1.1	Zr 1.2	Nb 1.2	Mo 1.3	Tc 1.4	Ru 1.4	Rh 1.4	Pd 1.4	Ag 1.4	Cd 1.5	In 1.5	Sn 1.7	Sb 1.8	Te 2.0	I 2.9	Xe …
Cs 0.9	Ba 1.0	La-Lu 1.1-1.2	Hf 1.2	Ta 1.3	W 1.4	Re 1.5	Os 1.5	Ir 1.6	Pt 1.4	Au 1.4	Hg 1.4	Tl 1.4	Pb 1.6	Bi 1.7	Po 1.8	At 2.2	Rn …
Fr 0.9	Ra 1.0	Ac-Lr 1.1-	Unq …	Unp …	Unh …	Uns …	Uno …	Une …									

結語

很多實驗均顯示原子是由質子、中子及電子組成，質子帶 +1 電荷，質量約為 1.0073amu，中子不帶電，質量約為 1.0087amu，電子帶 −1 電荷，質量約為 0.00055amu。根據拉塞福的 α 粒子散射實驗得知，原子含有一個體積小，帶正電的原子核，周圍有電子圍繞。

利用質譜儀可測得同位素的數目及相對含量。同位素是指具有相同的原子序，但質量數不同的元素。一般情況下，氫原子的電子應處於能量最低的軌域上($n=1$)，稱為基態；當外界供給能量時（如加熱或照光），電子會吸收特定的能量，跳到較高的能階($n=2, 3……$)，稱為激發態。當電子從激發態返回基態時，先前吸收的能量會釋出，並以光的形式放出。

我們可使用四個量子數來描述電子所在的位置：

1. 主量子數(n)：從主量子數的大小，可知電子離原子核的遠近。

2. 角動量子數(l)：從角動量子數可知軌域的形狀。

3. 磁量子數(m)：由磁量子數可知軌域的方向。

4. 自旋量子數(s)：自旋量子數描述電子在軸上的自旋。

多電子原子填入原子軌域的規則如下：

1. 庖力不相容原理：沒有 2 個電子可以具有同組的 4 個量子數。

2. 韓德定則：電子儘可能不成對填入該能階中。

3. 奧佛包原理：電子先填入低能量軌域，待低能量軌域填滿，才進入高能量軌域。

根據以上規則，我們就可以寫出電子組態。

週期表中同族的元素具有相似的電子組態，同時也具有相似的理化性質。元素的化學性質和物理性質（如：原子半徑、離子半徑、游離能和電子親和力）隨所含價電子的數目而呈現週期性的改變。就原子半徑而言，同一週期元素由左而右半徑漸減，同一族元素由上而下半徑漸增；就游離能而言，同一族元素，游離能由上而下漸減，同一週期元素，游離能由左而右漸增（但是同一週期之IIA族的游離能大於IIIA 族，VA 族游離能大於VIA 族）。

小試身手

1. 拉塞福的 α 粒子散射實驗，所得的結論為何？

2. 試寫出以下元素的質子數、中子數、質量數：
   (1) $^{3}_{1}H$　(2) $^{40}_{20}Ca^{2+}$　(3) $^{14}_{7}N^{3-}$　(4) $^{197}_{79}Au$

3. 已知碳有三種同位素 C-12、C-13、C-14，其原子序依序為 12amu、13amu、14amu，而其自然界含量依序為 98.89%、1.11%、0%，求平均原子量。

4. 試問主量子數為 4 的主層中，有哪些副層？最多能容納幾個電子？

5. 試比較下列副層能量高低：
   $3s$、$4s$、$3d$、$4p$、$4f$、$5p$

6. 試寫出下列原子或離子的電子組態：
   (1) $_{10}Ne$　(2) $_{16}S^{2-}$　(3) $_{19}K^{+}$　(4) $_{29}Cu$

7. 試寫出下列原子或離子的價電子組態：
   (1) $_{20}Ca$　(2) $_{5}B$　(3) $_{35}Br^{-}$　(4) $_{26}Fe^{2+}$

8. 試說明原子半徑與週期表的關係。

9. 試比較第一游離能的大小：
   (1)鈹(Be)、氮(N)、氧(O)　(2)鎂(Mg)、鈣(Ca)、鈹(Be)

10. 試比較原子電負度的大小：
    (1)鈉(Na)、鉀(K)、氫(H)　(2)氧(O)、氯(Cl)、鎂(Mg)

11. 試比較下列原子半徑的大小：
    Na　Mg　Al　Si　P　S　Cl　Ar

12. 下列各副層最多能容納幾個電子？
    (1)$3p$　(2)$4s$　(3)$5f$　(4)$4d$

13. 假如氫原子的電子具有以下的量子數，請寫出軌域名稱？
    (1)$n=2$，$l=1$　(2)$n=4$，$l=2$　(3)$n=5$，$l=3$

14. 請以自由基為主題，製作概念構圖。

參考書籍

1. 徐惠麗、劉東明、方偉平、魏銘琪、張禎祐編譯(2007)・化學（精華版）・台北：新文京。

2. 黃秉炘、呂卦南(2013)・醫護化學（第五版）・台北：新文京。

3. Malone・化學（二版修訂）・林志鴻等編譯・台北：高立。

4. 翁瑞霖等譯・(原著：Chemistry for the Health Sciences)・醫護化學・台北：滄海。

5. Timberlake・普通化學・王正隆等譯・台北：學銘。

Chapter 04

化學鍵

張瓊云

本章大綱

Chapter at a Glance

使兩個或兩個以上的原子結合在一起所產生的吸引力稱為化學鍵(chemical bonds)。當元素互相反應形成化合物時，原子之間會形成化學鍵。當化合物進行化學反應時，原子之間的化學鍵會重新排列。當原子分離時，化學鍵會被破壞，而且化合物不復存在。

生活中有許多物質是以化合物狀態存在，例如葡萄糖、水、食鹽；也有些物質是以元素狀態存在，例如鑽石、石墨 C_{60}。究竟是何種因素造成元素與化合物的性質有著極大的差異？化合物的原子之間因電子重新排列組合或彼此共用而產生鍵結或形成化學鍵，能使化合物的結構更加穩定。

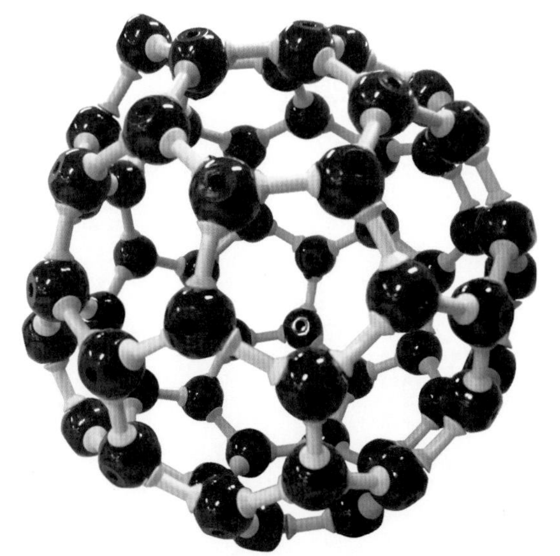

■ 圖 4.1　C_{60} 結構模型

C_{60} 由 20 個六角形和 12 個五角形所圍成，外形像一顆英式足球，每個碳原子僅與相鄰的三個碳原子鍵結，具有三個 σ 鍵和一個 π 鍵。C_{60} 的化學性質相當穩定，即使在時速高達二萬四千公里的速度下撞擊鋼板也不會破裂，在室溫下呈紫紅色固態分子晶體，與鑽石一樣不具導電性，但在 18K 時具有超導性。

在本章中我們將討論三種化學鍵的類型，並決定如何由原子的電子結構來預測其化學鍵的類型。並且了解原子之間的吸引力，以及原子間化學鍵的形成包含原子的電子結構改變。我們也將討論化學反應中化學鍵的形成與重排會伴隨著能量的改變。

4-1 離子鍵

(Ionic Bonds)

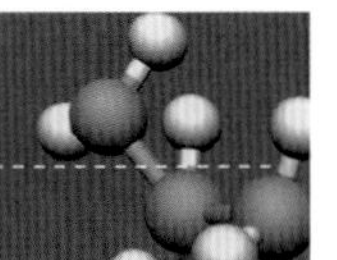

離子鍵(ionic bonds)是離子間的靜電吸引力，而離子是由原子間電子轉移所形成。當金屬與非金屬結合時，通常會形成離子鍵。

離子化合物則是藉由離子鍵來穩定離子間的鍵結。因為化合物中陽離子的正電荷總數與陰離子的負電荷總數相等，離子化合物通常保持電中性。離子化合物的分子式可用於表示正電荷與負電荷所需離子數的最簡單整數比。例如，氯化鋁的分子式 $AlCl_3$ 表示此離子化合物含有氯離子(Cl^-)為鋁離子(Al^{3+})的 3 倍。

氯化鈉也是離子化合物，經由同數的 Na^+與 Cl^-規則地排列組成。在固態中將離子拉在一起的力是相反電荷離子之強靜電吸引力。將 1 莫耳固體氯化鈉轉換成分離的氣態 Na^+與 Cl^-，需要 769 仟焦耳的能量。

$$NaCl_{(s)} \rightarrow Na^+_{(g)} + Cl^-_{(g)} \qquad \Delta H=769$$

電子點式或路易士符號通常用於描述原子或單原子離子的價電子組態。這些符號是由元素符號與價電子點所組成。例如，鈣有 2 個價電子點在一起，表示有一對電子在相同軌域中。

在離子化合物中陽離子是經由中性原子失去 1 個或多個價層電子而形成的。例如，鈉失去 1 個價電子之後，其質子比電子多 1 個，因此鈉離子電荷為 $+1$，而形成 Na^+。鈣原子則因失去 2 個價電子，鈣離子電荷為 $+2$，因而形成 Ca^{2+}。大部分的金屬原子具有較低的游離能，容易失去電子而形成陽離子。例如，Li，K，Mg，Ba 與 Al 等金屬都可能形成陽離子。

$$Na\cdot \longrightarrow Na^+ + e^-$$
$$Ca\colon \longrightarrow Ca^{2+} + 2e^-$$

離子化合物中，陰離子則是由中性原子獲得 1 個或多個電子並填滿其外層 s 與 p 軌域而形成。例如，氯原子獲得 1 個電子填入其 s 與 p 軌域之後，其電子比質子多 1 個。因此氯離子電荷為-1，而形成 Cl^-。硫原子則因獲得 2 個電子，硫離子電荷為-2，因而形成 S^{2-}。非金屬原子具有較高的電子親和力，容易獲得電子而形成陰離子。非金屬原子擁有少於 8 個的價電子，不足以填滿外層的 s 與 p 軌域，因而可以獲取自金屬原子失去的電子，來填滿 s 與 p 軌域。例如，F，Cl，Br，O 與 S 等非金屬也都可能形成陰離子。

$$:\ddot{\underset{..}{Cl}}\cdot + e^- \longrightarrow :\ddot{\underset{..}{Cl}}:^-$$

$$:\ddot{\underset{\cdot}{S}}\cdot + 2e^- \longrightarrow :\ddot{\underset{..}{S}}:^{2-}$$

當金屬與非金屬結合時，電子會從金屬原子轉移給非金屬原子，而形成離子化合物。下列實例以電子點式說明形成離子化合物時電子的轉移情形。

金屬		非金屬		離子化合物
$Na\cdot$	+	$:\ddot{\underset{..}{Cl}}\cdot$	$\longrightarrow$	$Na^+[:\ddot{\underset{..}{Cl}}:]^-$
$Mg:$	+	$:\ddot{\underset{\cdot}{O}}\cdot$	$\longrightarrow$	$Mg^{2+}[:\ddot{\underset{..}{O}}:]^{2-}$
$Ca:$	+	$2:\ddot{\underset{..}{F}}\cdot$	$\longrightarrow$	$Ca^{2+}[:\ddot{\underset{..}{F}}:]^-_2$

當典型元素 IA 族至 VIIA 族以及 IIB 族形成陽離子時，傾向於失去所有的價電子，而使元素所形成的陽離子具有**鈍氣電子組態**(noble gas electron configuration) ns^2np^6（第二週期的陽離子為 $1s^2$），其族數等於電荷數，因為元素之族數與典型元素最外層的電子數相同。例如，IA 族所具有的離子電荷為＋1，IIA 族與 IIB 族的離子電荷為＋2。例如，Na^+之電子組態為 $1s^22s^22p^6$，Mg^{2+}之電子組態為 $1s^22s^22p^6$。但有時候此規則會出現例外，例如，Hg_2^{2+}，Tl^+，Sn^{2+}，Pb^{2+} 和 Bi^{3+}。

有些典型元素失去所有價電子所產生的陽離子具有**偽鈍氣電子組態**(pseudo-noble gas electron configuration)，其中最外層具有電子組態 $ns^2np^6nd^{10}$。例如，Zn^{2+}之電子組態為 $1s^22s^22p^63s^23p^63d^{10}$。

例題 4.1

請寫出下列元素及其陽離子之電子組態。

1. K　2. Ca　3. Ga　4. Cd

1. K 是 IA 族元素，失去 1 個價電子之後會形成 K^+。

2. Ca 是 IIA 族元素，失去 2 個價電子之後會形成 Ca^{2+}。

3. Ga 是 IIIA 族元素，失去 3 個價電子之後會形成 Ga^{3+}。

4. Cd 是 IIB 族元素，失去 2 個價電子之後會形成 Cd^{2+}。

	原子	離子
K	$1s^22s^22p^63s^23p^64s^1$	$1s^22s^22p^63s^23p^6$
Ca	$1s^22s^22p^63s^23p^64s^2$	$1s^22s^22p^63s^23p^6$
Ga	$1s^22s^22p^63s^23p^63d^{10}4s^24p^1$	$1s^22s^22p^63s^23p^63d^{10}$
Cd	$1s^22s^22p^63s^23p^63d^{10}4s^24p^64d^{10}5s^2$	$1s^22s^22p^63s^23p^63d^{10}4s^24p^64d^{10}$

過渡元素與內過渡元素性質不同於典型元素。大多數的過渡元素因為失去最外層的 s 軌域電子而形成具有 +2 或 +3 電荷的陽離子，有時也會接著失去 1 個或 2 個 d 軌域電子。例如，銅($1s^22s^22p^63s^23p^63d^{10}4s^1$)形成銅離子 Cu^+ ($1s^22s^22p^63s^23p^63d^{10}$)和 Cu^{2+}($1s^22s^22p^63s^23p^63d^9$)。這是依據**奧弗包原理**建立的電子組態，過渡元素的 d 軌域電子是最後填入的，但是當原子被離子化時，最外層的 s 軌域電子卻先失去。內過渡金屬則通常形成 +3 價的離子，這是因為失去最外層的 s 軌域電子和 d 或 f 軌域電子所造成的。

想要決定陰離子的電荷，則視其所需填滿母原子之 s 與 p 軌域的電子數等於其電荷。一個中性原子容易獲得足夠的電子來完全填滿其外層的 s 與 p 軌域，而形成單原子陰離子。例如，硫的電子組態為 $1s^22s^22p^63s^23p^4$，而硫變成硫陰離子需要 2 個電子來填滿 p 軌域，所以硫陰離子具有鈍氣的電子組態 $1s^22s^22p^63s^23p^6$，硫離子電荷為−2。

原子與離子的電子組態不同，也使得它們的物理性質與化學性質差異極大。鈉金屬為銀白色柔軟的金屬，在空氣中會產生劇烈地燃燒，並容易與水迅速反應。室溫下，氯原子通常形成黃色的氯氣(Cl_2)，會強烈地腐蝕大部分的金屬，對動植物都有劇毒。但是鈉與氯劇烈地反應而形成氯化鈉，雖其中含有鈉離子與氯離子，但其性質完全不同於元素鈉與氯的性質。氯雖具有毒性，但氯化鈉卻

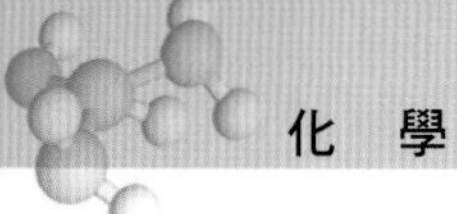

是每日生活飲食與體內生理功能所必須，鈉原子會與水產生劇烈反應，但是氯化鈉卻可穩定地溶於水中。

例題 4.2

請寫出下列元素及其陰離子之電子組態。

1. P　2. O　3. Cl

1. P 是 VA 族元素，獲得 3 個電子之後會形成 P^{3-}。
2. O 是 VIA 族元素，獲得 2 個電子之後會形成 O^{2-}。
3. Cl 是 VIIA 族元素，獲得 1 個電子之後會形成 Cl^{-}。

	原子	離子
P	$1s^2 2s^2 2p^6 3s^2 3p^3$	$1s^2 2s^2 2p^6 3s^2 3p^6$
O	$1s^2 2s^2 2p^4$	$1s^2 2s^2 2p^6$
Cl	$1s^2 2s^2 2p^6 3s^2 3p^5$	$1s^2 2s^2 2p^6 3s^2 3p^6$

4-2 共價鍵 (Convalent Bonds)

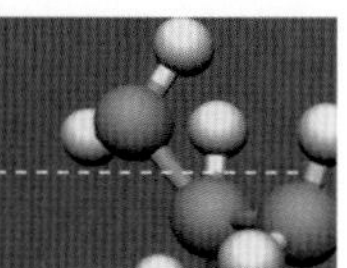

2 個非金屬原子之間因共用電子而形成共價化合物，所產生的化學鍵稱之為**共價鍵**(covalent bonds)。當 2 個原子具有大約相同吸引電子的傾向時，則會彼此共用電子並形成共價鍵。

例如，氫分子(H_2)，在 2 個氫原子之間有一個共價鍵。形成氫分子期間，2 個氫原子會先彼此接近，各原子的 1*s* 軌域開始互相重疊，電子被 2 原子共用，同時被 2 原子核所吸引，並佔據 2 原子周圍的空間。

$$:\ddot{\underset{..}{Cl}}\cdot + \cdot\ddot{\underset{..}{Cl}}: \longrightarrow :\ddot{\underset{..}{Cl}}:\ddot{\underset{..}{Cl}}: \longrightarrow :\ddot{\underset{..}{Cl}}—\ddot{\underset{..}{Cl}}:$$

共用電子對　　共價鍵

其所形成的共價鍵非常強，打斷 1 莫耳氫分子的鍵而產生氫原子所需的能量為 436 kJ。

$$H_{2(g)} \rightarrow 2H_{(g)} \quad \Delta H = 436kJ$$

相反地，當 2 莫耳的氫原子形成 1 莫耳氫分子時，也會釋出相同的能量。

$$2H_{(g)} \rightarrow H_{2(g)} \quad \Delta H = -436kJ$$

大部分的原子形成共價鍵時，會共用足夠的電子，使每個原子皆滿足 8 個電子而呈現鈍氣的電子組態，以符合八隅體規則。例如，氯分子就是 2 個原子共用 1 對電子，使各原子的電子組態與鈍氣氬原子相同，這是因為氯原子比氬原子少 1 個電子。氫分子中各個氫原子的 1s 軌域被 2 個電子佔據，所以 2 個氫原子都具有氦原子的電子組態。

$$:\ddot{\underset{..}{Cl}}\cdot + \cdot\ddot{\underset{..}{Cl}}: \longrightarrow :\ddot{\underset{..}{Cl}}:\ddot{\underset{..}{Cl}}: \longrightarrow :\ddot{\underset{..}{Cl}}—\ddot{\underset{..}{Cl}}:$$

共用電子對　　共價鍵

路易士結構利用電子點式來顯示分子或離子中的電子數。如同上圖 Cl_2 的路易士結構中，每個氯原子各具有 3 對**未共用電子對**(lone pairs)及 1 對共用電子對。為了書寫方便也可使用一條短線(－)表示 1 對共用電子對。

2 個原子之間共用單一電子對則形成**單鍵**(single bond)，例如 Cl_2。

2 個原子之間共用 2 對電子對則形成**雙鍵**(double bond)，例如 CO_2，CH_2O（甲醛），C_2H_2（乙烯）。

2 個原子之間共用 3 對電子對則形成**參鍵**(triple bond)，例如 N_2。

單鍵　$:\ddot{\underset{..}{Cl}}—\ddot{\underset{..}{Cl}}:$

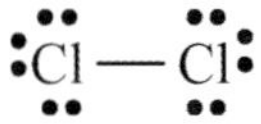

雙鍵　$:\ddot{O}=C=\ddot{O}:$　　$H_2C=\ddot{O}:$　　$H_2C=CH_2$

參鍵　$:N\equiv N:$

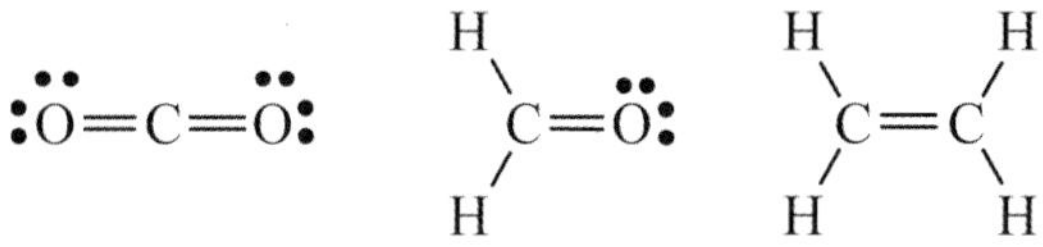

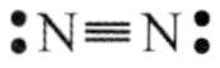

其他鹵素分子（F_2，Br_2 和 I_2）的鍵結也與氯分子相似，2 個原子之間有 1 個單鍵，而且每個原子還有三對未共用電子對。如同 Cl_2 中的氯原子，這些鹵素分子中的各個原子都具有填滿的價層，而且為鈍氣的電子組態。

原子形成共價鍵（共用電子對）的數目，通常可以經由填滿外層 *s* 和 *p* 軌域所需電子數來預測。IVA 族元素的外層具有 4 個電子，可以再接受 4 個電子以達到鈍氣的電子組態。這 4 個電子可藉由形成 4 個共價鍵而獲得，例如 CCl_4 的碳和 SiH_4 的矽。

氮和 VA 族的其他元素則需要 3 個電子才能形成鈍氣的電子組態。這 3 個電子可以藉由形成 3 個共價鍵而獲得，例如 NH_3。氧與 VIA 族中的其他原子則需要 2 個電子來填滿外層的 *s* 和 *p* 軌域，因此可以形成 2 個共價鍵。氟與其他 VIIA 族元素為了填滿其外層的 *s* 和 *p* 軌域，只需要形成 1 個共價鍵。

通常只有碳、氮和氧原子之間的鍵能形成雙鍵或參鍵。例如，元素氮形成 N_2 分子，就含有一個參鍵，但是元素磷（也是 VA 族）形成 P_4 分子，則僅含有單鍵。磷、硫、碳有時也可與碳、氮和氧形成雙鍵。

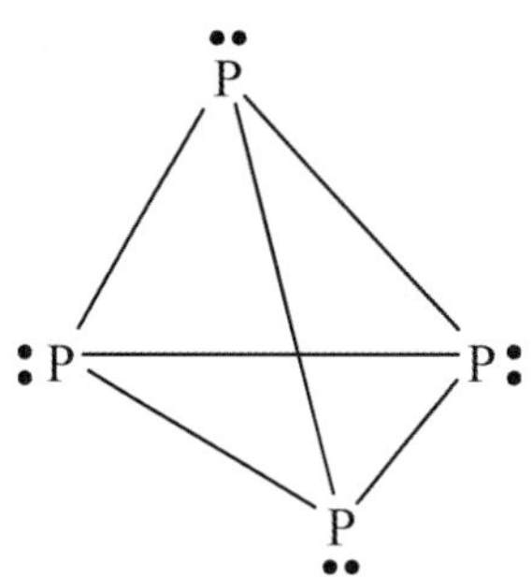

多原子離子中的原子，也是以共價鍵鍵結在一起，例如 NH_4^+、OH^-及 NO_3^-。因此含有多原子離子的化合物是以共價鍵和離子鍵來穩定結構的。例如，硝酸鉀 KNO_3，含有 K^+陽離子和多原子 NO_3^-陰離子，由 K^+和 NO_3^-之間的靜電吸引力所形成的離子鍵以及 NO_3^-之中氮與氧之間的共價鍵。

週期表中第二週期元素在其價層中只具有 4 個軌域，因此其價層中不會形成超過 8 個電子的化合物。但是原子最外層電子層若多於 4 個軌域，則可以與其他原子共用超過 4 對電子。例如，PCl_5 分子中的磷原子與氯共用 5 對電子，SF_6 分子中的硫原子與氟共用 6 對電子。而 IF_5 和 XeF_4 的中心原子外層電子數超過 8 個，甚至有一些未共用電子對。

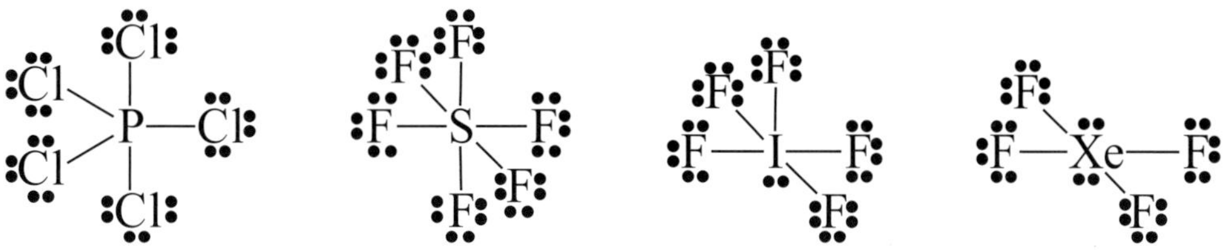

少數的分子含有不具鈍氣電子組態的原子，其價層少於 8 個電子。例如，BCl_3 分子中的硼與 3 個氯原子共用 3 對電子對，各個氯原子填滿外層的 *s* 與 *p* 軌域，但是硼原子在其外層只有 6 個電子，所以有 1 個軌域是空的，並未填滿外層的 *s* 與 *p* 軌域，因此具有很好的反應性，容易與具有未共用電子對的原子或分子結合。

例如 NH_3 容易與 BCl_3 反應，因為氮上有 1 對未共用電子對能提供給硼原子共用，而產生鍵結。

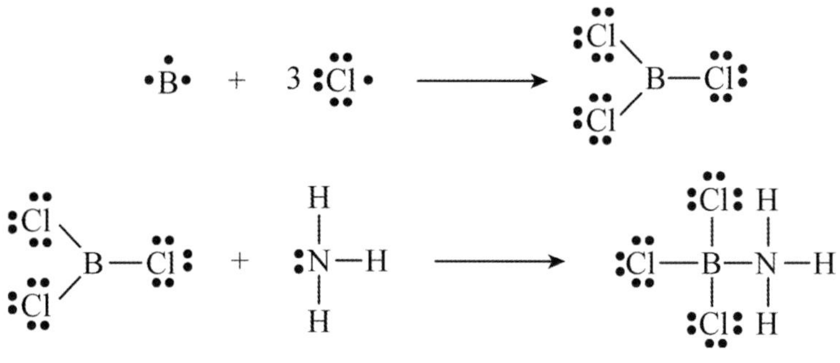

在化合物中，當 1 個原子提供 2 個鍵結電子所形成的鍵稱為**配位共價鍵**(coordinate convalent bond)，例如 Cl_3BNH_3 之中的 B－N 鍵。當氨分子與 1 個氫離子結合而形成銨離子時，會形成配位共價鍵。當水分子與 1 個氫離子結合而形成水合氫離子時，也會形成配位共價鍵。

$$H^+ + :NH_3 \longrightarrow [NH_4]^+$$

$$H^+ + H_2\ddot{O}: \longrightarrow [H_3O]^+$$

配位共價鍵與一般的共價鍵之間的差異，在於形成的方式不同，一般的共價鍵是由每個原子各提供 1 個電子，配位共價鍵是由 1 個原子提供 2 個電子。一旦形成之後，因為電子數皆相同，而變成同等的共價鍵，無法區別。在 H_3O^+ 中所有的 O－H 鍵皆相同，NH_4^+的所有 N－H 鍵也相同。

4-3 金屬鍵 (Metallic Bonds)

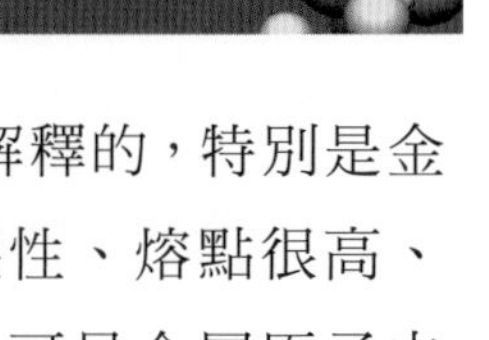

固態金屬物質之間的結合力，是無法以共價鍵或離子鍵來解釋的，特別是金屬固體物質的許多物理性質，例如具有金屬光澤、良好的延展性、熔點很高、電的良導體、導熱性很強等，都無法以共價鍵的特性來解釋，可見金屬原子之間可能存在另一種特殊的吸引力，稱為**金屬鍵**(metallic bonds)。

大部分的金屬具有較低的游離能，容易脫離其價層軌域的電子，而形成**自由電子**(free electrons)。而且金屬通常也具有空的軌域或半填滿的軌域，因為軌域之間的能階差值很小，金屬的自由電子可以任意地遊走於眾多空的軌域之間，這些自由電子毫無方向性，會快速地在許多原子的空軌域之間形成電子雲（圖 4.2）。當金屬固體因失去電子而形成帶正電荷的金屬陽離子，並融入高速運轉的自由電子雲之中，藉由彼此的靜電吸引力將許多金屬原子結合在一起，這種鍵結方式即稱為金屬鍵。而金屬鍵的結合力大小則依自由電子數目多寡而定，自由電子數量越多則結合力越強，金屬鍵也就越強。

因為金屬鍵是靠著自由電子的吸引力而互相結合，本身不具有方向性，當金屬受到外力作用時，會順著受力方向滑動，但不會破壞金屬鍵的鍵結，而且自由電子仍然可以保持金屬表面的完整性，因而使金屬具有良好的延展性。金屬固體物質因具有高速運轉的自由電子，而使金屬具有極佳的導電性，而且電子在高速運轉的過程中能迅速吸收熱能，並且將熱快速地傳遞到金屬的各個部位，因此金屬是電與熱的良導體。

由於金屬鍵是由相同的金屬原子堆積而成，其中的鍵結並沒有牽涉失去價電子或獲得價電子，因此沒有生成陽離子或是陰離子的問題，這是金屬鍵與離子鍵最大的差異處。金屬鍵的自由電子可以任意地遊走於眾多空的軌域之間活動，導致金屬鍵不具有方向性，但有很好的延展性，這是金屬鍵與共價鍵不同之處。

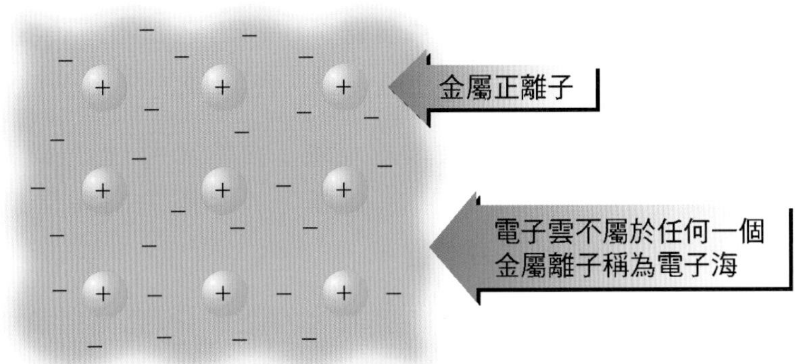
金屬正離子
電子雲不屬於任何一個
金屬離子稱為電子海

■ 圖 4.2　金屬鍵是靠金屬正離子與自由電子形成的

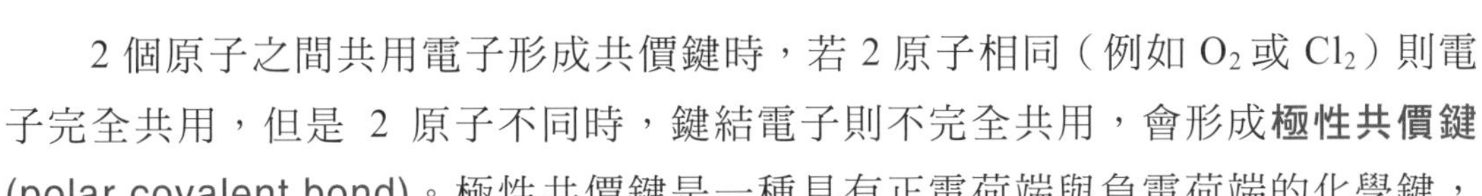

4-4 電負度與鍵的極性 (Electronegativity and the polar of bonding)

2 個原子之間共用電子形成共價鍵時，若 2 原子相同（例如 O_2 或 Cl_2）則電子完全共用，但是 2 原子不同時，鍵結電子則不完全共用，會形成**極性共價鍵** (polar covalent bond)。極性共價鍵是一種具有正電荷端與負電荷端的化學鍵，鍵結電子較靠近某一原子並且遠離另一原子。例如氯化氫分子(H－Cl)鍵的電子較靠近氯原子而遠離氫原子。因此在 HCl 分子中，氯原子帶部分的負電荷，氫原子則帶部分正電荷。

分子若含有極性鍵，則具有**偶極矩**(dipole moment)，分子會有一正端與一負端。

電負度(electronegativity)是指化學鍵中原子對電子的吸引力。在化學鍵中原子吸引電子的能力越強，則電負度越大，可參考表 3.7。通常週期表中同一週期元素由左而右電負度漸增，同一族元素由上而下電負度漸減。因此位於週期表右上方的非金屬元素，通常具有較大的電負度，其中氟的電負度最大。金屬元素的電負度則較小，其中 IA 族的鹼金屬電負度最小。

2 個鍵結原子電負度差的絕對值可用於預測鍵的極性或非極性。當電負度差等於 0 或很小時，為**非極性共價鍵**(nonpolar covalent bonds)。電負度差很大時，則為**極性共價鍵**(polar covalent bonds)或**離子鍵**(ionic bonds)。例如，H－H 原子之間的電負度差等於 0，為**非極性共價鍵**；H－Cl 之間的電負度差為 0.7，是**極性共價鍵**；Na^+Cl^-電負度差的絕對值為 1.8，所形成的是離子鍵。

電負度差的絕對值可作為判斷共價鍵或離子鍵的參考，但是鍵結原子的種類更是判斷共價鍵或離子鍵的好方法。非金屬與非金屬之間通常是以共價鍵鍵結，金屬與非金屬之間則是形成離子鍵。

極性共價鍵之中電子通常靠近電負度較大的原子，因此高電負度原子具有部分的負電荷，低電負度原子則具有部分的正電荷。原子的電負度越大，其部分負電荷越大。

例題 4.3

請比較下列原子的電負度大小。

1. Li，Be，B，C，N，O　2. Be，Mg，Ca，Sr，Ba　3. F，S，K

1. 同一週期元素由左而右電負度漸增，所以 Li＜Be＜B＜C＜N＜O。
2. 同一族元素由上而下電負度漸減，所以 Be＞Mg＞Ca＞Sr＞Ba。
3. 非金屬元素的電負度大於金屬元素，所以 F＞S＞K。

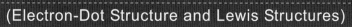

4-5 電子點結構及路易士結構 (Electron-Dot Structure and Lewis Structures)

原子都含有某些位於最外層能階上的電子稱之為**價電子**(valence electrons)，這些原子最外層的價電子決定元素的化學性質。就典型元素而言，原子的價電子數等於其族數。例如，所有的 IA 族元素都有 1 個價電子，IIA 族元素都有 2 個價電子，VA 族元素都有 5 個價電子，VIIA 族元素都有 7 個價電子，VIIIA 族元素都有 8 個價電子。

電子點結構(electron-dot structure)是表示價電子的一種方法，以一個點表示 1 個價電子，點可以寫在元素符號的四周（上、下、左、右皆可）。價電子數較少時（少於 4 個）可以單一點的方式排列，若超過 4 個價電子則以電子對的方式表示，如表 4.1。

[表 4.1] 各種 A 族元素的電子點結構

族數	元素	電子組態	價電子數	電子點結構
IA	鈉(Na)	$1s^2 2s^2 2p^6 3s^1$	1	•Na
IIA	鎂(Mg)	$1s^2 2s^2 2p^6 3s^2$	2	•Ṁg
IIIA	鋁(Al)	$1s^2 2s^2 2p^6 3s^2 3p^1$	3	•Ȧl•

[表 4.1] 各種 A 族元素的電子點結構（續）

族數	元素	電子組態	價電子數	電子點結構
IVA	矽(Si)	$1s^22s^22p^63s^23p^2$	4	Si
VA	磷(P)	$1s^22s^22p^63s^23p^3$	5	P
VIA	硫(S)	$1s^22s^22p^63s^23p^4$	6	S
VIIA	氯(Cl)	$1s^22s^22p^63s^23p^5$	7	Cl
VIIIA	氬(Ar)	$1s^22s^22p^63s^23p^6$	8	Ar

例題 4.4

請寫出下列元素之價電子數？

1. Ca　2. N　3. Br

1. Ca 是 IIA 族元素，有 2 個價電子。

2. N 是 VA 族元素，有 5 個價電子。

3. Br 是 VIIA 族元素，有 7 個價電子。

例題 4.5

請寫出下列元素之電子點結構？

1.K　2. O　3. Ne

1. K 是 IA 族元素，有 1 個價電子。　•K

2. O 是 VIA 族元素，有 6 個價電子。

3. Ne 是 VIIIA 族元素，有 8 個價電子。

初學者可以依照下列步驟寫出共價化合物的路易士結構。

步驟 1　先寫出分子或離子正確的骨架結構。

書寫分子的路易士結構時，必須先畫出結構的骨架，並清楚所有原子正確的排列位置，以便利用化學鍵將各原子互相連接。

1. **氫原子通常位於結構的末端：**中心原子必須至少形成 2 個化學鍵，但氫原子僅能形成 1 個化學鍵，所以氫不能作為中心原子。
2. **大部分的分子結構有對稱性：**當 1 個分子同時具有 1 個以上的相同原子時，這些原子通常位於結構的末端。下列說明以 CH_4、NH_4^+及 ClO^-為例。

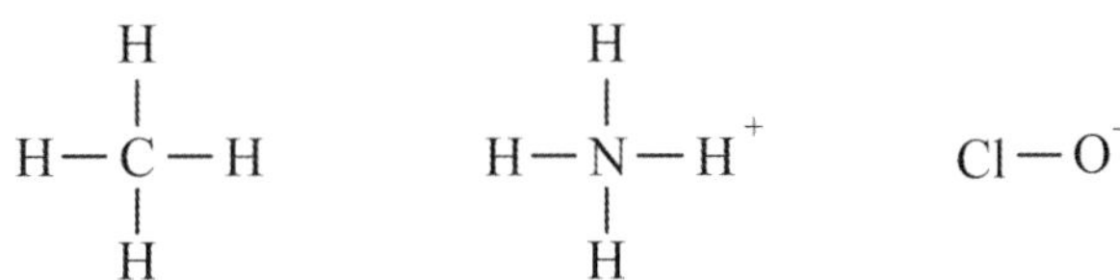

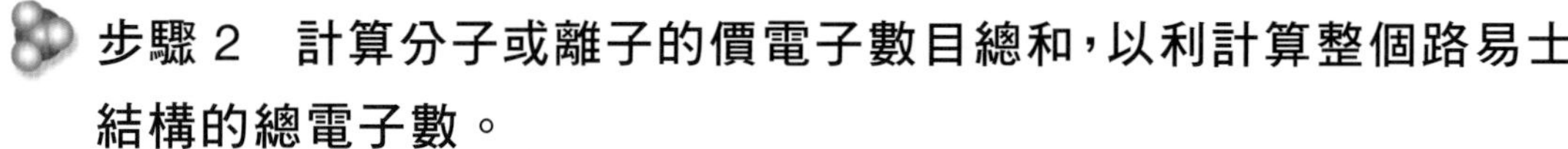

步驟 2 計算分子或離子的價電子數目總和，以利計算整個路易士結構的總電子數。

1. **分子化合物的總電子數：** 等於各原子之價電子數總和。

   CH_4 價電子數＝4（C 原子）＋(1×4)（H 原子）＝8

2. **多原子陽離子的總電子數：** 等於離子中各原子的價電子數總和減掉離子的正電荷數。

   NH_4^+ 價電子數＝5（N 原子）＋(1×4)（H 原子）－1（正電荷）＝8

3. **多原子陰離子的總電子數：** 等於離子中各原子的價電子數總和加上離子的負電荷數。

   ClO^- 價電子數＝7（Cl 原子）＋6（O 原子）＋1（負電荷）＝14

步驟 3 將所有電子分佈至各原子，並儘量使各原子（除了氫以外）具有 8 個電子以符合八隅體規則。

分配電子時，必須在 2 原子之間先放置 2 個電子，這是首要原則。剩餘的電子再分配給末端原子與中心原子。因此某些元素作為中心原子時，其價層可少於 8 個電子。例如 BCl_3 的路易士結構。

在 CH_4 分子與 NH_4^+ 離子中，8 個價電子被分配成 4 對電子對而形成 4 個單鍵，沒有剩餘電子，因此不具有未共用電子對。在 ClO^- 離子中，共有 14 個價電子，其中 2 個被分配成 1 對電子對而形成 1 個單鍵，剩餘 12 個電子則形成 6 對未共用電子對環繞在氯原子與氧原子周圍。

步驟 4　當化合物總電子數量不足以使各原子分配到 8 個電子時，為了符合八隅體規則，原子之間有時需形成雙鍵或參鍵。

若電子數太少，各原子無法得到 8 個電子，可將單鍵轉變成多鍵（雙鍵或參鍵）。將未共用電子對由末端原子移至中心原子的鍵結區域即可。雖然磷、硫和硒有時也能與碳、氮、氧形成雙鍵，但通常幾乎只有碳、氮和氧之間能形成多鍵。例如 O_2 與 N_2 的路易士結構。

$$:\ddot{O}=\ddot{O}: \qquad :N\equiv N:$$

在 O_2 分子中，總共有 12 個價電子(6＋6)，若其中 2 個電子被分配於骨架結構中的單鍵，剩餘 10 個電子能分配成 5 對未共用電子對，但這會產生至少有 1 個原子少於 8 個電子，而且不符合八隅體規則。若全部的 12 個電子能分配成 2 對電子對於雙鍵中，剩餘 4 對未共用電子對則平均分佈在 2 個氧原子上，2 個氧原子皆可得到全填滿的價層，也符合八隅體規則。

在 N_2 分子中，總共有 10 個價電子(5＋5)，若其中 2 個電子被分配於骨架結構中的單鍵，剩餘 8 個電子能分配成 4 對未共用電子對，而產生至少有 1 個原子少於 8 個電子。若全部的 10 個電子能分配成 3 對電子對於參鍵中，剩餘 2 對未共用電子對則平均分佈在 2 個氮原子上，2 個氮原子皆可符合八隅體規則。

某些分子也可能因電子數太多以致各原子不只具有 8 個電子，此時中心原子之價層中可擁有超過 8 個電子（例如 PCl_5、SF_6、IF_5 與 XeF_4 的路易士結構），但是末端原子之價層最多只能含有 8 個電子。特別是氫只有 1 個價電子，所以在其軌域中只能有 2 個價電子。

某些化合物可能有 2 個或多個路易士結構，其原子的排列方式相同，但是電子的排列方式不同。例如，二氧化硫(SO_2)有 2 個路易士結構，原子的排列位置相同，但是一些電子的排列位置不同。

$$\ddot{O}=\ddot{S}-\ddot{\underset{\cdot\cdot}{O}}: \longleftrightarrow :\ddot{\underset{\cdot\cdot}{O}}-\ddot{S}=\ddot{O}$$

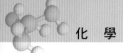

一般化合物中的雙鍵通常比單鍵更強，且鍵長較短。但是實驗顯示 SO_2 的 2 個硫－氧鍵(S－O，S＝O)具有相同的鍵長，且性質相同。因為無法畫出 SO_2 的單一路易士結構，因此說明**共振**(resonance)的原理。在 SO_2 中，硫原子與氧原子之間的電子是平均分佈在 1 個雙鍵和 1 個單鍵。當 2 個或多個路易士結構具有相同的原子排列位置，但實際的電子分佈是不相同的，則稱為共振。而個別的路易士結構則稱為**共振式**(resonance forms)。分子中實際的電子結構稱為個別共振式的**共振混成**(resonance hybrid)。路易士結構之間的雙箭號可用於顯示它們是共振式，也代表電子的分佈是個別共振式的平均。倘若分子是以共振混成來描述，則無法再以單一共振式來描述電子結構，其實際的電子結構就是所有共振式的平均。

一氧化二氮(N_2O)的電子分佈也是另一種共振的實例。因為 N_2O 化合物中的電子分佈是 2 個共振式的平均，所以在 2 個氮原子之間的電子分佈可被視為大於雙鍵但小於參鍵。在共振混成中氮原子與氧原子之間的電子分佈則是介於單鍵和雙鍵之間。

$$:\ddot{N}=N=\ddot{O}: \longleftrightarrow :N\equiv N-\ddot{\underset{\cdot\cdot}{O}}:$$

4-6 分子形狀 (The Shapes of Molecules)

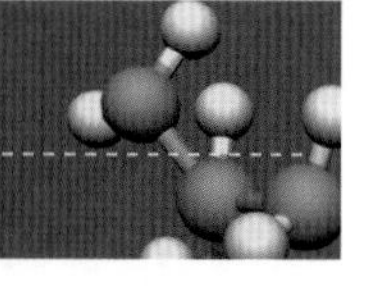

利用路易士結構結合**價層電子對排斥理論**(valence shell electron pair repulsion, VSEPR)可以預測分子的形狀，基於中心原子周圍電子群（形成未共用電子對、單鍵、雙鍵或參鍵）彼此互相排斥而決定分子的幾何形狀，這些電子群會盡量遠離彼此以降低電子之間的排斥力。

下列步驟是利用 VSEPR 理論預測分子形狀：

1. **步驟 1：**先畫出分子的電子點結構。
2. **步驟 2：**計算中心原子周圍的電子對數目，包含鍵結電子對與未共用電子對。
3. **步驟 3：**利用 VSEPR 預估電子對在空間中的排列方式。

4. **步驟 4：**計算與中心原子鍵結的電子數。

5. **步驟 5：**利用鍵結原子確定分子的形狀。

若所有電子對皆與原子鍵結，其分子形狀則與電子對在空間中的排列形狀一樣。但若剩餘一對或一對以上的未共用電子對，則會影響鍵角與分子形狀。表 4.2 歸納出一些分子形狀的例子。

[表 4.2] **分子形狀與鍵角的關係**

分子	鍵角	分子形狀	路易士結構
CO_2	180°	直線形	O=C=O
BCl_3	120°	平面三角形	Cl–B(–Cl)–Cl
SO_2	小於 120°	V 字形	O=S–O
CH_4	109.5°	正四面體	H–C(–H)(–H)–H
NH_3	小於 109.5°	三角錐形	H–N(–H)–H
H_2O	小於 109.5°	V 字形	H–O–H

CO_2 的分子形狀是由左右兩側的電子群作用於中央碳原子上的排斥作用所決定，這 2 個電子群會遠離彼此而形成 180°的鍵角，並構成**直線形**(linear)的 CO_2 分子形狀。

BCl_3 分子具有 3 個電子群圍繞其中央的硼原子，這 3 個電子群也是遠離彼此而形成 120°的鍵角，並構成**平面三角形**(trigonal plannar)的 BCl_3 分子形狀。

若一個分子有 4 個電子群圍繞其中央原子，分子則會具有 109.5°鍵角的**正四面體**(tetrahedral)形狀。例如 CH_4 的 4 個電子群彼此互相排斥，造成彼此分離達到最大的狀態，因此形成正四面體的形狀。我們在紙上書寫 CH_4 的結構時，看起來像是具有 90°的鍵角，但是在三度空間中，電子群會藉著形成正四面體的分子形狀而彼此遠離，並且形成 109.5°的鍵角。

若一個分子具有未共用電子對圍繞其中央原子時，這些未共用電子對也會排斥其他電子群。例如，NH_3 的 4 個電子群（1 個未共用電子對與 3 個鍵結電子對）彼此會互相遠離，雖然其電子的幾何形狀看起來像四面體，但是原子的排列是形成**三角錐形**(trigonal pyramidal)的分子形狀。

雖然電子的幾何形狀與分子形狀不同，但是電子的幾何形狀與分子形狀有關連，未共用電子對會影響鍵結電子對所形成的鍵角與形狀。

還有一個特別的例子就是 H_2O，其路易士結構是 H—Ö—H（O 上下各有一對未共用電子對）。因為具有 4 個電子群（2 個未共用電子對與 2 個鍵結電子對），所以電子的幾何形狀看起來也是四面體，但是具有 2 個未共用電子對，因此原子排列的分子形狀變成是 V 字形。

X—Z—X
直線形

X
|
X—Z—X
平面三角形

X—Z—X（彎曲）
V字形

ZX_4
正四面體

ZX_3
三角錐形

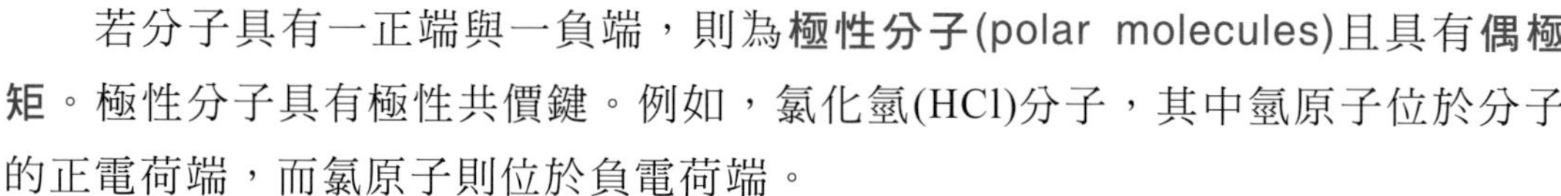
4-7 極性及非極性分子 (Polar and Nonpolar Molecules)

若分子具有一正端與一負端，則為**極性分子**(polar molecules)且具有**偶極矩**。極性分子具有極性共價鍵。例如，氯化氫(HCl)分子，其中氫原子位於分子的正電荷端，而氯原子則位於負電荷端。

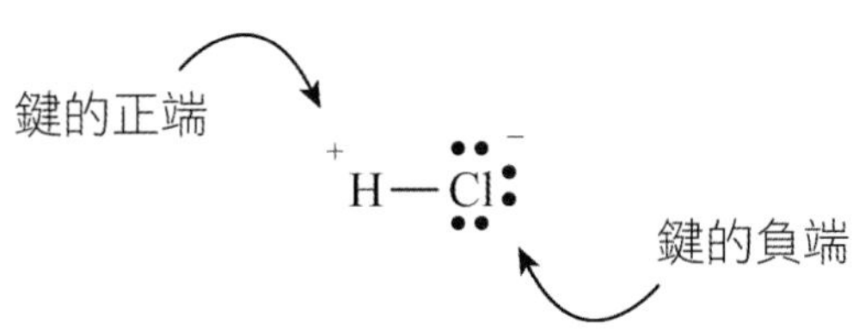

含有 2 個或 2 個以上極性鍵的分子有可能是極性或非極性分子。例如 CO_2 分子為直線形分子，具有 2 個極性 C＝O 鍵，且位於中心原子（C 原子）兩側，因為鍵極性（或偶極矩）大小相同，但方向相反，所以互相抵消。雖然 2 個 C＝O 鍵皆具有極性，但是鍵的排列使極性互相抵消，因此 CO_2 為非極性分子。

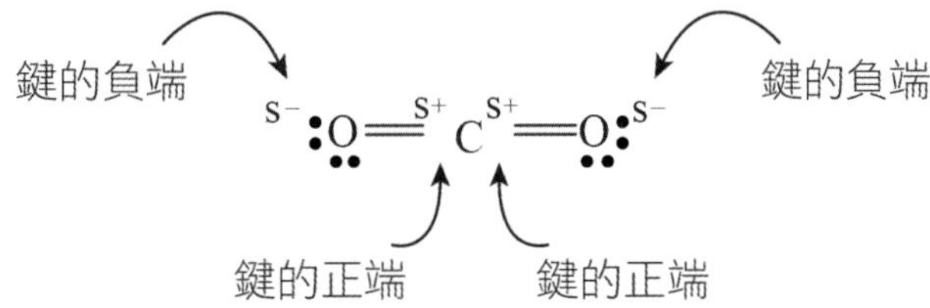

平面三角形與四面體的分子中，鍵的極性（或偶極矩）也會互相抵消，因此分子為非極性。例如 BCl_3 和 CCl_4。

若分子中有 2 個或 2 個以上相同極性的鍵，但鍵的排列無法互相抵消，則為極性分子。例如 H_2S 與 NH_3，H 原子位於極性鍵的正端，而 N 與 S 原子位於負端。此類型分子含有未共用電子對，致使偶極矩無法互相抵消，而形成極性分子。

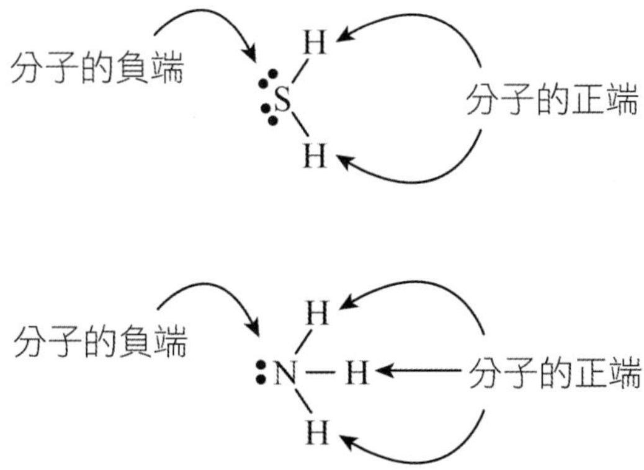

有時分子含有 2 個或多個不同類型的極性鍵，但偶極矩無法互相抵消，而使分子具有極性。例如，氯化甲烷(CH_3Cl)，雖然分子排列是四面體結構，但是極性鍵 C－Cl 與 C－H 的偶極矩大小及方向不同，所以偶極矩無法完全抵消，因此 CH_3Cl 是極性分子。

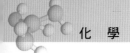

結 語

當原子與原子發生反應時，它們的電子結構會被改變並形成化學鍵。電子會從 1 個原子轉移至另 1 個原子而產生離子鍵。離子化合物則是由相反電荷的離子彼此藉由靜電吸引力結合在一起所形成的。

典型元素的離子電荷較為固定，因為這些離子的電子結構具有鈍氣的電子組態或偽鈍氣的電子組態，很少有例外的。

當原子之間因為共用電子而形成電子對，則會產生共價鍵。若 1 個原子提供 2 個鍵結電子所形成的鍵稱為配位共價鍵。當 2 個原子之間共用 1 對電子則形成單鍵。2 個原子之間共用 2 對或 3 對電子則分別形成雙鍵或參鍵。

電子在化學鍵中的分佈情形與分子中的未共用電子對可以用路易士結構來表示。大部分的路易士結構可由單鍵組成的骨架結構開始描述，再繼續分配剩餘的電子當作未共用電子對或分配剩餘的電子於雙鍵或參鍵中，使所有的原子盡可能形成鈍氣的電子組態。

通常不同的原子之間會彼此共用電子對，但是不一定完全地平均共用。在極性共價鍵中，電子可能較接近某一個原子而較遠離另一個原子。在化學鍵中，原子吸引電子對的能力稱為電負度。共價鍵中 2 個原子之間電負度差越大，鍵的極性則越強。

小試身手

1. 請寫出下列元素的價電子數。

   Na，O，B，Cs，Cl，P，Mg，I

2. 請寫出下列元素的電子點結構。

   Li，Cl，Mg，S，Al，I，K，Ca，Sr，F

3. 請寫出下列原子形成單原子離子時的電荷。

   Li，Cl，Mg，S，Al，I，K，Ca，Sr，F

4. 請寫出下列元素形成單原子離子的電子點結構。

   Li，Cl，Mg，S，Al，I，K，Ca，Sr，F

5. 利用電子點結構寫出下列化合物的結構式。

   HBr，CO_2，$MgCl_2$，CaO，NO，$FeCl_3$

6. 請預測下列化合物何者為離子化合物？何者為共價化合物？

   CO_2，$MgCl_2$，HBr，NCl_3，$FeBr_3$，K_2O，NO_2，KI，CaO

7. 請寫出下列化合物的路易士結構。

   HBr，O_2，SF_2，N_2，CO，C_2H_6，HCN，C_2H_2，$AlCl_3$，$SiCl_4$，PCl_5，SeF_6，

   NH_4^+，H_3O^+，BF_4^-，ClO^-，PCl_6^-

8. 比較下列原子的電負度，請由小而大排列。

   (1) C，N，F，O

   (2) S，O，Se，Te

   (3) Be，Mg，Ca，Ba

   (4) Br，Cl，F，I

   (5) Al，Na，Mg，Si

   (6) S，P，Si，，Cl

9. 下列分子或離子何者含有極性共價鍵？

   HCl，O_3，NO_3^-，H_2S，H_2，CCl_4，$AlCl_3$

10. 下列化合物何者為非極性分子？

NH_3，H_2O，N_2，CO_2，KBr，CH_4，BeF_2，CBr_4

11. 預測下列分子的形狀。

$SiCl_4$，NF_3，PCl_3，H_2S，PH_3

12. 寫出下列化合物的共振式。

NO_2^-，O_3，C_6H_6

13. 請以 C_{60} 為主題，製作概念構圖。

參考書籍

1. 徐惠麗、劉東明、方偉平、魏銘琪、張禎祐編譯(2007)．化學（精華版）．台北：新文京。

2. LEO J. MALONE. BASIC CONCEPTS OF CHEMISTRY (7th ed.). 台北：高立。

Chapter 05

化學式及化學計量

林麗玲

本章大綱

Chapter at a Glance

化學反應隨處可見，例如汽油燃燒產生的能量可發動汽車引擎，但同時也產生了溫室氣體 CO_2；植物則利用 CO_2 和 H_2O 進行光合作用；動物體內會進行緩和的生化反應，產生能量，使肌肉收縮。

化學家常使用元素符號、化學式及反應方程式來呈現這些化學反應過程，這樣的表達方式，讓我們更清楚的了解化學反應中，反應物消耗的量及生成物產生的量。

圖 5.1 圖中皆為 1 莫耳物質，左方為鋅粉(Zn)；中間為水(H_2O)；右方為氯化鈉(NaCl)。

5-1 化學式及化學反應方程式

(The Formulas and the Chemical Equations)

一、元素符號及化學式

元素符號

元素符號是化學家用來代表一種元素的特別記號。一般常見的元素符號請參考第二章表 2.1 所示。

大多數的元素符號為一個或二個英文字的縮寫，若元素符號只有一個字母，則大寫。例如：碳(C)、氫(H)、氧(O)。

若元素符號有二個字母，則第一個字大寫，第二個字小寫。例如：鈷(Co)、鐵(Fe)、銅(Cu)。

化學式

化學式是化合物的代表符號，從化學式可知該化合物之元素組成。例如：水的化學式為 H_2O，每 1 個水分子是由 2 個氫原子及 1 個氧原子組成。

例題 5.1

試寫出以下元素的元素符號：溴、鈉、氯、銅。

溴(Br)、鈉(Na)、氯(Cl)、銅(Cu)。

二、化合物的命名

由金屬及非金屬所形成的化合物

1. 此種由金屬及非金屬形成的化合物稱為離子化合物。金屬易失去電子形成陽離子，非金屬易獲得電子形成陰離子。陽離子和陰離子靠著靜電吸引力形成中性的化合物。
2. 一般而言，IA 族金屬易形成(+1)價陽離子，IIA 族金屬易形成(+2)價陽離子，然而VI族非金屬會形成(－2)價陰離子，VII族非金屬會形成(－1)價陰離子。例如：單原子離子 Na^{+}、Ca^{2+}、O^{2-}、Cl^{-}（見表 5.1）。
3. 有些金屬卻可形成多種價數，例如：Fe^{2+}/Fe^{3+}（見表 5.2）。

4. 常見的多原子離子，例如：NH_4^+（胺根離子）、SO_4^{2-}（硫酸根離子）（見表 5.3）。

命名：　　（非金屬）化（金屬）

例如：NaCl　氯化鈉

Na_2O　氧化鈉

Ca_3P_2　磷化鈣

NH_4Cl　氯化銨

[表 5.1]　A 族元素的單原子離子

IA	IIA	IIIA	IVA	VA	VIA	VIIA
H^+						
Li^+	Be^{2+}		C^{4-}	N^{3-}	O^{2-}	F^-
Na^+	Mg^{2+}	Al^{3+}		P^{3-}	S^{2-}	Cl^-
K^+	Ca^{2+}				Se^{2-}	Br^-
Rb^+	Sr^{2+}				Te^{2-}	I^-
Cs^+	Ba^{2+}					

[表 5.2]　具有多種價數的金屬

Mn^{2+} Mn^{7+}	Fe^{2+} Fe^{3+}	Co^{3+} Co^{2+}	Pb^{4+} Pb^{2+}
Cr^{3+} Cr^{6+}	Cu^{2+} Cu^+	Sn^{4+} Sn^{2+}	Hg^{2+} Hg_2^{2+}

[表 5.3] 常見的多原子離子

離子	英文	名字	離子	英文	名字
Hg_2^{2+}	Mercury (I)	亞汞離子(I)	NCS^-	Thiocyanate	硫氰酸根離子
NH_4^+	Ammonium	銨根離子	CO_3^{2-}	Carbonate	碳酸根離子
NO_2^-	Nitrite	亞硝酸根離子	HCO_3^-	Hydrogen carbonate	碳酸氫根離子
NO_3^-	Nitrate	硝酸根離子	ClO^-	Hypochlorite	次氯酸根離子
SO_3^{2-}	Sulfite	亞硫酸根離子	ClO_2^-	Chlorite	亞氯酸根離子
SO_4^{2-}	Sulfate	硫酸根離子	ClO_3^-	Chlorate	氯酸根離子
HSO_4^-	Hydrogen sulfate	硫酸氫根離子	ClO_4^-	Perchlorate	過氯酸根離子
OH^-	Hydroxide	氫氧根離子	$C_2H_3O_2^-$	Acetate	醋酸根離子
CN^-	Cyanide	氰根離子	MnO_4^-	Permanganate	過錳酸根離子
PO_4^{3-}	Phosphate	磷酸根離子	$Cr_2O_7^{2-}$	Dichromate	重鉻酸根離子
HPO_4^{2-}	Hydrogen phosphate	磷酸氫根離子	CrO_4^{2-}	Chromate	鉻酸根離子
$H_2PO_4^-$	Dihydrogen phosphate	磷酸二氫根離子	O_2^{2-}	Peroxide	過氧根離子
			$C_2O_4^{2-}$	Oxalate	草酸根離子

例題 5.2

試命名以下化合物的化學式：$MgCl_2$、CaI_2、MgO、Al_2O_3。

$MgCl_2$（氯化鎂）、CaI_2（碘化鈣）、MgO（氧化鎂）、Al_2O_3（氧化鋁）。

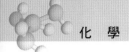

例題 5.3

試寫出以下化合物的化學式：1.氧化鈣，2.氧化鈉。

1. 氧化鈣

   先寫出陰離子及陽離子：O^{2-}、Ca^{2+}

   1 個 O^{2-}和 1 個 Ca^{2+}可化合形成中性化合物

   故化合物可寫成$(Ca^{2+})_1$、$(O^{2-})_1$

   即 CaO

2. 氧化鈉

   先寫出陰離子及陽離子：O^{2-}、Na^{+}

   1 個 O^{2-}和 2 個 Na^{+}可化合形成中性化合物

   故化合物可寫成$(Na^{+})_2(O^{2-})_1$

   即 Na_2O

由氫和非金屬所形成的化合物

命名：（非金屬）化（氫）；水溶液則為（氫）（非金屬）酸

例如：$HF_{(g)}$ 氟化氫　$HF_{(aq)}$ 氫氟酸

$HCl_{(g)}$ 氯化氫　$HCl_{(aq)}$ 氫氯酸

由 2 個非金屬元素所形成的化合物

2 個非金屬元素所形成的化合物稱為共價化合物。

命名：非金屬性質較弱者放前面，非金屬性質較強者放後面。

例如： CO 一氧化碳

CO_2 二氧化碳

N_2O_4 四氧化二氮

二、化學反應方程式(Chemical Equations)

化學反應方程式的寫法

1. 將反應物寫在左方，生成物寫在右方，並用箭頭(→)連接。

   $C_5H_{12} + O_2 \rightarrow CO_2 + H_2O$

   反應物 生成物

2. 在方程式前加入係數(coefficient)，使反應物的原子總數與生成物的原子總數相等。加入係數後：

   $C_5H_{12} + \underline{8}O_2 \rightarrow \underline{5}CO_2 + \underline{6}H_2O$

   檢視反應物與生成物的原子總數是否相等？

元素	反應物的原子總數	生成物的原子總數
C	5	5
H	12	12
O	16	16

註：1. 有時書寫化學反應方程式時，會註明該物質的物理狀態或反應熱

例如：$C_{(s)} + O_{2(g)} \rightarrow CO_{(g)}$ $\Delta H = -111$ KJ. mol^{-1}

2. 物理狀態：固體(s)、液體(*l*)、氣體(g)、水溶液(aq)。

3. 用 ΔH 來代表反應熱，正值為吸熱、負值為放熱。

5-2 化學反應的類型 (Classification of Chemical Reactions)

一、加成反應(Combination Reactions)

加成反應即是將數個小物質結合成較大的物質。

$$A + B \rightarrow AB$$

例如：$N_2 + 3H_2 \rightarrow 2NH_3$

$N_2 + 2O_2 \rightarrow 2NO_2$

二、分解反應(Decomposition Reactions)

分解反應即是將大的物質分解成數個較小的物質。

$$AB \rightarrow A + B$$

例如：$2H_2O_2 \rightarrow 2H_2O + O_2$

$2NaHCO_3 \rightarrow Na_2O + 2CO_2 + H_2O$

三、置換反應(Replacement Reactions)

置換反應即是參與反應的化合物中，原子做部分的交換。

1. 單置換反應(Single Replacement Reactions)

$$AB + C \rightarrow A + BC$$

例如：$CuO + H_2 \rightarrow Cu + H_2O$

$2Al + Fe_2O_3 \rightarrow 2Fe + Al_2O_3$

2. 雙置換反應(Double Replacement Reactions)

$$AB + CD \rightarrow AC + BD$$

例如：$BaCl_2 + K_2CO_3 \rightarrow BaCO_3 + 2KCl$

四、氧化還原反應(Oxidation-Reduction Reaction)

1. 氧化還原反應包含了電子的轉移，其中氧化反應會失去電子，而還原反應獲得電子。事實上，氧化反應與還原反應是同時進行的。

   例如：

   氧化反應：$2\underline{Cl^-} \rightarrow Cl_2 + 2e^-$　Cl^- 被氧化

   還原反應：$\underline{Fe^{3+}} + e^- \rightarrow Fe^{2+}$　Fe^{3+}被還原

2. 氧化反應可獲得氧或失去氫，而還原反應可獲得氫或失去氧。

   例如：

   氧化反應：$4\underline{Al} + 3O_2 \rightarrow 2Al_2O_3$　Al　被氧化

   還原反應：$\underline{CuO} + H_2 \rightarrow Cu + H_2O$　Cu^{2+}　被還原

3. 從氧化數的觀點來看，氧化還原反應涉及氧化數的變化。氧化反應的氧化數會增加，還原反應的氧化數會減少。

   例如：

   $2\underline{C}O + 2\underline{N}O \rightarrow 2\underline{C}O_2 + \underline{N}_2$　C 氧化數增加(2→4)，CO 被氧化

   N 氧化數減少(2→0)，NO 被還原

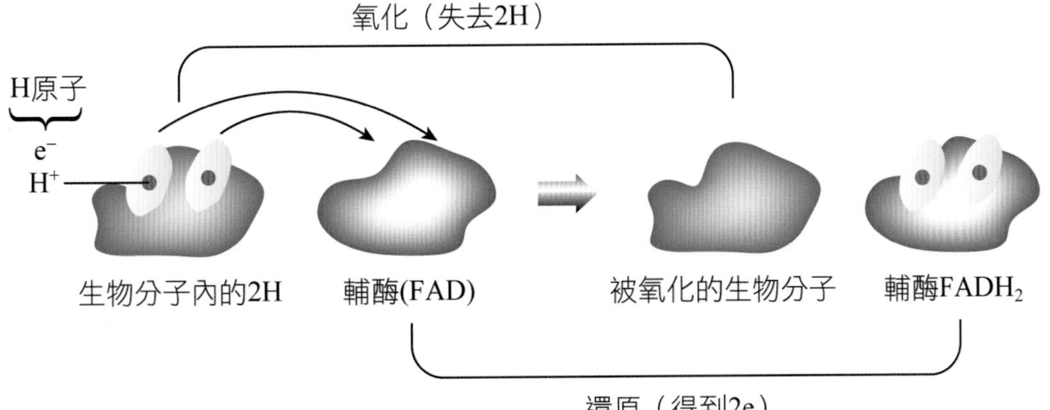

■ 圖 5.2　生物系統內的氧化還原反應。說明：在生物體內，有機化合物的氧化會涉及氫原子(H)的轉移

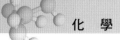

五、酸鹼反應(Acid-Base Reactions)

酸鹼反應能產生鹽類和水。

例如：

$H_2SO_4 + Mg(OH)_2 \rightarrow MgSO_4 + 2H_2O$

六、沉澱反應（Precipitation Reactions）

是一種雙取代反應，表示兩種化合物發生化學反應，產生不溶產物，以下列方程式來看，有不溶解的碳酸鈣($CaCO_3$)形成。

$Ca(NO_3)_{2(aq)} + Na_2CO_{3(aq)} \rightleftharpoons CaCO_{3(s)} + Na_2CO_{3(aq)}$

5-3 莫耳及亞佛加厥數 (The Mole and Avogadro's Number)

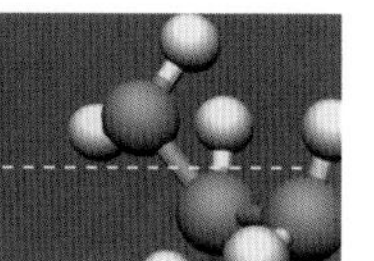

在化學上，我們是以莫耳來計算原子、分子、離子等粒子的多寡。1 莫耳原子相當於 6.02×10^{23} 個原子。而 6.02×10^{23} 這個極大的數字，稱為**亞佛加厥數**。

簡單說，1 莫耳＝6.02×10^{23} 個；也就是說，1 莫耳的物質含有亞佛加厥數的粒子（包含原子、分子、離子、化合物等）。

例如： 1 莫耳碳原子(C)＝6.02×10^{23} 個碳原子(C)

1 莫耳二氧化碳(CO_2)＝6.02×10^{23} 個二氧化碳(CO_2)分子

1 莫耳碳酸根(CO_3^{2-})＝6.02×10^{23} 個碳酸根(CO_3^{2-})離子

1 莫耳碳酸鈣($CaCO_3$)＝6.02×10^{23} 個碳酸鈣($CaCO_3$)

例題 5.4

試求化合物中各元素的莫耳數。1 莫耳的咖啡因(caffeine)含有多少莫耳的 C 原子？多少莫耳的 N 原子？（已知咖啡因的化學式為 $C_8H_{10}N_4O_2$）

1 莫耳 $C_8H_{10}N_4O_2$ 含： 8 莫耳碳(C)原子

10 莫耳氫(H)原子

4 莫耳氮(N)原子

2 莫耳氧(O)原子

1 莫耳相當於 6.02×10^{23} 個原子，故 4 莫耳的 N 原子相當於 $4 \times 6.02 \times 10^{23}$ 個原子，即 2.4×10^{24} 個 N 原子。

例題 5.5

維生素 C（抗壞血酸）的化學式為 $C_6H_8O_6$

1. 3 莫耳維生素 C 中，含多少莫耳的碳原子？
2. 2 莫耳維生素 C 中，含多少莫耳的氫原子？
3. 5 莫耳維生素 C 中，含多少莫耳的氧原子？

由維生素 C 的化學式 $C_6H_8O_6$ 得知：1 莫耳的維生素 C 含 6 莫耳的 C 原子、8 莫耳的氫原子、6 莫耳的氧原子。

1. 因為 1 莫耳的維生素 C 含 6 莫耳的碳原子，所以 3 莫耳的維生素 C 含($6 \times 3 = 18$)莫耳的碳原子。

2. 因為 1 莫耳的維生素 C 含 8 莫耳的氫原子，所以 2 莫耳的維生素 C 含(8×2 ＝16)莫耳的氫原子。

3. 因為 1 莫耳的維生素 C 含 6 莫耳的氧原子，所以 5 莫耳的維生素 C 含(6×5 ＝30)莫耳的氧原子。

5-4 莫耳質量 (Molar Mass)

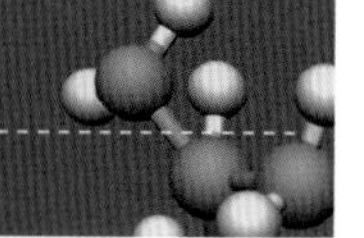

對任何物質而言，1 莫耳的克數就是其莫耳質量。對任何元素而言，莫耳質量就是其原子量。對任何分子而言，莫耳質量就是其分子量。對任何化合物而言，莫耳質量就是其式量。

舉例來說，每 1 個甲烷分子(CH_4)的質量（分子量）約為 16amu。也就是說，1 莫耳甲烷分子的質量（莫耳質量）約為 16g。

例題 5.6

試計算以下物質的莫耳質量：1. NaCl，2. $K_2Cr_2O_7$，3. $C_{12}H_{22}O_{11}$，4. NH_3。（已知以下元素的莫耳質量：Na＝22.99、Cl＝35.45、K＝39.10、Cr＝52.00、O＝16.00、C＝12.01、H＝1.008、N＝14.01）

1. $NaCl = 22.99 + 35.45 = 58.44$

2. $K_2Cr_2O_7 = (39.10 \times 2) + (52.00 \times 2) + (16.00 \times 7) = 294.2$

3. $C_{12}H_{22}O_{11} = (12.01 \times 12) + (1.008 \times 22) + (16.00 \times 11) = 342.3$

4. $NH_3 = 14.01 + (1.008 \times 3) = 17$

例題 5.7

試計算下列物質的莫耳數：1.（32 公克 CH_4），2.（7.1 公克 Cl_2），3.（22 公克 CO_2）、4.（39 公克 K）。

莫耳數＝質量÷莫耳質量

1. 經過計算，得知 CH_4 的莫耳質量約為 16 g/mole

   32÷16＝2 莫耳

2. 經過計算，得知 Cl_2 的莫耳質量約為 71 g/mole

   7.1÷71＝0.1 莫耳

3. 經過計算，得知 CO_2 的莫耳質量約為 44 g/mole

   22÷44＝0.5 莫耳

4. 經過計算，得知 K 的莫耳質量約為 39 g/mole

   39÷39＝1 莫耳

例題 5.8

試計算下列物質的質量：1. 0.1 莫耳 SO_2，2. 2.2 莫耳 NH_3，3. 5 莫耳 PCl_3，4. 2 莫耳 O_2。

質量＝莫耳數×莫耳質量

1. SO_2 的莫耳質量為 64 g/mole

   SO_2 的質量＝0.1×64＝6.4g

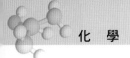

2. NH_3 的莫耳質量為 17 g/mole

NH_3 的質量＝2.2×17＝37.4g

3. PCl_3 的莫耳質量為 137.5 g/mole

PCl_3 的質量＝5×137.5＝687.5g

4. O_2 的莫耳質量為 32 g/mole

O_2 的質量＝2×32＝64g

5-5　原子量、分子量、式量 (Atomic mass、Molecular mass、Formula mass)

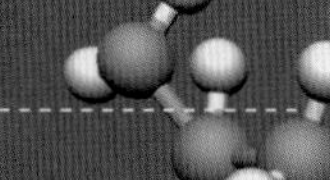

一、原子量(Atomic Mass)

原子量即原子的質量，以原子質量單位(amu)表示。一般而言，是以一個碳-12 的質量作為標準，定為 12amu。因為 1 莫耳碳-12 的莫耳質量為 12 公克，又 1 莫耳原子含 6.02×10^{23} 個原子，所以：

一個原子的質量＝原子的莫耳質量÷亞佛加厥數

二、分子量(Molecular Mass)

分子量是分子中所有原子質量的總和，舉例來說，甲烷分子(CH_4)是由 1 個 C 原子和 4 個 H 原子組成，所以分子量為：

	1 個 C 原子	1×12.011amu	＝12.011amu
＋	4 個 H 原子	4× 1.008amu	＝ 4.032amu
		CH_4 分子量	＝16.043amu

也就是每一個甲烷分子的分子量為 16.043amu。

三、式量(Formula Mass)

離子化合物中，所有原子質量的總和稱為式量。

例如：硝酸鉀(KNO_3)是由 1 個 K 原子、1 個 N 原子和 3 個 O 原子組成，所以式量為：

	1 個 K 原子	1×39.1 amu	=	39.1 amu
	1 個 N 原子	1×14.01amu	=	14.01amu
+	3 個 O 原子	3×16.00amu	=	48.00amu
		KNO_3 式量	=	101.11amu

也就是每一個硝酸鉀的式量為 101.11amu。

5-6 基於方程式的計算 (Calculation Based on Equation)

一、化學方程式的莫耳關係(Molar Relationship in Chemical Equation)

對任何平衡的化學方程式而言，係數比值即莫耳數比值。

舉例來說：$2Fe_{(s)} + 3S_{(s)} \rightarrow Fe_2S_{3(s)}$

係數比　　$Fe：S：Fe_2S_3 = 2：3：1$

莫耳數比　$Fe：S：Fe_2S_3 = 2：3：1$

也就是說，2 莫耳的 Fe 與 3 莫耳的 S 反應，會生成 1 莫耳的 Fe_2S_3。

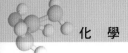

例題 5.9

某化學反應方程式如下，欲使 4 莫耳的鐵充分反應，需多少莫耳的硫？

$2Fe_{(s)} + 3S_{(s)} \rightarrow Fe_2S_3$

反應方程式係數比＝莫耳數比

假設硫的莫耳數為 X

2：3＝4：X　　　X＝6

所以需要 6 莫耳的硫。

二、反應的質量計算(Mass Calculations for Function)

例題 5.10

某化學反應方程式如下，當 2 莫耳的 O_2 與 N_2 充分反應，可產生 NO 多少公克？

$N_{2(s)} + O_{2(s)} \rightarrow 2NO_{(g)}$

反應方程式係數比＝莫耳數比

假設 NO 的莫耳數為 X

則 1：2＝2：X　　X＝4

因為 NO 的莫耳質量為 30 g/mole

所以 NO 的質量為 30×4＝120g

例題 5.11

丙烷(C_3H_8)燃燒會產生 CO_2 和 H_2O，其反應方程式如下，請回答以下問題。

$C_3H_{8(g)} + 5O_{2(g)} \rightarrow 3CO_{2(g)} + 4H_2O_{(g)}$

1. 多少莫耳的 O_2 可與 2 莫耳的 C_3H_8 充分反應？
2. 4 莫耳的 O_2 與 C_3H_8 完全反應，可產生多少莫耳的 CO_2？
3. 多少莫耳的 C_3H_8 可與 4 莫耳的 O_2 充分反應？
4. 多少公克的 C_3H_8 可與 115 公克的 O_2 充分反應？
5. STP 下，欲產生 2L 的 CO_2 氣體，需多少公克 C_3H_8？

1. 反應方程式係數比＝莫耳數比

   假設 O_2 的莫耳數為 X

   則 1：5＝2：X　　X＝10

2. 假設 CO_2 的莫耳數為 X

   則 5：3＝4：X　　X＝2.4

3. 假設 C_3H_8 的莫耳數為 X

   則 1：5＝X：4　　X＝0.8

4. 假設 C_3H_8 須 X 公克

   已知 C_3H_8 的莫耳質量為 44g/mole，O_2 的莫耳質量為 32g/mole

   所以 C_3H_8 的莫耳數為

   O_2 的莫耳數為 $\frac{115}{32}$

   $1 : 5 = \frac{X}{44} : \frac{115}{32}$　　X＝31.625g

5. 假設 C_3H_8 須 X 公克

STP 下，1 莫耳氣體的體積約為 22.4L

所以 C_3H_8 的莫耳數為 $\frac{X}{44}$，CO_2 的莫耳數為 $\frac{2}{22.4}$

$1:3=\frac{X}{44}:\frac{2}{22.4}$　　　$X=1.31$

結語

化學式是利用元素符號來表示物質中所含的原子，在化學式中，可見到一分子中所含的原子種類及數目。例如：CO_2 分子由 1 個碳原子及 2 個氧原子組成。而化學反應方程式可用來描述化學反應進行時，反應物與生成物量的關係，反應前後，生成物與反應物的原子種類與數目是相同的，而一個化學方程式可以在各反應物及生成物前加上係數，使方程式平衡。

大部分的化學反應可以分為：結合反應、分解反應、置換反應、氧化還原反應、酸鹼反應及可逆反應。

化學計量是利用已經平衡好的方程式計算反應物與生成物的質量、莫耳數等數量。對任何平衡的方程式而言，係數比即莫耳數比。

例如：$mA + nB \rightarrow xC + yD$

反應物為 A, B；生成物為 C, D；m, n, x, y 為係數

A：B：C：D（莫耳數比）＝m：n：x：y

要計算莫耳數要先知道莫耳質量。對任何物質而言，莫耳質量即 1 莫耳物質的克數。對任何元素而言，莫耳質量即原子量。對任何分子而言，莫耳質量即分子量。對任何物質而言，莫耳質量即式量。

原子非常小，6.02×10^{23} 這個數字稱為亞佛加厥數，1 莫耳的物質含有亞佛加厥數的粒子。同位素具有相同的原子序，不同的質量數。

如：${}^{16}_{8}O$、${}^{17}_{8}O$、${}^{18}_{8}O$

小試身手

1. 試平衡以下方程式：

   (1) $N_2 + O_2 \rightarrow NO$

   (2) $Mg + AgNO_3 \rightarrow Mg(NO_3)_2 + Ag$

   (3) $Al + HCl \rightarrow AlCl_3 + H_2$

2. 試判斷化學反應的類型：

   (1) $2CaCO_3 \rightarrow 2CaO + 2CO_2$

   (2) $4Fe + 3O_2 \rightarrow 2Fe_2O_3$

   (3) $C_4H_8 + 6O_2 \rightarrow 4CO_2 + 4H_2O$

   (4) $Mg + 2AgNO_3 \rightarrow Mg(NO_3)_2 + 2Ag$

   (5) $Al_2(SO_4)_3 + 6KOH \rightarrow 2Al(OH)_3 + 3K_2SO_4$

3. 氫氣與氧氣反應會產生水

   $2H_{2(g)} + O_{2(g)} \rightarrow 2H_2O_{(g)}$

   (1) 與 3 莫耳的 H_2 反應，需多少莫耳的 O_2？

   (2) 4 莫耳的 O_2 與 H_2 充分反應，會產生多少莫耳的 H_2O？

4. 碳和二氧化硫一起加熱後，會產生二硫化碳和一氧化碳

   $5C_{(s)} + 2SO_{2(g)} \rightarrow CS_{2(g)} + 4CO_{(g)}$

   (1) 與 0.5 莫耳的碳(C)反應，需二氧化硫(SO_2)多少莫耳？

   (2) 欲產生 0.5 莫耳的二硫化碳(CS_2)，需 SO_2 多少莫耳？

5. 鈉與氧氣反應會產生氧化鈉

   $4Na_{(s)} + O_{2(g)} \rightarrow 2Na_2O_{(s)}$

   (1) 2 莫耳鈉(Na)與氧(O_2)充分反應，可產生氧化鈉(Na_2O)多少公克？

   (2) 23 公克的鈉(Na)與氧(O_2)充分反應，可產生氧化鈉(Na_2O)多少莫耳？

   (3) 欲產生 62 公克氧化鈉(Na_2O)，需要氧(O_2)多少公克？

6. 下列物質 1.5 莫耳相當於多少公克？

   (1) K　(2) Cl_2　(3) Na_2CO_3

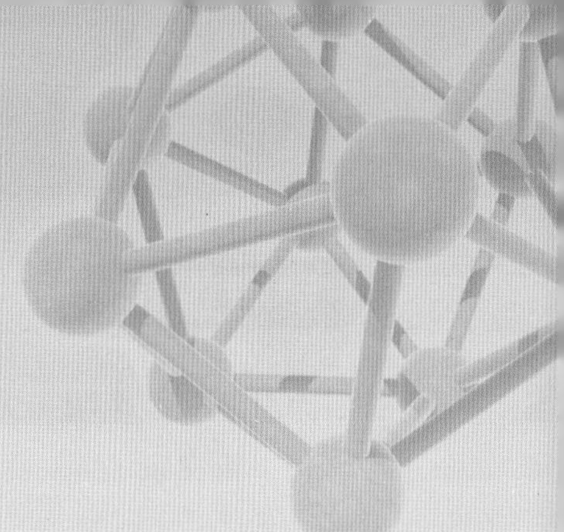

7. 下列物質 30 公克相當於多少莫耳？

   (a) N_2　(b) $Al(OH)_3$　(c) NH_3

8. 請以石灰岩洞為主題，製作概念構圖。

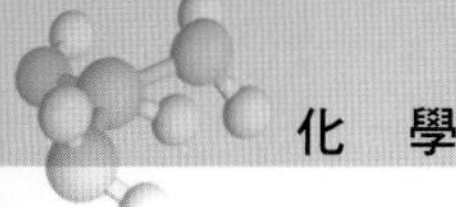

參考書籍

1. 徐惠麗、劉東明、方偉平、魏銘琪、張禎祐編譯(2007)．化學（精華版）．台北：新文京。

2. 黃秉炘、呂卦南(2008)．醫護化學（第三版）．台北：新文京。

3. 林志鴻等編譯．（原著：Malone）．化學（二版修訂）．台北：高立。

4. 翁瑞霖等譯．（原著：Chemistry for the Health Sciences）．醫護化學．台北：滄海。

5. Timberlake．普通化學．王正隆等譯．台北：學銘。

Chapter 06

氣體、液體及固體

徐 惠 麗

本章大綱

Chapter at a Glance

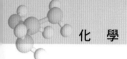

所有物質都佔有空間，例如固體中的石頭、液體中的水，很明顯地佔有空間，而氣體也佔有空間，但其在物質三態中因為摸不到，所以最難以捉摸(圖 6.1)。

氣體分子之間距離最大，且比較能自由自在地以極快的速度奔馳，互相碰撞，也由於這種特徵，氣體可以互相混合，互相擴散，例如在房間的一角，打開香水瓶，氣體可以互相混合，互相擴散，過不了多久，整個房間到處都會聞到香水氣味，這是因為香水蒸發後，它的分子與空氣分子互相碰撞而擴散開來，直到分布均勻為止。又如經過加油站，會聞到非常重的汽油氣味，也是由於氣體分子擴散的緣故。另外，液態物質有一定的體積，但沒有一定的形狀，其形狀能隨容器的形狀而改變，例如水、酒精、汽油、海水等；而固態物質有一定的形狀和體積，例如木、石頭、鐵等。

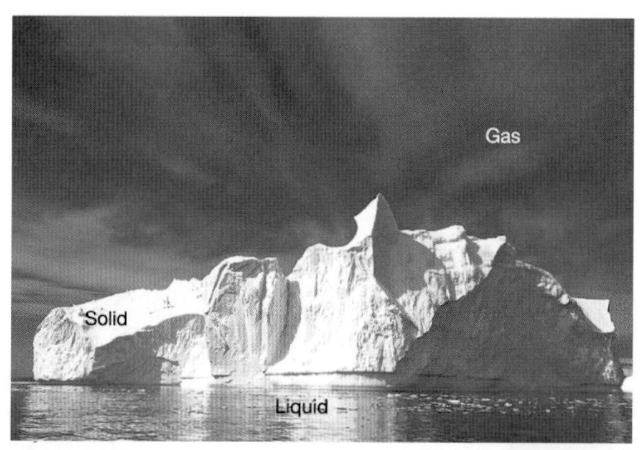

■ 圖 6.1　自然界水的三態共存關係

氣體、液體、固體的概念(Gas, Liquid and Solid)

上帝的 6 天創造工作中，第二天在「諸水之間」，也就是空氣中的水和地上的水之間「造出空氣」，上帝創造的空氣更為人類和動物植物的生命維持，預備了必要的條件。人類和動物吸取空氣中的氧氣而呼出二氧化碳；而植物卻吸入二氧化碳而放出氧氣，這是多麼奇妙的配合。人類在每天的活動中，很多氣體的性質對我們來說都很熟悉。例如：我們都知道氣球一經擠壓就會減少它內在的體積。事實上，任何氣體的體積（和固體或液體不同）都能藉著壓力的增加而減少，也就是說氣體是可被壓縮的。氣體受熱會膨脹，而所有的氣體當溫度升高時膨脹的程度都相同。

氣體物質和同質量之固體或液體比較，佔有較大的體積。舉例來說，44 公克乾冰（1 莫耳固體二氧化碳）有 26 毫升體積，其一體積約一顆高爾夫球大小。44 公克液體二氧化碳的體積則為 40 毫升。假使將 44 公克乾冰置於 25℃及 1atm 的氣球中，再讓其加熱形成氣體，其氣體體積則擴充到 25,000 毫升，約等於 14 英吋半徑之海灘球。二氧化碳從固體到氣體其體積約增加 1,000 倍。因為和氣態的大體積相比，液態及固態的小體積通稱為**凝相**(condensed phase)。

固體和液體的特性，一般而言，具有下列性質：

1. **高密度：**固體和液體的密度大約為氣體的 1,000 倍。
2. **固定體積：**固體和液體的體積較固定，與壓力變化沒有關係。
3. **不能壓縮：**例如鋼筋、水泥和磚塊可以支撐整棟建築物，這是因為他們不像氣體一樣可以壓縮。在固體和液體上增加壓力，並不會造成體積明顯的減少。
4. **熱膨脹程度小：**雖然固體和液體受熱膨脹的程度比氣體小，但是固體材料在築橋時，仍須在每節間留一些小空間以防受熱膨脹。

概念構圖於附錄 K。

氣 體

6-1 氣態物質的行為 (Behavior of Matter in the Gaseous State)

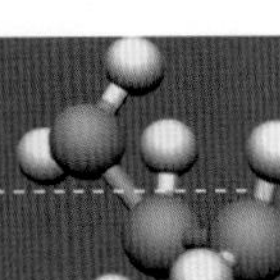

在討論氣體分子動力論之前，必須要有一些理想氣體的重要假設，來簡化問題並得到規律性定律，像是氣體分子間除碰撞外並沒有其他吸引力、氣體分子間的碰撞是屬於彈性碰撞、在任一時間內各方向的平均分子數相等。

理想氣體分子動力理論有五項總論：

1. 分子在氣態時彼此距離很大。
2. 氣體分子的平均速度隨溫度提高而增加，隨溫度下降而減少。

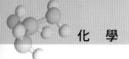

3. 氣體分子進行持續不斷的運動。
4. 當溫度相同時，不同的氣體分子都有相同的平均動能。
5. 氣體分子彼此碰撞為完全彈性。

6-2 氣體的壓力 (The Pressure of a Gas)

1643 年托里切利以水銀的玻璃管試驗證實了大氣壓力的存在，大氣壓力的原理便普遍地被應用在科學及工程領域。空氣的重量造成一種氣壓，正如水面下之水壓一樣。一個氣體的壓力是它施在每平方面積上的力量。在美國，壓力的單位常用每平方面積有多少磅的力，而國際單位系統中，壓力的單位是 pascal(Pa)，它的定義是每平方米有多少**牛頓**(newton, N)的力，也就是 1Pa＝1 newton/m^2。而 1 **牛頓**的定義是每秒鐘可使質量 1 **公斤**的物體有 1 **公尺／秒** (m/sec)速度的作用。壓力經常被用來估計氣壓的單位，空氣在海平面緯度 45° 的平均氣壓定義為 1 大氣壓，1 大氣壓約等於 101.325kPa。由空氣所造成的壓力可用氣壓計來測量（如圖 6.2），一個氣壓計可由內填充水銀，上端密閉下端開口長約 80cm 的長玻璃管柱所構成。當施在容器水銀表面的力量即外界的氣壓，與管內水銀的高度達到平衡，也就是說大氣壓力足夠支撐管內水銀的重量。因為大氣壓力正比於水銀管柱的高度壓力，所以可用**毫米汞柱高**(mmHg)表示，1 **毫米汞柱高**的壓力相當於 1 torr。

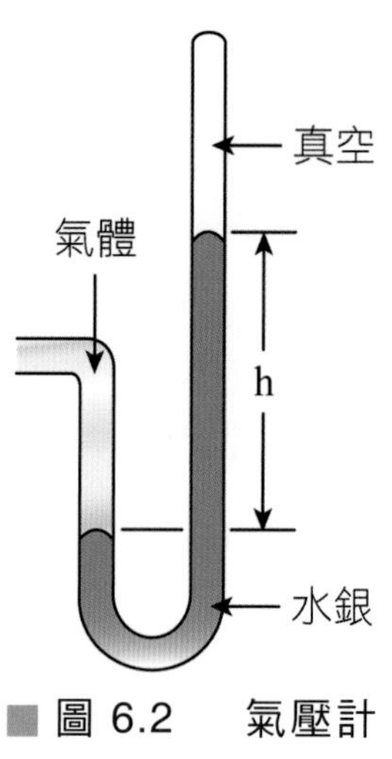

■ 圖 6.2　氣壓計

1 大氣壓可支撐水銀管柱 760 毫米的高度，也就是說 1 大氣壓相當於 760 毫米汞柱高。大氣壓也隨著海平面的距離和天氣而改變，當海平面越高時，氣壓則相對減少，在 20,000 英呎高的氣壓僅是海平面高度的一半。

氣壓單位換算如下：

1 atm(1 大氣壓)＝760mmHg(毫米汞柱)＝29.92inHg＝760torr＝101.325kPa

例題 6.1

氣象報導有 28.9 英吋水銀柱高壓力，請問有多少大氣壓和 kilopascals？

首先將英吋水銀柱高轉換成 torr

$$28.9\text{in Hg} \times \frac{760\ \text{torr}}{29.92\ \text{in Hg}} = 734\text{torr}$$

再將 torr 轉換成大氣壓和 kilopascals

$$734\text{torr} \times \frac{1\ \text{atm}}{760\ \text{torr}} = 0.966\text{atm}$$

$$734\text{torr} \times \frac{101.325\ \text{kPa}}{760\ \text{torr}} = 97.9\text{kPa}$$

6-3 波以耳定律

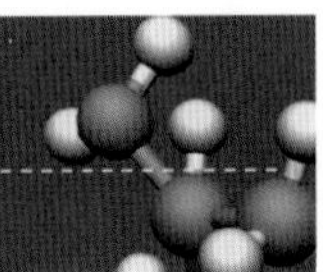

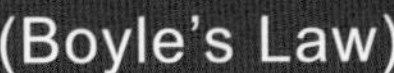

(Boyle's Law)

當特定氣體的壓力增加時，它的體積會減少，反之當它的壓力減少時則氣體的體積會增加，由此證明氣體的壓縮性。假如我們把氣體的體積和壓力當作兩個變數，當我們由一個變數對另一個變數的倒數作圖時會得到一直線，則這兩個變數成反比；也就是一個變數和另一個變數的倒數或正比。可使用數學方程式來表示氣體體積相對於其壓力的變化相關性：

$$V \propto \frac{1}{P} \quad （體積 \propto \frac{1}{壓力}）$$

V 表示氣體的體積，P 表示壓力，$\propto$表示正比的關係

上面的方程式也可被重組成：

PV＝constant or PV＝k

當氣體的質量或溫度改變時，這個常數的值會隨著改變，稱之為波以耳定律 (Boyle's law)，見圖 6.3、6.4。

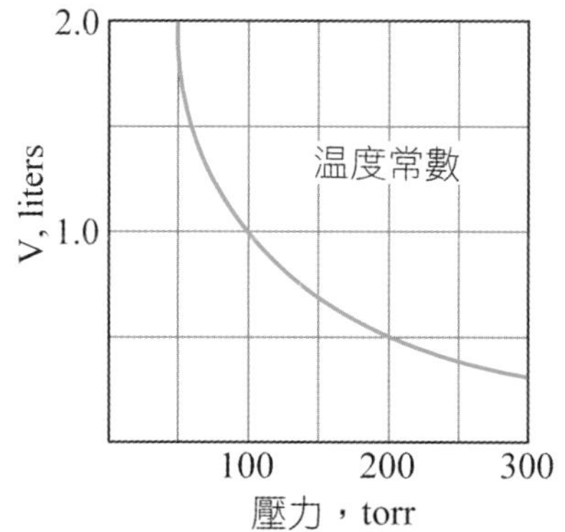

■ 圖 6.3　定溫下，氣體樣品的壓力改變時其體積也隨之改變的曲線圖；當壓力增加時，其體積會減少，相反地當壓力減少時，其體積會增加。此圖顯示壓力和體積呈反比的關係。

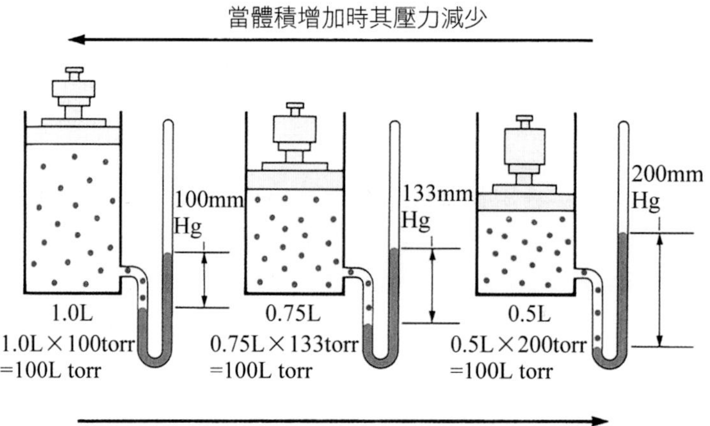

■ 圖 6.4　代表定量氣體在定溫下，體積和壓力變化的關係（註：氣體的體積乘上壓力為一定值）

例題 6.2

用在空調的冷媒氣體其體積為 350L，壓力為 92.5kPa，溫度為 20℃，當此氣體維持在 20℃，而體積變為 825L 時，其壓力應為多少？

由波以耳定律，PV＝k，我們可求得第一次壓力和體積時的常數 k 值，

$k=92.5\text{kPa}\times 350\text{L}=3.238\times 10^{4}\ \text{kPa L}$

對於樣品在 20℃時，其壓力和體積的乘積總是維持在 $3.238\times 10^{4}\text{kPa L}$，所以我們可以由這個常數值和體積求得其第二個壓力值，

$$PV=k \rightarrow P=\frac{k}{V}=\frac{3.238\times 104\ \text{kPa L}}{825\ \text{L}}=39.2\text{kPa}$$

6-4 查理定律 (Charles's Law)

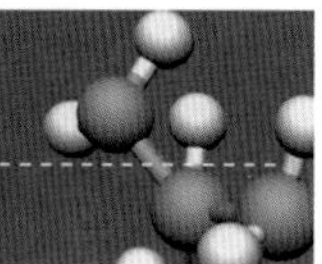

1787 年，法國物理學家查理(S. A. C. Charles)提出溫度對氣體體積影響的效應。他用大量的鐵屑和硫酸作用，製得了數萬升的氫氣，並以氫氣球飛船而大出風頭。有關氣體溫度與體積關係，他指出在定壓下定量氣體體積的改變可以圖 6.5 來表示，此圖假設，壓力固定，當溫度(T)增加時，氣體的體積增加，當溫度減少時，氣體的體積隨之減少。由此我們可說氣體的溫度和體積是成正比的關係。描述一個定量氣體的體積和溫度關係之數學式，稱之為查理定律(Charles's law)，其中 T 為凱氏溫度：

$$V\propto T \quad \text{體積}\propto\text{溫度} \rightarrow \frac{V}{T}=K \tag{6.1}$$

此常數和波以耳定律的常數不同，除非氣體的壓力或質量已經改變否則是一個不變值。方程式(6.1)表示，當一定量氣體的壓力固定時，如果凱氏溫度改變則它的體積也隨之改變，也就是 $\frac{V}{T}$ 的比例會維持不變。

查理定律敘述氣體的體積和它的絕對溫度(K)之關係。而絕對溫度和攝氏溫度的關係式如下：

$$K = ℃ + 273.15$$

水的凝固點(0℃)也就是等於 273.15K，而正常沸點(100℃)就是 373.15K。

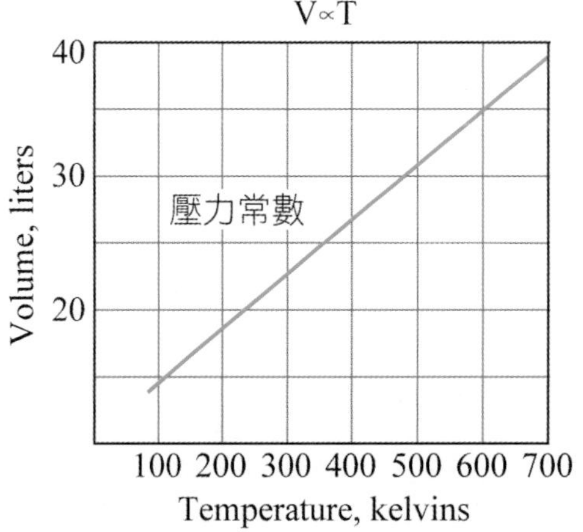

■ 圖 6.5　在定壓下（1 大氣壓），1 莫耳的氮氣，當溫度改變時，其體積也會隨之改變；當溫度增加時，其體積會增加，此圖表示兩者成正比的關係。此線停止在 77K，因為在此溫度下，氮氣會液化

當氣體在定壓力下被加溫，這氣體的體積會膨脹，同樣的，在定壓下氣體被冷卻，則體積會減少。不管是任何氣體，這些直線都會與溫度軸相交在－273.15℃（圖 6.6），因為體積不可能為負，所以－273.15℃可能是最低溫度。被當做凱氏溫度指標的零點，此時任何氣體分子停止運動。我們也可移去物質的熱來降低溫度，當所有的熱從某一物質移走後，絕對零度是可以達到的。很明顯地，當一個物質的所有熱被移走後，就不能再被冷卻了。

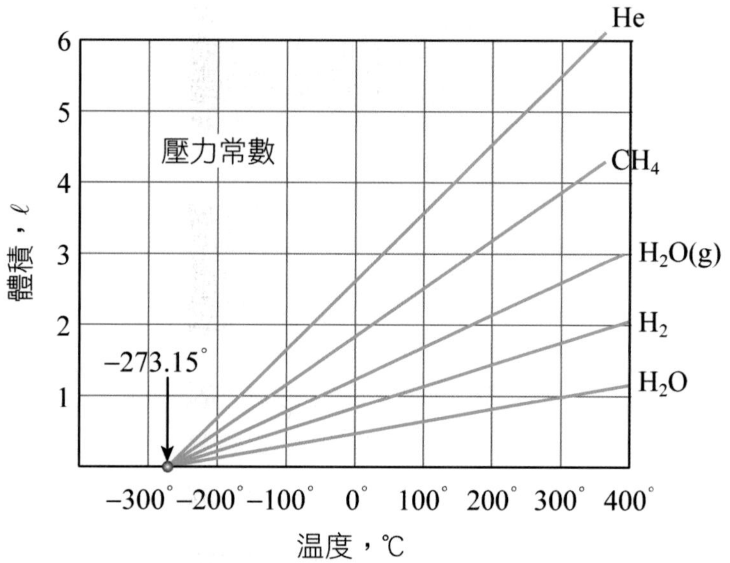

■ 圖 6.6　不論那一種氣體，定壓下被冷卻到－273.15℃，任何氣體分子停止運動

例題 6.3

一個充滿氦氣的氣球，25℃時體積為 4.80L，假設壓力不變時，－50℃時體積轉變為何？

25℃轉變為凱氏溫度，K＝℃＋273.15＝25℃＋273.15＝298.15K

－50℃轉變為凱氏溫度，K＝℃＋273.15＝－50℃＋273.15＝223.15K

由查理定律，$\frac{V}{T}=K \rightarrow \frac{V_1}{T_1}=\frac{V_2}{T_2}$，

故 $\frac{4.80L}{298K}=\frac{V_2}{223.15K}$

所以我們可以由此等式，求得 V_2＝3.59L

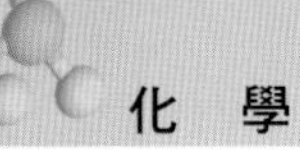

6-5 給呂薩克定律

(Gay-Lussac's Law)

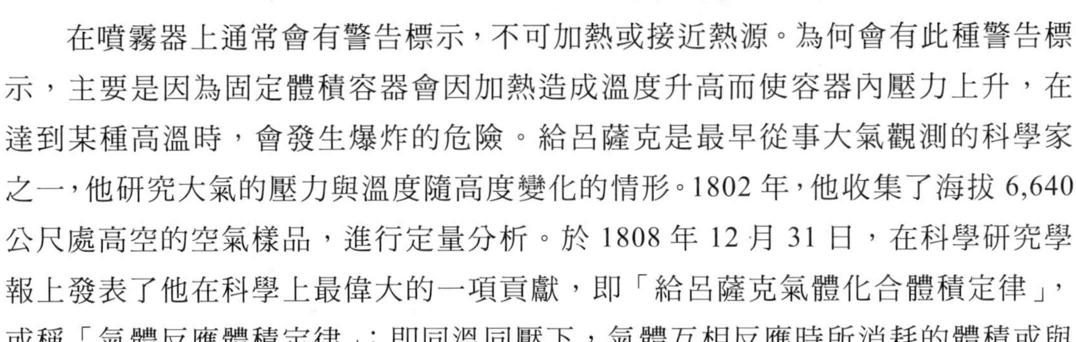

在噴霧器上通常會有警告標示，不可加熱或接近熱源。為何會有此種警告標示，主要是因為固定體積容器會因加熱造成溫度升高而使容器內壓力上升，在達到某種高溫時，會發生爆炸的危險。給呂薩克是最早從事大氣觀測的科學家之一，他研究大氣的壓力與溫度隨高度變化的情形。1802 年，他收集了海拔 6,640 公尺處高空的空氣樣品，進行定量分析。於 1808 年 12 月 31 日，在科學研究學報上發表了他在科學上最偉大的一項貢獻，即「給呂薩克氣體化合體積定律」，或稱「氣體反應體積定律」：即同溫同壓下，氣體互相反應時所消耗的體積或與所形成的氣體的體積成一簡單的整數比。

給呂薩克定律：在定容時，氣體之溫度與壓力成正比關係。

$P \propto T$ 壓力 $\propto$ 溫度 $\rightarrow$ $\dfrac{P}{T} = K$

T 表示凱氏溫度，P 表示壓力

在同溫、同壓下，任何氣體物質進行化學反應，所產生的也是氣體時，這些相關的氣體體積間會呈現簡單的整數比。例如，在實驗上，1 倍體積的氮氣會結合 3 倍體積的氫氣而形成 2 倍體積的氨氣。

$N_{2(g)} + 3H_{2(g)} \rightarrow 2NH_{3(g)}$

1 體積 3 體積 2 體積

他們需要相同的單位，假如氮的體積是以公升來表示，氫氣和氨氣也必須以公升來測量。通常在實驗時，觀察結合氣體的體積時用**給呂薩克體積結合定律** (Gay-Lussac's law combining volumes)：即在定溫、定壓下，可用小整數的比例來表示反應氣體的體積，而這小整數的比例等於在這節中所描述的方程式平衡之係數。

例題 6.4

有一髮膠噴霧罐，在 22℃時，壓力為 870torr，若拋入爐火中，溫度上升至 400℃，則罐中壓力變化為何？

22℃轉變為凱氏溫度，K＝℃＋273.15＝22℃＋273.15＝295K

400℃轉變為凱氏溫度，K＝℃＋273.15＝400℃＋273.15＝673K

由給呂薩克定律，$\frac{P}{T}=k \rightarrow \frac{P_1}{T_1}=\frac{P_2}{T_2}$

故 $\frac{870\text{ torr}}{295\text{ K}}=\frac{P_2}{673\text{ K}}$

所以我們可以由此等式，求得 P_2 值，

P_2＝1,985 torr

6-6 亞佛加厥定律 (Avogadro's Law)

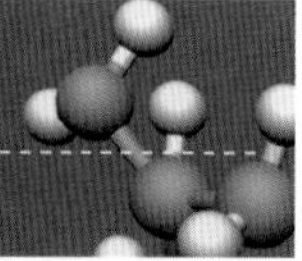

1811 年，義大利物理學家**亞佛加厥**(Avogadro)提出一個解釋氣體行為的假說；在同溫、同壓下，同體積的任何氣體具有相同數目的分子數。後經實驗證明之，稱之為**亞佛加厥定律**(Avogadro's law)。

$V \alpha n$　體積 α 分子數　$\rightarrow \quad \frac{V}{n}=K$

亞佛加厥定律(Avogadro's law)可用來解釋**給呂薩克定律**(Gay-Lussac's law)。例如，在 200℃時，2 體積的氣態氫氣和 1 體積的氣態氧氣反應會生成 2 體積的氣態水（圖 6.7）。

$$2H_{2(g)} + O_{2(g)} \rightarrow 2H_2O_{(g)}$$

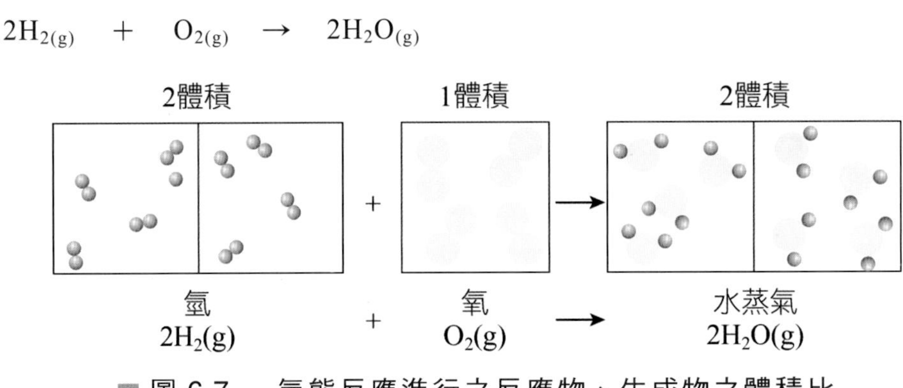

圖 6.7　氣態反應進行之反應物、生成物之體積比

例題 6.5

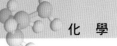

有兩個體積分別是 750mL 及 2.50L 充滿氮氣之鋼瓶，在同壓、同溫下，則兩瓶中氮氣的莫耳數比為何？

2.50L＝2,500mL

由亞佛加厥定律，

$$\frac{V}{n} = K \rightarrow \frac{V_1}{V_2} = \frac{n_1}{n_2}$$

故 $\frac{750\ mL}{2,500\ mL} = \frac{n_1}{n_2}$

所以我們可以由此等式得知 2 瓶氮氣的莫耳數比值為：

$$\frac{n_1}{n_2} = \frac{3}{10}$$

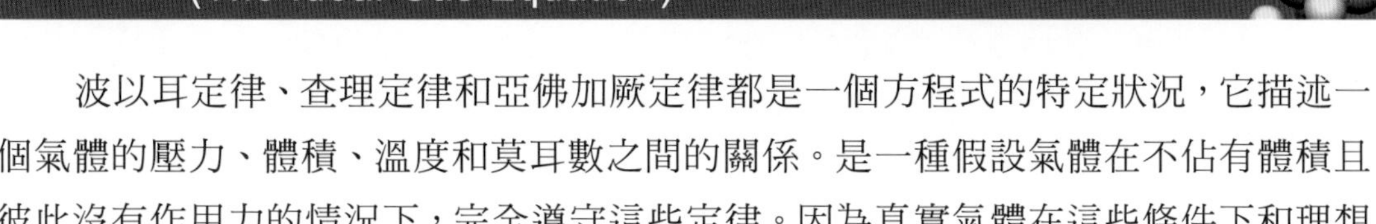

6-7 理想氣體方程式 (The Ideal Gas Equation)

波以耳定律、查理定律和亞佛加厥定律都是一個方程式的特定狀況，它描述一個氣體的壓力、體積、溫度和莫耳數之間的關係。是一種假設氣體在不佔有體積且彼此沒有作用力的情況下，完全遵守這些定律。因為真實氣體在這些條件下和理想氣體的行為相似，故若在正常的溫度和壓力下，它對真實氣體也可適用。

本書中，我們將所有氣體的行為趨近於理想氣體，即假想的氣體。其特性為，氣體分子間無作用力、氣體分子本身不佔有體積、氣體分子與容器器壁間發生完全彈性碰撞，以波以耳定律、查理定律、給呂薩克定律和亞佛加厥定律為基礎建立處於平衡狀態時，理想氣體狀態方程式。

所以理想氣體方程式為：

$$PV = nRT \tag{6.2}$$

P 表示氣體的壓力，V 表示體積，n 表示莫耳數，T 表示凱氏溫度，R 表示常數，通常稱為氣體常數

理想氣體方程式中的常數值，可由方程式中帶入壓力(P)、體積(V)、莫耳數(n)和溫度(T)值而求得。任何氣體在溫度 273.15K，壓力為 1 大氣壓時，1 莫耳約佔有 22.414 公升(L)的體積。將上述的值代入式(6.2)可得：

$$1\ \text{atm} \times 22.414\text{L} = 1\ \text{mole} \times R \times 273.15\text{K}$$

$$R = \frac{22.414\ \text{L} \times 1\ \text{atm}}{1\ \text{mole} \times 273.15\ \text{k}} = 0.08206\ \text{L atm/mol K}$$

用不同單位的壓力(P)、體積(V)、溫度(T)時，可得不同的常數值 R。例如，我們若用 Pa(kilopascals)來表示壓力，則可求得 R 值：

$$R = \frac{22.414\ \text{L} \times 101.325\ \text{kPa}}{1\ \text{mole} \times 273.15\ \text{K}} = 8.314\text{L kPa/mol K}$$

而壓力、體積、溫度和氣體的量用在理想氣體方程式時一定要和 R 值使用相同的單位。

例題 6.6

甲烷(CH_4)被用於車子的燃料，然而在常溫、常壓下它是氣體，這樣會造成儲藏上的不便。1 加侖的汽油可由 680g 的 CH_4 替代。試問這些量的甲烷在 25℃，762torr 時，體積為何？（R 值為 0.08206 L atm/mol K）

重排理想氣體方程式：$V=\frac{nRT}{P}$

R 的單位 L atm/mol K，所以壓力單位要用 atm，氣體的量用 mole，溫度用 K。首先將所有數值換成這些單位，然後再代入方程式即可求得。

$$P=\frac{762\ \text{torr}\times 1\ \text{atm}}{760\ \text{torr}}=1.003\text{atm}$$

$$n=\frac{680\ \text{g}\ (CH_4)\times 1\ \text{mole}}{16.04\ \text{g}\ (CH_4)}=42.39\text{mole}$$

$$T=25℃+273.15=298\text{K}$$

將這些值代入並重排理想氣體方程式

$$V=\frac{nRT}{P}=\frac{42.39\ \text{mole}\times 0.08206\ \text{L atm/mol K}\times 298\ \text{K}}{1.003\ \text{atm}}=1.033\times 10^3\text{L}$$

也就是說在 1 大氣壓下，取代 1 加侖的汽油需要 1,033L。由此我們可知要取代幾加侖的汽油需要一個很大的容器去盛裝這些甲烷。

例題 6.7

休息時，平均每個男人重量 1 公斤在 25℃及 1atm 時下，每 1 小時需消耗氧氣 200mL，請問一位 75 公斤重的男人在休息 1 小時間需要消耗多少莫耳的氧氣？

假設每公斤每小時消耗氧氣 200mL，則休息時 75kg 的男人所消耗的氧氣為：

200×75＝15,000mL/hr＝15L/hr

要求此莫耳數，將重排理想氣體方程式 → $n=\frac{PV}{RT}$

式中壓力使用大氣壓力，體積使用公升為單位，所以用 R＝0.08206L atm/mol K、溫度 T＝25℃＋273.15＝298K 代入方程式，求：

$$n=\frac{PV}{RT}=\frac{1.0\ \text{atm}\times 15\ \text{L}}{0.08206\ \text{L atm/mol K}\times 298\ \text{K}}=0.61\ \text{mol}\ O_2$$

6-8 標準狀態下的溫度及壓力 (Standard Conditions of Temperature and Pressure, STP)

依據前面所提氣體各相關定律，任何一定量氣體之體積會隨著溫度和壓力而改變。化學家採用了**標準狀態下的壓力及體積**(STP)，以 273.15K(0℃)和 1 大氣壓（760torr 或 101.325kilopascals）來描述各氣體性質的標準狀態。

例題 6.8

有一定量氧氣之樣品在 50℃和 940torr 下所佔的體積為 450mL，如在標準狀態下 0℃和 760torr 時，其體積應為多少？

用理想氣體方程式

$$\frac{PV}{T}=nR=\text{常數}$$

計算 nR 在最初狀態下，所得到的值為

V＝450mL，T＝50℃＋273.15＝323K，P＝940torr

$$\frac{940\ \text{torr} \times 450\ \text{mL}}{323\ \text{K}} = nR = 1309.6\text{mL torr/K}$$

然後計算標準狀態下的體積，因為氮氣的量不變，所以 nR 的值保持不變

$$\frac{PV}{T} = \text{常數} = nR$$

重排此方程式

$$V = nR \times \frac{T}{P} = 1309.6\text{mL torr/K} \times \frac{273.15\text{K}}{760\ \text{torr}} = 470.7\text{mL}$$

6-9 氣體的密度及分子量 (Density and Molecular Mass of Gases)

理想氣體方程式表示各氣體的壓力、體積及溫度的相關性外，亦可藉由式中莫耳數與質量關係來求氣體的密度和分子量，關係式轉換如下：

$$PV = nRT \tag{6.3}$$

m＝nM（m 表示樣品質量，n 表示樣品莫耳數，M 表示莫耳質量）(6.4)

將式(6.4)代入(6.3)，可求得氣體的分子量。

$$PV = \frac{m}{M} \times R \times T \quad \rightarrow \quad M = \frac{w \times R \times T}{PV}$$

一個氣體的密度是該氣體 1 公升所佔有的質量，也就是假如我們知道某氣體體積和其擁有的質量，則它的密度為：

$$PV=\frac{m}{M}\times R\times T$$

$$PM=\frac{m}{V}\times R\times T\ (d=\frac{m}{V})$$

$$PM=d\times R\times T \qquad (6.5)$$

式(6.5)可計算氣體的密度(g/L)。

若是兩氣體在同溫、同壓下，用相同容器（同體積）測其重量，各為 m_1、m_2。再依據亞佛加厥定律的同溫、同壓、同體積下之任何氣體含有相同的分子數，因二者分子數相同，即莫耳數 $n_1=n_2$。

$$\because n=\frac{W}{M} \quad \therefore \frac{W_1}{W_2}=\frac{M_1}{M_2}=\frac{d_1}{d_2}$$

d 表示氣體密度，M 表示氣體的（相對）分子量

利用亞佛加厥定律可求得氣體的（相對）分子量。

例題 6.9

有一 35.5g 之氣體樣品，在 25℃和 750torr 下所佔的體積為 12.4L，求此氣體分子量。

用理想氣體方程式 $M=\frac{w\times R\times T}{PV}$

式中壓力使用大氣壓力 $P=\frac{750}{760}=0.987atm$，體積使用公升為單位 V＝12.4L，所以用 R＝0.08206L atm/mol K、溫度 T＝25℃＋273.15＝298K 代入方程式，求 M

$$M=\frac{w\times R\times T}{PV}=\frac{35.5\ g\times 0.08206\ L\ atm/mol\ K\times 298\ K}{0.987\ atm\times 12.4\ L}=70.9g/mol$$

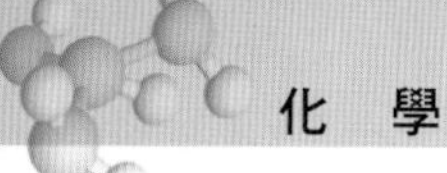

例題 6.10

求 N_2(M.W.＝28.02)在 STP(0℃、1atm)下的密度為何？

用理想氣體方程式　$PM = d \times R \times T$

$$d = \frac{1\ \text{atm} \times 28.02\text{g/mol}}{0.08206\text{L atm/mol K} \times 273.15\text{K}} = 1.25\text{g/L}$$

6-10 道耳吞分壓定律 (Dalton's Law of Partial Pressures)

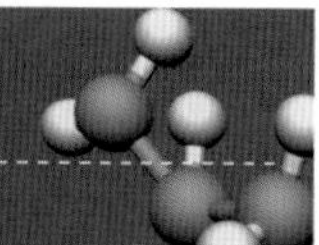

前面已敘述單一氣體的性質，如果是混合氣體又如何呢？科學家道耳吞在雙目失明的學者豪夫(1752~1825)的輔導和鼓勵下，學到了很多外語和科學知識，並開始對自然界進行觀察，搜集動、植物標本，特別是每天詳細記錄氣候變化。由於對氣象的興趣，使道耳吞對氣體和水也有了相當的認識，道耳吞認為同種物質的原子間相互排斥，不同物質的原子並不排斥。A 與 B 混合在一起時，A 微粒之間相互排斥，但 A 微粒並不排斥 B 微粒。因此，施加在一個微粒上的壓力，完全來自與它相同的微粒。這就解釋了氣體分壓定律。如果混合氣體中，其個別成分並無化學反應，也就是個別氣體並不會互相影響壓力，則個別氣體在和其他氣體混合前後所施的壓力是相同的。個別氣體所施的壓力稱為該氣體的分壓，而混合氣體的總壓是個別氣體分壓之總和，此稱為**道耳吞分壓定律**。

$P_T = P_A + P_B + P_C + \ldots\ldots$

P_T 表示混合氣體的總壓，P_A 表示 A 氣體的壓力，P_B 表示 B 氣體的壓力

例如，在 2 個 1 公升的燒杯中，分別放入 1 大氣壓的氮氣和 1 大氣壓的氧氣，現把氧氣加入含有氮氣的燒杯中，假設溫度都不改變，則混合氣體會有 2 大氣壓的總壓。

例題 6.11

在 25℃下，一個 10 公升的容器中，含有氮氣 1.50×10^{-3}mol，及二氧化碳 3.0×10^{-3}mol，和氖氣 5×10^{-4}mol，求其總壓為多少大氣壓？

因為這些氣體彼此間不會反應，故由道耳吞分壓定律可知，在 10 公升容器中的總壓是其個別氣體分壓的總和：

$$P_T = P_{N_2} + P_{CO_2} + P_{Ne}$$

個別分壓可由理想氣體方程式 $P=\dfrac{nRT}{V}$ 求得（R＝0.08206 L atm/mol K，溫度 T＝25℃＋273.15＝298K）

$$P_{N_2} = \frac{1.5\times10^{-3}\times0.08206\text{L atm/mol K}\times298\text{K}}{10.0\text{ L}} = 3.67\times10^{-3}\text{ atm}$$

$$P_{CO_2} = \frac{3.0\times10^{-3}\times0.08206\text{L atm/mol K}\times298\text{K}}{10.0\text{ L}} = 7.34\times10^{-3}\text{ atm}$$

$$P_{Ne} = \frac{5.0\times10^{-4}\times0.08206\text{L atm/mol K}\times298\text{K}}{10.0\text{ L}} = 1.22\times10^{-3}\text{ atm}$$

$$P_T = (0.00367+0.00734+0.00122)\text{ atm} = 1.22\times10^{-2}\text{ atm}$$

收集不溶於水或略溶於水的氣體於密閉容器中，藉由調整水位使容器內外壓力相同，密閉容器中混合氣體的壓力等於外在之大氣壓力空氣壓力。

利用此方法時，必須考量水面上的瞬間飽和水蒸汽，依據道耳吞分壓定律，則氣體全部的壓力等於其部分壓力和水蒸汽壓力的總和。以在 20℃溫度狀態下，水的蒸汽壓為 17.5torr（表 6.1），瓶內總壓為 760torr，並應包含水蒸氣壓 17.5torr，所以瓶內收集之氣體壓力為 742.5torr（圖 6.8）。

$$P_{總} = P_{氣體} + P_{水蒸汽}$$

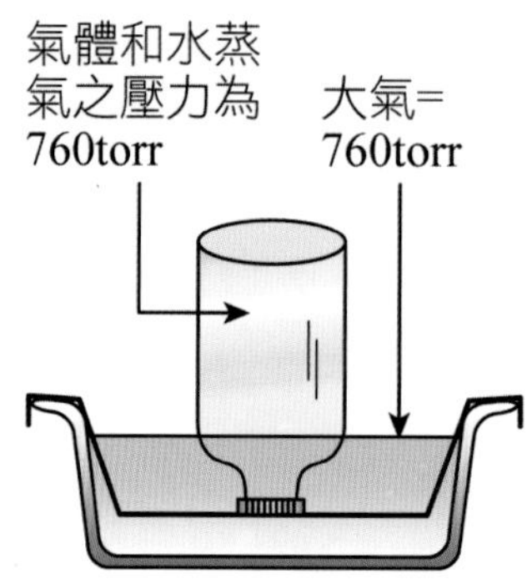

■ 圖 6.8　密閉容器內混合。氣體的壓力等於外在之大氣壓力。

[表 6.1]　在不同溫度下，冰和水的蒸汽壓

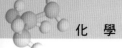

溫度(℃)	壓力(torr)	溫度(℃)	壓力(torr)	溫度(℃)	壓力(torr)
－10	1.95	12	10.5	27	26.7
－5	3.0	13	11.2	28	28.3
－2	3.9	14	12.0	29	30.0
－1	4.2	15	12.8	30	31.8
0	4.6	16	13.6	35	42.2
1	4.9	17	14.5	40	55.3
2	5.3	18	15.5	50	92.5
3	5.7	19	16.5	60	149.4
4	6.1	20	17.5	70	233.7
5	6.5	21	18.7	80	355.1
6	7.0	22	19.8	90	525.8
7	7.5	23	21.1	95	633.9
8	8.0	24	22.4	99	733.2
9	8.6	25	23.8	100.0	760.0
10	9.2	26	25.2	101.0	787.6
11	9.8				

例題 6.12

23℃時，收集水面上 0.5L 的氬氣，總壓力為 755torr，求氬氣的分壓為何？

表 6.1 中，23℃ $P_{水蒸汽}$＝21.1 torr

$P_{總} = P_{氣體} + P_{水蒸汽}$

故 755torr＝$P_{氬氣}$＋21.1 torr

$P_{氬氣}$＝733.9torr

6-11 氣體的擴散 (The Diffusion of Gases)

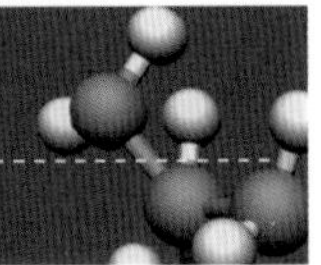

氣體分子間利用其動力特性而逐漸混合的行為稱為擴散(diffusion)，擴散方向由高濃度向低濃度，通常需要一段時間才能完成。氣體具有擴散特性，其體積不受限制，沒有固定。1832 年，格瑞目(Graham)研究不同氣體的擴散結果後提出：在定溫、定壓下，一氣體之擴散速率與其密度或分子量之平方根成反比，即氣體越重，則其向四方擴散的速率越慢。同時，格瑞目也發現，氣體之通孔流瀉情況與擴散情況相當，因此通孔流瀉速率也可用相同的公式來描述。

$$\upsilon_{rms} = \sqrt{\frac{3RT}{M}}$$

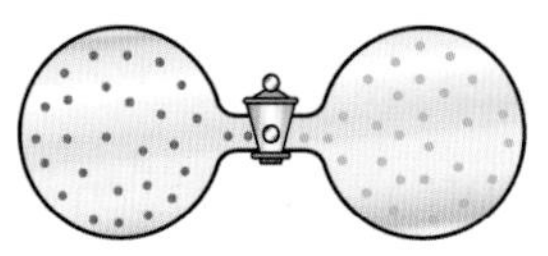
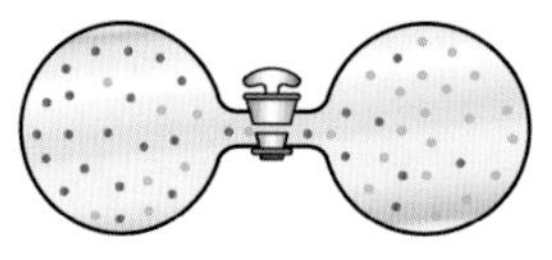
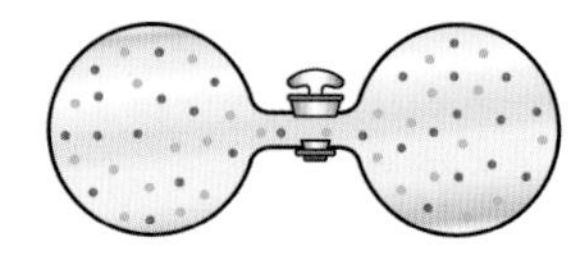

軟木塞關閉
(a)

軟木塞打開
(b)

在軟木塞打開一會兒後(c)

■ 圖 6.9　氣體分子擴散情形

$$\frac{\upsilon_1}{\upsilon_2} = \frac{\sqrt{d_2}}{\sqrt{d_1}} = \frac{\sqrt{M_2}}{\sqrt{M_1}} = \frac{\frac{L_2}{t_2}}{\frac{L_1}{t_1}}$$

其中 υ 表示氧氣的擴散速率，M 表示分子量，d 表示密度，L 表示所走距離，t 表示時間。

例題 6.13

計算二氧化碳(M.W.=44g/mole)與二氧化硫(M.W.=64g/mole)的擴散速率比值。

$$\frac{\upsilon_1}{\upsilon_2} = \frac{\sqrt{M_2}}{\sqrt{M_1}} = \sqrt{\frac{64}{44}} = 1.21:1$$

υ_1表示二氧化碳；υ_2表示二氧化硫

6-12 非理想氣體 (Non Ideal Gas)

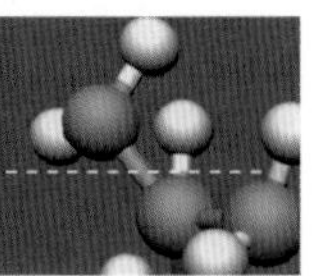

理想氣體為假想的氣體，其特性為：氣體分子間無作用力；氣體分子本身不佔有體積；氣體分子與容器器壁間發生完全彈性碰撞；對於真實氣體在越低壓、越高溫的狀態，性質越接近理想氣體。但並非所有的氣體都遵行氣體定律，不易液化的氣體如氧、氫及氮，與理想氣體偏差很小；但對容易壓縮的氣體如二氧化碳、氨，其偏差就很大。

若氣體在高壓下，分子彼此間靠近，是相當擁擠的，如此分子的實際體積（分子體積）佔全部體積（包含分子間的空隙）相當大部分，且分子間的吸引力會增加，此吸引力和外在壓力有相同效果。氣體在低溫時，分子運動會變慢，分子的動能會比分子間的吸引力小，則分子間吸引力變得較明顯，此時會影響分子間的彈性碰撞。

1879 年，凡得瓦爾(Van der Wauls)提出真實氣體與理想氣體偏差的方程式：

$$(P+\frac{n^2a}{V^2})(V-nb)=nRT$$

a 表示分子間的吸引力，凡得瓦爾假設此吸引力是和全部體積平方根成反比，而力量使壓力增加、體積減少。

b 表示分子本身全部的體積，氣體佔有空間之體積(V)扣除分子本身全部體積，當體積 V 變大時，nb 及 $\frac{n^2a}{V^2}$ 可以忽略，可得簡單的氣體方程式 $PV=nRT$，此即稱為凡得瓦爾方程式。

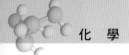

液體及固體

6-13 分子動力理論：液體及固體 (Kinetic-Molecular Theory：Liquid and Solid)

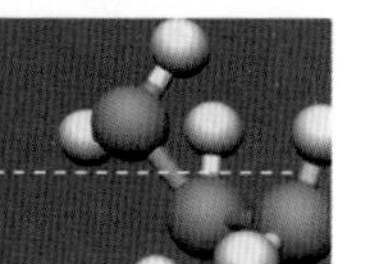

增加壓力可以使氣體分子間吸引力增加，如果溫度不是很高，則可藉著氣體壓縮使其產生液化。例如，二氧化碳在室溫及 1 大氣壓時為氣體，但在滅火器中因為受到壓縮，當其壓力超過 65 大氣壓時，會冷凝成液體。

形成液體的分子仍然可以移動，但與氣體比較起來，其擴散速率明顯慢許多，且液體分子是相當不可壓縮的。當液體溫度降得夠低時，或是液體壓力變得相當高時，液體不再有足夠動能移動，此時就形成固體。固體不能擴散或移動，雖然如此，但仍可以振動。在固態時，因為不容易改變位置，故擴散發生在有限程度內。

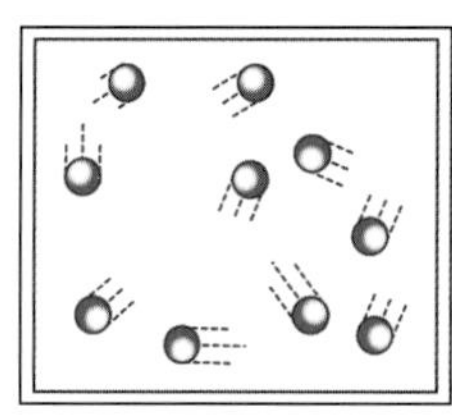
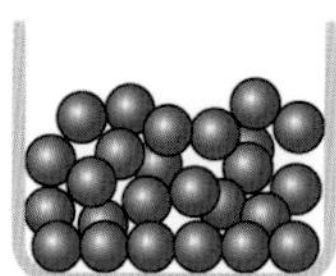
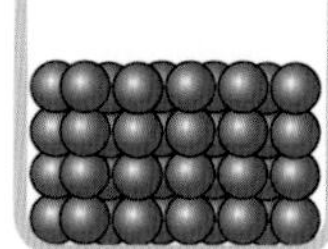

氣體分子　液體分子　固體分子

圖 6.10　氣態、液態、固態分子分佈推積排列差異性

物質不管是哪一種狀態，其分子與分子間會有作用力，稱為凡得瓦力。可分為：偶極－偶極力，偶極－誘導偶極力，稱分散力。其中氫鍵的本質是屬於偶極－偶極力。(若氫鍵作用力較小者亦可歸屬於凡得瓦力)。

分子間作用力會影響固體的溶解熱、熔點及硬度；會隨分子間作用力增強而增大。若是液體的蒸發熱、沸點、表面張力及黏度則會隨分子間的作用力增強而增高；而液體的蒸氣壓會隨分子間作用力增加而減小。

在適當情況下，氣體分子間吸引力能夠使分子形成液體或固體。此小分子間之吸引力比原子間的鍵能小許多。以 1 莫耳液態鹽酸分子若要形成氣態氯化氫分子約需 17 千焦耳能量，但若打斷鹽酸分子中 H 與 Cl 鍵結，約需要 430 千焦耳能量，達 25 倍之多。分子間的作用力指的是凡得瓦力。

6-14 分散力

(Dispersion Forces)

非極性分子的平均電子分佈應該是均勻的，但是由於電子不停地運動，在某一瞬間會產生不對稱的分佈，這便是「瞬間短暫偶極」。因此非極性分子間以瞬間偶極來吸引另一分子之瞬間偶極，而扭曲了第二個原子，造成原子的負端彼此遠離，短暫偶極矩互相吸引，此吸引力稱為**倫敦分散力**（London dispersion forces，**簡稱為分散力**）。倫敦分散力為凡得瓦爾吸引力的一部分，在液體、固體上扮演穩定的角色。1928 年，弗里茲倫敦(Fritz London)是第一位解釋此理論的人。分散力會使非極性分子（像鹵素分子、惰性氣體）冷凝成液體，若溫度夠低時則會形成固體。比較起來，較大及較重原子有較強分散力，以鹵素分子為例，分散力大小為：

$I_2 > Br_2 > Cl_2 > F_2$

這是因為較大原子其價電子距離原子核較遠，原子核對其吸引力較弱，價電子容易產生短暫偶極（圖 6.11），而產生吸引力。

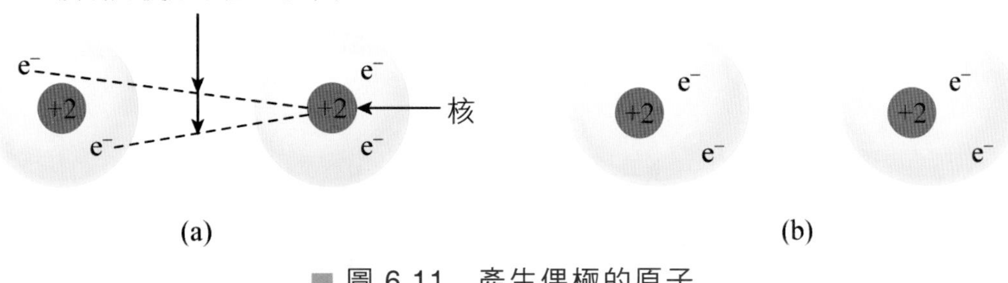

■ 圖 6.11 產生偶極的原子

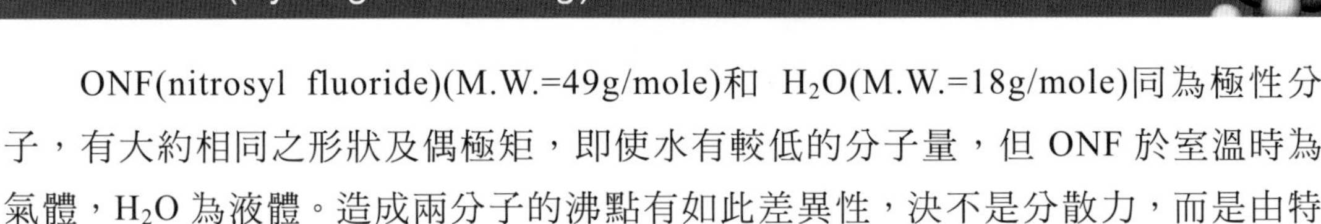

6-15 氫 鍵 (Hydrogen Bonding)

ONF(nitrosyl fluoride)(M.W.=49g/mole)和 H_2O(M.W.=18g/mole)同為極性分子，有大約相同之形狀及偶極矩，即使水有較低的分子量，但 ONF 於室溫時為氣體，H_2O 為液體。造成兩分子的沸點有如此差異性，決不是分散力，而是由特殊之偶極－偶極吸引力而來，此吸引力稱為氫鍵。

將 H(2.1)和電負度高之元素，像 F(4.1)，O(3.5)，N(3.0)或 Cl(2.8)鍵結，會形成氫鍵（圖 6.12）。是因為電負度的差異，產生較強偶極共價鍵，而 H 產生較大之部分正電，而鍵結元素產生較大之部分負電，介於部分正電氫原子（分子中）及另一分子之部分負電間靜電吸引力會提昇到強之偶極－偶極吸引力，此吸引力稱為氫鍵，比偶極－偶極吸引力及倫敦分散力還強，氫鍵的例子有 HF⋯HF，H_2O－HOH，H_3N⋯HNH_2，H_3N⋯HOH 及 H_2O⋯$HOCH_3$（圖 6.13）。氫鍵約等於普通共價鍵的 5~10%強度，以 F—H⋯：F 為例，鍵能為 40Kcal/mol，而 O—H⋯：O 鍵能為 5.0Kcal/mol，因為氫鍵相當強，它們對凝相之性質會產生影響。影響的性質包括物質溶解度及沸點。

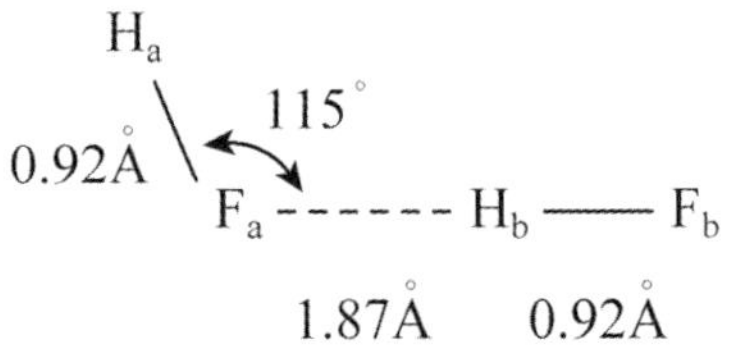

H_a
115°
0.92Å
F_a ------ H_b —— F_b
1.87Å 0.92Å

■ 圖 6.12 虛線部份為氫鍵

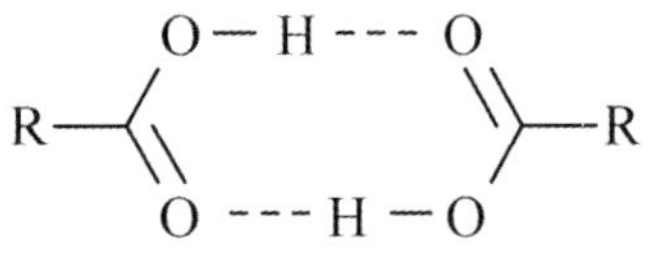

O－H－－－O
R— —R
O－－－H－O

■ 圖 6.13 分子間氫鍵

氫鍵的影響敘述如下：與同一族化合物相比，NH_3、HF、H_2O 有異常高的沸點，NH_3 在水中有高的溶解度，甘油、無水磷酸及硫酸有較大黏度，冰中有 4 個 O—H⋯：O 氫鍵，密度較小，蛋白質的**一級結構**(primary structure)是蛋白質的序列。一級結構上的胺基酸間可交互作用，利用醯胺鍵上的 C=O 鍵與胺基形成氫鍵。

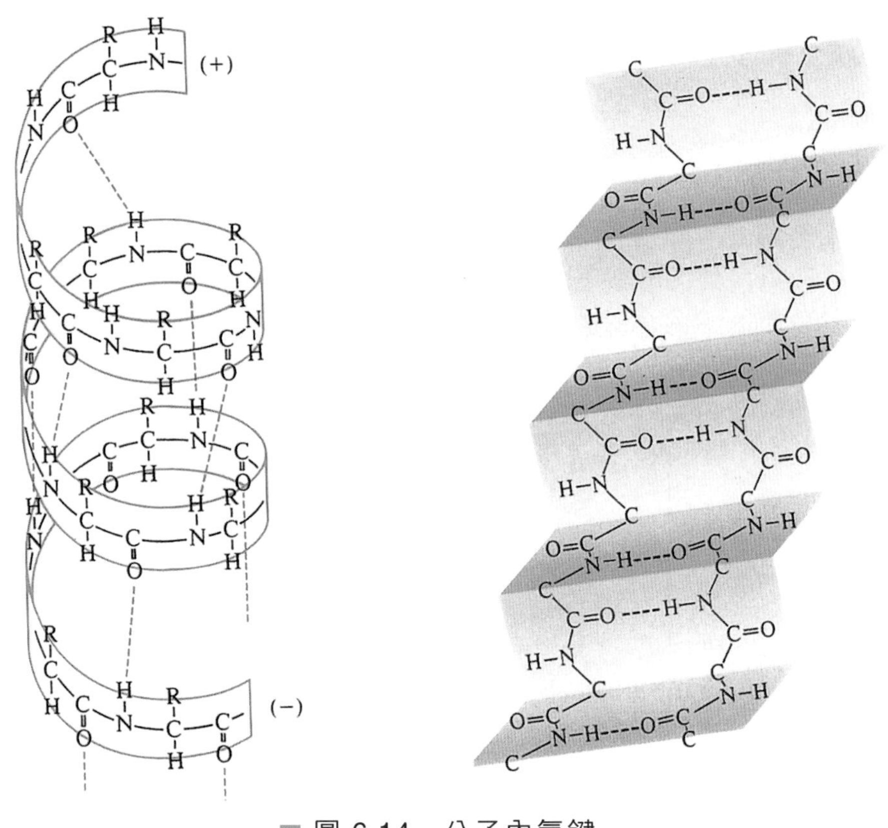

■ 圖 6.14 分子內氫鍵

6-16 液體的蒸發及沸點 (The Evaporation and Boiling Point of Liquid)

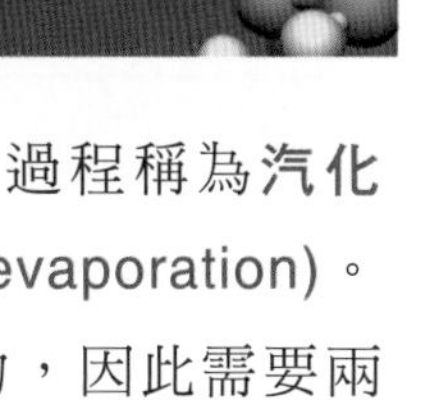

生活中常見濕的物體慢慢地變乾，液態水逐漸變成氣態的過程稱為**汽化**(vaporization)，若此過程是在低於沸點時發生的，則稱為**蒸發**(evaporation)。液體分子要變成氣態，必須克服在液體時鄰近分子之間的束縛力，因此需要兩個條件，第一、必須是在表面上或靠近表面的分子，第二、至少需要足以克服分子間引力的最小動能。如果由固相轉化成氣相（不經過液相）的情形稱為**昇華**(sublimation)。

蒸發開始時壓力增加很快，但慢慢地壓力增加變慢，直到不再增加為止。當在氣態的水分子數值增加時，一些水蒸氣分子與表面水分子碰撞，又回到液態，由氣態變成液態的過程稱為**凝結**(condensation)。若氣態的分子越多則變回液體的分子越多，最後，蒸發的速率與凝結的速率相等，而壓力維持一定，此時該系統稱為達到平衡。

$$\text{蒸發速率} \underset{}{\overset{\text{平衡}}{\rightleftharpoons}} \text{凝結速率}$$

固體或液體在某一溫度下之平衡所放出之壓力稱為凝態之蒸汽壓，不受固體或液體和蒸氣接觸之面積及容器大小之影響。蒸汽壓力一般可用帶有壓力計的密閉容器中固體或液體數來測量，此壓力是由凝相和氣相平衡而來。

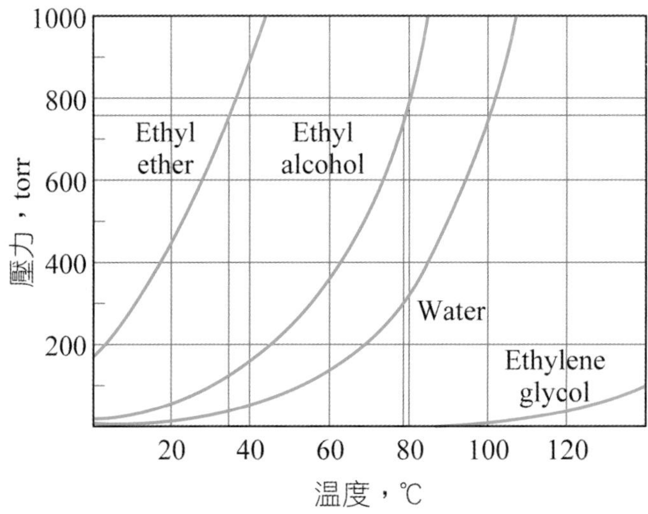

■ 圖 6.15　一些液體在各種溫度的蒸汽壓

6-17　黏著力及附著力 (Cohesive Forces and Adhesive Forces)

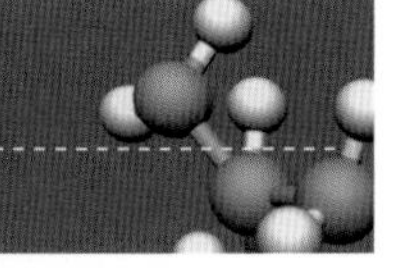

維持一液體的所有分子間吸引力稱為**黏著力**(cohesive forces)，此黏著力型態以及液體分子大小、形狀，當時之溫度可決定液體流動難易。液體的**黏性**(viscosity)是流動阻力的測量。水、汽油及其他液體具有低黏度，可自由流動。

而糖漿、蜂蜜及其他液體具有高黏度，則不能自由流動。當溫度增加時，分子移動較快，因為動能可以克服分子間所有的黏著力，使得液體黏性降低。

通常使用一種金屬球通過液體（球通過較黏之液體，速度較慢）來測量黏性或是液體通過狹長管子（較黏液體通過較慢）來測其通過的速率，以得知其黏性。液體中分子藉著黏著力，使各方向有相等的吸引力。在液體表面上的分子間吸引力只往液體中，而沒有往液體表面上方的方向。如圖 6.16 所示，此吸引力，使得表面上的分子回到液體中，只有少數的分子可以留在表面上。表面區域降到最低。當一空間中，表面體積比到最低時，此時會在表面形成一圓形狀。**表面張力**(surface tension)是一種使液體表面收縮之力。液體表面像是伸張的薄膜，一小鋼針置於水表面上將會浮起來。一些昆蟲，雖然密度比水大，可是有表面張力的支撐，可在表面上移動。介於液體與表面間有另一種**附著力**(adhensive forces)，就像水在有蠟及聚乙烯的表面上是不會沾濕的。這是因為此附著力較弱的緣故，也就是水分子間黏著力比水和塑膠間的附著力還要大。當水置於玻璃管中，水面成凹形(concave)，這是因為水經玻璃面而爬滿玻璃試管邊。另一方面，汞置於玻璃試管中則成凸形(convex)，這是因為汞不會弄濕玻璃試管邊，即汞本身的黏著力使汞成滴狀。

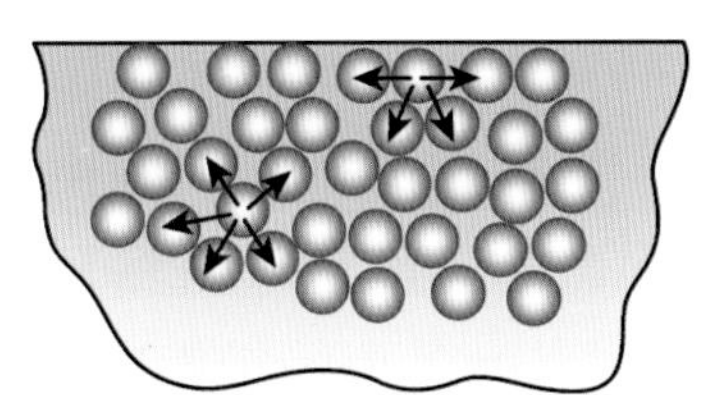

■ 圖 6.16　液體表面下分子之分子間吸引力

結語

所有物質都佔有空間，理想氣體分子動力理論有：分子在氣態時彼此距離很大。氣體分子的平均速度隨溫度提高而增加，隨溫度下降而減少。氣體分子進行持續不斷的運動。當溫度相同時，不同的氣體分子都有相同的平均動能。氣體分子彼此碰撞為完全彈性。

波以耳使用數學方程式來表示氣體體積相對於其壓力的變化相關性：

PV＝constant or PV＝k

查理定律：描述一個定量氣體的體積和溫度關係之數學式，即當溫度(T)增加時，氣體的體積增加，當溫度減少時，氣體的體積隨之減少，其中 T 為凱氏溫度：

$$\frac{V}{T}=K$$

給呂薩克定律：在定容時，氣體之溫度與壓力成正比關係。

$\frac{P}{T}=K$　　T 表示凱氏溫度，P 表示壓力

亞佛加厥定律：即在同溫、同壓下，同體積的任何氣體具有相同數目的分子數

$$\frac{V}{n}=K$$

所以理想氣體方程式為：PV＝nRT

P 表示氣體的壓力，V 表示體積，n 表示莫耳數，T 表示凱氏溫度，R 表示常數，通常稱為氣體常數。物質不管是哪一種狀態，其分子與分子間會有作用力，稱為凡得瓦力。可分為：偶極－偶極力，偶極－誘導偶極力，稱分散力，氫鍵。分子間作用力會影響固體的溶解熱、熔點及硬度；會隨分子間作用力增強而增大。若是液體的蒸發熱、沸點、表面張力及黏度則會隨分子間的作用力增強而增高；而液體的蒸氣壓會隨分子間作用力增加而減小。

小試身手

1. 以分子動力理論說明氣體液體固體之性質。

2. 描述理想氣體與真實氣體的差異。

3. 當氣體、液體、固體狀態改變時，分子間作用力如何改變？

4. 以 24℃的空氣，把汽車輪胎充氣至 2atm，長途行駛後，輪胎內氣壓變為 2.6atm。若體積不變，輪胎內的空氣溫度增加多少？

5. 相同狀況下，5L 的氧氣含有 1.2×10^{24} 個原子，15L 的氖氣含有若干個原子？

6. 鋼瓶 30atm，體積 80L，用它灌氣球，每個氣球 1 atm，體積 2L，此鋼瓶共可灌幾個氣球？

7. 一氧氣瓶的安全耐壓為 150atm，現於 25℃時，充入 100atm 的氧，當氧氣瓶受熱後，溫度超過若干℃時，會有危險？

8. 36L 桶裝 44.0mol 丙烷(C_3H_8)於 25℃時，會放出多少大氣壓？

9. 一個氣球充滿氦氣(4.0g/mol)，在 20℃、760torr 下，5.5L 有多少公克？

10. 在 STP 下，Cl_2(fw=71.0g/mol)的密度為何？

11. $N_2+3H_2\rightarrow2NH_{3(g)}$如果產生 30.L NH_3 在相同情況下，則需多少體積 H_2？

12. 在 STP 下，體積 5.00L 的汽球含有多少莫耳的氦？

13. 一容器中，氧的分壓為 0.25atm，氮的分壓為 0.50atm，氦的分壓為 0.20atm，求總壓是多少？

14. 計算 STP 下，N_2 氣體的密度(M.W.=28.00g/mole)為何？

15. 下列哪一種氣體動能最大？
(A) N_2(35K) (B) O_2(28K) (C) CH_4(50K) (D) CO_2(60K)

16. 如果 weather balloon 的壓力為 740torr，體積為 $10m^3$，上升到不同海拔，當體積變為 $20m^3$ 時，則壓力變為多少？

17. 0.250 mol 氣體體積為 4.50L，在同壓、同溫下，當氣體樣品為 9.40L 時，則莫耳數為何？

18. 請以爆米花為主題，製作概念構圖。

參考書籍

1. 徐惠麗、劉東明、方偉平、魏銘琪、張禎祐編譯(2007)．化學（精華版）．台北：新文京。

2. 維基百科(2008，6月26日)．氫鍵．2008年8月5日取自 http://zh.wikipedia.org/wiki/%E6%B0%A2%E9%94%AE

Chapter 07

溶 液

張瓊云

本章大綱

Chapter at a Glance

7-1 溶液的性質
7-2 溶液的類型
7-3 濃度的表示方法
7-4 溶液的依數性質
7-5 滲透及溶液的滲透壓
7-6 膠體與懸浮液
7-7 血液透析

溶液(solution)是指 2 種或 2 種以上的物質混合所形成的均勻混合液。在我們每天的日常生活中及臨床醫療上溶液隨處可見，例如二氧化碳溶於水中，就是常見的市售碳酸性飲料；空氣就是氧氣、氮氣、二氧化碳等多種氣體混合所形成的溶液；消毒傷口殺菌用的碘酒，就是碘晶體溶於酒精所形成的溶液。

有許多溶液是維持生命現象的重要因素，例如，人體體液中所含的電解質離子(K^+、Cl^-、Na^+、Ca^{2+}、Mg^{2+}、HPO_4^{2-}、HCO_3^-)、尿素、葡萄糖等均可溶於水中，這些物質與水分的含量必須維持在適當且穩定的範圍，否則可能會破壞細胞的活動或影響水分排出體外，而危及健康。

■ 圖 7.1　海水是由陰陽離子、溶解性氣體、溶解性有機化合物組成的溶液。

7-1 溶液的性質 (The Nature of Solution)

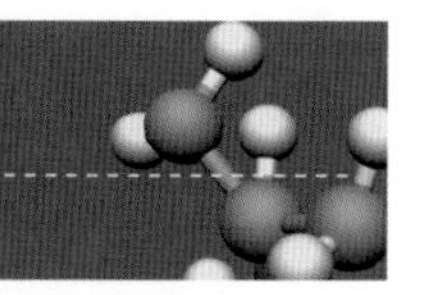

當蔗糖與水混合攪拌之後，糖溶解，此時所形成的糖水溶液包含**溶質**(solute)(被溶解的物質，在此例子為蔗糖)與**溶劑**(solvent)(可使溶質溶解的物質，在此例子為水)。通常溶質是指量較少的物質，溶劑是指量較多的物質，溶液中的溶質粒子會均勻分散在溶劑分子中。溶液就是溶質與溶劑分子均勻的混合物，因為溶質與溶劑彼此不會互相反應，所以能以不同比例混合。蔗糖分子規則地擴散到水中，雖然蔗糖分子比水分子重，但蔗糖並不會析出。當食鹽(NaCl)溶解在水中，從晶體解離的鈉離子與氯離子可均勻地分佈在水中。此溶液是水分子、鈉離子與氯離子的均勻混合物。溶質粒子（在此為離子）可擴散至水中，但也不會析出。

對溶劑而言，僅含少部分溶質的溶液稱之為低濃度的溶液，含較多比例的溶質則稱之為高濃度的溶液。

一個溶質的**溶解度**(solubility)是指在特定溫度下，一定量溶劑中所能溶解溶質的最大量，通常以 100 公克溶劑中可以溶解溶質的克數來表示溶解度，例如，25℃時每 100 公克水溶解 36 公克 NaCl 的溶液稱為飽和的氯化鈉溶液。溶質與溶劑的性質、溫度、壓力都是可能影響溶質溶解度的因素。因為溶液有不同的濃度，所以溶液的組成可在某一限度下發生改變。

若是溶劑中所溶解的溶質仍未達最大量，再加入更多的溶質仍可繼續溶解於溶劑時，此溶液稱為**未飽和溶液**(unsaturated solution)。若是溶劑中所溶解的溶質已達最大量，再加入更多的溶質也不能再溶解，容器底部會殘留未溶解的溶質，此溶液即稱為**飽和溶液**(saturated solution)。當溶液達到飽和狀態時，如果過量的溶質與飽和溶液相接觸，已溶解的溶質會與過量的溶質達成平衡狀態，溶質粒子溶出的速率等於溶液中溶質結晶生成的速率。例如將固體的糖加入飽和的糖水溶液中，糖會沉入容器底部，且似乎不會再繼續溶解。但事實上，糖分子是持續離開其固體並溶解，而同時間內，糖溶液中的糖分子和固體碰撞而佔據晶體的一個位置。當足夠的分子回到固體上（這就是溶解的逆平衡結晶），這也呈現出一個平衡狀態的存在。

一開始加入過量的溶質，升高溫度加熱並且攪拌，待溶解大量溶質之後，移開不能溶解的溶質，溶液冷卻之後，過量溶解的溶質會自動地析出結晶，此溶液稱之為**過飽和溶液**(supersaturated solution)。這種溶液是不穩定的，攪拌溶液或加入溶質的晶種均可使過量的溶質開始結晶。在結晶完畢之後，飽和溶液會與溶質的結晶保持平衡。常見的市售糖漿，就是糖在水中的過飽和溶液。

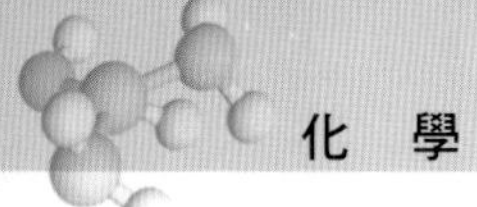

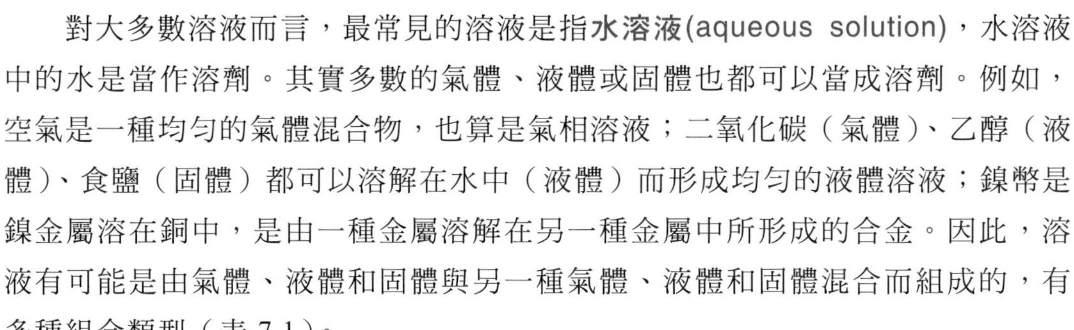

7-2 溶液的類型 (Types of Solutions)

對大多數溶液而言，最常見的溶液是指**水溶液**(aqueous solution)，水溶液中的水是當作溶劑。其實多數的氣體、液體或固體也都可以當成溶劑。例如，空氣是一種均勻的氣體混合物，也算是氣相溶液；二氧化碳（氣體）、乙醇（液體）、食鹽（固體）都可以溶解在水中（液體）而形成均勻的液體溶液；鎳幣是鎳金屬溶在銅中，是由一種金屬溶解在另一種金屬中所形成的合金。因此，溶液有可能是由氣體、液體和固體與另一種氣體、液體和固體混合而組成的，有多種組合類型（表 7.1）。

[表 7.1] 溶液的類型

溶液的相	溶質的相	溶劑的相	實例
氣體溶液	氣體	氣體	空氣（氧氣、氮氣、二氧化碳等）
	固體	氣體	煙（懸浮微粒於空氣中）
	液體	氣體	雲（冰晶和其他細小的物質懸浮在空氣中）
液體溶液	氣體	液體	汽水（二氧化碳與水）氨水（氨與水）
	液體	液體	酒（乙醇與水）醋（醋酸與水）
	固體	液體	糖水（糖與水）食鹽水（氯化鈉與水）
固體溶液	固體	固體	鎳幣（鎳與銅）黃銅（鋅與銅）
	氣體	固體	去除二氧化碳(NaOH 吸附 CO_2)
	液體	固體	結晶水晶體($CuSO_4 \cdot H_2O$)

很多的化學反應也都發生在溶液中。在氣相或液相中，分子或離子可以自由移動，彼此接觸並碰撞之後便發生反應。但在固相中，分子或離子不能自由移動，所以在固相中的化學反應，即使能發生，通常也是很緩慢的。

一、氣體在液體中所形成的溶液 (Solutions of Gases in Liquids)

海水與湖水中溶有足量的氧氣以供應水中生物生長所需。人體血液中也含有適量的氧氣、二氧化碳，且隨著呼吸作用進行體內外氣體交換。家庭飲用水中也溶有一部分的氣體，將水放在鍋爐中加熱，達到沸騰之前，水中會形成一些小氣泡，是溶解於水中的氣體（以氧氣與氮氣居多），達到沸騰時，氣泡的形成更加劇烈，多數是由水蒸氣所形成的大氣泡。這些都是氣體溶於液體中的典型例子。

氣體溶解在液體的量，得視氣體與液體溶劑的性質而定。氣體的壓力與溫度也會影響氣體的溶解度。氣體的溶解度會隨著氣體壓力的增加而增大，最典型的例子就是瓶裝的碳酸性飲料（汽水），瓶罐密封之前，會先利用幫浦將大量二氧化碳打入瓶中以增強瓶內壓力，較大的壓力可使大量的二氧化碳溶在飲料中，而且瓶蓋鎖緊可保持其壓力。但當瓶蓋打開時，壓力減少而使二氧化碳的溶解度變小，一些氣泡就從飲料中釋放出來，瓶中氣泡會逐漸減少。由此可得知壓力對溶解度的影響。

在 1 大氣壓下有 1 公克的氣體可溶解在 1 公升的水中；在 5 大氣壓下，則可溶解 5 公克的氣體。此定量的正比關係可由**亨利定律**(Henry's law)來表示，溶解於定量體積溶液中的氣體量是正比於氣體的壓力。

$$C_g = k \times P_g$$

C_g 表示氣體在溶液中的溶解度，P_g 表示溶液中氣體的壓力

但是氣體與溶劑發生化學反應時，壓力的效應並不遵守亨利定律。氨在水中的溶解度並不如亨利定律所預測的（壓力增加則氣體之溶解度會增大），因為氨會與水反應生成銨離子(NH_4^+)及氫氧根離子(OH^-)。

當氣體不與水起反應時，大部分氣體在水中的溶解度是隨著溫度增加而減少。當水溫上升時，溶液中溶解的氣體溶解度減少，氣體由溶液中釋出而在瓶罐周邊形成小氣泡。溫熱的汽水所含的氣泡比冰涼汽水的氣泡多，是因為高溫時二氧化碳在汽水中的溶解度遠較低溫時低，因此升高溫度可加速溶液釋出二氧化碳，而產生更多的氣泡。例如，若有熱釋放至湖水中，會因增加溫度而減

少水中氧氣的溶解度，而使水質的溶氧量降低，導致水中生物的存活面臨嚴重的威脅，這是自然界中水質熱污染的重大原因之一。

藉由打開容器或加熱溶液都可使某些氣體從溶劑中釋放出來。例如，氧氣、氮氣、二氧化碳和二氧化硫等氣體，都可利用將溶液加熱數分鐘之後即可除去。

二、液體在液體中所形成的溶液 (Solutions of Liquids in Liquids)

2 種液體能均勻的混合在一起，稱之為**互溶**。例如硫酸、鹽酸、乙醇和乙二醇都能與水完全互溶，這是因為極性或是形成氫鍵的緣故。溶質分子與溶劑分子的偶極－偶極吸引力（或氫鍵）一樣強，兩者分子則容易互溶。

2 種液體不能均勻的混合在一起，稱之為**不互溶**。不互溶的液體倒入同一容器中，靜置下會自動分成兩層。例如，食用油、汽油、乳液、四氯化碳等非極性液體與水不互溶。

極性的溶質分子可溶於極性溶劑中，非極性的溶質分子可溶於非極性溶劑中，就是“極性相似者可以互溶”(like dissolves like)的規則。

為何甲醇與水可以互溶？甲醇與水都是極性分子，當甲醇加入水中，水分子與水分子之間、甲醇與甲醇之間、水與甲醇之間形成的氫鍵強度大約相等，甲醇容易溶於水中，甲醇水溶液則容易形成。

為何汽油與水不能互溶？以辛烷為例，辛烷是非極性的分子，水則是極性分子，當辛烷加入水中，水分子彼此間是利用氫鍵結合在一起，辛烷分子之間則是藉由**倫敦分散力(London dispersion forces)**互相結合。2 種液體混合時，水分子與辛烷分子彼此間的吸引力強度無法克服水分子間的氫鍵，氫鍵使水分子緊密地結合在一起，而導致辛烷難以溶於水中，最後水與辛烷將再度分成兩層。

當溶質分子與溶劑分子之間的吸引力與個別組成中彼此間的吸引力強度相同時，溶液的形成是自發性的，不會伴隨能量的改變，此類溶液稱之為**理想溶液(ideal solution)**。例如，He 與 Ar、CH_3OH 與 C_2H_5OH、C_6H_5Cl 與 C_6H_5Br。

三、固體在液體中所形成的溶液 (Solutions of Solids in Liquids)

大部分固體的溶解度會隨著溫度增加而增大，例如砂糖在熱開水中較容易溶解，當然有些可能是例外的。圖 7.2 說明溫度會影響某些無機化合物在水中的溶解度。在溶解度曲線上有一個明顯的轉折點是表示一個新的化合物形成，而且有其不同的溶解度。例如，在圖 7.2 的紅色曲線表示固體 $Na_2SO_4 \cdot 10H_2O$ 在飽和溶液中的溶解度，達到平衡狀態時，當溫度升高至 32.4℃，則可形成無水的鹽類 Na_2SO_4 與水，超過 32.4℃之後紅色曲線有些下滑，表示無水 Na_2SO_4 的溶解度隨溫度增加而減少。

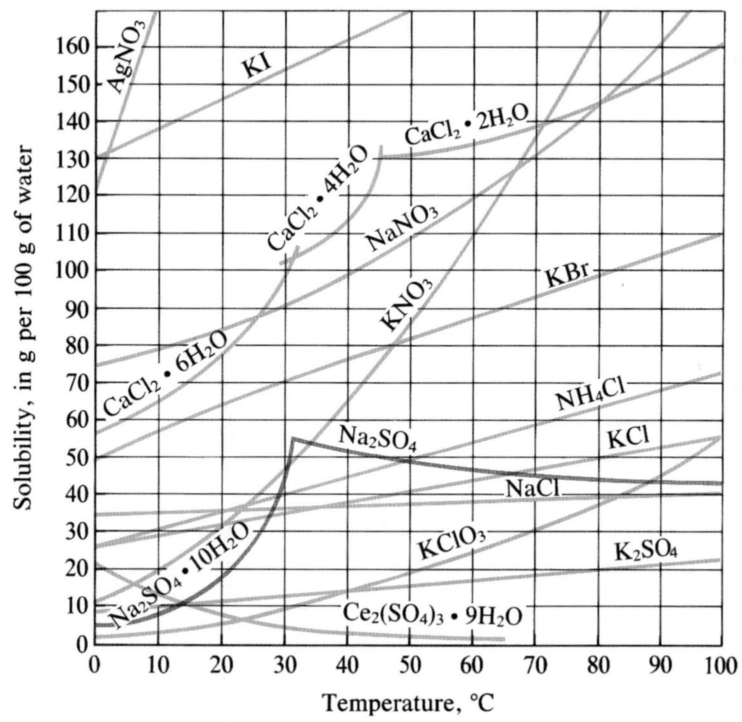

■ 圖 7.2 由圖中曲線可觀察到溫度效應會影響固體無機物之溶解度，例如紅色曲線之轉折點在 32.4℃是指固體 $Na_2SO_4 \cdot 10H_2O$ 分解成 Na_2SO_4 與水

在前一段課文中，我們明瞭極性與溶解度的關係，若固體分子具有極性也能溶於極性的水中，例如，極性的葡萄糖可溶於極性的水中，但非極性的固體豬油則不溶於極性的水中。將固體溶質倒入水中，固體分子彼此互相結合的吸引

力以及水分子與固體分子之間的吸引力會互相競爭。當溶質與溶劑之間的吸引力較溶質與溶質之間、溶劑與溶劑之間的吸引力強時，因為形成較強的吸引力，溶質就能溶於溶劑中。當溶質與溶劑之間的吸引力較溶質與溶質之間、溶劑與溶劑之間的吸引力弱時，因為吸引力較弱，溶質則不易溶於溶劑中。

7-3 濃度的表示方法

(Expressing Concentration)

一、百分率濃度(Percent Concentration)

在一定量的溶液中，溶質被溶解的量稱為溶液的**濃度**(concentration)。各種不同濃度的表示方法，都是指一定量的溶液中所含溶質的量。稀溶液係指溶液中含有較少量的溶質，濃溶液係指溶液中含有較大量的溶質。

二、質量百分率濃度（重量百分率濃度）(Mass Percent Concentration)

若要表示溶質的濃度，可以利用**質量百分率濃度**，即是% (m/m)，表示在一定量溶液中含有多少質量的溶質，也稱為**重量百分率濃度**，即是% (w/w)。在計算溶質的質量百分率濃度時，可利用每 100 公克溶液中含有多少公克的溶質（溶質質量／100g 溶液）較方便計算。例如，10% (m/m)的 NaCl 溶液，是指在 100 公克的溶液中含有 10 公克的 NaCl（90 公克的水加 10 公克的 NaCl）；或是 200 毫克的溶液中含有 20 毫克的 NaCl；或是 15 公克的溶液中含有 1.5 公克的 NaCl。

$$\text{質量百分率濃度\% (m/m)} = \frac{\text{溶質質量(g)}}{\text{溶液質量(g)}} \times 100\%$$

例題 7.1

一個瓶內含有 180 公克 HCl（溶質）與 720 公克水（溶劑）所形成的溶液，則此溶液的質量百分率濃度為何?

溶液質量＝溶質質量＋溶劑質量

180 公克 HCl＋720 公克水＝900 公克溶液

質量百分率濃度% (m/m)$= \dfrac{180\text{g}}{900\text{g}} \times 100\% =$ 20% (m/m)

若要計算一定量體積溶液中溶質的質量，而得到質量百分率濃度，必須先知道溶液的密度（即 1 毫升溶液的質量），才能換算出溶質的質量。

例題 7.2

飽和氫氯酸（HCl 在水中的飽和溶液）在化學實驗室中是經常使用的強酸溶液，其密度為 1.19g/mL，質量百分率濃度為 37.2% (m/m)，每 1 公升的飽和氫氯酸溶液中含有多少質量的 HCl？

由密度知道 l mL 的飽和氫氯酸溶液質量為 1.19g，因此可以先換算 1 L (1,000mL)溶液的質量。

$\dfrac{1.19\text{g}}{1\ \text{mL}} \times 1{,}000\text{mL} =$ 1,190g（溶液質量）

再利用質量百分率濃度 37.2% (m/m)算出 HCl 的質量。

溶質(HCl)質量(g)$= 1{,}190\text{g} \times \dfrac{37.2\text{g}}{100\text{g}} =$ 443g

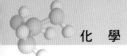

三、體積百分率濃度(Volume Percent Concentration)

因為液體的體積較容易測量，所以溶液的濃度也可以以**體積百分率濃度**表示，即是% (v/v)。但是溶質與溶液體積的單位必須一致，例如兩者都是毫升，或者兩者都是公升。

$$\text{體積百分率濃度\% (v/v)} = \frac{\text{溶質體積(mL)}}{\text{溶液體積(mL)}} \times 100\%$$

也相當於每 100 毫升溶液中含有多少毫升的溶質（溶質體積／100mL 溶液）。例如，濃度為 30% (v/v)的酒是指在 100 毫升的水溶液中含有乙醇 30 毫升。

例題 7.3

將 15 毫升的乙醇(C_2H_5OH)溶於 105 毫升的水中，則此溶液的體積百分率濃度為何?

溶液體積＝溶質體積＋溶劑體積

15 毫升 C_2H_5OH＋105 毫升水＝120 毫升溶液

$$\text{體積百分率濃度\% (v/v)} = \frac{15\text{mL}}{120\text{mL}} \times 100\% = 12.5\%\ \text{(v/v)}$$

四、質量／體積百分率濃度 (Mass/Volume Percent Concentration)

質量／體積百分率濃度，即是% (m/v)，是將溶質的克數除以溶液的體積（毫升）再乘以 100%，也稱為**重量／體積百分率濃度**，即是% (w/v)。

$$\text{質量／體積百分率濃度\% (m/v)} = \frac{\text{溶質質量(g)}}{\text{溶液體積(mL)}} \times 100\%$$

也相當於每 100 毫升溶液中所含溶質的克數（溶質質量／100mL 溶液）。例如，15% (m/v)的葡萄糖溶液，是指在 100 毫升的溶液中含有 15 公克的葡萄糖，其中溶液的體積是指葡萄糖溶於水之後的總體積。質量／體積百分率濃度的計算方式經常被運用在藥劑或液體試劑的配製，也是實驗室中較常使用的濃度表示法。

例題 7.4

秤取 25 公克的 $BaCl_2$ 並溶於足量的水中，使溶液的總體積為 500 毫升，則此溶液的質量／體積百分率濃度為何？

$$\text{質量／體積百分率濃度\% (m/v)} = \frac{25\text{g}}{500\text{mL}} \times 100\% = 5\% \text{ (m/v)}$$

五、容積莫耳濃度(Molarity)

表示溶液的濃度也可以利用**容積莫耳濃度**(Molarity, M)，定義為在每 1 公升體積的溶液中所含有溶質的莫耳數。計算容積莫耳濃度時，以溶質的莫耳數除以溶液（溶質加溶劑）的體積(L)即可。

$$\text{容積莫耳濃度(M)} = \frac{\text{溶質的莫耳數(mol)}}{\text{溶液的體積(L)}}$$

為了精確配製容積莫耳濃度，通常會先將溶質溶於少量的溶劑中，再繼續加溶劑至最後希望的溶液總體積。例如，要配製 1.00L 的 0.1 M NaOH 溶液，必須在量瓶中先加入少量的蒸餾水，再倒入 0.1 莫耳的 NaOH，待 NaOH 完全溶解之後，再加入更多蒸餾水直到溶液的總體積剛好達到 1.00L，則可精確配製濃度為 0.1 M 的 NaOH 溶液。

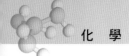

例題 7.5

將 3.60g 的葡萄糖($C_6H_{12}O_6$)溶於水配製成 2.0L 的糖水溶液，其容積莫耳濃度為何？

$$C_6H_{12}O_6\text{ 的莫耳數} = \frac{3.60g}{180g/mol} = 0.02mol$$

$$C_6H_{12}O_6\text{ 的容積莫耳濃度(M)} = \frac{0.02mol}{2.0L} = 0.01\ M$$

例題 7.6

飽和的硫酸(H_2SO_4)溶液密度為 1.80g/mL，質量百分率濃度為 98.0% (m/m)，則此酸的容積莫耳濃度為何？

由密度知道 l mL 的飽和硫酸溶液質量為 1.80g，因此可以先換算 1 L (1,000 mL)溶液的總質量。

$$\frac{1.80g}{1\ mL} \times 1{,}000mL = 1{,}800g\text{（1 公升溶液總質量）}$$

再利用質量百分率濃度 98.0% (m/m)算出 H_2SO_4 的質量。

$$1{,}800g \times \frac{98.0g}{100g} = 1{,}764g\text{（}H_2SO_4\text{ 質量）}$$

$$H_2SO_4\text{ 的莫耳數} = \frac{1{,}764g}{98.0g/mol} = 18.0mol$$

$$H_2SO_4\text{ 的容積莫耳濃度(M)} = \frac{18.0mol}{1\ L} = 18.0M$$

六、 重量莫耳濃度(Molality)

重量莫耳濃度(m)是表示溶液中 1 公斤重的溶劑所含溶質的莫耳數。重量莫耳濃度的計算是由溶液中溶質的莫耳數除以溶液中溶劑以公斤為單位的重量。

$$\text{重量莫耳濃度(m)} = \frac{\text{溶質的莫耳數(mol)}}{\text{溶劑重(kg)}}$$

在此，溶劑之重量是以公斤表示而非公升，這是重量莫耳濃度(m)與容積莫耳濃度(M)最大的差別。

例題 7.7

將 1.02g 的氨(NH_3)溶於 200g 的水中，則此溶液的重量莫耳濃度為何？

$$NH_3\text{ 的莫耳數} = \frac{1.02\text{g}}{17.0\text{g/mol}} = 0.06\text{mol}$$

$$NH_3\text{ 的重量莫耳濃度(m)} = \frac{0.06\text{mol}}{0.200\text{kg}} = 0.3\text{m}$$

例題 7.8

氯化鈉水溶液總重為 0.48kg，其中含有 40.95g 的 NaCl，則此溶液的重量莫耳濃度為何？

溶液重 $= 0.48\text{kg} = 480\text{g}$

溶劑重 $= 480\text{g} - 40.95\text{g} = 439.05\text{g} = 0.43905\text{kg}$

NaCl 的莫耳數 $= \frac{40.95g}{58.5g/mol} = 0.7mol$

NaCl 的重量莫耳濃度(m) $= \frac{0.7mol}{0.43905kg} = 1.6m$

七、百萬分數（Parts per million, ppm）

如果溶液中有微量溶質，則較常使用 ppm 來表示溶質及溶劑相對量。ppm 定義如下

ppm = (溶質重/ 溶液重) $\times 10^6$

若是水溶液；可以每升溶液所含的溶質質量（以毫克計）mg/L 表示。

例題 7.9

有一 250ml 水溶液含 0.05g Cd^{2+}，求溶液的 ppm？

50mg/0.25L =200ppm

八、莫耳分率(Mole Fraction)

莫耳分率(X)是表示在溶液中每一個別組成的莫耳數除以所有組成莫耳數的總和。例如在一含有 A, B, C……各種組成的溶液中，物質 A 的莫耳分率可用下列方程式表示：

A 的莫耳分率(XA) $= \frac{\text{A的莫耳數}}{\text{A的莫耳數} + \text{B的莫耳數} + \text{C的莫耳數} + \cdots\cdots}$

在此混合物中，所有組成的莫耳分率總和等於 1。

例題 7.10

溶液中含有 48.0g 的 CH_3OH、59.8g 的 C_2H_5OH 與 60.0g 的 C_3H_7OH，此三種成分個別的莫耳分率為何？

CH_3OH 的莫耳數 $= \dfrac{48.0\text{g}}{32.0\text{g/mol}} = 1.5\text{mol}$

C_2H_5OH 的莫耳數 $= \dfrac{59.8\text{g}}{46.0\text{g/mol}} = 1.3\text{mol}$

C_3H_7OH 的莫耳數 $= \dfrac{60.0\text{g}}{60.0\text{g/mol}} = 1.0\text{mol}$

$$XCH_3OH = \frac{1.5\text{mol}}{(1.5+1.3+1.0)\text{mol}} = 0.395$$

$$XC_2H_5OH = \frac{1.3\text{mol}}{3.8\text{mol}} = 0.342$$

$$XC_3H_7OH = 1.0 - 0.395 - 0.342 = 0.263$$

九、溶液的稀釋

在實驗過程或日常生活中，我們經常需要將濃度較高的溶液製備成稀溶液，而加水入濃溶液使其總體積變大，導致濃度變小，但是溶液中溶質的量並未改變，這就是**稀釋**(dilution)。因為稀釋前溶液中溶質的含量等於稀釋後溶液中溶質的含量，所以我們可以利用稀釋的方法使溶液的濃度變小。

稀釋前溶液中溶質的含量＝稀釋後溶液中溶質的含量

如何知道需要多少濃溶液來進行稀釋？最簡單的方法就是利用下列的公式。其中 M_1 與 V_1 分別是稀釋前溶液的濃度與體積，M_2 與 V_2 則是稀釋後溶液的濃度與體積。溶質的含量可由溶液的濃度與體積決定，溶液的容積莫耳濃度與體積相乘可得知溶質的莫耳數(mol/L × L = mol)，溶液的濃度可由其容積莫耳濃度(M)或百分率濃度(%)表示。

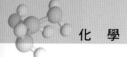

$M_1V_1 = M_2V_2$ 或 $\%_1V_1 = \%_2V_2$

例題 7.11

0.54L 的 2.5M 硝酸鉀(KNO_3)溶液，加水稀釋到體積成為 1.0L，則稀釋後此溶液之容積莫耳濃度為何？

$M_1V_1 = M_2V_2$

$2.5M \times 0.54L = M_2 \times 1.0L$

$M_2 = 1.35M$

例題 7.12

欲將 35.2mL 的 1.5M HCl 溶液稀釋成 0.5M HCl 溶液，則需加多少量的水？

$M_1V_1 = M_2V_2$

$1.5M \times 0.0352L = 0.5M \times V_2$

$V_2 = 0.1056L = 105.6mL$

增加水的體積 = 105.6mL − 35.2mL = 70.4mL

例題 7.13

將 150mL 的 40% (m/v) NaOH 溶液加水稀釋到體積成為 600mL，則稀釋後此溶液之濃度為何？

$\%_1V_1 = \%_2V_2$

$40\% \times 150mL = \%_2 \times 600mL$

$\%_2 = 10\%$

7-4 溶液的依數性質 (Colligative Properties of Solutions)

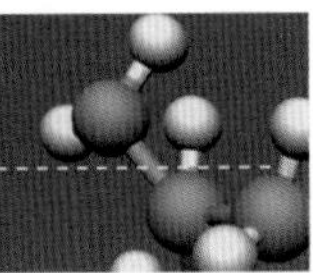

溶液中的凝固點、沸點或其中溶劑的蒸氣壓都會隨著溶質濃度的變化而改變。然而這些變化與溶質的本性（例如溶質的種類、粒子的大小、電荷數的多寡）無關，這些改變僅與溶質的濃度（溶質的粒子數量）有關。例如，1 莫耳的固體蔗糖($C_{12}H_{22}O_{11}$)、1 莫耳的液體乙二醇($C_2H_4(OH)_2$)抗凍劑和 1 莫耳的氣體二氧化碳(CO_2)，分別溶於 1 公斤的水中，三種溶液都會在－1.86℃時開始凝固。又例如，氯化銨溶液中含有 0.5 莫耳的氨離子(NH_4^+)與 0.5 莫耳的氯離子(Cl^-)，溶於 1 公斤的水中，溶液也是在－1.86℃時開始凝固，此溶液也含有 1 莫耳的溶解粒子。這些使溶劑的沸點上升、凝固點下降或蒸氣壓下降等性質改變，都是由於溶質存在的影響，且決定於溶質粒子的濃度稱之為**依數性質**(colligative properties)。

一、溶劑的沸點上升 (Elevation of the Boiling Point of the Solvent)

當液體的蒸氣壓等於其表面的外在壓力時，液體就會開始出現沸騰。若加入一溶質則可降低液體的蒸氣壓，所以當此液體要再度沸騰時，必須有更高的溫度，使其蒸氣壓再度達到其沸點所需的蒸氣壓，因此溶液的沸點就比純溶劑時更高了，因為溶質分子會降低溶液的沸點，干擾溶劑分子的蒸發。任何非揮發性非電解質 1 莫耳溶於 1 公斤重的水中，可使溶液的沸點提高 0.512℃。因此相同濃度的不同溶液，其所上升的溫度是相同的。

溶液與純溶劑的沸點變化量(ΔT_b)與溶質的重量莫耳濃度成正比。

$\Delta T_b = K_b \times m$

m 表示溶質在溶劑中的重量莫耳濃度，K_b 表示莫耳沸點上升常數

不同溶劑其 K_b 值也不相同，表 7.2 中列有常見溶劑的 K_b 值。

[表 7.2] 一些溶劑的沸點、凝固點與莫耳沸點上升常數、凝固點下降常數

溶劑	沸點℃(1 atm)	K_b (℃/m)	凝固點℃	K_f (℃/m)
水	100.0	0.512	0	–1.86
醋酸	118.1	3.07	16.6	–3.9
苯	80.1	2.53	5.48	–5.12
氯仿	61.26	3.63	–63.5	–4.68
苯胺	210.9	5.24	5.67	–8.1

例題 7.14

當 9.20g 的丙三醇($C_3H_8O_3$)溶於 50.0g 的水中，水的沸點會改變多少？

$$\text{重量莫耳濃度(m)} = \frac{\text{溶質的莫耳數(mol)}}{\text{溶劑重(kg)}} = \frac{\dfrac{9.20\text{g}}{92.0\text{g/mol}}}{0.05\text{kg}} = 2.0\text{m}$$

由表 7.2 得知水的莫耳沸點上升常數(K_b)為 0.512℃/m

$\Delta T_b = K_b \times m = 0.512℃/m \times 2.0m = 1.024℃$

例題 7.15

3.1g 的乙二醇($C_2H_4(OH)_2$)溶於 400g 的水中，此溶液之沸點為何？

重量莫耳濃度(m) = $\dfrac{\dfrac{3.1\text{ g}}{62.0\text{g/mol}}}{0.400\text{kg}}$ = 0.125m

由表 7.2 得知水的莫耳沸點上升常數(K_b)為 0.512℃/m

$\Delta T_b = K_b \times m = 0.512℃/m \times 0.125m = 0.064℃$

由表 7.2 得知水的沸點為 100.0℃

此乙二醇水溶液之沸點 = 100.0℃ + 0.064℃ = 100.064℃

二、溶劑的凝固點下降 (Depression of the Freezing Point of the Solvent)

1 莫耳的非揮發性非電解質溶於 1 公斤的水中，可使水溶液的凝固點降低 1.86℃。因此溶液的凝固點通常比溶劑的凝固點更低。海水結冰時的凝固溫度會比純水凝固更低溫。在寒帶國家，經常利用乙二醇製成的抗凍劑，加入汽車水箱中以降低水的凝固點，可避免引擎冷卻劑在冬天下雪時容易結冰的困擾；或在大雪紛飛時撒鹽在結冰的道路上，因為 0℃時鹽水仍可維持液體狀態，可促使路面上的冰溶化，防止車輛在行駛中發生打滑的意外。

溶液與純溶劑的凝固點變化量(ΔT_f)與溶質的重量莫耳濃度成正比。

$\Delta T_f = K_f \times m$

m 表示溶質在溶劑中的重量莫耳濃度，K_f 表示莫耳凝固點下降常數，是指 1 m 溶液中凝固點的改變量

不同溶劑其 K_f 值也不相同，ΔT_f 隨不同溶劑而改變，表 7.2 中列有一些溶劑的 K_f 值。

例題 7.16

0.125m 的乙二醇($C_2H_4(OH)_2$)水溶液之凝固點為何？

由表 7.2 得知水的莫耳凝固點下降常數(K_f)為 1.86℃/m

$\Delta T_f = K_f \times m = 1.86℃/m \times 0.125m = 0.2325℃$

由表 7.2 得知水的凝固點爲 0℃

此乙二醇水溶液之凝固點＝0℃－0.2325℃＝－0.2325℃

例題 7.17

31.5g 的非電解質溶於 500g 醋酸所形成的溶液，其凝固點為 10.75℃，則此非電解質化合物的分子量為何？

由表 7.2 得知醋酸的莫耳凝固點下降常數(K_f)為 3.9℃/m，醋酸的凝固點爲 16.6℃

$\Delta T_f = 16.6℃ - 10.75℃ = 5.85℃$

$\Delta T_f = K_f \times m$

$$m = \frac{\Delta T_f}{K_f} = \frac{5.85℃}{3.9℃/m} = 1.5m$$

$$1.5m = \frac{溶質莫耳數(mol)}{0.500kg}$$

溶質莫耳數(mol) = 1.5mol/kg × 0.500kg = 0.75mol

$$0.75mol = \frac{31.5g}{分子量}$$

$$分子量 = \frac{31.5g}{0.75mol} = 42.0g/mol$$

三、溶劑的蒸氣壓下降 (Lowering of the Vapor Pressure of the Solvent)

當有一非揮發性（或低蒸氣壓）的物質溶解時，溶劑的蒸氣壓會下降。例如在 20℃下，食鹽水溶液的蒸氣壓會比同溫度下純水的蒸氣壓更低。

就一個理想溶液而言，蒸氣壓的減少與溶質在溶液中所佔的莫耳分率成正比。溶質分子數量越多，則溶液的蒸氣壓越低。這是**拉午爾定律**(Raoult's law)：在理想溶液中溶劑的蒸氣壓（$P_{溶劑}$）是等於溶劑的莫耳分率（$X_{溶劑}$）乘以純溶劑的蒸氣壓（$P°_{溶劑}$）。

$P_{溶劑} = X_{溶劑} \times P°_{溶劑}$

理想溶液中減少的蒸氣壓(ΔP)，與純溶劑相比較，剛好等於溶質的莫耳分率（$X_{溶質}$）乘以純溶劑的蒸氣壓（$P°_{溶劑}$）。

$\Delta P = X_{溶質} \times P°_{溶劑}$

例題 7.18

40℃下 46.0g 丙三醇($C_3H_5(OH)_3$)溶於 345.0g 乙醇(C_2H_5OH)中，此理想溶液的蒸氣壓下降量為何？（純的乙醇在 40℃時蒸氣壓為 135.3torr。丙三醇在 40℃下是不揮發的）

丙三醇($C_3H_5(OH)_3$)的莫耳數 $= \dfrac{46.0\text{g}}{92.0\text{g/mol}} = 0.5\text{mol}$

乙醇(C_2H_5OH)的莫耳數 $= \dfrac{345.0\text{g}}{46.0\text{g/mol}} = 7.5\text{mol}$

$XC_3H_5(OH)_3 = \dfrac{0.5\text{mol}}{(0.5+7.5)\text{mol}} = 0.0625$

$\Delta P = X_{溶質} \times P^\circ_{溶劑} = 0.0625 \times 135.3\text{torr} = 8.46\text{torr}$

7-5 滲透及溶液的滲透壓 (Osmosis and Osmotic Pressure of Solutions)

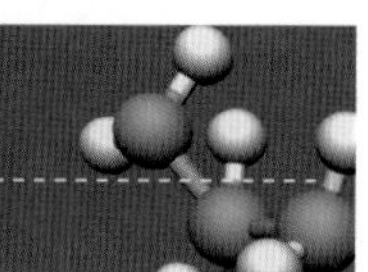

一些薄膜（例如細胞膜、哺乳動物的腎臟或某些聚合物的薄膜）能使溶劑分子或非常小的溶質粒子通過，但是大的溶質分子則無法通過，稱之為**半透膜**(semi permeable membranes)。若利用半透膜將某一溶液與其純溶劑分隔，則此溶劑可穿透半透膜而將溶液稀釋，這種過程稱之為**滲透**(osmosis)。在滲透過程中，溶劑通常由低濃度溶液流向高濃度溶液中，而使溶液的濃度改變。或者溶劑分子會從純溶劑移到溶液中，溶液的體積因此而增加，溶液的液面因此而上升，純溶劑的液面則下降，直到所產生的壓力足以平衡溶劑分子滲透入溶液為止，系統兩側溶劑分子流進與流出速率達到平衡，液面就會維持一定的高度。

這壓力足以阻止純溶劑經滲透作用進入溶液中，稱之為**滲透壓**(osmotic pressure, π)。滲透壓大小依溶液中所含溶質粒子數多寡而定，溶質粒子數越多，則滲透壓越大。稀釋溶液的滲透壓可由下列公式計算得之。

$\pi = MRT$

M 表示溶質的容積莫耳濃度，R 表示氣體常數(0.08206 L atm/mol K, 8.314 L Pa/mol K)，T 表示溶液的溫度，但需用凱氏溫度(K)表示

滲透壓大小與溶質的濃度有關，溶質的濃度越高，所產生的溶液滲透壓就越大。

例題 7.19

0.1M 葡萄糖溶液用於 37.5℃體溫下靜脈注射時，所產生的滲透壓有多少大氣壓？（R 為 0.08206 L atm/mol K 或 8.314 L Pa/mol K）

K＝℃＋273.15＝37.5℃＋273.15＝310.65K

$\pi = MRT = 0.1\ mol/L \times 0.08206\ L\ atm/mol\ K \times 310.65K = 2.55atm$

例題 7.20

1 公升溶液中含有 20 公克的血紅素，在 22℃時所產生的滲透壓為 5.9torr，則此血紅素的分子量為何？（R 為 0.08206 L atm/mol K 或 8.314 L Pa/mol K）

760torr＝1 atm，$5.9torr = \frac{5.9torr}{760torr/atm} = 0.0078atm$

K＝℃＋273.15＝22℃＋273.15＝295.15K

$\pi = MRT$

$$M = \frac{\pi}{RT} = \frac{0.0078atm}{0.08206\ L\ atm/mol\ K \times 295.15K} = 0.00032mol/L = 0.00032M$$

因為此溶液 1 公升中含有 20 公克的血紅素，所以 20 公克血紅素的莫耳數等於 0.00032mol

$$0.00032\text{mol} = \frac{20\text{g}}{\text{分子量}}$$

$$\text{分子量} = \frac{20\text{g}}{0.00032\text{mol}} = 62{,}500\text{g/mol}$$

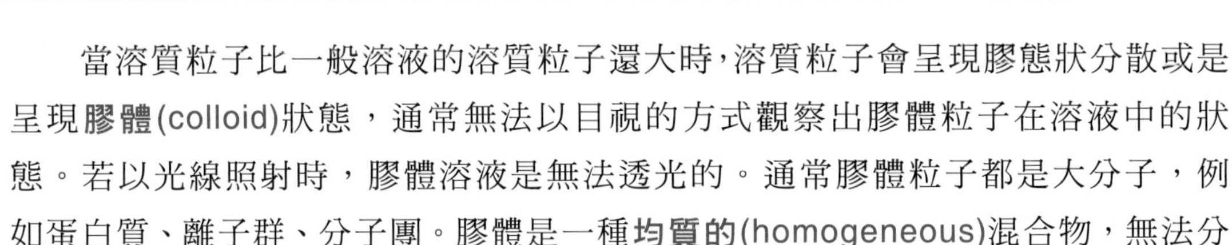

7-6 膠體與懸浮液 (Colloid and Suspensions)

當溶質粒子比一般溶液的溶質粒子還大時，溶質粒子會呈現膠態狀分散或是呈現**膠體**(colloid)狀態，通常無法以目視的方式觀察出膠體粒子在溶液中的狀態。若以光線照射時，膠體溶液是無法透光的。通常膠體粒子都是大分子，例如蛋白質、離子群、分子團。膠體是一種**均質的**(homogeneous)混合物，無法分離（難以過濾），也不會在溶液中產生沉澱。日常生活中常見的膠體有煙、霧、奶油、牛奶、油漆、血漿、刮鬍膏等。

懸浮液(suspension)的溶質粒子比膠體更大，通常肉眼可見。懸浮液是**非均質的**(heterogeneous)混合物，可分離（容易過濾），容易在溶液中產生沉澱，懸浮粒子無法穿過半透膜（粒子太大）。將懸浮的溶質粒子與溶劑混合並同時攪拌，混合物會呈現混濁狀，靜置片刻溶液會立即分成兩層，上層是澄清液，懸浮的溶質粒子則沉澱在下層。臨床醫療常用的藥劑有一些也是懸浮液，例如胃乳、卡拉明洗劑(Calamine lotion)、止瀉劑(Kaopectate)，這些懸浮液使用前要搖一搖，盡量使懸浮粒子均勻地分散在溶液中。

7-7 血液透析

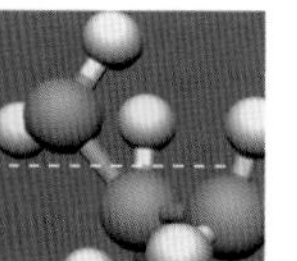

當腎臟失去功能或功能過低時，醫生會建議病人實施洗腎來保持體內的代謝，即以透析(diaIysia)方法來不斷移去有毒的物質。透析的原理在於使用多孔膜，運用擴散，小分子能通過半透膜。透析液中所無的血液物質，會通過半透膜進到透析液去;相反地透析液中所含比血液濃度高的物質，則也會經多孔膜擴散到血液之中。洗腎有腹膜透析及血液透析兩種方法，兩種的主要區別在於所使用的透析膜，腹膜透析法使用病人自己的腹膜當透析膜，血液透析法則使用人工透析膜。病人接受血液透析治療時，利用小管插入前臂以與機器相連接，一條管子接在動脈，另一條則接於靜脈，然後從動脈把病人的血液唧入人造膜作成的多孔長管裏，管子盤繞在充滿透析液的容器中，血液內的有毒物質會擴散通過膜而進入容器之內，洗乾淨的血液由靜脈回到病人體內。容器內的透析液每 2 小時置換一次，以免任何有毒物質回到血液去。

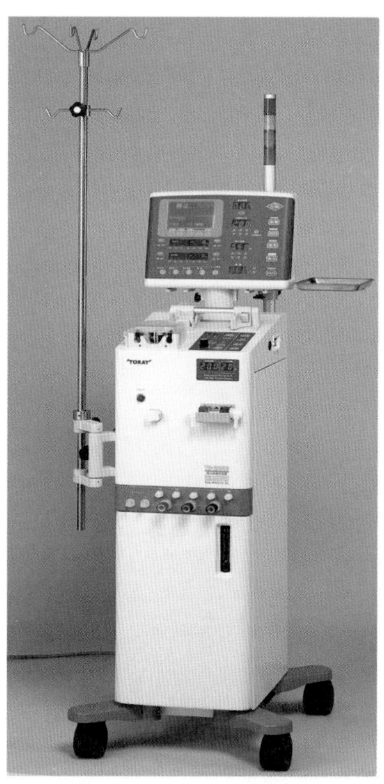

■ 圖 7-3 血液透析機

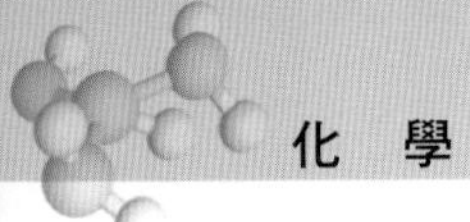

結 語

當一個物質（溶質）溶解在第二個物質（溶劑）中，則可形成溶液。溶液是原子、分子、離子的均勻混合物，也是溶質與溶劑的均勻混合物。溶質可能是固體、液體或氣體。溶劑通常是液體，但氣體或固體也可以當作溶劑。物質溶解所形成的溶液，若含有離子而且能導電，則稱此物質為電解質。電解質可能是離子化合物或分子化合物，與溶劑反應之後形成離子而溶於溶液中。若物質溶解後所形成的溶液，含有分子並且不能導電，則稱此物質為非電解質。

氣體溶解在液體溶劑的量與氣體的壓力成正比，但須先假設此氣體不會與溶劑反應。通常氣體的溶解度會隨溫度上升而降低。具有極性的溶質較容易溶解在水（極性溶劑）中（可互溶），而非極性溶質較難溶解在水中（不互溶）。一般而言，固體在水中的溶解度是隨著溫度升高而增加，但也有些例外。

溶質與溶劑在溶液中的相對量可用溶液的濃度來表示，而濃度的表示方法包括質量百分率濃度、體積百分率濃度、質量／體積百分率濃度、容積莫耳濃度、重量莫耳濃度和莫耳分率。

小試身手

1. 計算下列各項溶液中溶質的質量百分率濃度% (m/m)分別為何？

   (1) 12 公克的 $CaCl_2$ 溶於 48 公克的水中。

   (2) 5 公克的 KBr 與水混合成 80 公克的溶液。

2. 計算下列各項溶液中溶質的質量／體積百分率濃度% (m/v)分別為何？

   (1) 4.3 公克的 $MgSO_4$ 溶於水中配製成 100 毫升的水溶液。

   (2) 15 公克的 KNO_3 與水混合配製成 300 毫升的溶液。

   (3) 1.596 公克的硫酸銅($CuSO_4$)溶於水中配成 100 毫升的溶液。

3. 欲配製 70% (v/v)的乙醇水溶液 800 毫升，需要 95%的酒精多少毫升？

4. 計算下列溶液分別含有多少公克的溶質？

   (1) 海水中含有質量百分率濃度為 1.2%(m/m)的 NaCl，則 475 公克的海水可取得多少公克的食鹽？

   (2) 欲配製 500 毫升質量／體積百分率濃度為 3.5%(m/v)的糖水，需要秤取蔗糖多少公克？

5. 計算下列溶液的容積莫耳濃度(M)分別為何？

   (1) 2.2 公克的鈣離子(Ca^{2+})溶解在 1 公升的牛奶中，其容積莫耳濃度應為何(M)？

   (2) 248 公克的乙二醇($C_2H_4(OH)_2$)溶於 500 毫升的抗凍劑中，濃度為何(M)？

   (3) 5.95 公克的 NH_3 溶於 750 毫升的溶液中，則家用品中的氨的濃度應為何？

6. 計算下列溶液的重量莫耳濃度(m)分別為何？

   (1) 3.922 公克的碳酸鈉(Na_2CO_3)溶於 1 公斤的水中。

   (2) 3.51 公克的氯化鈉(NaCl)溶於 1 公斤的水中。

7. 計算第 6 題溶液中的溶質及溶劑個別的莫耳分率。

8. 水質中的硬度經常以碳酸鈣($CaCO_3$)的百萬分比(ppm)來表示，則 200ppm 的 $CaCO_3$ 其容積莫耳濃度應為何?

9. 請描述如何製備 1.0M 的 KI 溶液 500 毫升？

10. 8.5 公克的非電解質樣品溶於 65 公克的水中，此溶液的凝固點為－2.43℃，求此物質的分子量為何？

11. 0.3 公斤的水溶液中含有 0.69 莫耳的 Na_2SO_4，假設此電解質完全溶解，則此溶液的沸點為何？

12. 25℃下，1 公升的溶液中含有 0.732 公克的膽固醇，其滲透壓為 38torr，求此膽固醇的分子量為何？

13. 下列各組的 A 與 B 兩種溶液分別以半透膜隔開，請判別哪一邊的液面可能會上升？

	A	B
(1)	0.9% (m/v) NaCl	1.5% (m/v) NaCl
(2)	0.1 M 葡萄糖	0.01 M 葡萄糖
(3)	5% (m/v)澱粉	1% (m/v)澱粉
(4)	0.1 m 蔗糖	0.7m 蔗糖

14. 人體血液在 37℃時滲透壓為 7.6atm。要製備 1 公升的葡萄糖水溶液作為靜脈注射之用，需要葡萄糖($C_6H_{12}O_6$)多少公克？（37℃下溶液與體液中的血液滲透壓需相同）

15. 請以洗腎為主題，製作概念構圖。

參考書籍

1. 徐惠麗、劉東明、方偉平、魏銘琪、張禎祐編譯(2007)·化學（精華版）·台北：新文京。

2. LEO J. MALONE. BASIC CONCEPTS OF CHEMISTRY (7th ed.)·台北：高立。

Chapter 08

反應速率及化學平衡

徐惠麗

本章大綱

Chapter at a Glance

日常生活中，我們會發現有許多化學反應在進行，像是牛奶變酸、鐵生銹、食物的腐敗、木材燃燒、食物的消化等現象。這些反應發生時所消耗的時間有快有慢（如圖 8.1、8.2），例如木材燃燒反應發生的很快，而鐵生銹則反應進行的很緩慢。我們也會發現，當食物保存於冰箱時，可維持較長時間的新鮮度，但若是把食物置於室溫，則腐敗速度較快。所以當反應進行時，反應物如何轉變成生成物？有哪些因素影響反應速率？還有為什麼有些反應不能進行完全？影響反應物與生成物分佈的因素為何？只要瞭解影響反應的原因，經過控制這些條件，則反應可達到預期結果。

■ 圖 8.1　燃燒反應時反應速率快

■ 圖 8.2　鐵生銹之化學反應反應速率慢

8-1 反應速率 (Rate of Reaction)

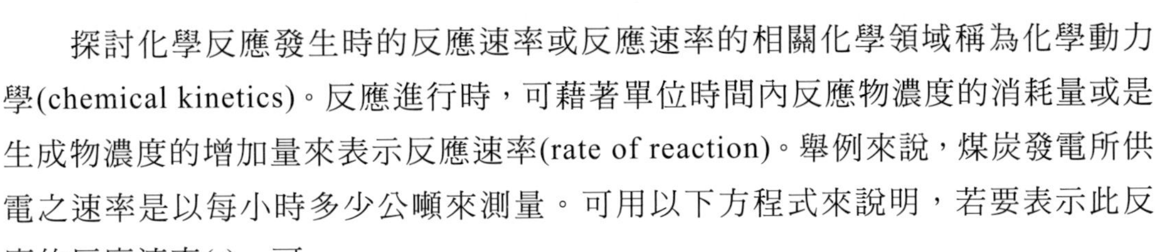

探討化學反應發生時的反應速率或反應速率的相關化學領域稱為化學動力學(chemical kinetics)。反應進行時，可藉著單位時間內反應物濃度的消耗量或是生成物濃度的增加量來表示反應速率(rate of reaction)。舉例來說，煤炭發電所供電之速率是以每小時多少公噸來測量。可用以下方程式來說明，若要表示此反應的反應速率(r)，可

$$A \rightarrow B$$

表示成單位時間(Δt)內，反應物(A)的消耗量或是生成物(B)的生成量。

$$R = -\frac{\Delta[A]}{\Delta t} \quad 或 \quad r = -\frac{\Delta[B]}{\Delta t}$$

其反應物與生成物量隨反應時間變化可由圖 8.3 看出，反應物量隨反應之進行慢慢減少，而生成物量隨反應之進行慢慢增加。如何計算，可透過雙氧水分解實例來說明。

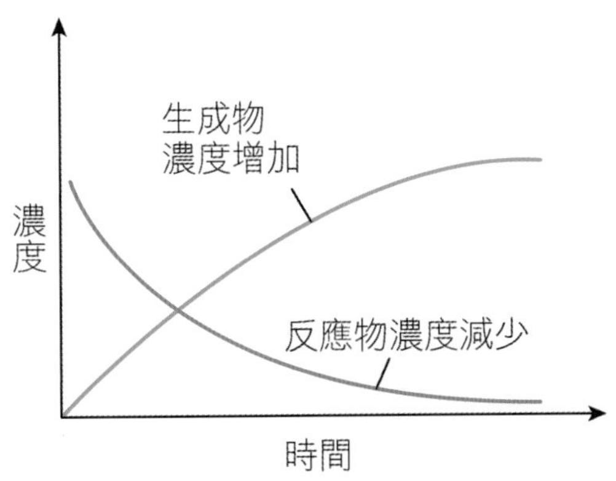

圖 8.3 反應物與生成物量隨反應時間變化關係圖

例題 8.1

雙氧水分解反應方程式如下：

$H_2O_{2(aq)} \rightarrow H_2O_{(l)} + 1/2O_{2(g)}$

請利用表 8.1 來決定：1.反應一開始的速率？2.反應進行時間為 20,000 秒時，$[H_2O_2]$為何？

[表 8.1] 雙氧水的分解

時間（秒）	$[H_2O_2]$ (mol/L)的濃度	速率(mol/L s)
0	1.000	
2.16×10^4	0.500	2.31×10^{-5}
4.32×10^4	0.250	1.16×10^{-5}
6.48×10^4	0.125	0.579×10^{-5}
8.64×10^4	0.0625	0.29×10^{-5}

1. 一開始速率由 Δ[A]和表 8.1 數據來計算

$$r = -\frac{\Delta[A]}{\Delta t}$$

$$= -\frac{(0.500-1.000)M}{(21600-0)sec} = 2.31\times10^{-5}M/sec$$

2. 反應進行到 20,000 秒時，H_2O_2 的濃度也是由式子 $r = -\frac{\Delta[A]}{\Delta t}$ 來計算

$$2.31\times10^{-5}M/sec = -\frac{\Delta[H_2O_2]}{20{,}000\ sec}$$

$$\Delta[H_2O_2] = -2.31\times10^{-5}M/sec\times20{,}000sec$$

$$= -0.462M$$

一開始的$[H_2O_2]$＝1.0M，到 20,000 秒時

$$[H_2O_2]_{(20000)} = \Delta[H_2O_2] + [H_2O_2]_{(0)}$$

$= -0.462M + 1.00M$

$= 0.538M$

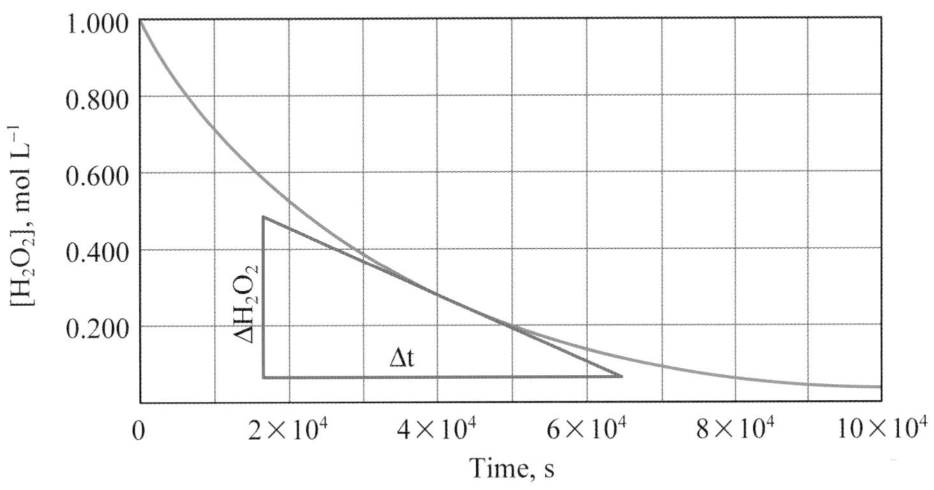

■ 圖 8.4　1.00M H_2O_2 濃度對時間作圖

8-2 影響反應速率的因素 (Factors Affecting Reaction Rates)

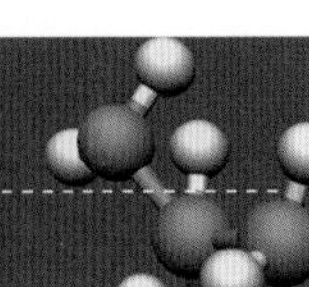

我們知道任何化學反應的發生，必須反應粒子互相接近碰撞在一起，然後原子重新組合，但如何重新組合呢？所以有“碰撞理論”的假設，也就是反應物粒子自由運動，會碰撞在一起，碰撞會使化學鍵結被打斷，而變成活潑的分子碎片，這些分子碎片再重新組合成新物質，使化學反應發生。並非每次的碰撞都可變成生成物。也就是要有效碰撞才能使反應物變成生成物。

有效碰撞的二項條件：

1. 反應物必須具備足夠的動能，碰撞之後才能使化學鍵結被打斷。
2. 反應物碰撞時方位要正確，碰撞之後才有機會生成生成物。

缺乏任一條件則是無效碰撞，則不可變成生成物。

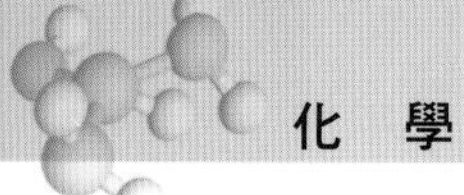

所以，影響化學反應速率的主要因素由反應物的本性、反應物的溫度、反應物的濃度三方面來討論。

一、反應物的本性(The Nature of the Reactants)

參與反應的物質性質會影響化學反應速率。一般來說，反應如果沒有牽涉到鍵的斷裂或是鍵的生成時，通常反應速率較快，像是離子間反應，例如酸與鹼反應及沉澱反應是兩個帶相反電荷之離子結合，這類反應迅速幾乎是瞬間反應。但如果發生化學鍵的斷裂或是鍵的生成，也就是重新排列組合，那麼反應會比較慢。

$HCl_{(aq)}+NaOH_{(aq)} \rightarrow NaCl+H_2O_{(l)}$　　（甚快）酸鹼反應

$Ag^{+}{}_{(aq)}+Cl^{-}{}_{(aq)} \rightarrow AgCl_{(s)}$　　（甚快）沉澱反應

$2CO_{(g)}+O_{2(g)} \rightarrow 2CO_{2(g)}$　　（慢）

$2C_8H_{18(l)}+25O_{2(g)} \rightarrow 16CO_{2(g)}+18H_2O_{(g)}$　　（甚慢）

縱使不同反應在相同狀態下，發生相似的反應也會有不同反應速率。以圖 8.5 來說明：當一小塊鈉和鐵同時和水反應時，實驗結果得到鈉和水劇烈反應生成氫氣和氫氧化鈉，但鐵是以較緩和速率和水反應。

圖 8.5　鈉、鐵和水反應情形，圖左為鐵，圖右為鈉

二、反應物的溫度(Temperature of the Reactants)

當溫度比較高時，反應速率會比較快。像木頭、煤在高溫時都會燃燒。另外烹煮食物時，在高溫時也比低溫時來得快。事實上，身體中化學反應一般是在 37℃（體溫）下進行，一旦發燒，體溫升高，則使得脈搏跳動、呼吸速率、生化反應速率增加；夏天把食物放在冰箱中較不易腐敗，是因為溫度低反應速率較慢。

一般來說，反應速率和碰撞頻率成正比。當溫度升高時，快速移動的分子動能增加，分子碰撞機會增加，則增加反應速率。另外，溫度升高時會改變分子的動能分佈曲線。如圖 8.6 所顯示，當溫度升高時超過活化能的分子數增加，所以反應速率增加。這是因為當反應物分子彼此碰撞變成生成物時，分子必須具備一定能量才算有效碰撞，才會形成生成物。當溫度升高時，具有這一定能量的分子數較多，則碰撞機會增加，反應速率增加。一般而言，溫度每增加 10 ℃，則反應速率會增加兩倍。人體在正常體溫一直在進行化學反應，但只要體溫稍提升，處於發燒狀態會使脈搏加快、呼吸速度增加、加速生化反應。

$K.E. = 1/2mv^2$

m：質量，υ：速度

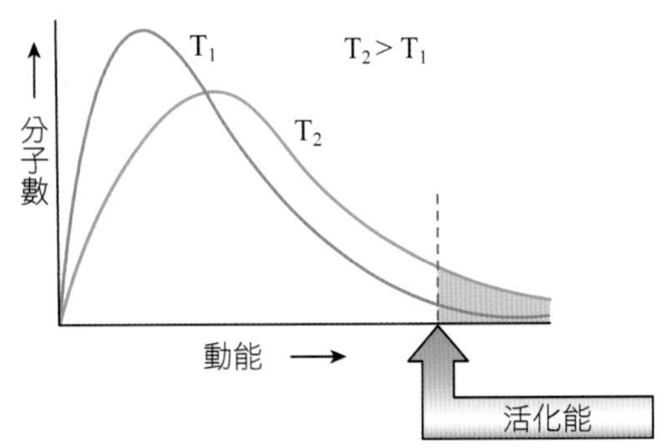

圖 8.6　兩個不同溫度之動能分佈曲線

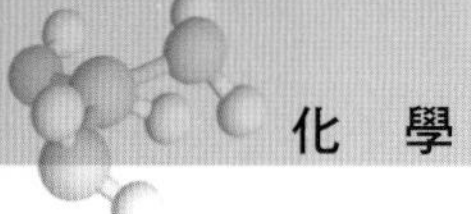

三、反應物的濃度(Concentration of the Reactants)

前面已提過，反應速率和碰撞頻率成正比關係。那麼當反應物的濃度增加時，單位體積內粒子的數量增加（如圖 8.7），則粒子碰撞機會增加，使反應速率增加，因此濃度與反應速率也是成正比關係。像是在高度污染的大氣中，二氧化硫的濃度越高，破壞石灰石的程度也比大氣中低濃度二氧化硫還快。於純氧的燃燒速度要比在空氣中燃燒還快。當然有時增加濃度，並不會改變反應速率，這是因為反應速率和反應物濃度的關係是由反應速率方程式(rates laws)來決定。有兩個途徑可以得到反應速率方程式：一是由實驗結果來決定；另一則是由反應機構(reaction mechanism)中速率決定步驟來定反應速率方程式。

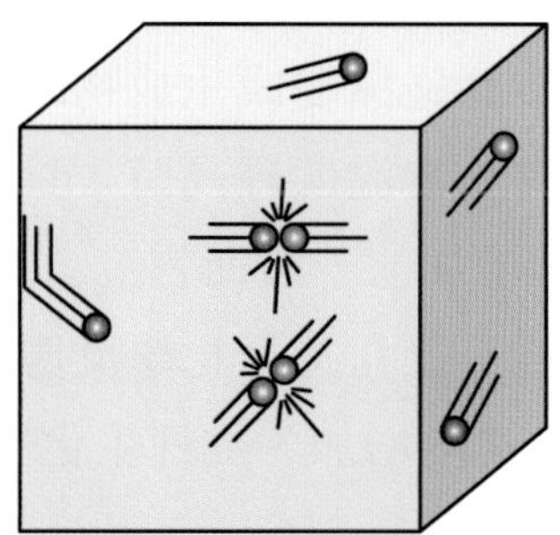
4個紅球和4個藍球

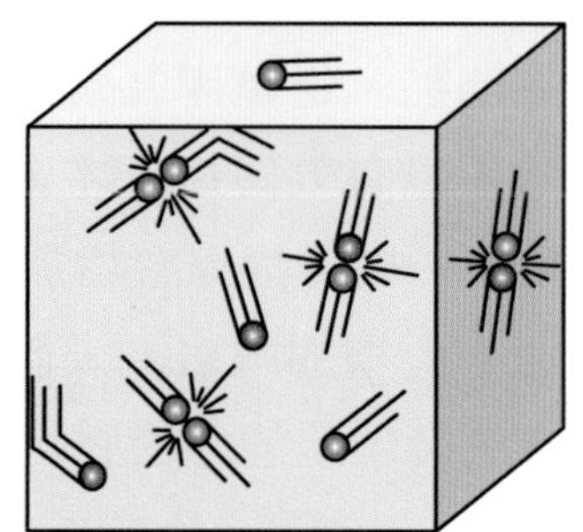
4個紅球和8個藍球

■ 圖 8.7　濃度不同對碰撞的影響

例題 8.2

25℃時，反應物 NO 及 O_3 反應後得到 NO_2 及 O_2 方程式如下：

$$NO_{(g)} + O_3 \rightarrow NO_{2(g)} + O_2$$

反應物初濃度和反應初速率實驗值如下表：

[NO](mol/L)	[O_3] (mol/L)	初速率(mol/L·sec)
1.00×10^{-6}	3.00×10^{-6}	0.660×10^{-4}
1.00×10^{-6}	6.00×10^{-6}	1.32×10^{-4}
1.00×10^{-6}	9.00×10^{-6}	1.98×10^{-4}
2.00×10^{-6}	9.00×10^{-6}	3.96×10^{-4}
3.00×10^{-6}	9.00×10^{-6}	5.94×10^{-4}

請計算反應速率常數及決定速率方程式。

此反應速率方程式表示為：

$r = k[NO]^m[O_3]^n$　　式中 m, n 由實驗數據決定

由表中第一、二行知道當[NO]固定時，$[O_3]$加倍時，反應速率加倍，當$[O_3]$增加為原來 3 倍時，則速率增加為原來 3 倍，所以速率和$[O_3]$成下列正比關係，關係式如下：

$r = k[O_3]$　　式中 n=1

另外，由表中知道當$[O_3]$固定時，[NO]加倍時，速率增加為原來 2 倍，所以反應速率和[NO]成正比關係，關係式如下，

$r = k[NO]$　　式中 m=1

所以此反應的速率方程式為

$r = k[NO]^m[O_3]^n$　　式中 m = 1, n = 1

$= k[NO][O_3]$

$k = r/[NO][O_3]$

$= 0.660 \times 10^{-4} mole\ L^{-1}s^{-1}/(1.00 \times 10^{-6} mole\ L^{-1})(3.00 \times 10^{-6} mole\ L^{-1})$

$= 2.20 \times 10^{7} mole\ L^{-1}s^{-1}$

什麼是反應機構呢？反應機構是表示反應的詳細步驟。是由實驗推導出來的。例如溴化氫和氧的化學反應其方程式如下：

$4HBr_{(g)} + O_{2(g)} \rightarrow 2H_2O_{(g)} + 2Br_{2(g)}$

反應機構：

1. $HBr_{(g)} + O_{2(g)} \rightarrow HOOBr_{(g)}$　　（慢）
2. $HOOBr_{(g)} + HBr_{(g)} \rightarrow 2HOBr_{(g)}$　　（快）
3. $HOBr_{(g)} + HBr_{(g)} \rightarrow H_2O_{(g)} + Br_{2(g)}$　　（快）

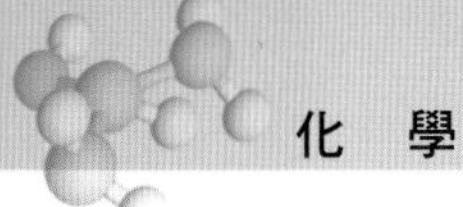

則由反應機構中速率最慢步驟知道：

$HBr_{(g)} + O_{2(g)} \rightarrow HOOBr_{(g)}$

為速率決定步驟，則反應速率方程式：

$r = k[HBr][O_2]$ 為二級反應

所以，當一個方程式的反應速率方程式以下列式子表示時，各項參數的意義如下：

$r = k[A]^m[B]^n[C]^l$

[A], [B], [C]表示反應物的莫耳濃度；k 為某溫度下特定反應的速率常數；指數 m, n 及 l 為正整數（有時會有分數、負數出現）。

其中 k, m, n 及 l 由實驗決定，將指數相加則為反應級數。

四、反應物的壓力(Pressure of the Reactants)

壓力對於氣體的反應速率影響較大。當壓力加大時氣體的體積會減少，所以在單位體積中氣體的分子數會增加，碰撞的機會也會相對的增加，反應速率也就加快了。

五、接觸面積(The Surface Area)

反應物之間的接觸面積越大，則碰撞的機會較多，因此可提高反應速率。增加反應物的接觸面積，最簡單的方法就是將固體可以分成小體積的顆粒，如此體積不變，但表面積增加許多。例如烤肉生火時，把木炭敲碎，是因為敲碎的木炭顆粒表面積增加，所以燃燒反應較容易。

六、催化劑(Catalysts)

催化劑可改變反應速率。催化劑是一種參與反應並可使反應加速但本身不變之物質，因為催化劑可以改變反應途徑，提供不一樣的活化能。催化劑有兩種，一個是均質催化劑(homogeneous catalysts)，和反應物同相，可以和反應物作用形成中間物然後分解，或和其他反應物作用再生成原來催化劑及產物。另一個則是非均質催化劑(heterogeneous catalysts)，是藉由在一表面上發生反應而完成。一般而言，氣相及液相之反應即可藉此催化劑在一表面上發生來完成改變反應速率。

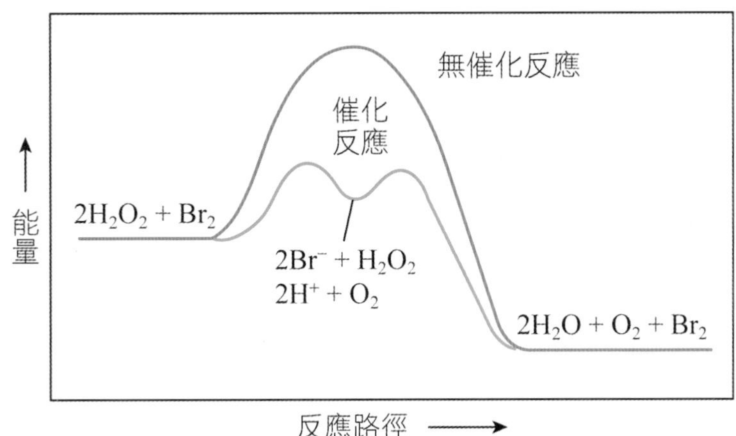

圖 8.8 雙氧水分解過程，催化劑存在與否位能關係圖

8-3 可逆反應及化學平衡 (Reversible Reaction and Chemical Equilibrium)

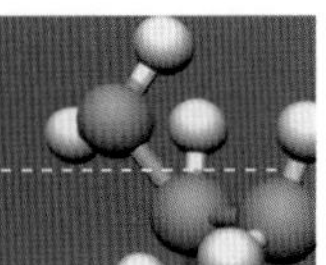

熔解及凝固是一個可逆的步驟，當在熔點－凝固點時，兩個相反步驟速率相同，兩個狀態（固態及液態）達成熱平衡。同樣的，水加熱達到沸點時，水吸收的熱量等於氣態放出的熱量，蒸發速率和冷凝速率相同，達成熱平衡。對一個飽和溶液而言，固體溶於溶液中，而溶解和沉澱速率相同時亦達到反應的動態平衡。

所以當反應可由雙向同時進行，即當反應物變成生成物時，生成物亦可轉換成反應物，此為可逆反應(reversible reaction)。舉例來說，當兩個棕色二氧化氮(NO_2)分子反應形成無色分子 N_2O_4，反應一段時間後，外觀顯不再改變時，從顏色判斷有一定量的 NO_2 存在，對反應物及生成物濃度不再有變化，但反應持續進行，整個狀態是在密閉系統中進行，沒有任何物質流失，達成平衡，是一種動態平衡；但如果瓶蓋打開或開放系統則無法達成平衡。

所以當反應開始時，只有反應物 A、B，但反應進行時，$A+B \rightarrow C+D$，產物 C、D 慢慢增加，反應物慢慢減少，以二氧化氮(NO_2)和一氧化碳(CO)反應產生一氧化氮(NO)和二氧化碳(CO_2)為例，反應進行時；二氧化氮和一氧化碳反應速率慢慢減少，而一氧化氮和二氧化碳反應速率慢慢增加，反應速率和時間關係如圖 8.9。反應發生過程中，二氧化氮(NO_2)和一氧化碳(CO)濃度慢慢減少；一氧化氮(NO)和二氧化碳(CO_2)濃度增加，當反應物、產物不再有淨變化時，使得反應物、產物的濃度達到一穩定值，此點即達成化學平衡(chemical equilibrium)，此時正反應、逆反應速率相同。所以化學平衡的條件如下：

1. 化學平衡存在於可逆反應中，正反應與逆反應速率相等。
2. 化學平衡是一種動態平衡，宏觀下反應物與生成物的物質的量恒定不再改變。
3. 當化學反應條件改變，化學平衡就可能移動。

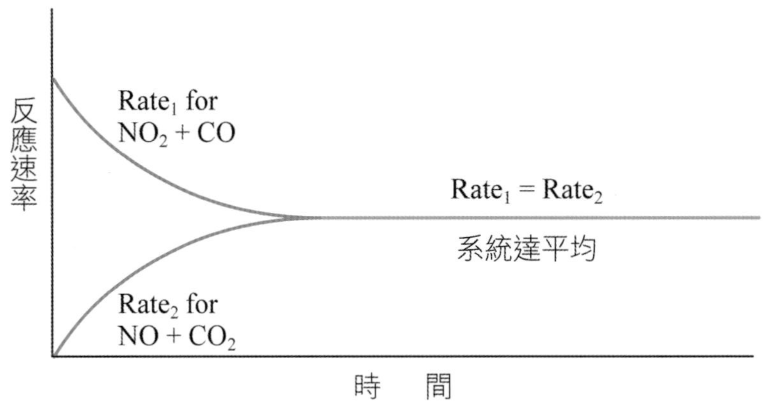

■ 圖 8.9　反應物進行反應達成平衡，反應物、生成物隨時間濃度變化關係圖

8-4 勒沙特列原理 (Le Chatelier's Principle)

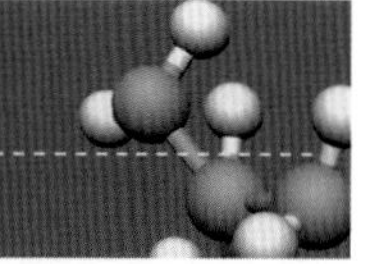

於密閉系統中，一可逆反應可達到化學平衡，此時沒有任何物質流失，且反應條件（溫度、壓力、反應物生成物濃度）不變；但如果反應條件改變，會產生什麼樣的變化呢？也就是會攪動平衡，產生抵消外加條件的新反應，比較趨向反應物或生成物，一段時間後又達到新平衡。

影響因子如何改變平衡狀態呢？勒沙特列原理(Le Chatelier's principle)是這樣敘述的"當影響因子加到平衡系統時，則新的平衡向抵消此影響因子之方向移動"。影響平衡的因子包括：

1. 反應物與生成物濃度的改變。
2. 氣態物質壓力之變化。
3. 反應溫度改變。

應用勒沙特列原理最有名的是德國化學家 Fritz Haber。他將勒沙特列原理應用在工業上製造氨。反應過程中，將氮氣及氫氣置於高溫（約 45℃）及非常高壓(300 atm)中，並在催化劑存在下製造氨。結果 Haber 於 1918 年以此獲得諾貝爾獎。以下將以此反應為例來描述影響因子如何影響平衡。

一、濃度對平衡的影響(Effect of Change in Concentration on Equilibrium)

對一個 Harber 程序，若增加反應物氮氣或氫氣的濃度時，平衡被破壞。因新可逆反應的進行，導致其他反應物濃度降低，同時生成物 NH_3 的濃度增加，朝新的平衡反應進行。

所以當影響平衡因子$[H_2]$增加時，依據勒沙特列原理，為抵消此影響平衡因子，新的反應朝生成物生成方向；消耗 H_2；增加生成物，各成分的濃度在新的平衡達到時，變化如下：

$$N_{2(g)} + 3H_{2(g)} \rightleftharpoons 2NH_{3(g)}$$

$[N_2]\downarrow$ $[H_2]\uparrow$ $[NH_3]\uparrow$

新平衡往右移動，有利於生成物。

相對的，如果減少$[H_2]$，依據勒沙特列原理，為抵消此影響平衡因子，新的反應朝反應物方向；生成 H_2；減少生成物，則各成分濃度變化如下：

$$N_{2(g)} + 3\ H_{2(g)} \rightleftharpoons 2NH_{3(g)}$$

$[N_2]\uparrow$ $[H_2]\downarrow$ $[NH_3]\downarrow$

新平衡往左移動，有利於反應物。

二、壓力對平衡的影響(Effect of Change in Pressure on Equilibrium)

只有物質處在氣態時，而且是在化學反應系統中之氣體反應物或生成物各自總分子數產生改變時，壓力改變才會影響平衡系統。當氣體反應系統的壓力增加時，氣體被壓縮，則單位體積之總分子數增加而影響平衡。對於 Harber 程序而言，反應物到生成物總分子數已改變（反應物為 1 莫耳 N_2 分子及 3 莫耳 H_2 分子，共 4 莫耳分子；生成物為 2 莫耳 NH_3 分子），當壓力增加時，單位體積之總分子數增加，以勒沙特列原理來檢視，反應系統需降低每單位體積之總分子數來解除此壓力增加之影響因子，反應會朝向氣體係數和較小的方向進行。所以反應往右（生成物）進行，NH_3 增加；當壓力減少，以勒沙特列原理來檢視，反應系統需增加每單位體積之總分子數來解除此壓力減少之影響因子，反應會朝向氣體係數和較大的方向進行。所以反應往左（反應物）進行，NH_3 減少，有利於氨分解形成氫及氮分子。

$$N_{2(g)} + 3H_{2(g)} \rightleftharpoons 2NH_{3(g)}$$

但是當氣體反應物和氣體生成物的係數和相同時，系統平衡則不受外界的壓力改變而變。如一氧化碳(CO)溶於水中形成二氧化碳(CO_2)和氫氣(H_2)的反應：

$$CO_{(g)}+H_2O_{(g)} \rightleftharpoons CO_{2(g)}+H_{2(g)}$$

不論外部壓力如何改變，都不會影響平衡的移動。而惰氣加入化學平衡中的影響，將會影響平衡系統壓力。

三、溫度對平衡的影響(Effect of Change in Temperature on Equilibrium)

熱因素會影響平衡。對一吸熱反應而言，可將熱量當作一反應物的一部分，即當反應平衡系統溫度升高時，等於增加反應物中的熱量，依據勒沙特列原理，此反應系統需抵消此熱量，使得反應往吸熱反應方向進行。以氯酸鉀分解產生氧為例，此為一吸熱反應，即當反應系統溫度升高時，有更多的氧生成。當其他條件不變時，升高溫度，使平衡向吸熱反應方向移動；降低溫度，則使平衡向放熱反應方向移動。

$$2KClO_{3(s)} + Heat \rightleftharpoons 2KCl_{(s)} + 3O_{2(g)}$$

對一放熱反應而言，是將熱量當作一生成物，即當反應系統溫度升高時，等於增加生成物中的熱量，依據勒沙特列原理，此反應系統需抵消此熱量，使得反應往吸熱反應方向進行，反應往左進行，不利於氨的形成。

$$N_{2(g)} + 3H_{2(g)} \rightleftharpoons 2NH_{3(g)} + Heat$$

例題 8.3

反應 $2CO_{(g)} + O_{2(g)} \rightleftharpoons 2CO_{2(g)} + Heat$

請敘述下列外加因子對於 CO 產生 CO_2 之平衡反應會產生怎樣的效應？

1.減少 CO，2.系統降溫，3.降低系統壓力，4.提升$[O_2]$

1. 減少 CO：依據勒沙特列原理，反應系統需抵消此因素，故會產生更多的 O_2，新的平衡方向往左進行。

2. 系統降溫：依據勒沙特列原理，有利於放熱反應進行，故新的平衡方向往右進行。

3. 降低系統壓力：有利於總分子數較少的一方，依據勒沙特列原理，反應系統需抵消此因素，故新的平衡方向往左進行。

4. 提升[O_2]：依據勒沙特列原理，反應系統需抵消此因素，要消耗 O_2，故新的平衡方向往右進行。

8-5 反應係數 (The Ratio of Reaction)

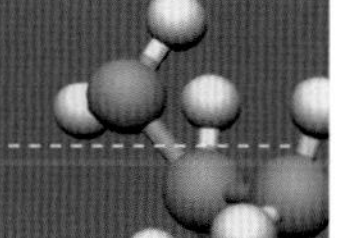

一可逆反應之方程式可寫成：

$$aA + bB + \cdots\cdots \rightleftharpoons cC + dD + \cdots\cdots$$

反應過程中非平衡狀態時,任何一點的生成物濃度積及反應物濃度積比值為反應係數 Q，方程式如下：

$$Q = \frac{[C]^c[D]^d}{[A]^a[B]^b}$$

平衡狀態時之平衡常數為 K。可以藉著 Q、K 值相關性來預測反應方向，如果 Q＜K，則反應物反應之速率較快，造成產物量增加，直到 Q 相同於 K，反應達平衡狀態。如果 Q＞K，則生成物轉變成反應物之速率較快，造成反應物量增加，直到 Q 相同於 K，反應達平衡狀態。

例題 8.4

寫出下列反應的反應係數表示，

$$CO_{(g)} + H_2O_{(g)} \rightleftharpoons CO_{2(g)} + H_{2(g)} \qquad K = 31.5$$

(1) 當 590K 時，各成分濃度為$[CO] = 0.55$，$[H_2O] = 0.055$，$[CO_2] = 0.011$，$[H_2] = 0.068$ 時，轉移方向為何？

(2) 當 590K 時，各成分濃度為$[CO] = 0.085$，$[H_2O] = 0.025$，$[CO_2] = 0.43$，$[H_2] = 0.89$ 時，轉移方向為何？

解

$$Q = \frac{[CO_2][H_2]}{[CO][H_2O]}$$

(1) $Q = \dfrac{(0.011)(0.068)}{(0.55)(0.055)} = 0.025$

$Q < K(0.025 < 31.5)$，反應向右移動，造成生成物量增加。

(2) $Q = \dfrac{(0.43)(0.89)}{(0.085)(0.025)} = 180.09$

$Q > K(180.09 > 31.5)$，反應向左移動，造成反應物量增加。

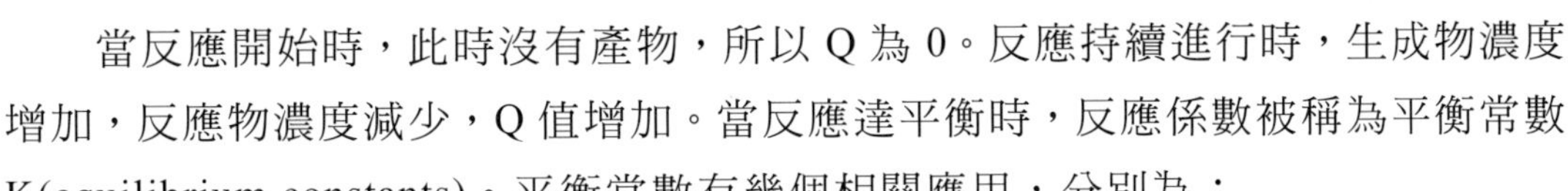

8-6 平衡常數 (Equilibrium Constants)

當反應開始時，此時沒有產物，所以 Q 為 0。反應持續進行時，生成物濃度增加，反應物濃度減少，Q 值增加。當反應達平衡時，反應係數被稱為平衡常數 K(equilibrium constants)。平衡常數有幾個相關應用，分別為：

1. 平衡常數值計算。

2. 反應達平衡時，未知之反應物、生成物平衡濃度。

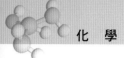

[表 8.2] 一些反應的平衡常數

平衡反應	溫度	K
$2SO_{2(g)} + O_{2(g)} \rightleftharpoons 2SO_{3(g)}$	1,000K	2.80×10^{2}
$N_{2(g)} + 3H_{2(g)} \rightleftharpoons 2NH_{3(g)}$	300K	1.55×10^{2}
$CO_{(g)} + H_2O_{(g)} \rightleftharpoons CO_{2(g)} + H_{2(g)}$	590K	31.5
$N_{2(g)} + O_{2(g)} \rightleftharpoons 2NO_{(g)}$	2,500K	2.10×10^{-3}
$N_{2(g)} + 2O_{2(g)} \rightleftharpoons 2NO_{2(g)}$	2,000K	4.08×10^{-4}
$2H_2S_{(g)} \rightleftharpoons 2H_{2(g)} + S_{2(g)}$	1,020K	1.10×10^{-6}

例題 8.5

Harber 程序而言，300K 時 $K = 1.55 \times 10^{2} mole^{-2} L^{2}$，平衡時$[H_2] = 0.50M$，$[N_2] = 2.80M$

$$N_{2(g)} + 3H_{2(g)} \rightleftharpoons 2NH_{3(g)}$$

請計算 NH_3 平衡濃度？

$$K = \frac{[NH_3]^2}{[N_2][H_2]^3}$$

將 $K = 1.55 \times 10^{2} mole^{-2} L^{2}$， $[N_2] = 2.80M$，$[H_2] = 0.50M$ 代入上面式子中

$1.55 \times 10^{2} mole^{-2} L^{2} = [NH_3]^2/(2.80 mole\ L^{-1})(0.5 mole\ L^{-1})^3$

$[NH_3] = 7.365 mole\ L^{-1}$

結語

探討化學反應發生時的反應速率或反應速率的相關化學領域稱為化學動力學(chemical kinetics)。反應進行時，可藉著單位時間內反應物濃度的消耗量或是生成物濃度的增加量來表示反應速率(rate of reaction)。影響化學反應速率的主要因素有反應物的本性、反應物的溫度、反應物的濃度。一般來說，反應如果沒有牽涉到鍵的斷裂或是鍵的生成時，通常反應速率較快。當反應溫度比較高時，快速移動的分子動能增加，分子碰撞機會增加，反應速率會比較快。當反應物的濃度增加時，單位體積內粒子的數量增加，則粒子碰撞機會增加，使反應速率增加。反應速率和反應物濃度的關係由反應速率方程式表示。

可逆反應，當正反方向反應速率相同時，反應達化學平衡。若平衡反應被攪動時，可由勒沙特列原理(Le Chatelier's principle)判斷新的平衡反應方向，即當影響因子加到平衡系統時，則新的平衡向抵消此影響因子之方向移動。當反應達平衡時，生成物濃度積及反應物濃度積比值被稱為平衡常數 K(equilibrium constants)。

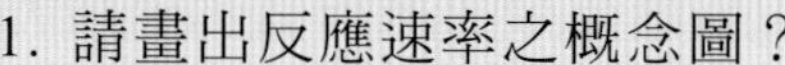

小試身手

1. 請畫出反應速率之概念圖？

2. 由碰撞理論來解釋：

   (1) 高山煮蛋為何比較慢熟？

   (2) 食物在冰箱中可保存較久？

   (3) 氟氯碳化物於光分解存在下，使臭氧層容易被破壞？

3. 總反應：$H_{2(g)}+I_{2(g)} \rightarrow 2HI_{(g)}$

   反應機構：(1) $I_{2(g)} \rightarrow 2I$（快）

   (2) $2I+H_{2(g)} \rightarrow 2HI_{(g)}$（慢）

   (1) 何者為速率決定步驟？

   (2) 請寫出此反應之速率方程式？

   (3) 此反應為幾級反應？

4. 列出下列各平衡反應之平衡常數方程式。

   (1) $CO_{(g)}+H_2O_{(g)} \rightleftharpoons CO_{2(g)}+H_{2(g)}$

   (2) $4HCl_{(g)}+O_{2(g)} \rightleftharpoons 2Cl_{2(g)}+2H_2O_{(g)}$

   (3) $2Pb(NO_3)_{2(s)} \rightleftharpoons 2PbO_{(s)}+4NO_{2(g)}+O_{2(g)}$

   (4) $2H_{2(g)}+O_{2(g)} \rightleftharpoons 2H_2O_{(l)}$

5. 下列平衡反應：$4NH_{3(g)}+5O_{2(g)} \rightleftharpoons 4NO_{(g)}+6H_2O_{(g)}+\text{Heat}$

   就下列影響對平衡所產生之效應如何，即新的平衡方向為何？
   (1)增加壓力，(2)加入 O_2，(3)降低溫度，(4)移出 NO。

6. 請寫出：$2CO_{2(g)}+\text{Heat} \rightleftharpoons 2CO_{(g)}+O_{2(g)}$

   就下列影響對平衡所產生之效應如何，即新的平衡方向為何？
   (1)減少壓力，(2)增加 CO_2，(3)減少 CO_2，(4)升高溫度。

7. 解釋熱平衡與化學平衡的差異性。

8. $2SO_{2(g)} + O_{2(g)} \rightleftharpoons 2SO_{3(g)}$ 1,000K Keq＝2.80×10^2 反應於 1,000K 達平衡，測得反應物$[SO_2]$＝0.0450M、反應物$[O_2]$＝0.0250M，在此平衡條件下，求$[SO_3]$＝？

9. $2H_2S_{(g)} \rightleftharpoons 2H_{2(g)} + S_{2(g)}$ 1,020K Keq＝1.10×10^{-6}

當 1,020K 時，反應進行，達平衡時測得$[H_2]$＝0.250M、$[S_2]$＝0.150M，求$[H_2S]$＝？

10. 下列平衡反應，

$N_{2(g)} + 3H_{2(g)} \rightleftharpoons 2NH_{3(g)}$ Keq＝1.55×10^2

(1) 寫出反應的反應係數表示式？

(2) 300K 時，各成分濃度為$[N_2]$＝1.0M、$[H_2]$＝0.50M、$[NH_3]$＝1.50M 時，轉移方向為何？

(3) 300K 時，各成分濃度為$[N_2]$＝0.50M、$[H_2]$＝0.20M、$[NH_3]$＝2.50M 時，轉移方向為何？

11. 請以破壞臭氧層為主題，製作概念構圖。

參考書籍

1. 徐惠麗、劉東明、方偉平、魏銘琪、張禎祐編譯(2007)·化學（精華版）·台北：新文京。

Chapter 09

酸、鹼及鹽類

徐惠麗

本章大綱

Chapter at a Glance

日常生活中，不管是吃的還是用的物質都會有機會碰到酸性、鹼性的組成，像是檸檬的檸檬酸組成使檸檬具有酸性，及肥皂中的氫氧化鈉反應物使肥皂具有鹼性。同時在現代人重視養生的需求下，談到如何利用日常生活飲食來調整體內酸鹼值的重要性，知道食物所含成分經過代謝之後會產生酸性及鹼性組成，影響個人體質，像是食物組成中所含有的鉀、鈉、鈣、鎂、鐵在人體內氧化後會生成鹼性氧化物。所以酸與鹼和人類生活有著密切關係。

■ 圖 9.1　生活中的酸鹼物質

9-1 酸及鹼 (Acids and Bases)

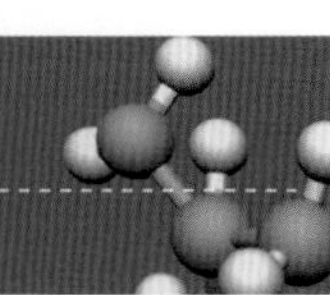

酸與鹼之特性，最早是觀察水溶液的實驗來說明其性質。酸的定義是指一物質，其水溶液具有酸味，能使石蕊試紙變紅，可以中和鹼的物質；鹼的定義是指一物質，其水溶液具有澀味，能使石蕊試紙變藍，可以中和酸的物質。

整體來說，酸具有下列性質：

1. 水溶液具有酸味。
2. 水溶液能使藍色石蕊試紙變為紅色。
3. 與活潑金屬作用，能產生氫氣(H_2)。

$$Zn_{(s)} + 2HCl_{(aq)} \rightarrow ZnCl_{2(aq)} + H_{2(g)}$$

4. 與石灰石反應($CaCO_3$)能產生二氧化碳(CO_2)。

5. 與金屬氧化物反應能產生鹽類。

$$MgO_{(s)} + 2HCl_{(l)} \rightarrow MgCl_{2(s)} + H_2O_{(l)}$$

6. 酸水溶液可導電。

7. 與鹼性物質發生酸鹼中和反應能產生鹽類及水。

$$H_2SO_{4(aq)} + 2KOH_{(aq)} \rightarrow K_2SO_{4(aq)} + 2H_2O_{(l)}$$

鹼具有下列性質：

1. 水溶液有苦澀味。

2. 水溶液能使紅色石蕊試紙變為藍色。

3. 接觸皮膚時，有滑膩感覺。

4. 與非金屬氧化物反應能產生鹽類。

$$Na_2O_{(aq)} + CO_{2(g)} \rightarrow Na_2CO_{3(s)}$$

5. 鹼水溶液可導電。

6. 與酸性物質發生中和反應能產生鹽類和水

工業上最常見的酸有硫酸(H_2SO_4)、硝酸(HNO_3)、鹽酸(HCl)、磷酸(H_3PO_4)等無機酸，另外還有含碳、氫和氧的蟻酸($HCOOH$)和醋酸(CH_3COOH)等的有機酸。最常見的鹼有氫氧化鈉($NaOH$)、氨(NH_3)、碳酸鈉(Na_2CO_3)和碳酸氫鈉($NaHCO_3$)等（圖 9.2）。

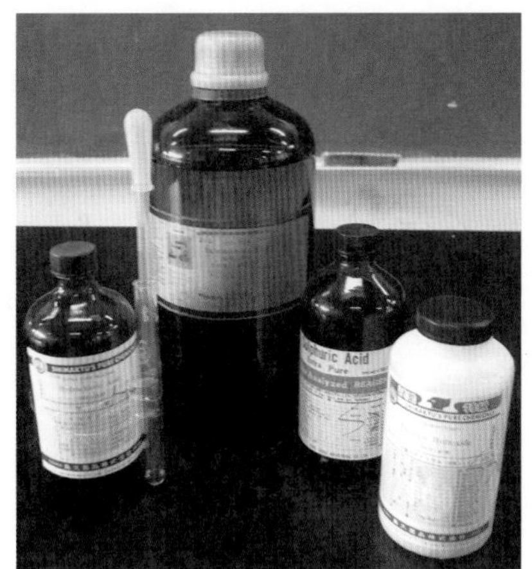

圖 9.2 實驗室中的酸鹼物質

9-2 布忍斯特－羅雷酸及鹼 (Bronsted-Lowry Definitions of Acids and Bases)

十九世紀末，阿瑞尼士(Svante Arrhenius)提出，在水中可以產生 H^+者，定義為酸；在水中可以產生 OH^-者，定義為鹼；此乃局限於水溶液中的性質。

$$HCl_{(aq)} \rightarrow H^+_{(aq)} + Cl^-_{(aq)}$$

$$NaOH_{(aq)} \rightarrow Na^+_{(aq)} + OH^-_{(aq)}$$

1932 年，布忍斯特(Johannes Bronsted)提出，反應過程中提供質子(H^+)者為布忍斯特酸，接受質子(H^+)者為布忍斯特鹼。在一個酸鹼反應中，質子由供給者提供給接受者，如下列方程式表示：

$$\underset{酸}{HSO_4^-} + \underset{鹼}{CO_3^{2-}} \rightleftharpoons HCO_3^- + SO_4^{2-}$$

當酸提供一個質子後形成此酸的共軛鹼(conjugate base)；同樣的，當鹼接受一個質子後形成此鹼的共軛酸(conjugate acid)。共軛鹼、共軛酸的觀念具有相對性，當強度比水強的布忍斯特酸溶解於水中時，質子由此酸放出傳遞給水分子，形成 H_3O^+ (hydronium ion)，酸可說在水中解離，所以水在此反應中扮演鹼及質子接受者。依據布忍斯特酸鹼定義，A_1：酸，A_2：共軛酸，B_1：共軛鹼，B_2：鹼。

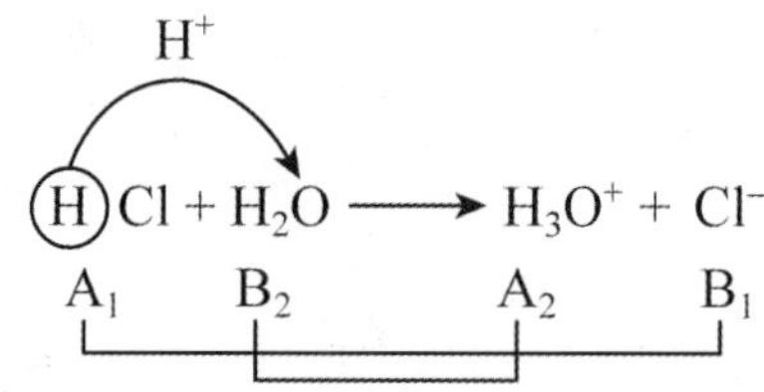

例題 9.1

下列化合物的共軛鹼為何？1. HF，2. H_3PO_4。

當酸失去質子後，所形成的離子或分子即為此酸的共軛鹼。

1. $HF \rightarrow H^+ + F^-$
   酸　質子　共軛鹼

2 $H_3PO_4 \rightarrow H^+ + H_2PO_4^-$
   酸　質子　共軛鹼

例題 9.2

下列化合物的共軛酸為何？1. OCl^-，2. HCO_3^-。

當鹼得到質子後，所形成的離子或分子即為此鹼的共軛酸。

1. $OCl^- + H^+ \rightarrow HOCl$
   鹼　質子　共軛酸

2. $HCO_3^- + H^+ \rightarrow H_2CO_3$
   鹼　質子　共軛酸

布忍斯特－羅雷的酸鹼定義可以延伸到共軛酸鹼對(conjugate acid-base pair)，共軛酸鹼對是布忍斯特－羅雷的酸與其共軛鹼；或是布忍斯特－羅雷的鹼與其共軛酸。以下列反應為例，NH_3 為鹼得到質子後形成共軛酸 NH_4^+；另外 H_2O 為酸失去質子後形成共軛鹼 OH^-。

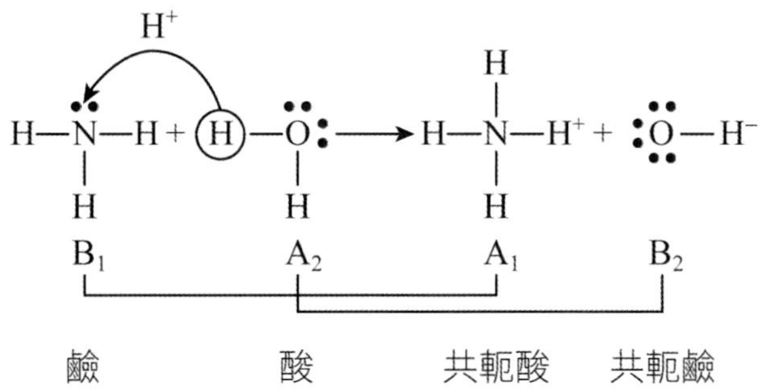

共軛酸鹼對：NH_3、NH_4^+，H_2O、OH^-

例題 9.3

寫出下列布忍斯特－羅雷酸、鹼反應的方程式，並標示共軛酸鹼對。

1. H_2S（酸）和 H_2O
2. $H_2PO_4^-$（酸）和 OH^-
3. $H_2PO_4^-$（鹼）和 H_3O^+
4. CN^-（鹼）和 H_2O

1. $H_2S + H_2O \rightarrow HS^- + H_3O^+$

   酸　鹼　共軛鹼　共軛酸

   共軛酸鹼對：H_2S、HS^-，H_2O、H_3O^+

2. $H_2PO_4^- + OH^- \rightarrow HPO_4^{2-} + H_2O$

   酸　鹼　共軛鹼　共軛酸

   共軛酸鹼對：$H_2PO_4^-$、HPO_4^{2-}，OH^-、H_2O

3. $H_2PO_4^-$ + H_3O^+ → H_3PO_4 + H_2O
鹼 酸 共軛酸 共軛鹼

共軛酸鹼對：$H_2PO_4^-$、H_3PO_4，H_3O^+、H_2O

4. CN^- + H_2O → HCN + OH^-
鹼 酸 共軛酸 共軛鹼

共軛酸鹼對：CN^-、HCN，H_2O、OH^-

9-3 兩性物種 (Amphiprotic Species)

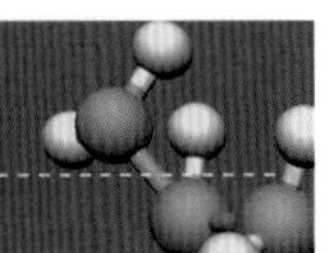

某些物質兼具酸與鹼的性質，被認為具有兩性物種。以磷酸二氫根離子為例($H_2PO_4^-$)，可以和鋞離子(H_3O^+)作用；亦可以和氫氧離子(OH^-)作用。

$$H_2PO_4^-{}_{(aq)} + H_3O^+{}_{(aq)} \rightleftharpoons H_3PO_{4(aq)} + H_2O_{(aq)}$$
鹼

$$H_2PO_4^-{}_{(aq)} + OH^-{}_{(aq)} \rightleftharpoons HPO_4^-{}_{(aq)} + H_2O_{(aq)}$$
酸

蛋白質也是兩性物質，既可以和酸作用，也可以和鹼作用。其組成的胺基酸含有和酸作用的胺官能基及和鹼作用之羧官能基，各自進行反應如下：

$$R'COOH + R''NH_2 \rightleftharpoons R'COO^- + R''NH_3^+$$
酸 鹼

水(H_2O)是一種兩性溶劑(amphiprotic solvent)可隨溶質的性質而扮演酸性及鹼性物質。其他常見的兩性溶劑還有甲醇、乙醇等。

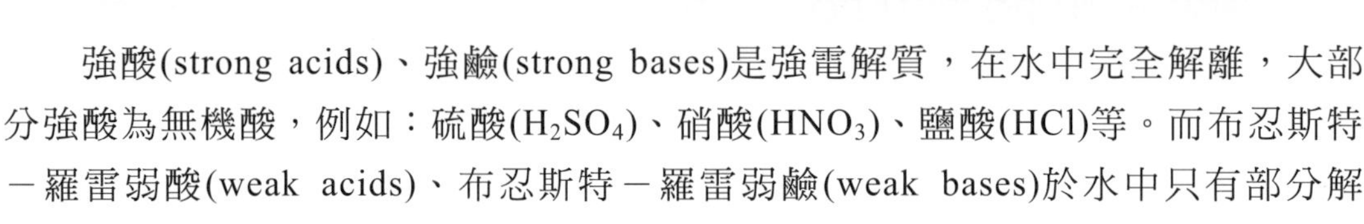

9-4 布忍斯特－羅雷酸鹼強度 (Strengths of Acids and Bases)

強酸(strong acids)、強鹼(strong bases)是強電解質，在水中完全解離，大部分強酸為無機酸，例如：硫酸(H_2SO_4)、硝酸(HNO_3)、鹽酸(HCl)等。而布忍斯特－羅雷弱酸(weak acids)、布忍斯特－羅雷弱鹼(weak bases)於水中只有部分解離，為弱電解質。

$HCl_{(g)} + H_2O_{(l)} \rightarrow H_3O^+_{(aq)} + Cl^-_{(aq)}$　　強酸解離

$HF_{(aq)} + H_2O_{(l)} \rightleftharpoons H_3O^+_{(aq)} + F^-_{(aq)}$　　弱酸解離

弱酸、弱鹼解離度不同，酸鹼強度亦有所差異。

就布忍斯特－羅雷弱酸(HA)而言，其水解可逆反應達平衡後，反應之平衡常數即為解離常數。弱酸(HA)解離情形如下：

$$HA + H_2O \rightleftharpoons H_3O^+ + A^-$$

$$Ka = \frac{[H_3O^+][A^-]}{[HA]}$$

用 Ka 值大小來衡量解離單質子之酸性大小，以 CH_3COOH、HF 的 Ka 值分別為 1.85×10^{-5} 、6.7×10^{-4} 為例，則酸性強弱的排列為 HF＞CH_3COOH。

同樣對布忍斯特－羅雷弱鹼(B)而言，其水解可逆反應達平衡後，反應之平衡常數即為解離常數。弱鹼(B)解離情形如下：

$$B + H_2O \rightleftharpoons HB^+ + OH^-$$

$$Kb = \frac{[HB^+][OH^-]}{[B]}$$

以 Kb 值大小可衡量解離一個 OH^-之鹼性大小，以 CH_3COO^-、F^-的 Kb 值分別為 5.41×10^{-10} 、1.49×10^{-11}，則鹼性強弱的排列為 CH_3COO^-＞F^-。

表 9.1 列出部分共軛酸鹼對的酸鹼強度，其中最強的酸放出鋞離子(H_3O^+)後形成的共軛鹼(ClO_4^-)是最弱的；同樣的，當極弱的酸(NH_4^+)放出鋞離子(H_3O^+)後形成的共軛鹼(NH_3)是最強的。可以使用解離常數的數學表示式來顯示任意布忍斯特－羅雷弱酸(Ka)及其共軛鹼(Kb)的酸鹼度關係。

$Ka \times Kb = 1.0 \times 10^{-14}$ (25℃)

當 CH_3COOH $Ka = 1.75 \times 10^{-5}$

$1.75 \times 10^{-5} \times Kb = 1.0 \times 10^{-14}$

共軛鹼 CH_3COO^- $Kb = 5.71 \times 10^{-10}$

[表 9.1] 部分共軛酸鹼對的酸鹼強度

	酸	共軛鹼	
強	$HClO_4$	ClO_4^-	弱
↑	HI	I^-	↓
	HCl	Cl^-	
	H_2SO_4	HSO_4^-	
	HNO_3	NO_3^-	
	HF	F^-	
	HNO_2	NO_2^-	
	CH_3COOH	CH_3COO^-	
	HCN	CN^-	
	H_2O	OH^-	
弱	NH_4^+	NH_3	強

酸性大小 $HClO_4 > HNO_3 > CH_3COOH > NH_4^+$

鹼性大小 $NH_3 > CH_3COO^- > NO_3^- > ClO_4^-$

例題 9.4

請計算 $CH_3NH_3^+$ (CH_3NH_2 $Kb=4.4 \times 10^{-4}$)的 Ka 值為何？

$Ka \times Kb = 1.0 \times 10^{-14}$ (25℃)

當 $Kb = 4.4 \times 10^{-4}$

$Ka \times 4.4 \times 10^{-4} = 1.0 \times 10^{-14}$

共軛酸 $CH_3NH_3^+$ $Ka = 2.27 \times 10^{-11}$

當酸不只解離一個鋞離子(H_3O^+)時，稱為多質子酸，分成二質子酸、三質子酸。這些酸的解離是階段性的，每次只解離一個質子，第一階段的解離最容易，酸度最強；其次是第二階段，酸度轉弱。

$H_2SO_4 \rightarrow H^+_{(aq)} + HSO_4^-{}_{(aq)}$ H_2SO_4 第一階段的解離

$HSO_4^- \rightarrow H^+_{(aq)} + SO_4^{2-}{}_{(aq)}$ H_2SO_4 第二階段的解離

$H_3PO_{4(aq)} \rightarrow H_3O^+_{(aq)} + H_2PO_4^-{}_{(aq)}$ $H_3PO_{4(aq)}$第一階段的解離

$H_2PO_4^-{}_{(aq)} \rightarrow H_3O^+_{(aq)} + HPO_4^{2-}{}_{(aq)}$ $H_3PO_{4(aq)}$第二階段的解離

$HPO_4^{2-}{}_{(aq)} \rightarrow H_3O^+_{(aq)} + PO_4^{3-}{}_{(aq)}$ $H_3PO_{4(aq)}$第三階段的解離

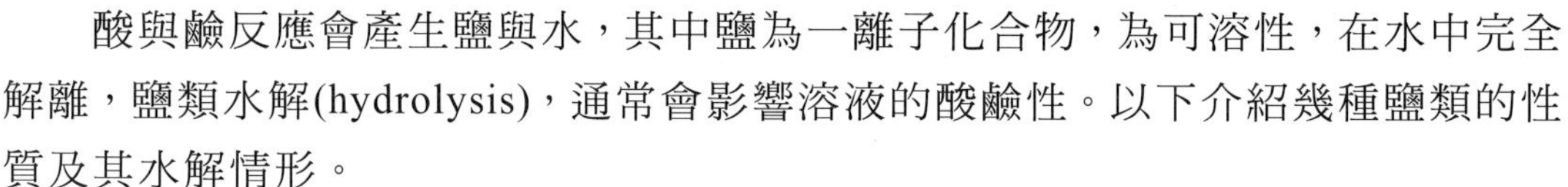

9-5 酸鹼中和及鹽類 (Neutralization and Salts)

酸與鹼反應會產生鹽與水，其中鹽為一離子化合物，為可溶性，在水中完全解離，鹽類水解(hydrolysis)，通常會影響溶液的酸鹼性。以下介紹幾種鹽類的性質及其水解情形。

$H_2SO_{4(aq)} + 2NaOH_{(aq)} \rightarrow Na_2SO_{4(aq)} + 2H_2O_{(l)}$

$H^+_{(aq)} + HSO_4^-{}_{(aq)} + 2Na^+_{(aq)} + 2OH^-{}_{(aq)} \rightarrow 2Na^+_{(aq)} + SO_4^{2-}{}_{(aq)} + 2H_2O_{(l)}$

$H^+_{(aq)} + HSO_4^-{}_{(aq)} + 2OH^- \rightarrow SO_4^{2-}{}_{(aq)} + 2H_2O_{(l)}$

一、中性鹽

當強酸與強鹼反應時會進行完全中和反應，產生中性鹽，中性鹽水解使溶液呈中性。

$HCl_{(aq)} + NaOH_{(aq)} \rightarrow NaCl_{(aq)} + H_2O_{(l)}$

$H^+_{(aq)} + Cl^-{}_{(aq)} + Na^+_{(aq)} + OH^-{}_{(aq)} \rightarrow Na^+_{(aq)} + Cl^-{}_{(aq)} + H_2O_{(l)}$

$H^+_{(aq)} + OH^-{}_{(aq)} \rightarrow H_2O_{(l)}$

$NaCl_{(aq)} \rightarrow Na^+_{(aq)} + Cl^-{}_{(aq)}$ 中性鹽水解

二、酸式鹽

由強酸與弱鹼反應產生的鹽為酸式鹽，酸式鹽因含有可解離的 H^+，水解時使溶液呈酸性。

$NH_4OH + HCl \rightarrow NH_4Cl + H_2O$

弱鹼　強酸　酸式鹽

$NH_4Cl_{(s)} + H_2O \rightarrow NH_4^+{}_{(aq)} + Cl^-{}_{(aq)}$ 酸式鹽解離

$NH_4^+{}_{(aq)} + H_2O_{(l)} \rightleftharpoons NH_{3(aq)} + H_3O^+{}_{(aq)}$ 水解

三、鹼式鹽

由強鹼與弱酸反應產生的鹽為鹼式鹽，鹼式鹽(CH_3COONa)解離後的離子(CH_3COO^-)對 H^+有很大親和力，使溶液呈鹼性。

$CH_3COOH + NaOH \rightarrow CH_3COONa + H_2O$

弱酸　強鹼　鹼式鹽

$CH_3COONa_{(s)} + H_2O \rightarrow CH_3COO^-{}_{(aq)} + Na^+{}_{(aq)}$ 鹼式鹽解離

$CH_3COO^-{}_{(aq)} + H_2O_{(l)} \rightleftharpoons CH_3COOH_{(aq)} + OH^-{}_{(aq)}$ 水解

請寫出 $Al(OH)_3$ 與 HNO_3 發生中和反應的平衡方程式如下，為弱鹼與強酸反應所產生的酸式鹽。

$Al(OH)_3 + 3HNO_3 \rightarrow Al(NO_3)_3 + 3H_2O$

酸式鹽

例題 9.5

1 mol H_3PO_4 與 1 mol $Mg(OH)_2$ 發生反應時，試寫出平衡方程式、全離子及淨離子方程式，並判斷為哪一種鹽類。

解

反應方程式如下：

$H_3PO_{4(aq)} + Mg(OH)_{2(aq)} \rightarrow MgHPO_{4(aq)} + 2H_2O_{(l)}$

鹼式鹽

$2H^+_{(aq)} + \cancel{HPO_4^-}_{(aq)} + \cancel{Mg^{2+}}_{(aq)} + 2OH^-_{(aq)} \rightarrow \cancel{Mg^{2+}}_{(aq)} + \cancel{HPO_4^-}_{(aq)} + H_2O_{(l)}$

全離子方程式

$H^+_{(aq)} + OH^-_{(aq)} \rightarrow H_2O_{(l)}$ 淨離子方程式

胃酸過多，可利用碳酸鈣制酸劑錠中鹼性碳酸根離子來中和胃酸，反應如下：

$$CO_3^{2-} + H_3O^+ \longrightarrow HCO_3^- + H_2O$$

（H^+）

鹼性碳酸根離子

$HCO_3^- + H_3O^+ \rightarrow H_2CO_3 + H_2O$

9-6 水的解離及酸鹼解離 (The Ionization of Water and Acids, Bases)

水為弱電解質，部分解離成 H_3O^+、OH^-：

$H_2O + H_2O \rightleftharpoons H_3O^+ + OH^-$

解離之平衡常數式為$[H_3O^+][OH^-] = Kw$（常數）離子積常數。純水在 25℃時，$[H_3O^+] = [OH^-] = 1.0 \times 10^{-7}$，因此

$Kw = 1.0 \times 10^{-14}(25℃) = [H_3O^+][OH^-]$

此關係式適用於 25℃時之任何水溶液。當$[H_3O^+]=[OH^-]=1.0\times10^{-7}$為中性溶液，當$[H_3O^+]>[OH^-]$時為酸性溶液，$[OH^-]>[H_3O^+]$時為鹼性溶液。可以改變溶液中$[H_3O^+]$或$[OH^-]$，則另一$[OH^-]$或$[H_3O^+]$將隨著改變，由下列反應式計算：

$$[H_3O^+]=\frac{Kw}{[OH^-]}$$

例題 9.6

若在某一溶液中，$[H_3O^+]=1.5\times10^{-2}M$，試問溶液中的$[OH^-]$為何？

$$[OH^-]=\frac{1.0\times10^{-14}}{1.5\times10^{-2}}=6.7\times10^{-13}$$

強酸、強鹼完全解離，酸的濃度即$[H_3O^+]$。但對於弱酸、弱鹼而言，部分解離成 H_3O^+、OH^-，有一定解離常數，如下列方程式：

$$HA_{(aq)}+H_2O_{(l)} \rightleftharpoons H_3O^+{}_{(aq)}+A^-{}_{(aq)} \quad Ka=\frac{[H_3O^+][A^-]}{[HA]}$$

亦可使用解離度$(\alpha)\%=\frac{[H_3O^+]_{平衡}}{[HA]_{初}}\times100\%$來表示酸度

例題 9.7

在 0.0100M 的 HNO_3 溶液中，$[H_3O^+]$ · $[OH^-]$為何？

$$HNO_{3(g)}+H_2O_{(l)}\rightarrow H_3O^+{}_{(aq)}+NO_3^-{}_{(aq)}$$

$$[H_3O^+]=0.0100M=1.00\times10^{-2}M$$

$$[OH^-]=\frac{1.0\times10^{-14}}{1.00\times10^{-2}}=1.00\times10^{-12}$$

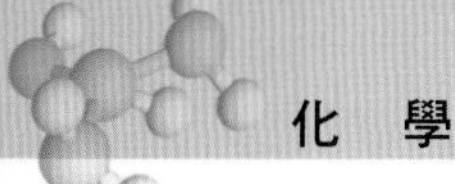

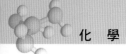

例題 9.8

0.100M 的 CH_3COOH 溶液中，若其解離度為 1.34%，則溶液中$[H_3O^+]$為何？

$$CH_3COOH + H_2O \rightleftharpoons CH_3COO^-_{(aq)} + H_3O^+_{(aq)}$$

	CH_3COOH	$CH_3COO^-_{(aq)}$	$H_3O^+_{(aq)}$
解離前	0.10M	0	0
解離後	0.0987	0.00134	0.00134

$[H_3O^+] = 0.00134M$

9-7 pH 及 pOH

(pH and OH)

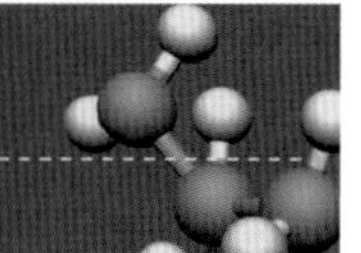

由於水溶液中$[H_3O^+]$、$[OH^-]$通常都很小，不方便使用，所以 1909 年丹麥生化學家瑟倫森(Soren Sorensen)提出一個較實用之測量值，稱 pH 值，定義如下：

$pH = -\log[H_3O^+]$

pH 值沒有單位，溶液酸鹼性可以利用 pH 值判斷，pOH 標示和 pH 相似。

酸性溶液：$[H_3O^+] > 1.0 \times 10^{-7}$ M，$pH < 7$

鹼性溶液：$[H_3O^+] < 1.0 \times 10^{-7}$ M，$pH > 7$

中性溶液：$[H_3O^+] = 1.0 \times 10^{-7}$ M，$pH = 7$

$pOH = -\log[OH^-]$

$Kw = 1.0 \times 10^{-14}(25°C) = [H_3O^+][OH^-]$

兩邊同時取負對數

$14.00 = pH + pOH$

例題 9.9

當$[H_3O^+]=1.0\times10^{-3}$ M，則其 pH 值及 pOH 值各為何？

$pH=-\log[H_3O^+]=-\log1.0\times10^{-3}M=3-\log1.0=3.00$ 因 $\log1.0=0$

$pOH=14.00-3.00=11.00$

例題 9.10

$pH=10.00$，則其$[H_3O^+]$，$[OH^-]$值各為何？

$pH=10.00 \rightarrow [H_3O^+]=1.0\times10^{-10}$ M

$$[OH^-]=\frac{1.0\times10^{-14}}{1.0\times10^{-10}}=1.0\times10^{-4}$$

9-8 酸性及鹼性氧化物 (Acid Oxide and Base Oxide)

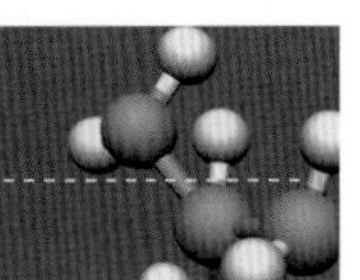

非金屬氧化物水解後產生酸性化合物，而金屬氧化物水解後產生鹼性化合物。

$CO_{2(g)} + H_2O_{(l)} \rightleftharpoons H_2CO_{3(aq)}$

碳酸

$SO_{2(g)} + H_2O_{(l)} \rightleftharpoons H_2SO_{3(aq)}$

亞硫酸

$$N_2O_{5(l)} + H_2O_{(l)} \rightarrow 2HNO_{3(aq)}$$

硝酸

$$Na_2O_{(s)} + H_2O_{(l)} \rightarrow 2NaOH_{(aq)}$$

氫氧化鈉

$$CaO_{(s)} + H_2O_{(l)} \rightarrow Ca(OH)_{2(aq)}$$

氫氧化鈣

9-9 緩衝溶液 (Buffer Solution)

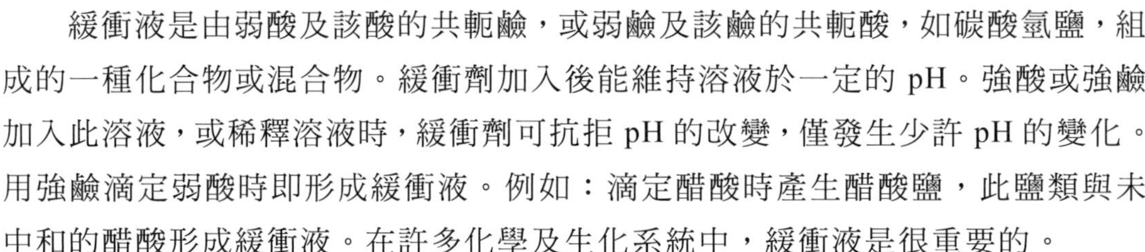

緩衝液是由弱酸及該酸的共軛鹼，或弱鹼及該鹼的共軛酸，如碳酸氫鹽，組成的一種化合物或混合物。緩衝劑加入後能維持溶液於一定的 pH。強酸或強鹼加入此溶液，或稀釋溶液時，緩衝劑可抗拒 pH 的改變，僅發生少許 pH 的變化。用強鹼滴定弱酸時即形成緩衝液。例如：滴定醋酸時產生醋酸鹽，此鹽類與未中和的醋酸形成緩衝液。在許多化學及生化系統中，緩衝液是很重要的。

緩衝劑 pH 的計算：

1. 弱酸加弱酸鹽　$[H_3O^+] = Ka\dfrac{C\ acid}{C\ salt}$
2. 弱鹼加弱鹼鹽　$[OH^-] = Kb\dfrac{C\ base}{C\ salt}$

在一定 pH 範圍的緩衝液所需緩衝劑的鹽對酸或鹽對鹼的比率可以由酸的 pKa 或鹼的 pKa 求出。

血液是人體中重要的生理緩衝溶液（圖 9.3），維持血液 pH 值的穩定，會使得體內許多生化反應得以順利進行。人體血液中含有數種緩衝液，如 H_2CO_3 / HCO_3^-、HCO_3^- / CO_3^{2-}、H_3PO_4 / $H_2PO_4^-$、$H_2PO_4^-$ / HPO_4^{2-}等。正常血液的 pH 值維持在 7.40±0.05 之間。若在人體生理代謝過程中，造成血液 pH 值低於 7.35，容易引起酸中毒(acidosis)，但血液 pH 值若高於 7.45，則容易引起鹼中毒(alkalosis)。當 pH 值低於 6.8 或高於 7.8 時，就會有生命危險。當血液中過多的 H_3O^+會與碳酸氫鹽反應掉；而外來的 OH^-進入血液循環中時，會與血液中的 H_2CO_3 作用。

$HCO_3^- + H_3O^+ \rightarrow H_2CO_3 + H_2O$

$H_2CO_3 + OH^- \rightarrow HCO_3^- + H_2O$

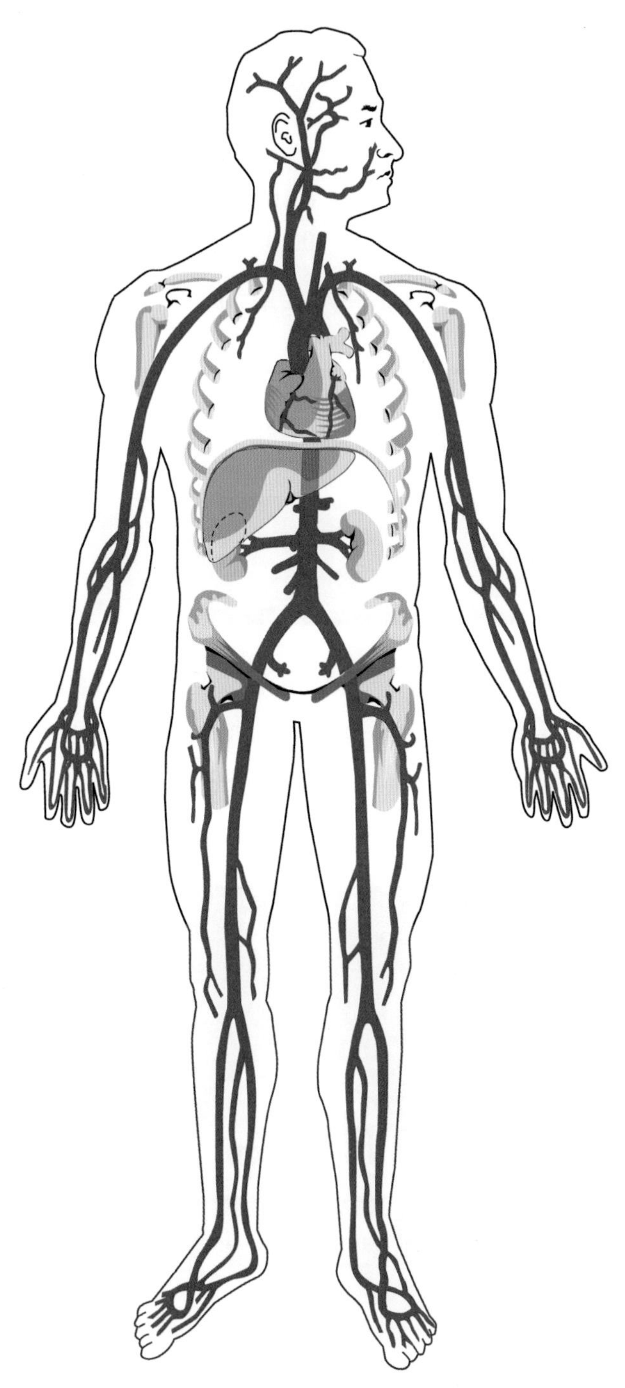

圖 9.3 人體血液循環系統

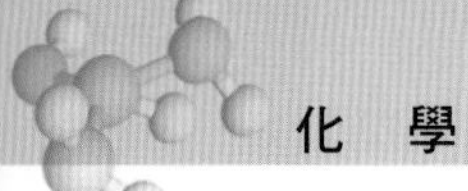

例題 9.11

試計算 0.10M CH_3COOH($Ka = 1.75 \times 10^{-5}$)及 0.10M CH_3COONa 的緩衝系統之 pH 值？

$$[H_3O^+] = Ka\frac{\text{C acid}}{\text{C salt}} = 1.75 \times 10^{-5} \times \frac{0.10}{0.10} = 1.75 \times 10^{-5}$$

$$pH = -\log 1.75 \times 10^{-5} = 5 - \log 1.75 = 4.74$$

9-10 酸鹼指示劑 (Acid-Base Indicators)

指示劑(indicator)是一種物質，在滴定溶液時，由其顏色的變化，可以確定反應的終點（圖 9.4）。酸鹼指示劑是一些有機酸或有機弱鹼，會因溶液之酸鹼性而有不同解離，會顯示不同顏色。而 pH 試紙是由多種指示劑混合而成。另石蕊和酚酞都是酸鹼指示劑，是一種弱有機酸（表 9.2）。

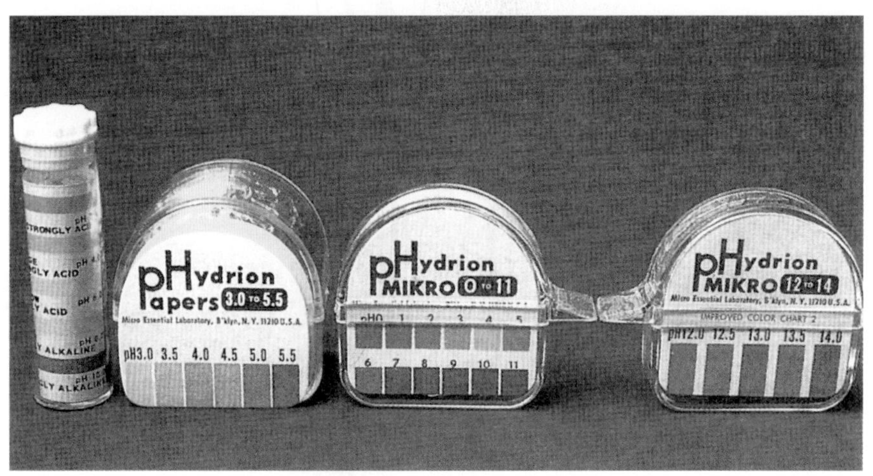

■ 圖 9.4 各種指示劑

[表 9.2] 一些酸鹼指示劑及變色範圍

指示劑	酸性顏色	pH 範圍	鹼性顏色
甲基紫(Methyl violet)	Yellow	0~2	Violet
百里酚藍(Thymol blue)	Pink	1.2~2.8	Yellow
溴酚藍(Bromophenol blue)	Yellow	3.0~4.7	Violet
甲基橙(Methyl orange)	Pink	3.1~4.4	Yellow
溴甲酚氯(Bromocresol green)	Yellow	4.0~5.6	Blue
溴甲酚紫(Bromocresol purple)	Yellow	5.2~6.8	Purple
石蕊(Litmus)	Red	4.7~8.2	Blue
酚酞(Phenolphthalein)	Colorless	8.3~10.0	Pink
百里酚酞(Thymolphthalein)	Colorless	9.3~10.5	Blue
茜素黃 G(Alizarin yellow G)	Colorless	10.1~12.1	Yellow
三硝基苯(Trinitrobenzene)	Colorless	12.0~14.3	Orange

9-11 溶解度積 (Solubility Product Constant)

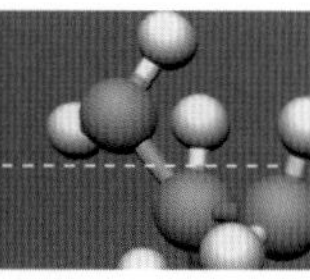

在某溫度下，對一微溶物質而言，溶於水後若成飽和溶液，此時溶解的離子與物質間達成動態平衡，即溶液中有等量離子互相結合生成固體，而一些固體物質同時會繼續溶解。當物質溶液解離與結合達平衡後，因為這些反應物以及生成物離子的濃度皆不改變，這些離子濃度會達成一個固定的比例，稱為溶解度積常數(solubility product constant; Ksp)，此常數會受到溫度的影響。以固體 AgCl 溶解為例，

$$AgCl_{(s)} \rightleftharpoons Ag^{+}_{(aq)} + Cl^{-}_{(aq)}$$

$Ksp = [Ag^{+}][Cl^{-}]$ 達平衡

Ksp 的數值越大，表示溶液中離子的濃度也越大；也就是水溶解化合物時，化合物在水中分解成離子的數量也就越多。

微溶離子固體在水溶液中反應方向有下列三種情況，可使用 Q 值（解離離子乘以係數的次方之乘積）判斷系統如何改變。

$Q-[Ag^+][Cl^-]$

1. 未飽和溶液 Q＜Ksp。
2. 飽和溶液 Q＝Ksp。
3. 過飽和溶液，會有不溶之 AgCl 形成 Q＞Ksp。

例題 9.12

求 25℃時，每 500mL $BaSO_4$ 溶液中的溶解度？($BaSO_4$ Ksp＝1.1×10^{-10})

$BaSO_{4(s)} \rightleftharpoons Ba^{2+}{}_{(aq)} + SO_4{}^{2-}{}_{(aq)}$ 假設溶解度 x mole/L，則

x　　　　x

$Ksp=[Ba^{2+}]\times[SO_4{}^{2-}]=1.1\times10^{-3}\ =x^2$

$x=1.05\times10^{-5}$ mole/L

每 500mL 溶液中則溶解 5.25×10^{-6} mole

例題 9.13

當 250mL 0.0020M Ag^+ ($AgNO_3$)加入 250mL 0.0080M Cl^- (NaCl)，請問此時溶液屬於何種系統？(AgCl Ksp＝1.6×10^{-10})

兩個 250mL 溶液加到一起形成 500mL 溶液，使得兩個溶液濃度減半形成 0.0010M Ag^+，0.0040M Cl^-

$Q=[Ag^+][Cl^-]=0.0010\times0.0040=4.0\times10^{-6}>Ksp$

過飽和溶液會有不溶之 AgCl 形成。

9-12 酸鹼滴定
(Acid-Base Titration)

酸鹼滴定是以酸鹼反應為基礎的滴定分析方法。許多具有酸鹼性的物質及不具有酸鹼性的物質可通過化學反應，並使用酸鹼滴定法測定它們的含量。因此，酸鹼滴定法的應用相當廣泛。

$H_3O^+ + OH^- \rightarrow 2H_2O$

以強鹼 0.10M 氫氧化鈉(NaOH)溶液滴定 0.10M 鹽酸(HCl)為例，討論滴定過程 pH 值的變化。

1. 未加 NaOH 前，溶液只有 0.10M HCl 為酸性。
2. 加入 0.10M NaOH 後，HCl 與 NaOH 進行酸鹼反應，消耗 HCl 酸性減弱。
3. 當 NaOH 和 HCl 莫耳數相同時，則酸與鹼完全消耗掉，則溶液中的酸鹼性由鹽的水解決定。

   $NaOH + HCl \rightarrow NaCl + H_2O$

4. 當 NaOH 莫耳數超過 HCl 莫耳數時，則呈現鹼性，圖 9.5 為 NaOH 與 HCl 反應的滴定曲線。

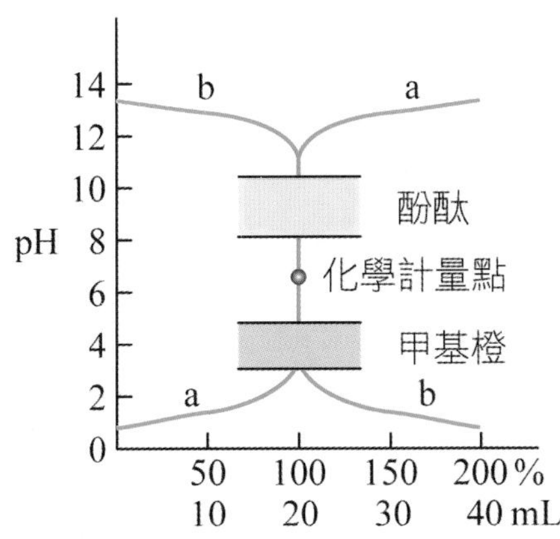

圖 9.5 NaOH 與 HCl 的滴定曲線

滴定曲線不僅說明了滴定時溶液 pH 值的變化方向，而且也說明了各個階段的變化速度。

當酸鹼完全反應達滴定終點，則酸與鹼成一定莫耳數比。以下列例子來說明。

例題 9.13

有一未知濃度 25.0mL 之醋酸(CH_3COOH)溶液，利用已知濃度之 0.095M 氫氧化鈉(NaOH)溶液滴定，來定醋酸溶液之濃度，結果用去氫氧化鈉溶液 23.5mL，求醋酸溶液之濃度？

$CH_3COOH + NaOH \rightarrow CH_3COONa + H_2O$

1 mole : 1 mole

$= 0.095M \times 0.0235L : xM \times 0.0250L$

$\rightarrow x = 0.0893M$ 醋酸溶液濃度

結 語

酸、鹼、鹽在日常生活及環境扮演重要角色。本章強調酸鹼定義、酸鹼性質、酸鹼解離、酸鹼物質、酸鹼中和及所產生的各式鹽（包括中性鹽、酸式鹽、鹼式鹽），包含不同種類鹽類水解後的性質、可以表示酸鹼性的 pH 與 pOH、緩衝溶液、酸鹼指示劑、溶解度積、酸鹼滴定。

某些物質兼具酸與鹼性質，被認為具有兩性物質。水為弱電解質， 解離之平衡常數式為$[H_3O^+][OH^-]=Kw$（常數）離子積常數。

$pH=-\log[H_3O^+]$

當物質溶液解離達平衡後，因為這些反應物以及生成物離子的濃度皆不改變，這些離子濃度會達成一個固定的比例，稱為溶解度積常數(solubility product constant; Ksp)，此常數會受到溫度的影響。酸鹼滴定是以酸鹼反應為基礎的滴定分析方法。許多具有酸鹼性的物質及不具有酸鹼性的物質可通過化學反應，並使用酸鹼滴定法測定它們的含量。因此，酸鹼滴定法的應用相當廣泛。

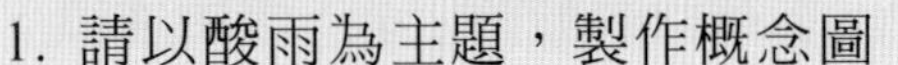

小試身手

1. 請以酸雨為主題，製作概念圖。

2. 敘述酸、鹼、鹽的性質及其關係？

3. 實驗室中比較重要的酸、鹼有哪些？

4. 生活環境中有哪些酸、鹼物質，各舉兩個例子說明？

5. 寫出下列鹽類於溶液中所呈現的性質（弱酸性、弱鹼性、中性）

   (1) $(NH_4)_2SO_4$　(2) $NaNO_3$　(3) KCl　(4) NaCN

   (5) NH_4Cl　(6) CH_3COONa　(7) Na_2CO_3　(8) K_2SO_4

6. 定出反應物及生成物的酸鹼部分？

   (1) $NH_3 + H_2O \rightleftharpoons NH_4^+ + OH^-$

   (2) $HCN + H_2O \rightleftharpoons CN^- + H_3O^+$

   (3) $CH_3COO^- + H_2O \rightleftharpoons CH_3COOH + OH^-$

7. 將下列氫離子濃度轉成 pH 值，並比較酸性大小？

   (1) $[H^+]=10^{-3}$　(2) $[OH^-]=5.0\times10^{-10}$　(3) $[H^+]=3.0\times10^{-5}$　(4) $[OH^-]=10^{-4}$

8. 求出下列的$[OH^-]$及 pH、pOH 值？

   (1) $[H^+]=10^{-6}$　(2) $[H^+]=4.0\times10^{-3}$　(3) $[H^+]=5.0\times10^{-9}$

9. 試計算 0.10M 乳酸 $CH_3CHOHCOOH(Ka=1.38\times10^{-4})$及 0.10M 乳酸鈉 $CH_3CHOHCOONa$ 的緩衝系統之 pH 值？

10. 求 25℃時，下列飽和溶液每 200mL 中的溶解度（以 mole，g 表示）？

    (1) $AgCl(Ksp=1.82\times10^{-10})$　(2) $PbCl_2(Ksp=1.82\times10^{-10})$

11. (1)50.0mL, 1.0M HCl 溶液要稀釋成 250.0mL 溶液，則 HCl 溶液濃度變為多少？

    (2)有一未知濃度 30.0mL 之碳酸鈉(含 Na_2CO_3)溶液，利用已知濃度之 0.105M 鹽酸(HCl)溶液滴定，來定碳酸溶液之濃度，結果用去氫氧化鈉溶液 52.50mL，求碳酸溶液之濃度？

參考書籍

1. 徐惠麗、劉東明、方偉平、魏銘琪、張禎祐編譯(2007)．化學（精華版）．台北：新文京。

Chapter 10

氧化還原及電化學

徐惠麗

本章大綱

Chapter at a Glance

許多化學反應和大多數的生物反應都是在水溶液中進行，一般化學反應廣義分類；可分成兩大類，一是非氧化還原反應，即反應過程沒有電子的轉移，例如酸鹼反應、沉澱反應等；另一個是本章所介紹的氧化還原反應，即反應過程牽涉有電子的轉移。

氧化還原（oxidation-reduction 或 redox）反應是一個重要的化學反應，它在我們周遭環境佔了極大的分量，範圍由石化燃料之燃燒至家庭日常生活事物及人體的生化機轉中都常見到。像是生物體內的新陳代謝、食物的消化、呼吸作用等，另外像燃燒作用、鐵生鏽、酒變酸等（圖 10.1），均有涉及到物質所含原子中電子的轉移，就是發生氧化還原反應。

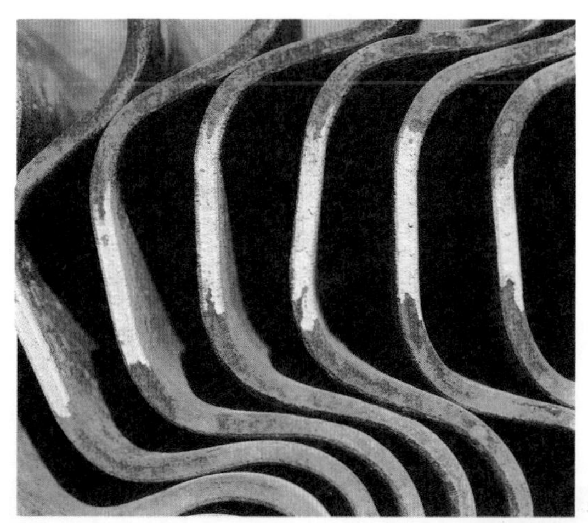

■ 圖 10.1　鐵的腐蝕是一種電化學反應過程

西元前七世紀，希臘的泰爾斯首先發現摩擦過的琥珀能吸引輕小物體的現象。十六世紀時，吉伯特根據希臘文中的「琥珀」而創造了「電」這個字，用以表示琥珀經摩擦後所具有的性質，並且認為摩擦過的琥珀帶有電荷。後來，人們發現有很多物質都能藉由相互摩擦而帶電，並且帶電物體之間存有相互排斥或相互吸引的現象。1752 年，美國物理學家富蘭克林把帶電物體分別命名為正電荷和負電荷。

1791 年，義大利解剖學家賈凡尼發現以金屬片接觸青蛙肌肉時，發生了收縮的現象。因此認為動物的組織會產生電流，而金屬只是傳遞電流的導體而已。一般認為這是電化學的起源。

1799 年，伏特基於賈凡尼的實驗，進一步認為電流是由兩種不同的金屬產生的，再用任何潮濕的物質取代那隻青蛙進行實驗，因而發明了使用不同的金屬片夾濕紙組成的「伏特堆」，即現今所謂伏特電池。這是第一個能產生穩定電流的發明，也是化學電源的雛型。在發電機發明以前，各種化學電源是唯一能提供穩定電流的電源。

1833 年，法拉第發表法拉第電解定律，定量地計算出電能與化學能之間互換的關係，為電化學奠定了定量基礎。此後，其他科學家利用伏特電池與法拉第電解定律，又發明了電解、電鍍等技術，製造更高效率的電池，開創了電化學的時代。

10-1 氧化及還原反應 (Oxidation and Reduction)

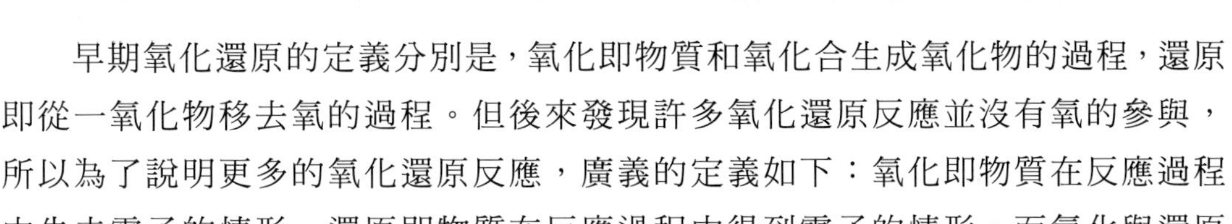

早期氧化還原的定義分別是，氧化即物質和氧化合生成氧化物的過程，還原即從一氧化物移去氧的過程。但後來發現許多氧化還原反應並沒有氧的參與，所以為了說明更多的氧化還原反應，廣義的定義如下：氧化即物質在反應過程中失去電子的情形，還原即物質在反應過程中得到電子的情形，而氧化與還原反應是同時發生的。

如下列反應：

$$2Ca_{(s)} + O_{2(g)} \rightarrow 2CaO_{(s)}$$

氧化　還原

反應物鈣反應後產生氧化鈣，乃是和氧化合的結果，就是氧化，而氧氣得到電子形成氧陰離子與鈣離子結合產生氧化鈣，即為還原。如果氧化還原反應沒有氧的參與，那麼必須有另一指標可以看出電子得失的情形，那就是氧化數。在前面的章節中，有提到原子的構造，原子核外有電子，當原子與原子鍵結形成離子鍵時，**電負度**(electronegativity)小的原子失去電子，此時原子帶正電荷，氧化數是正的，而電負度大的原子得到電子，此時原子帶負電荷，氧化數是負的，如離子固體 NaCl，Na^+與 Cl^-形成離子鍵，鈉因為電負度小(0.9)失去電子，此時原子帶正電荷；氯(3.5)因為電負度大得到電子，此時原子帶負電荷，氧化數是負的。所以，**氧化數**(oxidation number)是原子在形成化合物或是多原子離子時，核外電子得失的情形。但如何計算氧化數呢？我們必需遵行幾個法則。

氧化數判斷的規則如下所示：

1. 元素態的原子，其氧化數為零（例：$H_{2(g)}$，$S_{8(s)}$）。
2. 單原子形成之離子，其氧化數等於所帶的電荷（例：Cd^{2+}，I^-）。
3. (1)當鹵素與電負度較小的原子（與鹵素比較）結合時，其氧化數為－1。

   (2)鹼金屬形成之離子，其氧化數為＋1（例：Na_2O）。

   (3)鹼土金屬形成之離子，其氧化數為＋2（例：MgO）。
4. 氫原子與電負度較大的原子結合時，其氧化數為＋1，與電負度較小的原子結合時，其氧化數為－1（例：NaH）。
5. 氧原子的氧化數一般為－2（例：CaO），但在過氧化物與超氧化物中，其氧化數為－1 與－1/2（例：H_2O_2）。
6. 對中性化合物而言，各原子之氧化數總和為零；但多原子離子，各原子之氧化數總和，等於多原子離子所帶之電荷（例：$KMnO_4$；即 K、Mn、4 個 O 氧化數總和為 0，ClO_4^-；即 Cl、4 個 O 氧化數總和為－1）。

所以像 $KClO_3$ 分子，是由鉀、氯、氧三個元素所組成的，此三個元素的氧化數總和為零。從前面規則得知鉀為鹼金屬，氧化數為＋1，氧為－2 有 3 個則為$(-2)\times3=-6$，兩個加起來之後$(-6)+1=-5$。因為－5 和氯的氧化數總和為 0，故我們可以知道氯的氧化數為＋5。

$$\underset{K}{(+1)}+\underset{Cl}{x}+\underset{3O}{(-6)}=0 \rightarrow x=+5$$

例題 10.1

下列題目中劃線原子的氧化數為若干？1. $H_2\underline{S}O_4$，2. $\underline{C}_2O_4^{2-}$，3. $\underline{Cr}_2O_7^{2-}$

1. 依規則 4、5 及規則 6，氫(H)的氧化數為＋1 有 2 個，則為＋2；氧(O)的氧化數為－2 有 4 個，則為－8，

   (＋2)＋x＋(－8)＝0　→　x＝＋6

   2H　S　4O

2. 依規則 5 及規則 6，氧(O)的氧化數為－2 有 4 個，則為－8，

   2(x)＋(－8)＝－2　→　x＝＋3

   2C　4O

3. 依規則 5 及規則 6，氧(O)的氧化數為－2 有 7 個，則為－14，

   2(x)＋(－14)＝－2　→　x＝＋6

   2Cr　7O

氧化數的概念在氧化還原反應中探討反應物與生成物之電子轉移情形是重要的。

氧化數是表示元素氧化狀態的數字，當它的值改變，我們就知道元素的電子數已改變，就是氧化還原反應在進行。當氧化時，元素的氧化數增加，而還原時剛好相反，元素的氧化數減少。

0　0　＋4－2　各自氧化數

$S_{(s)} + O_{2(g)} \rightarrow 2S\,O_2$

0　0　＋2－2　各自氧化數

$2Ca_{(s)} + O_{2(g)} \rightarrow 2Ca\,O_{(s)}$

有了氧化數的觀念而得知氧化還原的定義之後，接著就來定氧化還原反應方程式中的氧化劑、還原劑。如果在反應過程中是得到電子，即氧化數減少的物質，就是氧化劑。相反的，在反應過程中是失去電子，即氧化數增加的物質，就是還原劑。

$$2MnO_4^- + 5H_2C_2O_4 + 6H^+ \rightarrow 2Mn^{2+} + 10CO_2 + 8H_2O$$

以上是一個氧化還原方程式，由高錳酸根離子和草酸反應而成。其中高錳酸根離子中的錳氧化數為＋7（O 為－2×4＝－8），反應變成生成物錳離子，氧化數為＋2 之後，因為氧化數減少，所以是還原，屬於氧化劑。另一個反應物草酸中的碳氧化數為＋3（H 為＋1×2＝＋2，O 為－2×4＝－8，2 個 C，加起來為 0），反應後形成二氧化碳，碳的氧化數為＋4（O 為－2×2＝－4），反應過程中氧化數增加，則屬於氧化反應，而草酸為還原劑。

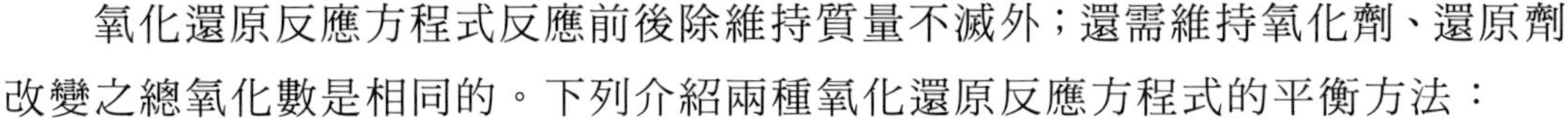

10-2 氧化還原方程式的平衡 (Balancing Redox Equations)

氧化還原反應方程式反應前後除維持質量不滅外；還需維持氧化劑、還原劑改變之總氧化數是相同的。下列介紹兩種氧化還原反應方程式的平衡方法：

一、利用半反應法平衡

一個氧化還原反應是氧化和還原反應同時發生的。因此，**半反應法 (half-reaction method)**是將整個反應分成 2 個半反應，一為氧化，另一為還原，先將氧化、還原改變電子數平衡，也就是使兩個半反應改變的電子數達到相同，然後兩個半反應相加消去電子即可得到一平衡方程式。半反應法對電池之討論特別重要。以下由兩個例子來說明：

例題 10.2

請用半反應法平衡反應方程式：

$Zn_{(s)} + HCl_{(aq)} \rightarrow ZnCl_{2(aq)} + H_{2(g)}$

氧化半反應：

$Zn_{(s)} \rightarrow Zn^{2+} + 2e^-$

還原半反應：

$2H^+_{(aq)} + 2e^- \rightarrow H_{2(g)}$

兩半反應相加，以淨離子方程式來表示**總反應**(overall reaction)：

$Zn_{(s)} + 2HCl_{(aq)} \rightarrow ZnCl_{2(aq)} + H_{2(g)}$

例題 10.3

請用半反應法平衡反應方程式：

$MnO_4^-{}_{(aq)} + H_2O_2 \rightarrow Mn^{2+}{}_{(aq)} + O_{2(g)}$（在酸性溶液）

氧化半反應：

$H_2O_2 \rightarrow 2H^+_{(aq)} + O_{2(g)} + 2e^-$ (10-1)

還原半反應：

$MnO_4^-{}_{(aq)} + 8H^+{}_{(aq)} + 5e^- \rightarrow Mn^{2+}{}_{(aq)} + 4H_2O$ (10-2)

氧化半反應改變電子數為 2e、還原半反應改變電子數為 5e，取最小公倍數為 10，則(10-1)式×5；(10-2)式×2。

$5H_2O_2 \rightarrow 10H^+_{(aq)} + 5O_{2(g)} + 10e^-$ (10-3)

$2MnO_4^-{}_{(aq)} + 16H^+{}_{(aq)} + 10e^- \rightarrow 2Mn^{2+}{}_{(aq)} + 8H_2O$ (10-4)

方程式(10-3)(10-4)相加後，以淨離子方程式來表示總反應(overall reaction)：

$2MnO_4^-{}_{(aq)} + 5H_2O_2 + 6H^+{}_{(aq)} \rightarrow 2Mn^{2+}{}_{(aq)} + 5O_{2(g)} + 8H_2O$

二、利用氧化數法平衡氧化還原方程式

實驗室中經常會遇到含氧陰離子($Cr_2O_7^{2-}$、MnO_4^-、NO_3^-)涉及複雜的氧化還原反應，理論上氧化和還原是同時發生的，而且氧化部分氧化數的增加總數和還原部分氧化數之減少總數是相同的，所以先將氧化與還原分成兩個半反應，再分別計算改變的氧化數，利用氧化數改變的總數來平衡，此為**氧化數法**(oxidation number method)。以下面的例子將氧化數法如何平衡之步驟說明如下：

$Cr_2O_7^{2-} + Fe^{2+} + H^+ \rightarrow Cr^{3+} + Fe^{3+} + H_2O$

1. 找出氧化劑、還原劑氧化數有變化之原子部分：

$Fe^{2+} \rightarrow Fe^{3+}$ 還原劑

$+2$ $+3$

$Cr_2O_7^{2-} \rightarrow Cr^{3+}$ 氧化劑

$+6$ $+3$

2. 計算這些原子得失的電子數：

$Fe^{2+} \rightarrow Fe^{3+}$ $(+3)-(+2)=1$ 氧化數增加→e^-

$Cr_2O_7^{2-} \rightarrow Cr^{3+}$ $(+3)-(+6)=-3$ 氧化數減少→2 個 Cr $2\times3=6e$

3. 將這些得失電子數取最小公倍數，使得得失電子數目相同。增加與減少數量的最小公倍數為 6，方程式寫成：

$$Cr_2O_7^{2-} + 6Fe^{2+} \rightarrow 2Cr^{3+} + 6Fe^{3+}$$

4. 是否有含氧酸，若是，則加 H_2O 平衡 O 原子，加 H^+ 平衡 H 原子：

$$Cr_2O_7^{2-} + H^+ \rightarrow 2Cr^{3+} + H_2O$$

因為左邊有 7 個 O，方程式右邊也需有 7 個 H_2O，這樣右邊有 14 個 H，所以左邊也要有 14 個 H

$$Cr_2O_7^{2-} + 14H^+ \rightarrow 2Cr^{3+} + 7H_2O$$

如果是離子方程式，則方程式除質量平衡外也是電荷平衡。

$$Cr_2O_7^{2-} + 6Fe^{2+} + 14H^+ \rightarrow 2Cr^{3+} + 6Fe^{3+} + 7H_2O$$

例題 10.4

利用氧化數法平衡 $Cu_{(s)} + HNO_3 \rightarrow Cu(NO_3)_{2(aq)} + 2NO_{2(g)} + H_2O$

1. 找出氧化劑、還原劑氧化數有變化之原子部分：

$\underset{0}{Cu} \rightarrow \underset{+2}{Cu(NO_3)_2}$ 還原劑

$\underset{+5}{HNO_3} \rightarrow \underset{+4}{NO_2}$ 氧化劑

2. 計算這些原子得失的電子數：

$Cu \rightarrow Cu(NO_3)_2$　$(+2) - 0 = 2$　氧化數增加→$2e^-$

$HNO_3 \rightarrow NO_2$　$(+4) - (+5) = -1$　氧化數減少→e^-

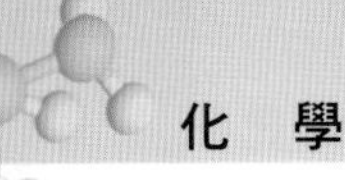

3. 將這些得失電子數取最小公倍數，使得得失電子數目相同。增加與減少數量的最小公倍數為 2，方程式寫成：

$Cu_{(s)} + 2HNO_3 \rightarrow Cu(NO_3)_{2(aq)} + 2NO_{2(g)}$

4. 是否有含氧酸，若是，則加 H_2O 平衡 O 原子：

$Cu_{(s)} + 2HNO_3 \rightarrow Cu(NO_3)_{2(aq)} + 2NO_{2(g)} + H_2O$

因為方程式左邊有 6 個 O，右邊也需有 6 個 O，但需考量平衡電荷的 $Cu(NO_3)_2$ 之 $2NO_3^-$，所以左邊需再加 $2NO_3^-$，則左邊就有 12 個 O，而 $2NO_2$ 已有 4 個 O，所以需有 $2H_2O$，如此右邊有 4 個 H，所以左邊也有 4 個 H

$Cu_{(s)} + 4HNO_3 \rightarrow Cu(NO_3)_{2(aq)} + 2NO_{2(g)} + 2H_2O$

如此，方程式達成質量不滅及氧化數總改變數目相同。

10-3 電化學電池 (Electrochemical Cell)

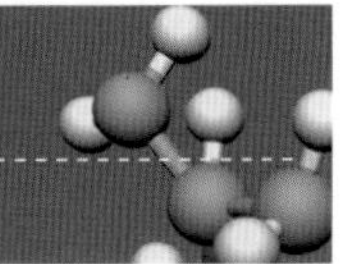

氧化還原反應是日常生活中最常見的應用。其中自發性產生電能，即電路迴圈可自發性成通路，不斷地有電荷在移動著，此系統稱為**賈凡尼電池**(Galvanic cell)；另一種需藉由外界供給電能，電路迴圈才會自動導通，此系統稱為**電解電池**(electrolytic cell)，簡稱**電解**(electrolysis)。此二類型的電池均有其實用性，有許多電池依其實驗條件可當作賈凡尼電池或電解電池，例如鉛蓄電池放電時為電流電池，充電時為電解電池。

一個電化學電池，以**丹尼爾電池**(Daniell cell)為例，由兩個導體組成，稱為**電極**(electrodes)，各自浸於適當的電解質溶液中，欲產生電流，則必須(1)電極與外面的金屬導體相連，(2)兩電解質溶液中的離子可以接觸以使其由一處移動至另一處（向兩電極移動）。圖 10.2 說明一個電池的例子。多孔素瓷片可使用 Zn^{2+}，Cu^{2+}，HSO_4^-，SO_4^{2-} 及其他離子和水分子，通過二電解質溶液的接合面，而且此多孔素瓷片可以減少兩電解質溶液部分之混合與對流，以防止鋅元素及銅離子的接觸而反應。

圖 10.2 所示賈凡尼電池，可區分成三種傳導程序。在銅及鋅電極內，及外電路導體上，其電子的移動是由鋅電極經外電路導線而流至銅電極上。在兩溶液內，電流包含陽離子及陰離子向兩電極移動，陰離子向鋅電極移動，而陽離子向銅電極移動，二者方向相反，所有離子在兩溶液中參與反應者均按上程序而移動。

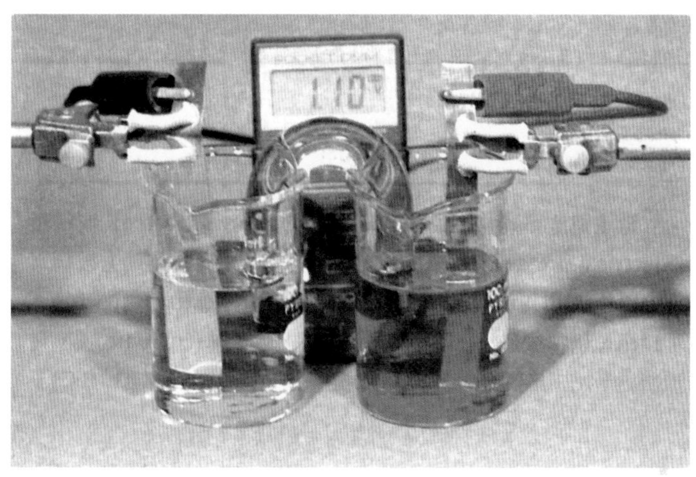

■ 圖 10.2　Cu-Zn 電池

10-4　電池電位 (Cell Potentials)

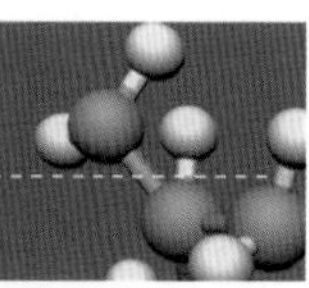

電池之電位可用伏特計來測量。當電池通過一已知電阻的電流時，可測量其電位。前所敘述之丹尼爾電池，此電池的裝置如圖 10.2，將鋅金屬片浸入 1.0M 硫酸鋅[$ZnSO_{4(aq)}$]溶液中，而銅金屬片則浸入 1.0M 硫酸銅[$CuSO_{4(aq)}$]溶液中，利用電位計構成一迴路，於 25℃下操作。

陽極半反應：

$Zn_{(s)} \rightarrow Zn^{2+}{}_{(aq)} + 2e^-$

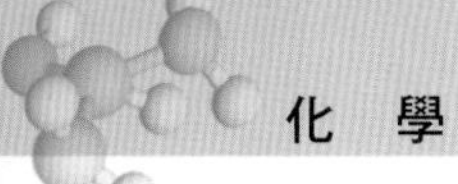

陰極半反應：

$Cu^{2+}{}_{(aq)} + 2e^{-} \rightarrow Cu_{(s)}$

硫酸根在反應過程中沒有電子的轉移，此電池之淨離子方程式為：

$Zn_{(s)} + Cu^{2+}{}_{(aq)} \rightarrow Cu_{(s)} + Zn^{2+}{}_{(aq)}$

反應開始進行一段時間後，電位計上顯示 1.10 伏特，為反應物及產物在標準狀況下（純固體或濃度 1M，並在 25℃，1atm 下）之標準電池電位($E^{\circ}{}_{cell}$)。

$Zn_{(s)} + Cu^{2+}{}_{(aq)} \rightarrow Cu_{(s)} + Zn^{2+}{}_{(aq)} \qquad E^{\circ} = 1.10V$

在化學分析研究中，電池的電位為兩電極電位的差，一個為陰極（銅電極），另一個為陽極（鋅電極）。對圖 10.2 所示丹尼爾電池，其電位如下：

$E_{電池} = E_{Cu} - E_{Zn}$

對於以化學反應組之電池，一般電池電位表示法如下：

$E_{電池} = E_{陰極} - E_{陽極}$

其中 $E_{陰極}$及 $E_{陽極}$各別代表作為陰極及陽極的電位。

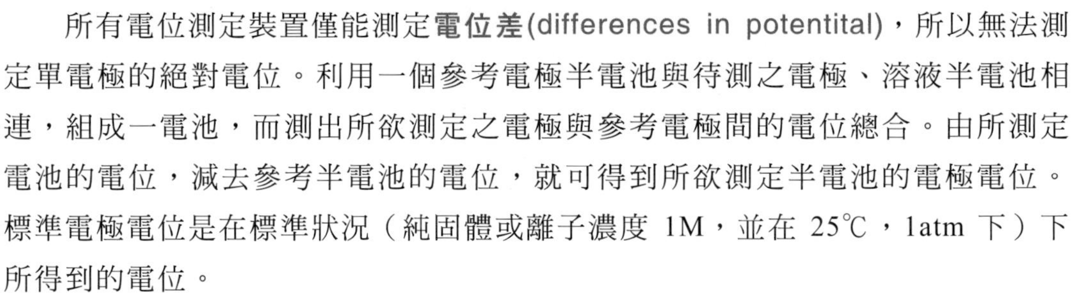

10-5 標準電極電位 (Standard Electrode Potentials)

所有電位測定裝置僅能測定**電位差**(differences in potentital)，所以無法測定單電極的絕對電位。利用一個參考電極半電池與待測之電極、溶液半電池相連，組成一電池，而測出所欲測定之電極與參考電極間的電位總合。由所測定電池的電位，減去參考半電池的電位，就可得到所欲測定半電池的電極電位。標準電極電位是在標準狀況（純固體或離子濃度 1M，並在 25℃，1atm 下）下所得到的電位。

標準氫電極(standard hydrogen electrode; SHE)當作參考電極，於 25℃鹽酸溶液中通入氫氣，使用白金電極提供氫分子解離的平面；同時擔任外迴路的電導體。

當 $P_{H_2} = 1$ atm

$H_2 \rightarrow 2H^+ + 2e^-$

$2H^+(1M) + 2e^- \rightarrow H_2(1\ atm) \qquad E^\circ = 0\ V$

[HCl]＝1 M、25℃標準狀態下，氫離子的還原電位為 0。

表 10.1 列出一些離子及化合物之半電池電位。

[表 10.1] 標準還原電位

	半反應(Half-Reaction)	E°(V)	
大 ↑	$Fe_{2(g)} + 2e^- \rightarrow 2F^-_{(aq)}$	+2.87	小
	$O_{3(g)} + 2H^+_{(aq)} + 2e^- \rightarrow O_{2(g)} + H_2O$	+2.07	
	$Co^{3+}_{(aq)} + e^- \rightarrow Co^{2+}_{(aq)}$	+1.82	
	$H_2O_{2(aq)} + 2H^+_{(aq)} + 2e^- \rightarrow 2H_2O$	+1.77	
	$PbO_{2(s)} + 4H^+_{(aq)} + SO_4^{2-}{}_{(aq)} + 2e^- \rightarrow PbSO_{4(s)} + 2H_2O$	+1.70	
	$Ce^{4+}_{(aq)} + e^- \rightarrow Ce^{3+}_{(aq)}$	+1.61	
	$MnO_4^-{}_{(aq)} + 8H^+_{(aq)} + 5e^- \rightarrow Mn^{2+}_{(aq)} + 4H_2O$	+1.51	
	$Au^{3+}_{(aq)} + 3e^- \rightarrow Au_{(s)}$	+1.50	
	$Cl_{2(g)} + 2e^- \rightarrow 2Cl^-_{(aq)}$	+1.36	
	$Cr_2O_7^{2-}{}_{(aq)} + 14H^+_{(aq)} + 6e^- \rightarrow 2Cr^{3+}_{(aq)} + 7H_2O$	+1.33	
	$MnO_{2\ (s)} + 4H^+_{(aq)} + 2e^- \rightarrow Mn^{2+}_{(aq)} + 2H_2O$	+1.23	
	$O_{2(g)} + 4H^+_{(aq)} + 4e^- \rightarrow 2H_2O$	+1.23	
氧化劑強度	$Br_{2(l)} + 2e^- \rightarrow 2Br^-_{(aq)}$	+1.07	
	$NO_3^-{}_{(aq)} + 4H^+_{(aq)} + 3e^- \rightarrow NO_{(g)} + 2H_2O$	+0.96	還原劑強度
	$2Hg^{2+}_{(aq)} + 2e^- \rightarrow Hg_2^{2+}{}_{(aq)}$	+0.92	
	$Hg_2^{2+}{}_{(aq)} + 2e^- \rightarrow 2Hg_{(l)}$	+0.85	
	$Ag^+_{(aq)} + e^- \rightarrow Ag_{(s)}$	+0.80	
	$Fe^{3+}_{(aq)} + e^- \rightarrow Fe^{2+}_{(aq)}$	+0.77	
	$O_{2(g)} + 2H^+_{(aq)} + 2e^- \rightarrow H_2O_{2(aq)}$	+0.68	
	$MnO_4^-{}_{(aq)} + 2H_2O + 3e^- \rightarrow MnO_{2(s)} + 4OH^-_{(aq)}$	+0.59	
	$I_{2(s)} + 2e^- \rightarrow 2I^-_{(aq)}$	+0.53	
	$O_{2(g)} + 2H_2O + 4e^- \rightarrow 4OH^-_{(aq)}$	+0.40	
	$Cu^{2+}_{(aq)} + 2e^- \rightarrow Cu_{(s)}$	+0.34	
	$AgCl_{(s)} + e^- \rightarrow Ag_{(S)} + Cl^-_{(aq)}$	+0.22	
	$SO_4^{2-}{}_{(aq)} + 4H^+_{(aq)} + 2e^- \rightarrow SO_{2(g)} + 2H_2O$	+0.20	
	$Cu^{2+}_{(aq)} + e^- \rightarrow Cu^+_{(aq)}$	+0.15	
	$Sn^{4+}_{(aq)} + 2e^- \rightarrow Sn^{2+}_{(aq)}$	+0.13	
	$2H^+_{(aq)} + 2e^- \rightarrow H_{2(g)}$	0.00	
	$Pb^{2+}_{(aq)} + 2e^- \rightarrow Pb_{(s)}$	-0.13	
	$Sn^{2+}_{(aq)} + 2e^- \rightarrow Sn_{(s)}$	-0.14	↓

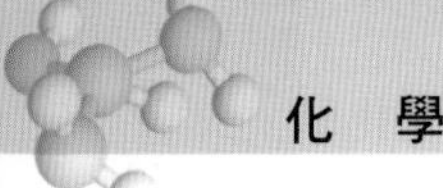

[表 10.1] 標準還原電位(續)

	半反應(Half-Reaction)	$E°$(V)	
↑	$Ni^{2+}_{(aq)} + 2e^- \rightarrow Ni_{(s)}$	-0.25	↓
	$Co^{2+}_{(aq)} + 2e^- \rightarrow Co_{(s)}$	-0.28	
	$PbSO_{4(s)} + 2e^- \rightarrow Pb_{(s)} + SO_4^{2-}{}_{(aq)}$	-0.31	
	$Cd^{2+}_{(aq)} + 2e^- \rightarrow Cd_{(s)}$	-0.40	
	$Fe^{2+}_{(aq)} + 2e^- \rightarrow Fe_{(s)}$	-0.44	
	$Cr^{3+}_{(aq)} + 3e^- \rightarrow Cr_{(s)}$	-0.74	
	$Zn^{2+}_{(aq)} + 2e^- \rightarrow Zn_{(s)}$	-0.76	
	$2H_2O + 2e^- \rightarrow H_{2(g)} + 2OH^-{}_{(aq)}$	-0.83	
	$Mn^{2+}_{(aq)} + 2e^- \rightarrow Mn_{(s)}$	-1.18	
	$Al^{3+}_{(aq)} + 3e^- \rightarrow Al_{(s)}$	-1.66	
	$Be^{2+}_{(aq)} + 2e^- \rightarrow Be_{(s)}$	-1.85	
	$Mg^{2+}_{(aq)} + 2e^- \rightarrow Mg_{(s)}$	-2.37	
	$Na^+_{(aq)} + e^- \rightarrow Na_{(s)}$	-2.71	
	$Ca^{2+}_{(aq)} + 2e^- \rightarrow Ca_{(s)}$	-2.87	
	$Sr^{2+}_{(aq)} + 2e^- \rightarrow Sr_{(s)}$	-2.89	
	$Ba^{2+}_{(aq)} + 2e^- \rightarrow Ba_{(s)}$	-2.90	
	$K^+_{(aq)} + e^- \rightarrow K_{(s)}$	-2.93	
小	$Li^+_{(aq)} + e^- \rightarrow Li_{(s)}$	-3.05	大

10-6 能士特方程式 (Nernst Equation)

十九世紀德國化學家,能士特(Nernst)首先提出電極電位與溶液濃度的關係,如下列式子,並以自己名字命名,稱為**能士特方程式**(Nernst equation)。

$$E_{cell} = E°_{cell} - \frac{RT}{nF}\log Q$$

E_{cell} =表示非標準狀態下之電池電位

$E°_{cell}$ =表示標準狀態下之電池電位

R=表示氣體常數(8.314J/K)

T=表示凱氏溫度

F=表示法拉第常數(96.485kJ/Vmol)

n=表示電池反應改變之莫耳電子

Q＝表示反應係數

若在 25℃，能士特方程式通常寫成下列 log 形式

$$E_{\text{cell}} = E^{\circ}{}_{\text{cell}} - \frac{0.05916\text{V}}{n}\log Q$$

有一個還原半反應方程式如下：

$$\text{aA} + \text{bB} + \cdots + \text{ne} \rightleftarrows \text{cC} + \text{dD} + \cdots\cdots$$

其中大寫符號代表反應物種的化學式（不論其帶電或不帶電），e 代表電子，小寫的斜體字代表各種參與此反應的莫耳數（包含電子在內）。根據能士特方程式，此反應的電極電位 E 可以寫成：

$$E = E^{0} - \frac{RT}{nF}\log\frac{[\text{C}]^{\text{e}}[\text{D}]^{\text{d}}\ldots\ldots}{[\text{A}]^{\text{a}}[\text{B}]^{\text{b}}\ldots\ldots}$$

其中 E° 為一常數，稱為**標準電極電位**(standard electrode potential)。在室溫時(298K)，與常數代入計算，以每庫侖莫耳表示如下：

$$\frac{RT}{nF} = \frac{8.316\text{J mol}^{-1}\ \text{deg}^{-1}\times 298}{\text{n equiv mol}^{-1}\times 96491\text{ C equiv}^{-1}}$$

$$= \frac{2.568\times 10^{-2}\text{ J C}^{-1}}{n}$$

$$= \frac{2.568\times 10^{-2}\text{ V}}{n}$$

將其轉變成以 10 為底的普通對數（乘以 2.303），方程式變成 10-5

$$E = E^{0} - \frac{0.0591}{n}\log\frac{[\text{C}]^{\text{e}}[\text{D}]^{\text{d}}\ldots\ldots}{[\text{A}]^{\text{a}}[\text{B}]^{\text{b}}\ldots\ldots} \qquad (10\text{-}5)$$

當物質 A 為一氣體時，則[A]＝分壓 P_{A}(atm)。

當物質 A 為 ·溶液時，需用活性 a_A 表示，而活性通常可用莫耳濃度 M_A 代替：

$$[A]=a_A \rightarrow M_A$$

若溶質的純固體、純液體或溶劑時，則[A]為常數而包含在 E^0 常數內，為[A]＝1.00M，如固體[Zn]＝1M。

能士特方程式的應用，可由下面的例子來說明。

1. $Zn^{2+}+2e \rightarrow Zn_{(s)}$

$$E=E^0-\frac{0.0591}{2}\log\frac{1}{[Zn^{2+}]}$$

2. $Fe^{3+}+e \rightarrow Fe^{2+}$

$$E=E^0-\frac{0.0591}{1}\log\frac{[Fe^{2+}]}{[Fe^{3+}]}$$

第二個例子的電極電位，使用純態金屬電極；如鉑電極浸於含鐵(Ⅱ)及鐵(Ⅲ)離子的溶液中而測定。其電位和此二離子濃度比值有關。

3. $2H^{+}+2e \rightarrow H_{2(g)}$

$$E=E^0-\frac{0.0591}{2}\log\frac{P_{H_2}}{[H^+]^2}$$

此例中 P_{H_2} 代表在電極表面上氫的分壓，以大氣壓表示。通常，P_{H_2} 很接近大氣壓力。

10-7 電　池
(Batteries)

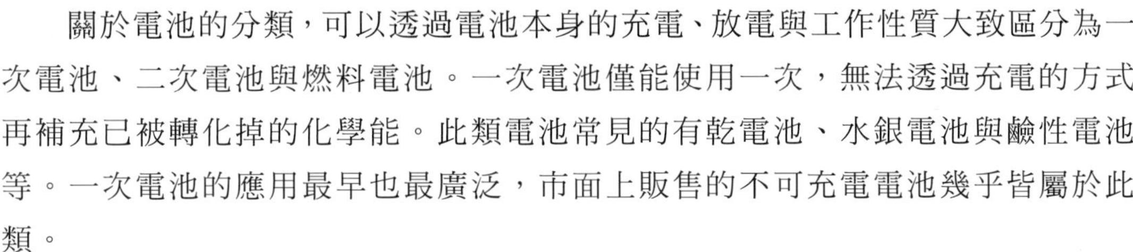

關於電池的分類，可以透過電池本身的充電、放電與工作性質大致區分為一次電池、二次電池與燃料電池。一次電池僅能使用一次，無法透過充電的方式再補充已被轉化掉的化學能。此類電池常見的有乾電池、水銀電池與鹼性電池等。一次電池的應用最早也最廣泛，市面上販售的不可充電電池幾乎皆屬於此類。

伏特電池可以說是今日電池的起源，其後的一個重要發展則是丹尼爾電池以鋅（負極）浸於稀酸電解質與銅（正極）浸於硫酸銅溶液所形成的丹尼爾電池。而二次電池則開始於 1859 年普朗特所發明的鉛蓄電池，因技術的開發與改進，又陸陸續續有鎳鎘、鎳氫、鋰離子電池等的出現。今日，電池的改進與新式電池的發明仍然持續進行中，像是鋰離子電池、高分子鋰電池、燃料電池、太陽能電池等，隨時因應不同時代人們的需求。

以下介紹各類電池：

一、一次電池

乾電池

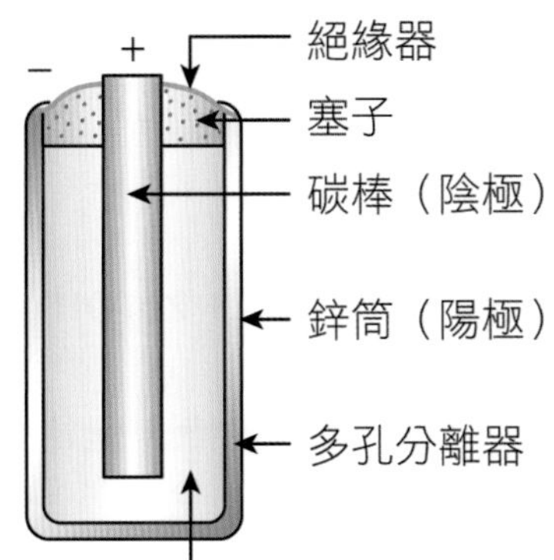

■ 圖 10.3　乾電池－閃光燈電池之橫切面

1. **電池構造**：負極（陽極）：鋅罐，正極（陰極）：碳棒，並以二氧化錳與澱粉及電解質混合的混合劑作為正極的作用物質（圖 10.3）。電解液：以氯化銨或氯化鋅等鹽類水溶液作為電解液。

2. **電池放電反應**：放電時的反應很複雜，但基本上是鋅放出電子變成鋅離子，二氧化錳獲得電子變成三氧化二錳而產生電流。其反應為：

   $$2MnO_{2(s)} + 2H^{+}{}_{(aq)} + Zn_{(s)} \rightarrow Mn_2O_{3(s)} + H_2O_{(l)} + Zn^{2+}{}_{(aq)}$$

   由於鋅是反應物之一，所以乾電池長期使用後，外殼將逐漸損壞。

3. **電池電壓**：電池的最大輸出電壓為 1.5 伏特。若將 6 個上述電池串聯組合成一單電池，便是一般市售的 9 伏特電池。

鹼性電池

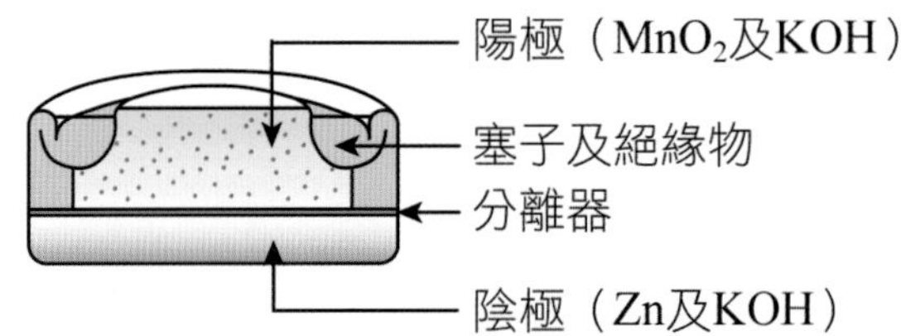

■ 圖 10.4　鹼性電池－用在手錶及計算機之小型鹼性電池之橫切面

1. **電池構造**：與鋅－碳電池類似，僅將電解液改為 $NaOH_{(aq)}$或 $KOH_{(aq)}$強鹼（圖 10.4）。

2. **電池反應**：放電時，鋅放出電子氧化成氧化鋅或氫氧化鋅，二氧化錳得到電子被還原成三氧化二錳，其反應為：

   $$4MnO_{2(s)} + H_2O_{(l)} + 2Zn_{(s)} \rightarrow 2Mn_2O_{3(s)} + Zn(OH)_{2(s)} + ZnO_{(s)}$$

3. **電池電壓**：鹼性電池的電壓亦為 1.5 伏特，但電壓穩定，使用時間較長久，在低溫時仍有良好的性能。

水銀電池

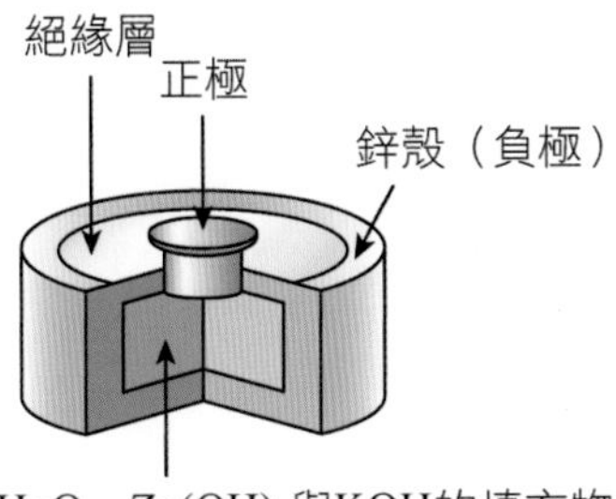

圖 10.5 水銀電池

1. **電池構造**－負極(陽極)：Zn 殼，正極(陰極)：HgO，電解質：KOH(圖 10.5)。
2. **電池反應**：放電時，鋅失去電子生成氧化鋅，氧化汞得電子生成汞，反應為：

$$HgO_{(s)} + Zn_{(s)} \rightarrow Hg_{(l)} + ZnO_{(s)}$$

3. **電池電壓**：電壓約為 1.35 伏特。由於反應槽內 KOH 濃度並未因放電而改變，因此產生的電壓值非常穩定。這些優點使得水銀電池可供作手錶、相機或計算機的電源。

二、二次電池

二次電池所指的就是可以重複使用的電池，透過充電的過程，使得電池內的活性物質再度回復到原來的狀態，因而能再度提供電力。這類電池有鉛酸電池、鎳鎘電池、鎳氫電池、鋰離子電池和高分子鋰電池等。

鋰電池（又稱鋰－碘電池）

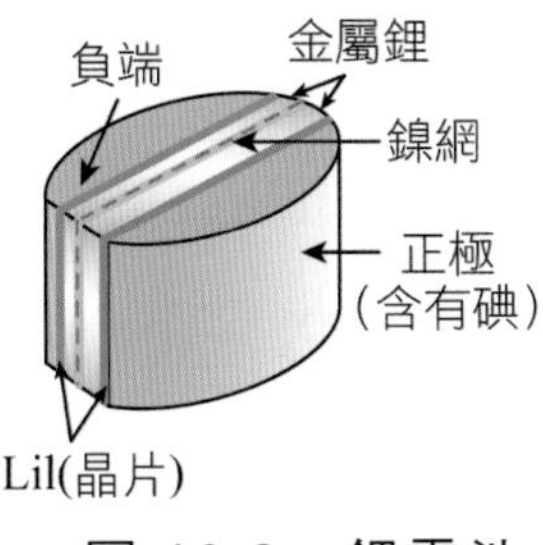

圖 10.6 鋰電池

1. 電池構造－負極（陽極）：固定於鎳網上的金屬鋰。正極（陰極）：碘，電解質：薄層的碘化鋰(LiI)晶片，介於陰極與陽極之間（圖 10.6）。
2. 反應進行，陰極附近的碘被還原成碘離子，而金屬鋰被氧化成鋰離子，反應為：

$$2Li_{(s)} + I_{2(s)} \rightarrow 2LiI_{(s)}$$

3. 輸出電壓值約為 3.5 伏特，雖然碘化鋰的電阻較高，輸出電流較微弱，但是非常穩定。因此適合作為心律調節器的動力來源，一旦植入胸腔約可使用十年不須更換。

 鎳－鎘電池

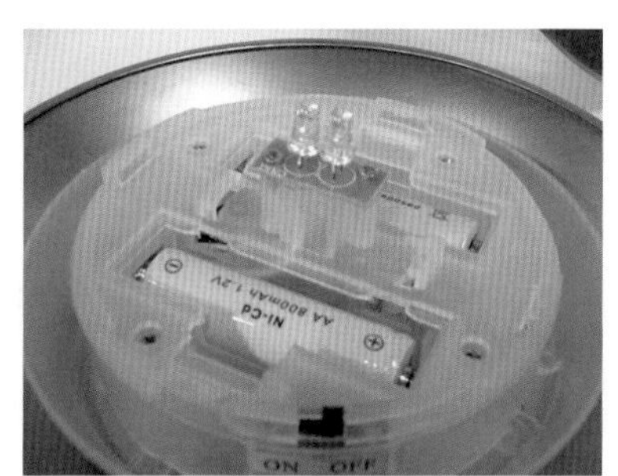

■ 圖 10.7 鎳－鎘電池

1. 電池構造：負極（陽極）：鎘(Cd)；正極（陰極）：二氧化鎳(NiO_2)；電解質：氫氧化鉀(KOH)溶液（圖 10.7）。
2. 反應進行時，鎘被氧化成氫氧化鎘[$Cd(OH)_2$]，二氧化鎳被還原成氫氧化亞鎳[$Ni(OH)_2$]，其反應式為：

$$NiO_{2(s)} + Cd_{(s)} + 2H_2O_{(l)} \underset{\text{充電}}{\overset{\text{放電}}{\rightleftarrows}} Ni(OH)_{2(s)} + Cd(OH)_{2(s)}$$

此電池亦可充電重複使用，其反應為放電的逆反應。

3. 電池電壓：輸出電壓值約為 1.3 伏特。由於體積小，使用壽命長，電壓穩定且耐用，但因鎘之價格高，常用於充電式電鬍刀、電梳及手電筒的電源。

鉛蓄電池

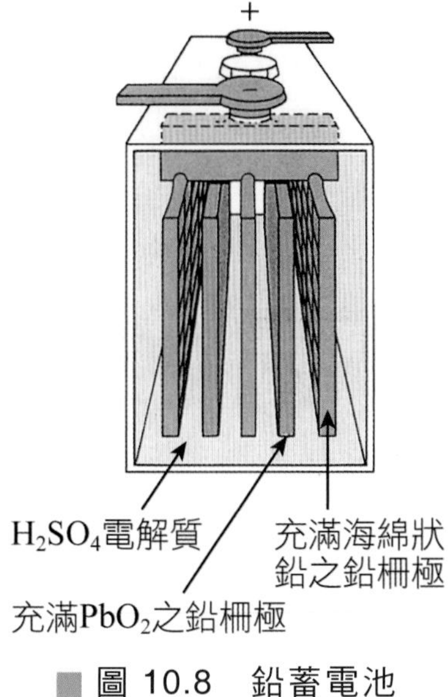

■ 圖 10.8　鉛蓄電池

1. 電池構造－負極（陽極）：鉛；正極（陰極）：二氧化鉛；電解質：30%稀硫酸溶液（圖 10.8）。

2. 反應進行時，兩電極都有硫酸鉛生成，硫酸濃度逐漸降低，當濃度低於此時就要充電才能恢復功能。充電時鉛極接電源負極，二氧化鉛電極接電源正極，通以直流電，則進行逆反應，可反覆使用。其放電及充電之反應為：

$$Pb_{(s)} + PbO_{2(s)} + 2H_2SO_{4(aq)} \rightarrow 2PbSO_{4(s)} + 2H_2O_{(l)}$$

電池充電時，無可避免的是部分水將因熱而蒸發，或因充電而耗損，因此鉛蓄電池常須添加水分。目前較先進的鉛蓄電池，是以鉛與鈣的合金取代鉛作為陽極材料，這種設計可避免充電時產生氫氣，此類型鉛蓄電池幾乎不須添加水，密封出售，壽命可達數年。

3. 電池的電壓：輸出電壓值約為 2.0 伏特，廣用於汽機車電源。它通常是由六組電池槽串接而成，可提供 12 伏特的電壓。

三、燃料電池

是一種使用燃料進行化學反應產生電力的裝置，最早於 1839 年由英國的 Grove 所發明。最常見的是氫氧燃料電池，由於無危害且產生的廢物一水可以供人使用，於 1965 年應用於太空（Gemini 5 號）。現在也有一些筆記型電腦開始研究使用燃料電池。但由於產生的電量太小，且無法瞬間提供大量電能，只能用於平穩供電上。

燃料電池是一種把化學能直接轉換成電能的裝置。以可燃性的燃料，如氫氣、甲烷、乙醇、天然氣等與氧化劑－氧，加上特殊催化劑，反應產生水(H_2O)及少量二氧化碳(CO_2)。因不需推動渦輪等發電器具，也不需將水加熱至水蒸氣再經散熱變回水，所以能量轉換效率高達 70%左右。除此之外；二氧化碳排放量比一般電池低許多，水又是無害的產物，是一種低污染、低噪音、免充電、高效率、壽命長的能源。

燃料電池構造含三個元件，即陽極、陰極及兩個電極之間的薄膜，經過熱壓形成電極模組，並在外側分別加上一層導氣流場板，即可組成單電池（如圖 10.9）。燃料電池應用很廣，如可以用在手機、家用電器、運輸上。燃料電池電動車部分，日本已開始生產甲醇試驗用燃料電動車；台灣因大部分的人把機車當成交通工具，因此帶來了嚴重的空氣污染，政府已致力於發展燃料電池驅動的機車。

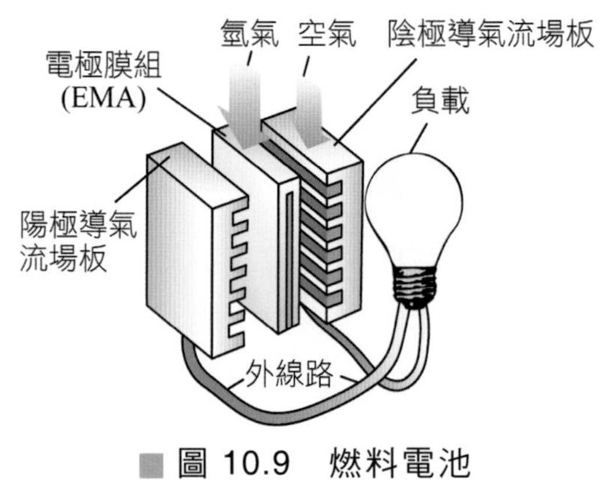

■ 圖 10.9　燃料電池

陽極　　$H_{2(g)} + 2\ OH^-_{(aq)} \rightarrow 2\ H_2O_{(l)} + 2\ e^-$

陰極　　$O_{2(g)} + 2\ H_2O_{(l)} + 4\ e^- \rightarrow 4\ OH^-_{(aq)}$

全反應　$2\ H_{2(g)} + O_{2(g)} \rightarrow 2\ H_2O_{(l)}$

10-8 腐 蝕
(Corrosion)

在日常生活中，我們常有機會使用、接觸許多由不同金屬材料所製成的用品、工具或設施，在使用的環境中，這些材料可能會發生腐蝕而導致性質改變，功能降低，造成生活上的不便，引起環境污染，甚至威脅生命安全。在許多腐蝕的現象中，鋼鐵材料的生銹就是我們最熟悉的腐蝕例子之一（圖 10.10）。金屬材料的腐蝕本質上是一種電化學反應的現象。

圖 10.10　腐蝕例子

鐵生銹時，同時進行氧化還原反應，其中氧化反應（陽極反應），形成亞鐵離子溶解在水中，造成鐵金屬的損耗，就是腐蝕。另外，溶解在水（或水膜）中的氧氣，在獲得鐵金屬氧化所釋出的電子後，就發生還原反應（陰極反應），產生氫氧根離子（圖 10.11）。陽極反應所產生的鐵離子與陰極反應所產生的氫氧根離子，經擴散而結合生成氫氧化鐵，這就是熟知的鐵銹。如果沒有溶氧，就不會有還原反應，也就不會有鐵銹。若在酸性的水溶液中，則會發生氫離子還原而產生氫氣；這種狀況下，雖然不一定會生成鐵銹，但是鐵金屬構件仍會發生厚度減薄甚至穿孔的現象。其他金屬與具有侵蝕性的環境接觸時，也會發生類似的腐蝕現象。

陽極反應

$$Fe \rightarrow Fe^{2+} + 2e^-$$

陰極反應：

$O_2 + 4H_2O + 4e^- \rightarrow 4OH^-$

總反應方程式：

$2Fe + 2H_2O + O_2 \rightarrow 2Fe(OH)_2$

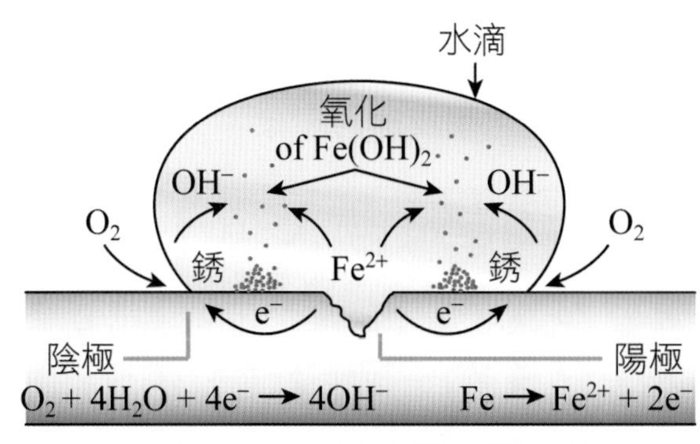

■ 圖 10.11 鐵之電化學腐蝕

許多的研究顯示，國家的經濟發展與腐蝕有密切的關係，因此許多工業先進國家先後對腐蝕損失做了多次的調查與分析。腐蝕損失、經濟發展與環境變化間相互關係的調查與研究將是評估國力時的有意義方式。美國腐蝕工程師協會在 2002 年的調查分析報告指出，美國每年因為腐蝕造成的直接經濟損失，大約佔其國內生產毛額的 3.17%，而美國飲用水輸水管線的「無費用水」估計約 15%。在這些無費用水之中，一半以上是因為輸水管線腐蝕及系統老化而造成飲用水的流失，為了減少因管線腐蝕而造成的飲用水流失，美國每年投入 190 億美元在更換腐蝕管線或防蝕措施上，但防蝕工作還是無法全面落實。

在我們日常生活中，也隨時面對腐蝕的困擾，生活中不可或缺的水和瓦斯大部分是經由地下水管及瓦斯管輸送到家庭中。埋在土中的這些管線，如果施工不良或沒有做妥善的防蝕措施，便可能發生腐蝕，使水、氣體外洩，形成公共安全上的威脅。根據報導，臺北市自來水的無費用水竟然高達 40%，估計其中因為輸水管腐蝕造成的漏水率是很可觀的。大部分的輸水管線因為包埋在地下或建築物結構體中，容易被忽視。在水資源逐漸匱乏的今天，更需重視管線防蝕。防蝕保護的方法，包括水質控制、管壁內襯或外襯處理、陰極防蝕、腐蝕抑制劑的使用、防蝕管理制度的建立等。適當的防蝕措施，不但可以增加管線使用的妥善率，也可以因壽命周期長而降低成本。

10-9 電解電鍍 (Electrolysis)

電鍍是在物品的外表上產生一層均匀金屬薄膜的技術，其原理是將被鍍物當成陰極，浸於含欲鍍金屬離子的電解液中，另一端置適當陽極，而施加直流電，氧化還原反應進行時，金屬離子還原成金屬原子而沉積在被鍍物表面上（圖10.12）。電鍍可以增加物品的光澤，達到美觀的效果兼防止銹蝕，如餐具、汽機車的零件等。或只用來防止銹蝕，如馬口鐵、鍍鋅的纜線繩索等。也可鍍硬鉻以提高表面硬度，增加耐磨耗性。

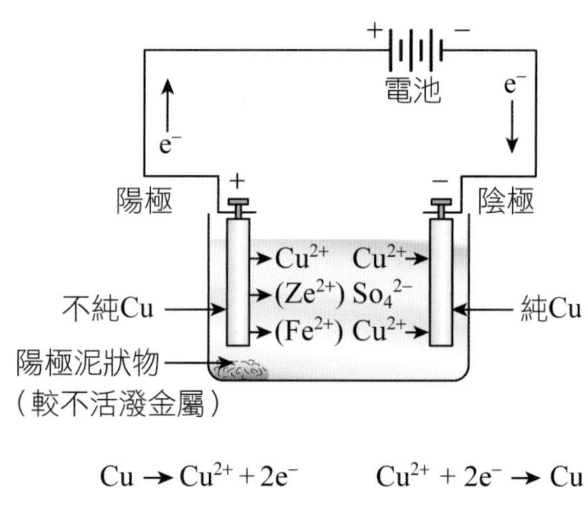

$Cu \rightarrow Cu^{2+} + 2e^-$ $\quad$ $Cu^{2+} + 2e^- \rightarrow Cu$

圖 10.12 電鍍

電鍍技術中，銅電沉積是近年內工業界最重要的技術之一。目前，銅沉積層用在許多領域，如印刷電路板材料電解銅箔、超大型積體電路裡銅金屬化製程、印刷電路板穿孔電鍍與銅金屬凸塊製程等。

無電電鍍是沉積薄膜金屬層的另一種電化學方法。就是在無需外加電壓的情形下，把溶液中的金屬離子藉由自動催化的化學反應方式，沉積在固體表面上。

這種反應程序與電鍍極為類似，不同的是反應發生時，電子傳遞並不經由外部導線，而是藉由溶液中的物質在固體表面上發生反應的同時，直接進行傳遞。

結 語

氧化即物質在反應過程中失去電子的情形，還原即物質在反應過程中得到電子的情形，而氧化與還原反應是同時發生的。氧化數(Oxidation number)是原子在形成化合物或是多原子離子時，核外電子得失的情形。在反應過程中是得到電子，即氧化數減少的物質，就是氧化劑。相反的，在反應過程中是失去電子，即氧化數增加的物質，就是還原劑。氧化還原反應方程式反應前後除維持質量不滅外；還需維持氧化劑、還原劑改變之總氧化數是相同的。可利用半反應法平衡及氧化數法平衡氧化還原方程式。

在化學分析研究中，電池的電位為兩電極電位的差，一個為陰極，另一個為陽極。化學反應組之電池，電位定義如下：

$$E_{\text{電池}} = E_{\text{陰極}} - E_{\text{陽極}}$$

標準電極電位是在標準狀況(純固體或濃度 1M，並在 25℃，1atm 下)下所得到的電位。以標準氫電極當作參考電極，能士特方程式可表示標準狀態與非標準狀態之電極電位之關係，關係式如下：

$$E = E^0 - \frac{RT}{nF}\log\frac{[\mathrm{C}]^e[\mathrm{D}]^d\ldots\ldots}{[\mathrm{A}]^a[\mathrm{B}]^b\ldots\ldots}$$

電池的分類，可以透過電池本身的充電、放電與工作性質大致區分為一次電池、二次電池與燃料電池。二次電池所指的就是可以重複使用的電池，透過充電的過程，使得電池內的活性物質再度回復到原來的狀態，因而能再度提供電力。燃料電池是把化學能直接轉換成電能的裝置。鐵生銹時，同時進行氧化還原反應，其中氧化反應（陽極反應），形成亞鐵離子溶解在水中，造成鐵金屬的損耗，就是腐蝕。電鍍是在物品的外表上產生一層均勻金屬薄膜的技術。

小試身手

1. 下列哪一個不屬於氧化還原反應？

   (1) $6CO_2 + 6H_2O + energy \rightarrow C_6H_{12}O_6$

   (2) $CH_{4(g)} + 2O_2 \rightarrow CO_{2(g)} + 2H_2O_{(g)} + heat$

   (3) $Cr_2O_7^{2-} + 3C_2H_5OH + 8H^+ \rightarrow 2Cr^{3+} + 3C_2H_4O + 7H_2O$

   (4) $Pb^{2+} + CrO_4^{2-} \rightarrow PbCrO_{4(s)}$

2. 敘述鐵生銹的過程，並說明陰極、陽極反應。

3. 下列哪一個是重要的氧化劑，並比較氧化劑強弱？

   (1) O_2　(2) CO　(3) Cl_2　(4) $K_2Cr_2O_7$　(5) C　(6) $KMnO_4$　(7) H_2

4. 下列哪一個是重要的還原劑，並比較還原劑強弱？

   (1) Cu　(2) CO　(3) Br_2　(4) H_2O_2　(5) C　(6) $KMnO_4$　(7) H_2

5. 下列氧化還原反應中，何者為氧化劑(OA)、還原劑(RA)？

   (1) $2PbO + C \rightarrow 2Pb + CO_2$

   (2) $2AgNO_3 + Cu \rightarrow Cu(NO_3)_2 + 2Ag$

   (3) $2MnO_4^- + 5C_2O_4^{2-} + 16H^+ \rightarrow 2Mn^{2+} + 10CO_2 + 8H_2O$

6. 計有下列化合物或離子中劃線部分之氧化數為何？

   (1) $H_3\underline{P}O_4$　(2) $H\underline{ClO_3}$　(3) $\underline{H_2}\underline{C_2}O_4$　(4) $\underline{K_2}\underline{Cr_2}O_7$

7. 利用半反應法，氧化數法平衡下列氧化還原反應

   (1) $Fe^{2+}{}_{(aq)} + MnO_4^-{}_{(aq)} + H_3O^+{}_{(aq)} \rightarrow Fe^{3+}{}_{(aq)} + Mn^{2+}{}_{(aq)} + H_2O$

   (2) $I_2 + S_2O_3^{2-}{}_{(aq)} \rightarrow I^-{}_{(aq)} + S_4O_6^{2-}{}_{(aq)}$

   (3) $Cu_{(s)} + H_3O^+{}_{(aq)} + NO_3^-{}_{(aq)} \rightarrow Cu^{2+}{}_{(aq)} + NO + H_2O$

   (4) $Cd^{2+}{}_{(aq)} + Zn(s) \rightarrow Cd_{(s)} + Zn^{2+}$

   (5) $C_2H_5OH + Cr_2O_7^{2-}{}_{(aq)} + H_3O^+{}_{(aq)} \rightarrow CH_3COOH + Cr^{3+}{}_{(aq)} + H_2O$

8. 描述各類電池之優缺點，包含污染情形。

9. 請以環保電池為主題，製作概念構圖。

參考書籍

1. 徐惠麗、劉東明、方偉平、魏銘琪、張禎祐編譯(2007)·化學（精華版）·台北：新文京。

2. 陳振源(2005)·未來的綠色能源－燃料電池·科學發展·391(7)、62-65。

參考資料：

1. 黃瑞雄（2002，11 月）·科學發展，359，22-27·2008 年 8 月 5 日取自 http://www.nsc.gov.tw/_newfiles/popular_science_print.asp?add_year=2003&popsc_aid=138

2. 菓然係～～電池·2008 年 8 月 5 日取自 http://hk.geocities.com/csss4j/00.htm

3. 蔡文達（2006，10 年 17 日）·生活環境中的腐蝕·科學發展，406，70-75·2008 年 8 月 5 日取自 http://web1.nsc.gov.tw/fp.aspx?ctNode=40&xItem=8402&mp=1.

Chapter 11

核化學

謝玲鈴

本章大綱

Chapter at a Glance

核化學是化學中的一個分支，探討核反應相關的領域。相較於從十七世紀便開始快速萌芽的一般化學，例如有機化學、無機化學、普通化學等，核化學的發展歷史僅僅只有一百多年，但是由於目前核反應的應用越來越廣泛，因此核化學越來越蓬勃發展。

■ 圖 11.1　由核融合反應產生的太陽光能量

太陽的能量係源自氫原子核合成氦核時進行核融合反應，在太陽表面溫度大約 6000℃，每秒發出的能量有 3.9×10^{26} 焦耳。

11-1　原子核的組成及基本概念 (The Nucleus Structure and Fundamental Concepts)

一般在普通化學中，主要強調原子和核外電子變化的概念，本章主要深入的探討原子核內的組成和其相關的特性，以及其基本的概念，深入淺出介紹核化學。

一、原子核的基本組成

原子是組成物質的最小單位，由原子核和核外電子所組成。原子核中主要存在兩種核子(neucleon)，一個是帶正電的**質子**(proton)，另一個則是不帶電的**中子**(neutron)。由於原子本身是呈現電中性的現象，因此原子核內的**質子數**(proton number, P)和一般穩定原子核外的核外電子必須是相等的，即**質子數(P)和原子序(Z)相等**，原子核中的質子數(P)和中子數(N)之和等於質量數(A)。以 X 代表化學元素的符號，元素符號的左上方為質量數，左下方為原子序，表示為 $^{A}_{Z}X$。

關係式如下列所示。

質量數(A)＝質子數(P)＋中子數(N)

原子序(Z)＝質子數(P)＝電子數

中子數(N)＝質量數(A)－質子數(Z)

質子、中子、電子的特性，歸納於表 11.1。

[表 11.1] 質子、中子、電子的特性

名稱	質量（公斤）	電量（庫倫）
質子	1.67262×10^{-27}	$+1.6\times10^{-19}$
中子	1.67493×10^{-27}	0（不帶電）
電子	9.10939×10^{-31}	-1.6×10^{-19}

註：電子質量約為質子或中子質量的 $1/1,836$ 倍

二、核種及其相關的常用名詞

描述核種原子核結構中質子和中子的數目和質量數間的特性關係，常見的專有名詞如下：

同位素(Isotopes)

此類的核種代表有相同的質子數，換句話說同位素彼此間都有相同的原子序數，唯一不同的是在於它的中子數，也就是擁有不同的質量數。這類的核種都屬於相同的化學元素，在週期表上也是在相同的位置，這也是同位素名稱的來源。例如：$^{12}_{6}C$，$^{13}_{6}C$，$^{14}_{6}C$ 等，他們都具有相同的原子序，也就是質子數。

同重素(Isobars)

這類型的核種代表有相同的質量數，例如：$^{96}_{38}Sr$，$^{96}_{39}Y$，$^{96}_{40}Zr$等。雖然其質子數和中子數都不同，但總合（等於質量數）卻是一樣的，稱為**同重數**(Isobars)。

同中素(Isotones)

這類型的核種代表著具有相同的中子數，例如：$^{36}_{16}S$，$^{37}_{17}Cr$，$^{39}_{19}K$等，其中子數都為 20(36－16＝20，37－17＝20，39－19＝20)，但原子序卻不相同，稱為**同中素**(isotones)。

同質異能核種或稱異構物(Isomers)

此類核種最大的特色在於其原子核中不論是質子數、中子數、質量數都相同，唯一不同點在於核內核子能階的差異。例如：$^{99}_{43}Tc$和$^{99m}_{43}Tc$；^{111m}In和^{111}In；^{60m}Co和^{60}Co等。質量數的旁邊有出現一個小寫的"m"，這代表著核種處於**介穩態**(metastable state)的情況，也就是兩者在能階上有差異，這些核種稱為**同質異能核種**或是**異構物**(isomers)。

三、原子核的穩定性

目前已知的穩定同位素核種的總數大約有 273 種之多，絕大部分的核種是不穩定的，核種的穩定性似乎和原子核內的中子數(N)和質子數(P)的奇偶數及其比值有密切關係，我們稱為 N/P 比值(N/P ratio)，經由以下說明。

1. 絕大部分的穩定核種的原子核中（約有 164 種），N 和 P 兩者皆為**偶數**(even number)，例如$^{12}_{6}C$，$^{16}_{8}O$，$^{32}_{16}S$等。
2. 較少數的穩定核種的原子核（約有 105 種），是 N 或 P 其中一個為**奇數**(odd number)，例如$^{7}_{3}Li$，$^{31}_{15}P$，$^{39}_{19}K$等。
3. 只有 4 個穩定的核種，其 N 和 P 兩者皆為奇數，但他們的質量數，都在 14 以下，包括了$^{2}_{1}H$，$^{6}_{3}Li$，$^{10}_{5}B$，$^{14}_{7}N$。

由以上規則概略可以推測出結論，原子核中的核子成對(pairing)的可能性越高，核力就越強，其原子核也就越穩定。

觀察自然界 270 種穩定的核種中的中子數(N)和質子數(P)的比值(N/P ratio)，可以發現和該原子穩定性有密切的關係。如果把目前已知的穩定核種，根據中子數(N)和質子數(P)來做圖，可以得到圖 11.2，我們將所形成的區域稱為穩定線或穩定帶。當原子序(Z)低於 20(Z＜20)時，其 N/P 比值大約在 1.0~1.1；當原子序(Z)在 20~80(20＜Z＜80)的範圍中，其 N/P 比值大約在 1.2~1.54，都為穩定核種；但當原子序(Z)大於 82(Z＞82)以後，都是放射性的核種。

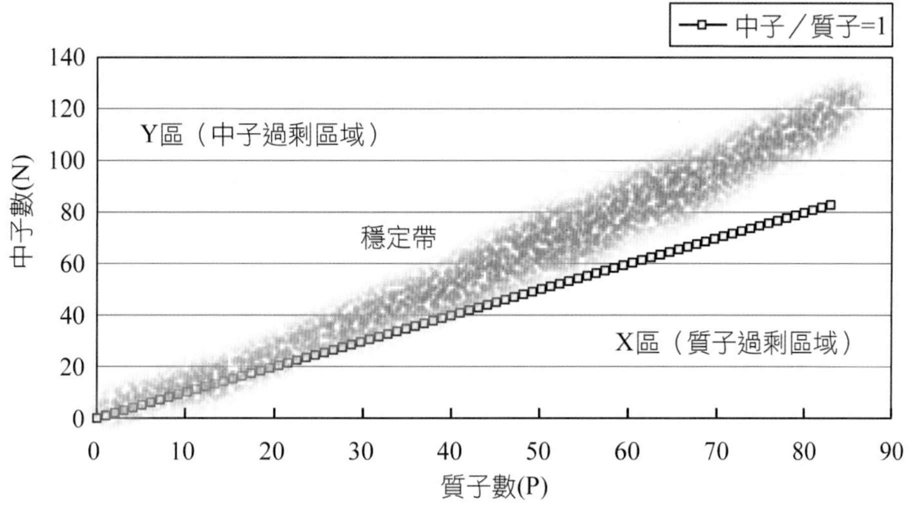

■ 圖 11.2 原子核中質子和中子數組成和穩定帶的關係圖

觀察圖 11.2 可看出，穩定線把整張圖切割成兩個區域，上半部為 Y 區，下半部為 X 區。我們觀察 Y 區，此區被稱為**中子過剩區域**(neutron-rich area)，其 N 值會大於 P 值，因此存在於此的核種，是呈現不穩定的狀態的；X 區則被稱為**質子過剩區域**(proton-rich area)，存在於此的核種也是不穩定的。下節會再詳細的介紹這兩個區域的特性。

11-2　放射衰變

(Radioactive Decay)

一、不穩定的核種

不穩定的核種通常稱為**放射性核種**或是**放射性同位素**(radioisotope)，因為本身的不穩定會隨著時間的增加而在原子核內起變化，並且會自動的調整 N/P 比值，直到成為穩定的核種為止，這種現象稱為**衰變**(decay)。放射性核種除了天然的以外，也可以利用人工的方式生產。目前已知的天然放射性核種大約有 53 種，而人造的放射性核種大約有 1,800 種，目前仍以人造放射性核種佔大多數。

放射性同位素會因為本身的不穩定，而隨著時間的增加開始在原子核內產生變化，調整 N/P 比值達到穩定的狀態，我們稱為**放射性衰變**或是**放射衰變**(radio active decay)。放射衰變的速率和該元素的化學或物理狀態無關，化學反應速率通常會受溫度、壓力等因素的影響，而放射衰變為原子核內轉變的過程，故不受外來的影響。以下進一步說明各種衰變形式。

二、常見的放射衰變形式

阿伐衰變(α　Decay)

原子序(Z)大於 82(Z > 82)的核種，為了要達到穩定的狀態，放出一個 α 粒子($^{4}_{2}He$)，會讓生成物的原子序(Z)減 2，而質量數(A)減 4，來調整 N/P 的數量，轉變回穩定的核種，稱此衰變過程為**阿伐衰變**(alpha　decay)。通式和例子如下所示：

$^{A}_{Z}X \rightarrow ^{A-4}_{Z-2}Y + ^{4}_{2}He$　　（α 粒子）

（範例 1）$^{226}_{88}Ra \rightarrow ^{222}_{86}Rn + ^{4}_{2}He$　　（α 粒子）

（範例 2）$^{238}_{92}U \rightarrow ^{234}_{90}Th + ^{4}_{2}He$　　（α 粒子）

貝他衰變(β Decay)

當核種位於質子過剩或是中子過剩的區域時，因為中子或質子過多，造成成對(pairing)不平衡的狀態，此時核種會以貝他衰變(beta decay)的方式來轉變成穩定的核種。貝他衰變又可以分成 β^-衰變、β^+衰變兩種。

1. β^-**衰變**(β^- Decay)：當核種落在**中子過剩區域**(neutron-rich area)時，核種在衰變過程中把過剩的中子轉變成質子，並放出貝他粒子，我們稱此衰變模式為 β^-**衰變**(β^- decay)，通式和範例如下所示：

   $^{A}_{Z}X \rightarrow {}^{A}_{Z+1}Y + {}^{0}_{-1}e$ （β粒子）

   （範例 1）$^{24}_{11}Na \rightarrow {}^{24}_{12}Mg + {}^{0}_{-1}e$ （β粒子）

2. β^+**衰變**(β^+ Decay)：β^+衰變主要是當核種落在**質子過剩區域**(proton-rich area)，在衰變過程中，會把過剩的質子轉換成中子並放出貝他粒子（又稱為正電子），我們稱此衰變模式為 β^+**衰變**(β^+ decay)，通式和範例如下所示：

   $^{A}_{Z}X \rightarrow {}^{A}_{Z-1}Y + {}^{0}_{+1}e$ （β粒子）

   （範例 1） $^{13}_{7}N \rightarrow {}^{13}_{6}C + {}^{0}_{+1}e$ （β粒子）

β^+衰變主要是將質子轉變成中子，根據質子數等於核外電子數的概念，當質子轉變成中子時，核外電子也應該會喪失掉，以形成電中性的子核種。在原始的理論解釋中，提到這個過程是說會先創造一個“正電子－電子對”，靜止中的電子其能量是由原子核內能量轉換過來的。一個電子的能量當量(energy equivalent)為 0.511 MeV，因此其能量當量最低程度需要 1.022MeV 的能量才能創造 2 個電子（電子對）的質量。因此，β^+衰變需要衰變能量(transition energy)大於 1.022MeV 時才可以產生。倘若當能量當量沒有大於 1.022MeV 時呢？此時原子核會以另外一種形式進行衰變，稱作**電子捕獲**(electron capture, EC)，這方面便不再加以說明。

三、天然界存在的衰變鏈

目前為止，科學家已經發現了 3 種**天然的衰變鏈**(natural decay chains)，經過詳細的追蹤調查，發現這些衰變鏈主要是源自於鈾(U)和釷(Th)兩種同位素。衰變反應的終點核種為鉛的同位素。這些連續衰變系列的名稱和過程如下列所述：

釷系衰變系列(Thorium Decay Series，又稱作 4n＋0 Series)

此系列的母核種為天然的放射性核種釷-232(^{232}Th)，由於母核種和其衰變鏈子核種的質量數都為 4 的倍數，因此又稱作 4n＋0 系列。釷-232 的半衰期為 1.4×10^{6}年，最終的子核種為鉛-208 (^{208}Pb)。

鈾系衰變系列(Uranium Decay Series，又稱作 4n＋2 Series)

此系列的母核種為天然的放射性核種鈾-238(^{238}U)，母核種和其衰變鏈子核種的質量數都為 4 的倍數又餘 2，因此又稱作 4n＋2 系列。在母核種鈾-238 衰變到最終子核種鉛-206(^{206}Pb)的過程中。

錒系衰變系列(Actinium Decay Series，又稱作 4n＋3 Series)

此系列的母核種為天然的放射性核種鈾-235(^{235}U)，半衰期為 7.04×10^{8} 年，最終衰變子核種為鉛-207(^{207}Pb)，由於母核種和其衰變鏈子核種的質量數都是 4 的倍數又餘 3，因此又稱作 4n＋3 系列。

錼系衰變系列(Neptunium Decay Series，又稱作 4n＋1 Series)

其實除了之前所介紹的三種自然界衰變鏈以外，還有一種稱作錼系衰變鏈，其母核種為錼-237(^{237}Np)，半衰期為 2.14×10^{6}。由於地球在 4.7×10^{9} 年前即已形成，到目前為止，錼系衰變系列都已經消耗殆盡，因此在地球上已經找不到這個系列的產物。在整個衰變過程中，由於此系列母核種和子核種的質量數都為 4 的倍數餘 1，因此又稱作 4n＋1 系列。

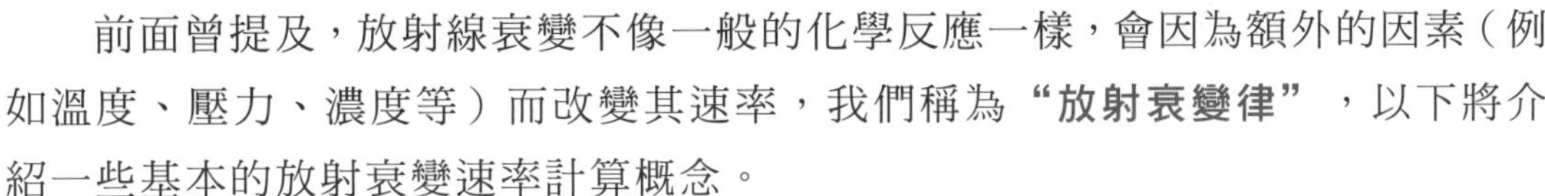

11-3 放射衰變律 (radioactive decay law)

前面曾提及，放射線衰變不像一般的化學反應一樣，會因為額外的因素（例如溫度、壓力、濃度等）而改變其速率，我們稱為**“放射衰變律”**，以下將介紹一些基本的放射衰變速率計算概念。

一、放射衰變律

放射性核種的衰變速率亦稱為放射性核種的活性(activity, A)，定義為每單位時間內所衰變或衰減的數目，可由下列公式求得：

$$A=\frac{-dN}{dt}=\lambda\times N \tag{11-1}$$

A：放射性衰變的速率，又稱活性

λ：放射衰變常數，單位為秒的倒數(s^{-1})

N：存在的放射核種數

上面的式子積分計算後，會得到下列公式：

$$N=N_0e^{-\lambda t} \tag{11-2}$$

N_0：起始的放射核種數

N：經若干時間後，剩下的放射核種數

λ：放射衰變常數，單位為秒的倒數(s^{-1})

t：時間

由公式 11-1 和 11-2 可導出：

$$A=A_0e^{-\lambda t} \tag{11-3}$$

經由上述的式子，可以求得在若干時間後，放射性核種衰變掉後，所剩下的數目或是活性，此關係式又可以表示放射性核種以指數原則衰變，稱為**放射衰變律**(radioactive decay law)。

活性(A)的單位有兩種，舊制單位為居里(Ci)，為了紀念居里夫人發現鐳(^{226}Ra)這個具有放射性的元素，因此把活性的單位稱為居里(Ci)，1 居里(Ci)代表的是 1 公克 ^{226}Ra 每秒所衰變的核種數目。

新制單位（又稱 SI 單位，為國際制單位）為貝克(Bq)，1Bq 定義為每秒衰變 1 個核種(number of disintegration per second, dps)。目前新舊兩種單位都還有在使用，兩種單位轉換的式子如下：

1 居里(Ci)= 3.7×10^{10} 貝克 (Bq)

二、半衰期

半衰期又稱半生期（Half-life，簡寫為 $T_{1/2}$），顧名思義指的是核種經過放射衰變後，核種數減少為原來一半($N_0 \rightarrow \frac{1}{2}N_0$)所需的時間，計算的公式如下：

$$\lambda=\frac{0.693}{T_{1/2}} \quad 或 \quad T_{1/2}=\frac{0.693}{\lambda}$$

λ 指的是放射衰變常數，單位為秒的倒數(s^{-1})

$T_{1/2}$ 指的是半衰期，單位為秒(s)

利用上述公式，可以輕易求出不同核種的半衰期。半衰期為核種的固有常數。每個核種的半衰期都是獨一無二的，到目前發現的 1,800 多種核種中，也沒有任何一個核種的半衰期是和其他核種相同的。

三、衰變曲線

放射性核種會以“指數”變化為原則衰變，假設剛開始的核種數為 N_0，經過一個半衰期後，核種數會變成 $\frac{1}{2^1}N_0$，再經過一個半衰期後，核種數會變成 $\frac{1}{2^2}N_0$，再經過一個半衰期後，核種數又會變成 $\frac{1}{2^3}N_0$…。如圖 11.3 所示，放射衰變強度會隨著半衰期的過去，而有指數性的變化。圖 11.4 則是把座標軸 Y 的單位變成對數單位，這樣可以更清楚的瞭解到放射性核種的變化是以指數衰變的模式在進行。

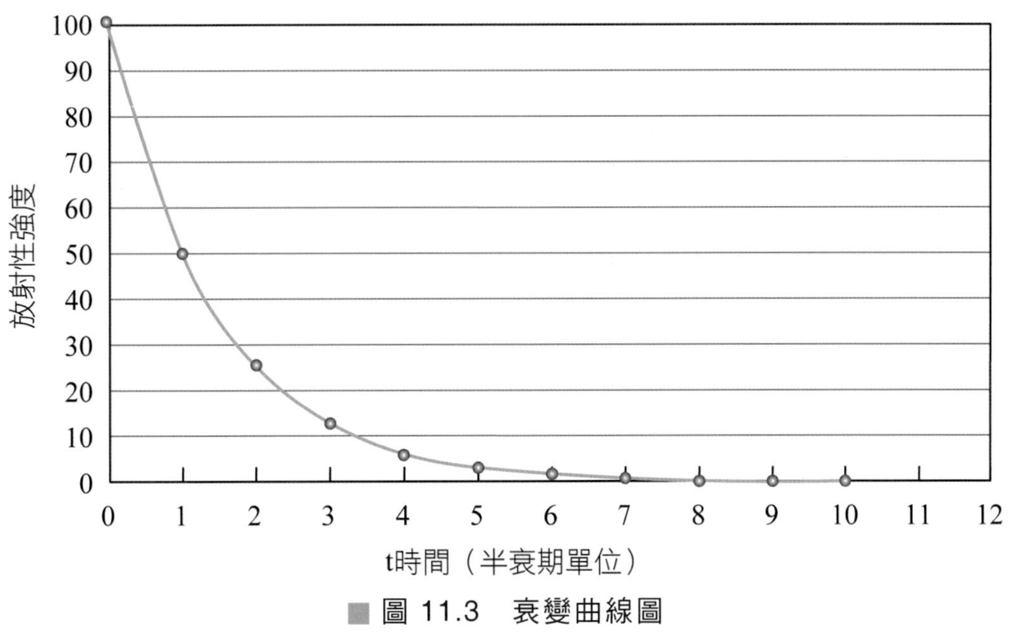

■ 圖 11.3　衰變曲線圖

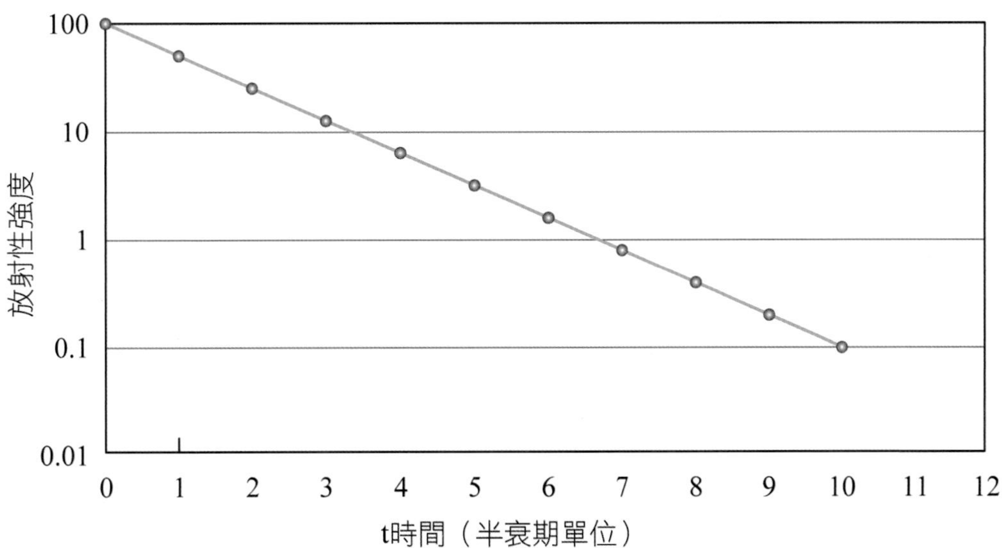

■ 圖 11.4　衰變曲線圖（指數單位）。把圖 11.3 的 Y 軸單位利用對數表示

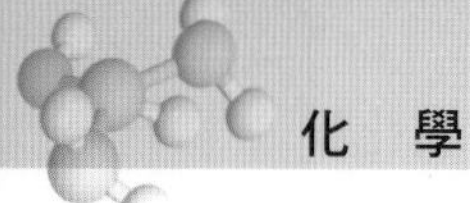

四、放射衰變率相關的計算

例題 11.1

鐳-226，^{226}Ra 的半衰期為 1622 年，試計算 1 公克的 ^{226}Ra 的放射強度。

1 公克的 ^{226}Ra，其原子核數 N 為 $\frac{1}{226} \times 6 \times 10^{23}$

$$\lambda = \frac{0.693}{T_{1/2}} = \frac{0.693}{1622 \times 365 \times 24 \times 60 \times 60}$$

利用 $A = \lambda \times N$

$$= \frac{1}{226} \times 6 \times 10^{23} \times \frac{0.693}{1622 \times 365 \times 24 \times 60 \times 60}$$

$= 3.7 \times 10^{10}$ Bq

$= 1$ Ci

例題 11.2

有一放射性物質初始的活性為 1000Bq，試計算 10 天後的放射強度為何，該物質的半衰期為 14.3 天。

初始的活性為 $A_0 = 1000$ Bq

放射衰變常數 $\lambda = \frac{0.693}{T_{1/2}} = \frac{0.693}{14.3}$

利用 $A = A_0 e^{-\lambda t}$

$$A = 1000\ e^{-\frac{0.693}{14.3} \times 10}$$

$= 615$Bq

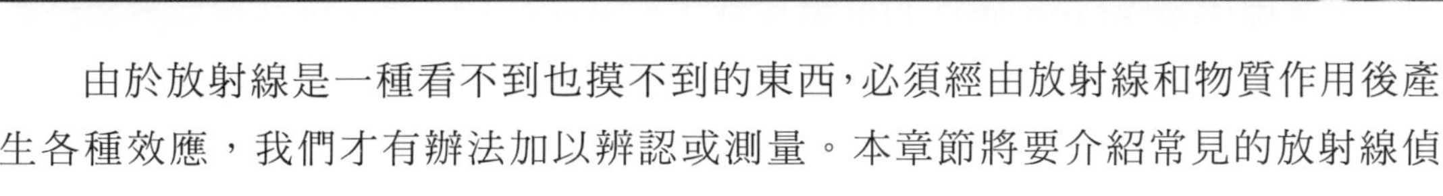

11-4 放射線的偵測 (Radiation Detectors)

由於放射線是一種看不到也摸不到的東西，必須經由放射線和物質作用後產生各種效應，我們才有辦法加以辨認或測量。本章節將要介紹常見的放射線偵測的一些基本概念和常見的偵測儀器－**蓋革計數器**(GM counter)。

一、放射線偵測的基本概念

一般來說，我們對於放射線偵測的原理，主要分成下面幾種，如表 11.2 所示，主要都是利用放射線和其他物質產生作用後，我們才能偵測的到。

[表 11.2] 放射線偵測的種類及其物質的反應

分類	放射線反應	測量方式
熱學	把能量釋放到物質中，使物質溫度上升	熱量計
化學	氧化還原	化學劑量計
光學	放射線和物質反應，發光效應	閃爍晶體、軟片感光
電學	使氣體游離	游離腔、蓋革計數器…

其中最常見的方法是利用電學的概念，當放射線打到氣體的時候，會使氣體游離失去能量。所以我們只要能夠測量氣體游離所釋放出來的能量，便可以偵測到放射線的存在，這就是最基本的放射線偵測原理。

二、蓋革計數器(GM Counter)

如前節所示，蓋革計數器是目前最常見的輻射偵測器之一，其最大的好處是不論任何的輻射種類都可以偵測得到，而且使用便利，很適合用在即時偵測上面。一般的核能電廠、醫院的直線加速器、核子醫學科、核子醫學製藥科等，都一定會配有蓋革計數器來監控目前環境狀況，是否有放射線超量的危險，以保護相關的工作人員安全。

在高電壓時，當放射線和偵檢器發生氣體游離時，產生的離子對數目，氣體放大因素到達最高值，偵檢器正極獲得相同游離電流，我們稱這個高壓工作區域為**蓋革區**(Geiger region)，以此區域為工作區域的偵檢器，也被稱為**蓋革計數器**(GM counter)。如下圖 11.5 和 11.6 所示，蓋革管用於偵測輻射線的部分，計數器則是使用在計數和記錄的部分，兩者合稱蓋革偵檢器。

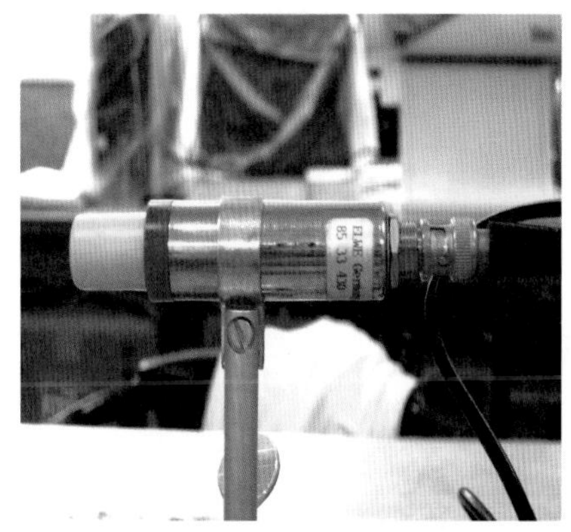

■ 圖 11.5　蓋革管

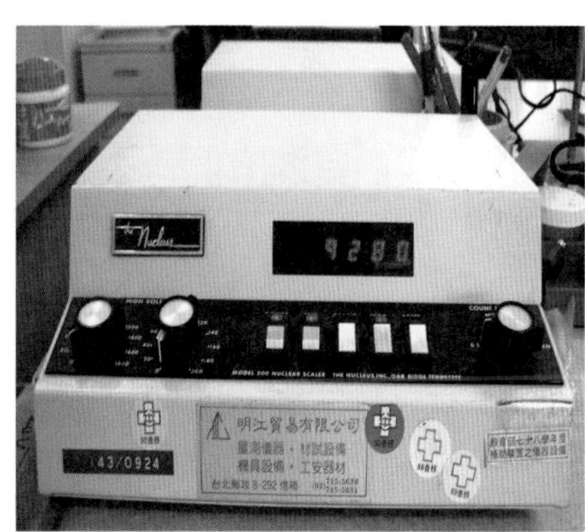

■ 圖 11.6　計數器

雖然蓋革計數器的優點多，但還是有缺點的。由於它的無感時間（反應時間較長），對於高計數率的輻射偵測較不適合而且需要做校正，但最大的缺點還是在於無法分辨其輻射線的種類，因此如果偵測特定的輻射種類，可能就要採用另外的偵檢器測量了。

11-5　放射線同位素在不同領域中的應用 (Practical Uses of Radioisotopes)

前面介紹那麼多觀念給大家，相信大家對放射線同位素都有一些初步的概念了，但大家一定很好奇，到底放射線同位素被應用在哪個區域呢？放射線同位素到底對於我們的生活有啥幫助？本節就是要來介紹放射線同位素在不同領域中的應用。

一、放射線同位素應用在考古學上（年代測量）

由於宇宙射線經常與大氣和地球表面的各種原子碰撞，並誘發核反應產生中子。因此整個地球表面可以說是經常暴露在中子的照射之中。雖然那些中子在地球上的含量不高，但是中子誘發碰撞機率卻是相當均勻，並且可以產生一些低放射性。放射性同位素碳-14(^{14}C)就是常見的產物。^{14}C的半衰期為 5730 年，相較於人類或是動植物的壽命來說，可以說是非常的長。

宇宙射線所產生的碳-14 常常會經由空氣中的二氧化碳(CO_2)產生同位素交換反應而成為$^{14}CO_2$，而植物利用光合作用來吸收二氧化碳放出氧氣，當人類或動物去吃植物時，會順便把二氧化碳給吸進去，經過研究證實，人類或是動植物中，都含有一定比例的$^{14}CO_2$，當我們活著時，$^{14}CO_2$會不斷的補充，但是當我們死亡時，$^{14}CO_2$便不再補充，而開始依照半衰期衰變，因此我們只要測量碳-14 的含量，算出活性的改變，自然可以算出該物體的年代，一般考古學家也利用這種方法來做古物年代的判斷，我們稱為放射性碳-14(^{14}C)定年法。

例題 11.3

有一古代洞穴中發現燒過的木炭中有^{14}C，每公克每分鐘有 3.1 次衰變。現在所製造的木炭，每公克中每分鐘有 13.6 次衰變。假設^{14}C的半衰期為 5730 年，試計算此洞穴的年代。

^{14}C的衰變速率 $\lambda = \dfrac{0.693}{5730y}$

利用 $N = N_0 e^{-\lambda t}$

$$\frac{N}{N_0} = e^{-\lambda t}$$

$$\ln\left(N/N_0\right) = -\lambda t$$

$$\ln\left(3.1/13.6\right) = -\frac{0.693}{5739y} \times t$$

t＝12245 年（即 12245 年前）

二、放射線同位素應用於食品保存

放射線同位素應用在食品保存，例如馬鈴薯的儲存時間延長等。我們知道，馬鈴薯如果發芽後會產生毒素，若吃到人體中會產生一定程度的傷害。但每次收成的馬鈴薯量又如此的多，消費者卻無法一次消化完畢。此時可以把馬鈴薯帶去接受鈷-60(^{60}Co)的照射，利用輻射線可以把馬鈴薯發芽的基因破壞掉，如此可以讓馬鈴薯存放很久的時間，減低供應商的成本。

三、放射線同位素應用於醫療器材或其他製品的滅菌

醫療器材的滅菌是很重要的，如果滅菌做的不好，會使得這些器具在接觸到人體時，產生細菌感染，這是非常危險的事情。因此利用放射線同位素來滅菌就成為目前比較新的技術，主要的原理是利用放射性同位素鈷-60(^{60}Co)的照射來破壞細菌本體，達到殺菌的效果。此種方式的成效非常好，目前在醫療器材如手術刀等都已使用此方法來滅菌。其他的製品，如我們每天都使用的牙膏，也有利用同位素來進行滅菌的工作。

四、放射線同位素應用於醫學上

放射線同位素應用於醫學上是目前常見的方式，大多都適用在腫瘤的治療和偵測上面，早期比較常見的是利用鈷-60(^{60}Co)照射的方式來治療腫瘤，但是目前已經逐漸被其他更好的技術取代了，或是一些特定的疾病，如甲狀腺亢進或是甲狀腺腫瘤，我們會給予含有碘-131(^{131}I)的膠囊。碘-131 主動聚集到甲狀腺的位置，因此對於這類型的病患，可以利用碘-131 放出放射線來殺死腫瘤。

對於腫瘤的偵測是目前比較新的技術。我們可以將氟-18(^{18}F)結合葡萄糖(FDG)變成氟-18FDG，將其打入人體後，由於腫瘤通常會消耗的能量（葡萄糖）相較於一般的細胞大很多，因此會把氟-18FDG帶到腫瘤中，因此我們可以利用大型的輻射偵檢器（正子斷層掃描）來檢視人體內是否有不正常的葡萄糖消耗（腫瘤），此法在目前是非常主流的疾病診斷技術。

結 語

放射性同位素由於不安定，因而會釋出 α 粒子、β 粒子與 γ 射線等輻射。不同輻射線具有不同程度之穿透性及能量，可廣泛應用於各領域，熟悉輻射線之基本特性及放射衰變類型，可進一步探討輻射之應用。

小試身手

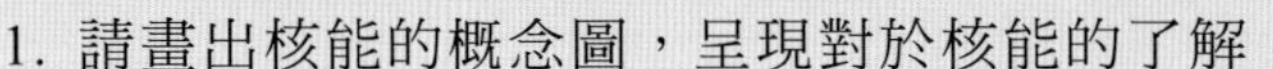

1. 請畫出核能的概念圖，呈現對於核能的了解。
2. 解釋右列名詞：(1)同重素，(2)放射衰變常數，(3) α 粒子，(4)核子。
3. 計算右列核種的質子數與中子數：(1) ${}^{60}_{27}Co$，(2) ${}^{131}_{53}I$，(3) ${}^{235}_{92}I$。
4. 已知鎘-117 的半衰期為 149min，試計算其放射衰變常數 (λ)？
5. 鈷-60 的半衰期為 5.26 年，試求 10 克的鈷-60 經過 2 個半衰期時間後，剩下多少克？
6. 簡述蓋革計數器的輻射偵測原理。
7. 完成下列核反應方程式：
   (1) ${}^{14}_{7}N + {}^{4}_{2}He \rightarrow$ ________ $+ {}^{1}_{1}H$
   (2) ${}^{32}_{15}P \rightarrow {}^{32}_{16}S +$ __________
   (3) ${}^{10}_{5}B +$ __________ $\rightarrow {}^{13}_{6}C + {}^{1}_{1}H$
8. 請以核能發電為主題，製作概念構圖。

參考書籍

1. 徐惠麗、劉東明、方偉平、魏銘琪、張禎祐編譯(2007)．化學（精華版）．台北：新文京。

2. 葉錫溶、蔡長書編譯(2008)．放射化學（第 2 版）．台北：新文京。

3. 魏明通(2000)．核化學．台北：五南。

4. Ehmann, W. D. and John, E. V. (1992). Radiochemistry and Nuclear Methods of Analysis by Wiley & Sons Inc. New York, N.Y.

Chapter 12

有機化學導論

黃玲琨

本章大綱

Chapter at a Glance

有機化學主要以探討碳元素及其所衍生的所謂有機化合物為範疇。這個專業學門看似抽象，卻大大影響人類的生存、進化與文明。舉凡人類生存活動的食、衣、住、行等等皆和有機化學有關。例如食物中的成分不論是澱粉、蛋白質還是油脂，都是以碳原子為主的有機化合物。交通運輸、發電、取暖、或烹煮的能量來自燃燒石油成分中的汽油、柴油、天然氣等有機化合物，而藥物、塑膠、纖維等人類生活所必須的各類化學品也是有機化合物。即便扮演著人類最基本生命現象的 DNA 分子也是有機化合物。所以有機化學是當今醫藥與生命科學專業的基礎。讀者將會在下面幾個章節逐漸發現到確實很多的醫藥品和生命現象都和有機化學有關。

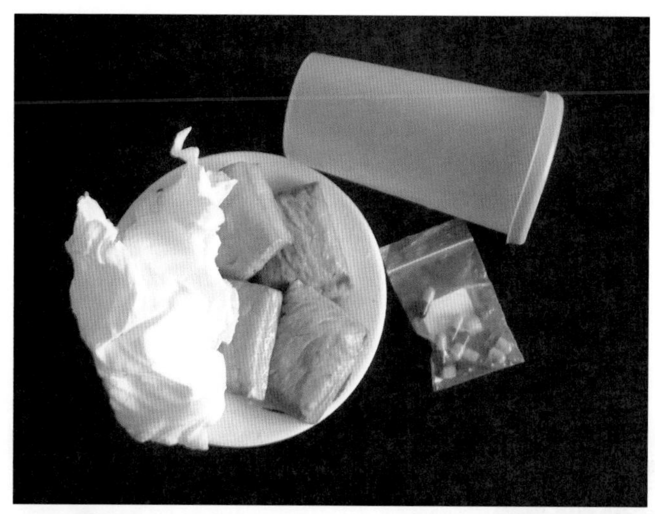

圖 12.1 生活中使用的塑膠產品、吃的食物、藥物等都是有機化合物

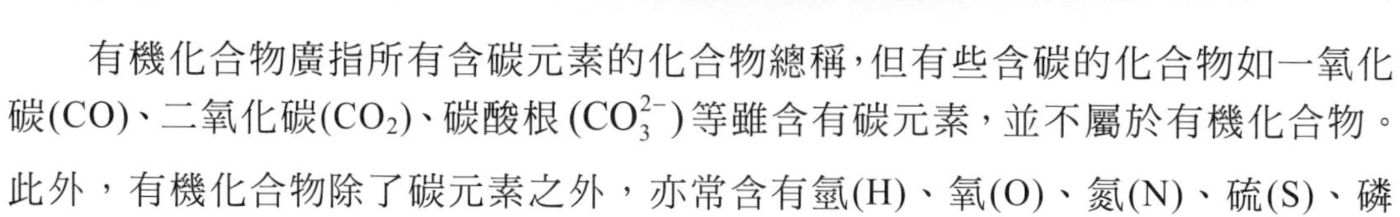

12-1 有機化合物 (Organic Compounds)

有機化合物廣指所有含碳元素的化合物總稱，但有些含碳的化合物如一氧化碳(CO)、二氧化碳(CO_2)、碳酸根 (CO_3^{2-}) 等雖含有碳元素，並不屬於有機化合物。此外，有機化合物除了碳元素之外，亦常含有氫(H)、氧(O)、氮(N)、硫(S)、磷(P)、鹵素和一些金屬等。

有機化學即是一門專門研究有機化合物的結構與性質的科學。學習有機化學通常由幾個方向探討，即辨別化合物的結構，知道如何稱呼（命名）化合物，化合物具有哪些物理性質，可由什麼原料和方法得來（製備），化合物會進行什麼反應（化學性質），以及如何應用該化合物（用途）。

12-2 有機化合物的鍵結 (The Bonding of Organic Compounds)

有機化合物以碳原子相聯接為骨架，所以其鍵結乃以碳之 4 個價電子和其他元素原子或碳原子本身以共價鍵方式相結合。以電子組態說明，碳之 4 個價電子分佈於 2*s* 與 2*p* 軌域中，形成 $2s^2 2p^2$ 之電子組態。其中 2*p* 的 3 個軌域有 2 個為單獨電子佔據，尚留有一個空的 2*p* 軌域。以甲烷(CH_4)分子為例，在未形成 C－H 鍵之前，C 會先自行進行所謂的軌域混成(hybridization)，將一個 2*s* 軌域和三個 2*p* 軌域混成形成四個完全均等的軌域，稱為 sp^3 軌域（圖 12.2）。

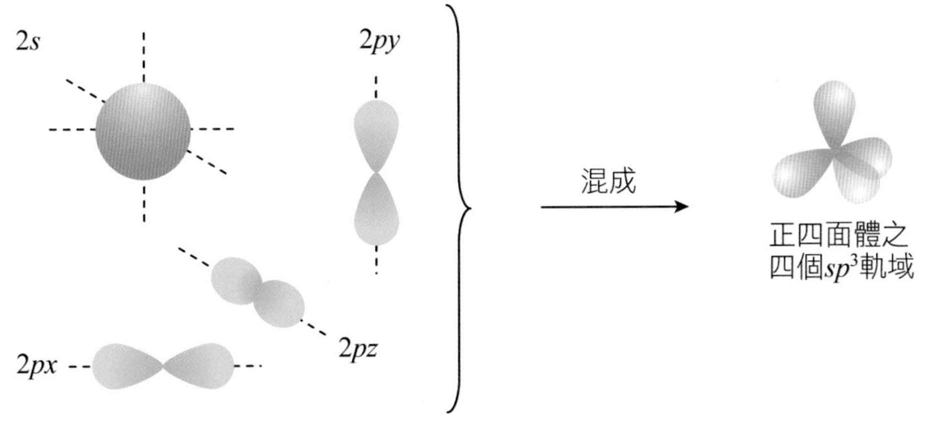

■ 圖 12.2　碳原子進行軌域混成(hybridization)形成四個 sp^3 混成軌域（橘色）的過程。sp^3 混成軌域是由碳原子的 2*s* 軌域（藍色）及三個 2*p* 軌域（綠黃色）所形成。四個 sp^3 混成軌域均分三度空間而形成正四面體，每一混成軌域分別指向正四面體的一個頂角。

其中 p 軌域的第 3 個電子乃由 $2s$ 的一個電子提昇而來，所以當 C 和四個 H 結合時，便是以四個 sp^3 混成軌域分別與 H 原子產生共價鍵。此時 CH_4 分子以碳為中心，四個氫位於空間均等的四個角落，形成正四面體(tetrahedral)形狀，每一鍵角為 109.5°（圖 12.3）。

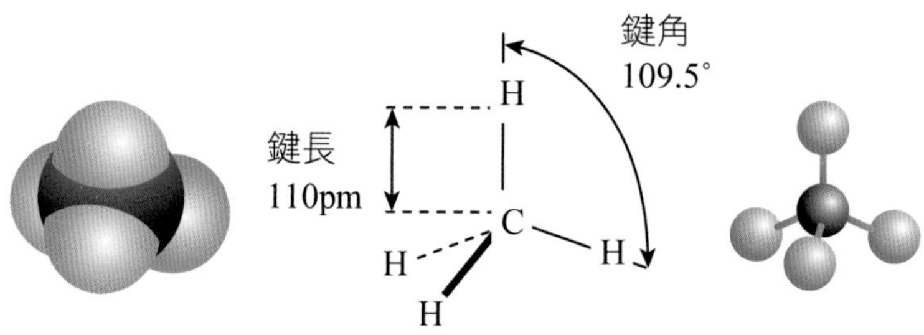

■ 圖 12.3 甲烷的正四面體結構，每一鍵角為 109.5°，鍵長為 110 pm。

同理，若將 C 的 $2s$ 軌域和二個 $2p$ 軌域混成，便形成三個均等的 sp^2 混成軌域，並留下一個未參與混成的 $2p$ 軌域。此時三個 sp^2 軌域存在同一平面上，呈平面三角形狀（圖 12.4），而未參與混成的 $2p$ 軌域則與此平面垂直且含有一個電子。當兩個 C 原子以 sp^2 混成軌域相靠近時，兩個 sp^2 軌域相重疊形成 sigma 鍵，而兩個未參與混成的 $2p$ 軌域則以側邊重疊方式形成另一共價結合稱為 π 鍵。所以總共形成碳－碳雙鍵（圖 12.5）。以乙烯為例，二個 C 原子間以雙鍵聯接，另外個別 C 原子再以剩下的二個 sp^2 軌域與二個 H 原子結合。如此形成之分子形狀為二個頂角重疊之平面三角形。每個鍵之鍵角大約 120°（圖 12.6）。

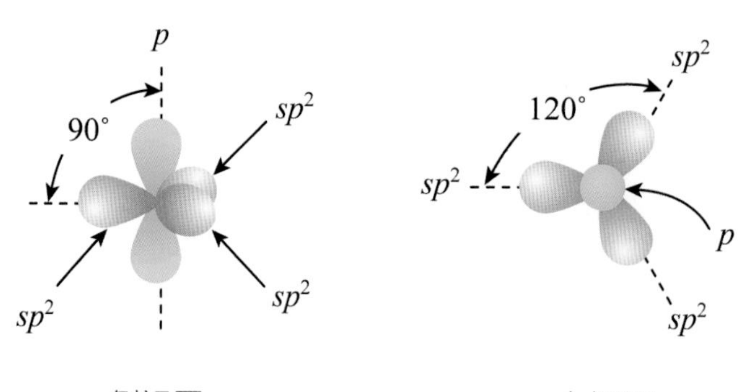

■ 圖 12.4 碳原子的 sp^2 混成軌域。三個相等的 sp^2 混成軌域（橘色）均分同一平面形成鍵角 120° 的平面三角形。未參與混成的 $2p$（綠黃色）軌域則垂直於此平面。

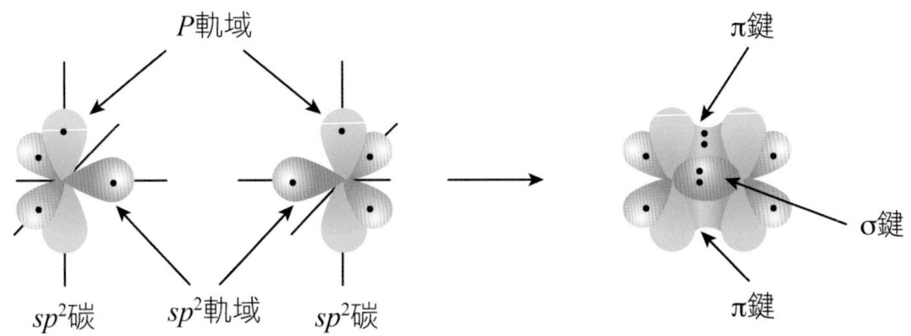

■ 圖 12.5　碳—碳雙鍵的形成。一個碳原子的一個 sp^2 混成軌域（藍色）與另一個碳原子的一個 sp^2 混成軌域重疊形成 σ 鍵，而各自碳原子未參與混成的 2p 軌域（綠黃色）則以側邊方式相重疊形成 π 鍵。

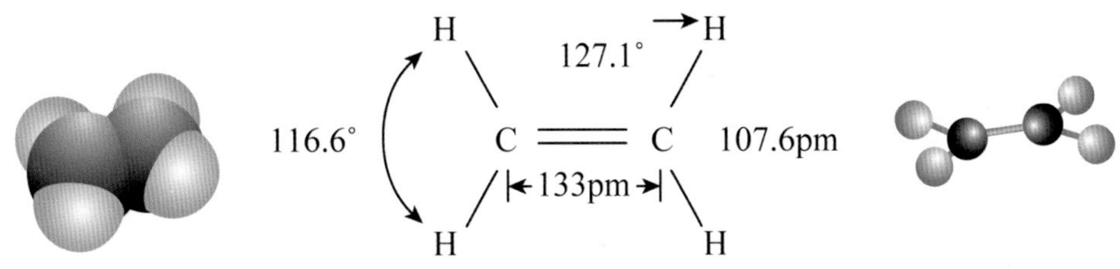

■ 圖 12.6　乙烯的結構(二個三角形在同一平面以頂角相接)。

同樣的，若將 C 的 2*s* 軌域只與一個 2*p* 軌域混成，而保留二個 2*p* 軌域，便會形成二個 *sp* 混成軌域。此時二個 *sp* 混成軌域呈直線狀，剩下的二個 2*p* 軌域則與 *sp* 軌域交叉垂直（圖 12.7）。當兩個碳原子以 *sp* 軌域相接近時，一個 C 的 *sp* 和另一個 C 的 *sp* 軌域以頭對頭交疊形成 sigma 鍵，而另外在個別 C 原子上的二個 2*p* 軌域則分別以側邊方式重疊形成二個 π 鍵。所以會形成碳－碳間參鍵(圖 12.8)。以乙炔為例，二個 C 原子以參鍵聯結，另外每個 C 原子再以剩下的一個 *sp* 軌域與一個 H 原子結合。如此形成之分子形狀為直線形，鍵角為 180°（圖 12.8）。

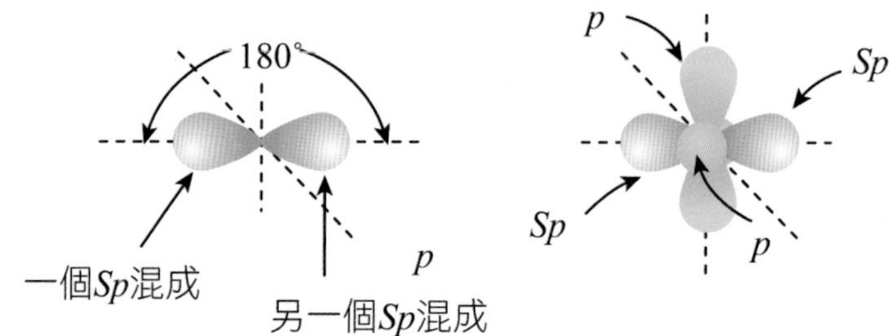

圖 12.7 碳原子的兩個 sp 混成軌域（橘色）互相成 180°，且與兩個未參予混成的 2p 軌域（綠黃色） 互相垂直。

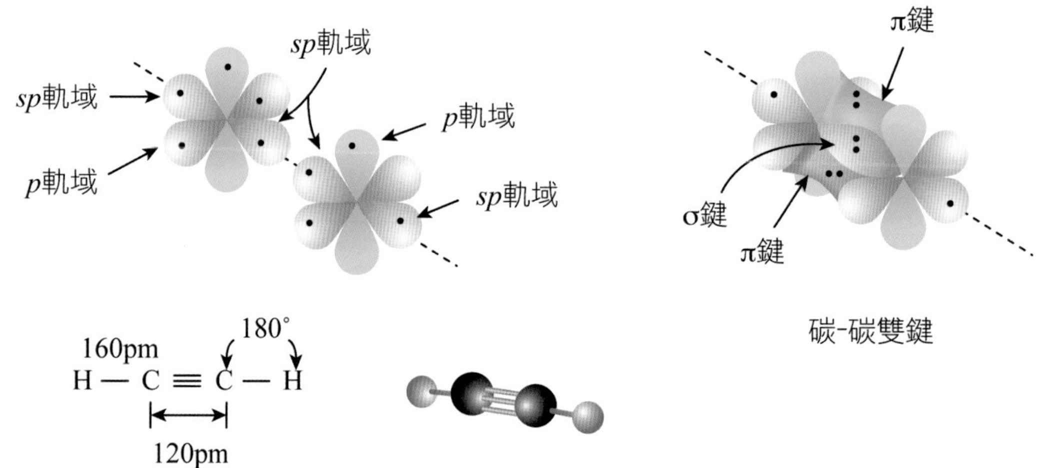

圖 12.8 碳—碳參鍵的形成。兩個碳原子以 sp 混成軌域（橘色）重疊相接形成 σ 鍵，未參與混成的二個 2p 軌域（藍色及綠黃色）則個別以側邊重疊方式形成兩個互相垂直的 π 鍵。

12-3 烷 類 (Alkanes)

最簡單之有機化合物為只含有碳和氫原子且以單鍵結合的化合物，稱為烷類。其中每個 C 原子皆為 sp^3 混成，並與 4 個其他之碳或氫原子相鍵結。其通用之結構分子式為 C_nH_{2n+2}。甲烷(CH_4)是最簡單的烷類，C 之 4 個價電子分別與 4 個 H 原子的單獨電子共用形成 4 個共價鍵。

$$\cdot\dot{\underset{\cdot}{C}}\cdot + 4H\cdot \longrightarrow \underset{(A)}{\begin{array}{c} H \\ H{:}\overset{..}{\underset{..}{C}}{:}H \\ H \end{array}} \longrightarrow \underset{(B)}{\begin{array}{c} H \\ | \\ H-C-H \\ | \\ H \end{array}} \longrightarrow \underset{(C)}{CH_4}$$

上式中如(A)以電子點分佈的方式表示出化合物中原子之間共價結合的結構式，稱為電子點(electron dots)或路易士(Lewis)結構式。而如(B)之表示方式稱為展開(expanded)或線鍵(line bond)結構式。又如(C)之表示方式則稱為簡要(condensed)結構式。

以甲烷為基礎，若把其中的一個 H 置換成另一個 C，謹記每個 C 皆會形成四個鍵的通則，我們便得到含有二個 C 的最簡單烷類，稱為乙烷(Ethane)。

$$\begin{array}{c} H \\ | \\ H-C-H \\ | \\ H \end{array} \longrightarrow \begin{array}{c} H\quad H \\ |\quad\;\, | \\ H-C-C-H \\ |\quad\;\, | \\ H\quad H \end{array} \longrightarrow CH_3CH_3 \longrightarrow C_2H_6$$

此時每個 C 仍維持正四面體的形狀，所以乙烷之結構為兩個正四面體頂角重疊連接，且鍵角仍為 109.5°（圖 12.9）。

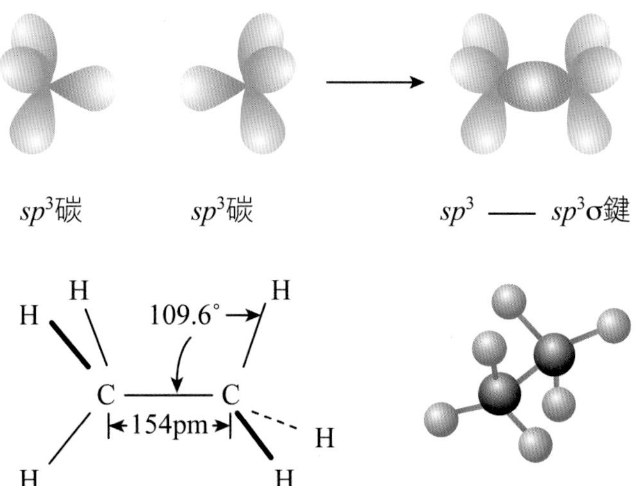

圖 12.9 兩個碳的 sp^3 混成軌域互相重疊而形成乙烷的結構。

當烷類之含 C 數≧3 時，C 和 C 原子依序相接成鏈，但並非直線鏈，而是成鋸齒狀(zigzag)，此乃由於每個 C 要維持其正四面體型狀之故（圖 12.10）。

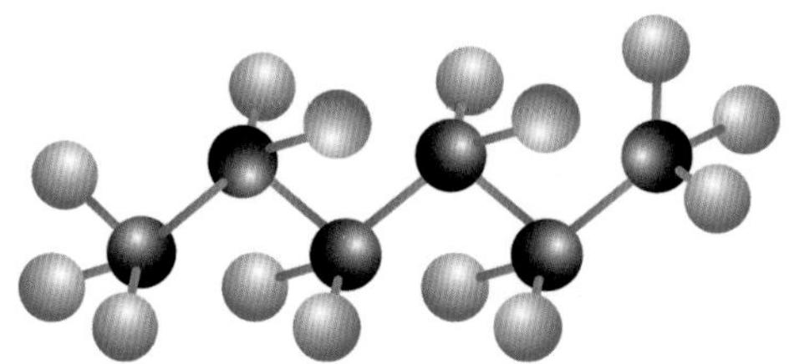

■ 圖 12.10 以己烷為例表示碳鏈中之碳原子之排列呈鋸齒狀。

另外，烷類中之 C－C 單鍵是可以自由旋轉的，所以單鍵兩邊之 C 原子所連接的基團(groups)並不是固定位置的，而是會隨著 C－C 鍵的旋轉，呈現各種不同的空間排列方式（圖 12.11）。

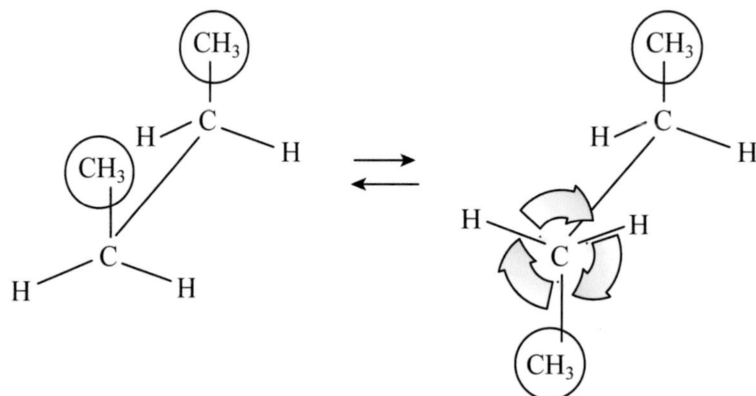

■ 圖 12.11 以丁烷為例表示碳-碳單鍵之可旋轉性。隨著單鍵旋轉，二 CH_3 基團可產生不同的排列方式。CH_3 基團可能排在同一側，也可能排在相異側。

一、 異構物(Isomers)

由上述之烷類通式 C_nH_{2n+2} 可知，每增加一個 C，分子便增加一個 CH_2 單位，當 C 數≧4 時，形成之 C 鏈並不一定依序前後相接，例如丁烷之 C 鏈骨架便可有如下的二種方式：

```
                          C
                          |
C－C－C－C             C－C－C
```

而戊烷（C 數＝5）可有三種 C 鏈排列方式：

```
                  C                    C
                  |                    |
C—C—C—C—C     C—C—C—C          C—C—C
                                       |
                                       C
```

顯然，C 數越多，C 鏈之組合排列方式也越多，當 C 數多到 10 個時，其排列方式可有 75 種之多。雖然 C 鏈可因其 C 骨架之聯結方式不同而形成不同結構，但它們的分子式卻都相同，皆符合 C_nH_{2n+2}，所以我們便把這種分子式相同但結構式不同的化合物稱為異構物(Isomers)

12-4 有機化合物的命名 (The Nomenclature of Organic Compounds)

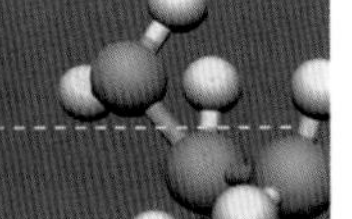

上述之甲烷、乙烷、乙烯等化合物之稱呼是有一定的統一方法的。基本上有機化合物之命名法有二個系統：IUPAC(International Union of Pure and Applied Chemistry)和俗名(common name)系統。IUPAC 之命名法通常包含三個步驟，稱為命名三部曲，因為一個有機物之名稱一般皆包括三個部分，分別指出化合物結構中的三個特徵：

字首	—	母體	—	字尾
↑		↑		↑
取代基與其在主 C 鏈之連接位置		主 C 鏈之 C 數		官能基族名

例如：

3-甲基	己	烷
↑	↑	↑
字首，表示主鏈之第 3 個 C 上接有一個甲基	母體為含有 6 個 C 之主鏈	屬於烷類之官能基

其中，母體主 C 鏈之名稱依照所含 C 之數目，中文以天干之甲、乙、丙…癸、十一、十二…表示。英文則以 meth、eth、prop、but、pent、hex、hept、oct、non、dec，表示一到十。而官能基(functional group)係指區分不同種類之有機化合物的結構特徵，此結構特徵為一原子群，具有相同原子群之化合物具有相似的物理及化學性質。例如甲醇(CH_3OH)和乙醇(CH_3CH_2OH)均含有相同官能基－OH，同屬於稱為醇類的有機化合物，二者皆可和鈉金屬反應生成氫氣。表 12.1 列出一些常見官能基的結構，相對應的族名，與英文字尾名稱。

[表 12.1] 常見官能基的結構、所屬族名及名稱字尾

官能基結構	所屬族名	命名字尾	範例
（只含 C—H 和 C—C 單鍵）	烷 (Alkane)	-ane	CH_3CH_3 乙烷 (Ethane)
>C=C<	烯 (Alkene)	-ene	$H_2C=CH_2$ 乙烯 (Ethene; Ethylene)
—C≡C—	炔 (Alkyne)	-yne	H—C≡C—H 乙炔 (Ethyne; Acetylene)
—C—X: (X 帶三對孤對電子) （X=F,Cl,Br,I）	鹵化物 (Halide)	無	H_3C—Cl 氯甲烷 (Chloromethane)
苯環（六個碳各連一鍵）	芳香烴 (Arene)	無	C_6H_6 結構式 苯 (Benzene)

[表 12.1] 常見官能基的結構，所屬族名及名稱字尾（續）

官能基結構	所屬族名	命名字尾	範例
$-\overset{\vert}{\underset{\vert}{C}}-\ddot{\underset{\cdot\cdot}{O}}-H$	醇 (Alcohol)	-ol	H_3C-O-H 甲醇 (Methanol)
$-\overset{\vert}{\underset{\vert}{C}}-\ddot{\underset{\cdot\cdot}{O}}-\overset{\vert}{\underset{\vert}{C}}-$	醚 (Ether)	ether	$H_3C-O-CH_3$ 甲醚 (Dimethyl ether)
$-\overset{\vert}{\underset{\vert}{C}}-\overset{:O:}{\overset{\Vert}{C}}-H$	醛 (Aldehyde)	-al	$H_3C-\overset{O}{\overset{\Vert}{C}}-H$ 乙醛 (Ethanal; Acetaldehyde)
$-\overset{\vert}{\underset{\vert}{C}}-\overset{:O:}{\overset{\Vert}{C}}-\overset{\vert}{\underset{\vert}{C}}-$	酮 (Ketone)	-one	$H_3C-\overset{O}{\overset{\Vert}{C}}-CH_3$ 丙酮 (Propanone; Acetone)
$-\overset{\vert}{\underset{\vert}{C}}-\overset{:O:}{\overset{\Vert}{C}}-\ddot{\underset{\cdot\cdot}{O}}H$	羧酸 (Carboxylicacid)	-oic acid	$H_3C-\overset{O}{\overset{\Vert}{C}}-OH$ 乙酸 (Ethanoic acid; Acetic acid)
$-\overset{\vert}{\underset{\vert}{C}}-\overset{:O:}{\overset{\Vert}{C}}-\ddot{\underset{\cdot\cdot}{O}}-\overset{\vert}{\underset{\vert}{C}}-$	酯 (Ester)	-oate	$H_3C-\overset{O}{\overset{\Vert}{C}}-O-CH_3$ 乙酸甲酯 (Methyl ethanoate; Methyl acetate)

[表 12.1] 常見官能基的結構，所屬族名及名稱字尾（續）

官能基結構	所屬族名	命名字尾	範例
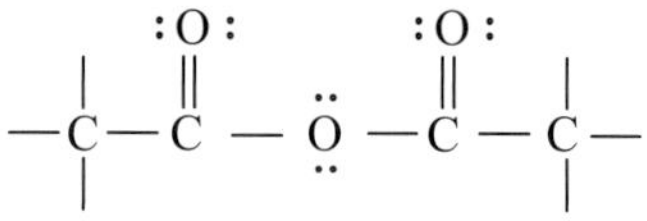 $-\overset{\vert}{\underset{\vert}{C}}-\overset{:O:}{\overset{\Vert}{C}}-\ddot{\underset{..}{O}}-\overset{:O:}{\overset{\Vert}{C}}-\overset{\vert}{\underset{\vert}{C}}-$	羧酸酐 (Carboxylic acid anhydride)	-oic anhyride	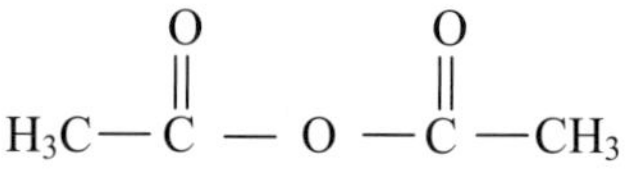 $H_3C-\overset{O}{\overset{\Vert}{C}}-O-\overset{O}{\overset{\Vert}{C}}-CH_3$ 乙酸酐 (Ethanoic anhydride; Acetic anhydride)
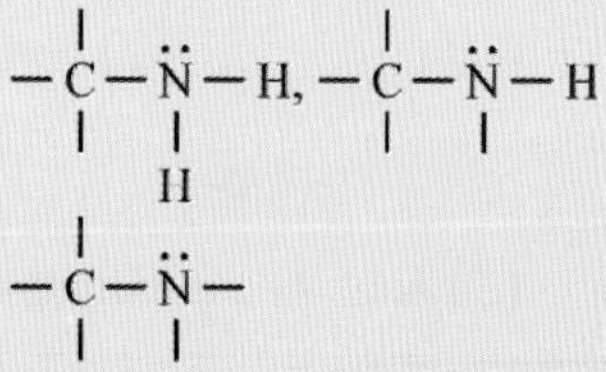 $-\overset{\vert}{\underset{\vert}{C}}-\ddot{\underset{\underset{H}{\vert}}{N}}-H$, $-\overset{\vert}{\underset{\vert}{C}}-\ddot{\underset{\vert}{N}}-H$, $-\overset{\vert}{\underset{\vert}{C}}-\ddot{\underset{\vert}{N}}-$	胺 (Amine)	-amine	H_3C-NH_2 甲胺 (Methylamine)
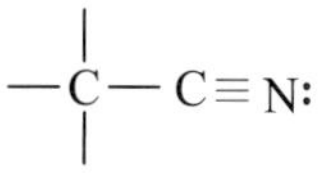 $-\overset{\vert}{\underset{\vert}{C}}-C\equiv N:$	腈 (Nitrile)	-nitrile	$H_3C-C\equiv N$ 乙腈 (Ethanenitrile; Acetonitrile)
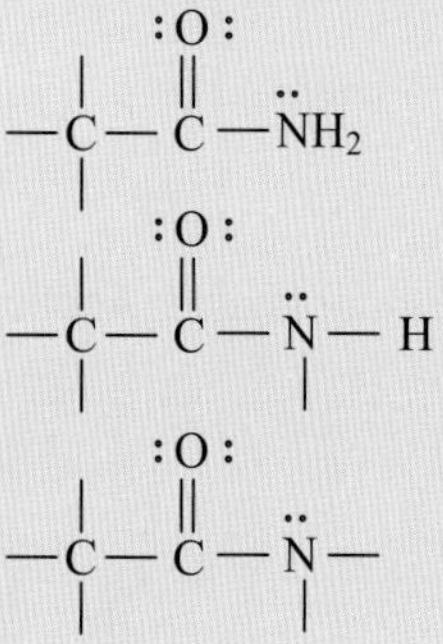 $-\overset{\vert}{\underset{\vert}{C}}-\overset{:O:}{\overset{\Vert}{C}}-\ddot{N}H_2$, $-\overset{\vert}{\underset{\vert}{C}}-\overset{:O:}{\overset{\Vert}{C}}-\ddot{\underset{\vert}{N}}-H$, $-\overset{\vert}{\underset{\vert}{C}}-\overset{:O:}{\overset{\Vert}{C}}-\ddot{\underset{\vert}{N}}-$	醯胺 (Amide)	-amide	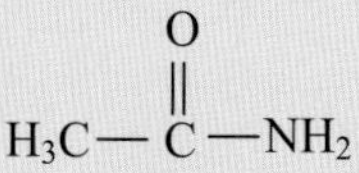 $H_3C-\overset{O}{\overset{\Vert}{C}}-NH_2$ 乙醯胺 (Ethanamide; Acetamide)

取代基指的是一個或一群原子所組成的基團(group)。最常見之取代基為烷基(alkyl group)，結構上比烷類少一個 H，可以通式 C_nH_{2n+1} 表示。其中文名稱乃將相對烷之名稱字尾改成基，而英文名稱則將其名稱字尾 ane 改成 yl。例如甲烷(Methane)為 CH_4，$-CH_3$ 則稱為甲基(Methyl)。表 12.2 簡要列出一些常見取代基的分子式與名稱。

[表 12.2] 常見取代基的分子式及命名

取代基	命名
CH_3-	甲基 (methyl)
CH_3CH_2-	乙基 (ethyl)
$CH_3CH_2CH_2-$	丙基 (propyl)
$CH_3-CH-CH_3$ |	異丙基（isopropyl)
F－	氟（fluoro)
Cl－	氯（chloro)
Br－	溴（bromo)
I–	碘（iodo）

當烷基取代基為由≧3 個 C 之烷類去掉一個 H 而得來時，其移去一個 H 之位置就不只一處。由直鏈末端 C 上移去一個 H 原子而得之烷基，稱為正－烷基(*n*-alkyl)；而當正烷基之另一端倒數第 2 個 C 上有一個甲基分支時，便稱為異－(iso)烷基；若失去 H 原子的那個 C 分別接有二個 C 時，此取代基以第二(sec)烷基表示；而若在失去 H 原子的 C 上接有三個 C 時，此取代基便稱為第三(tert)烷基。例如：

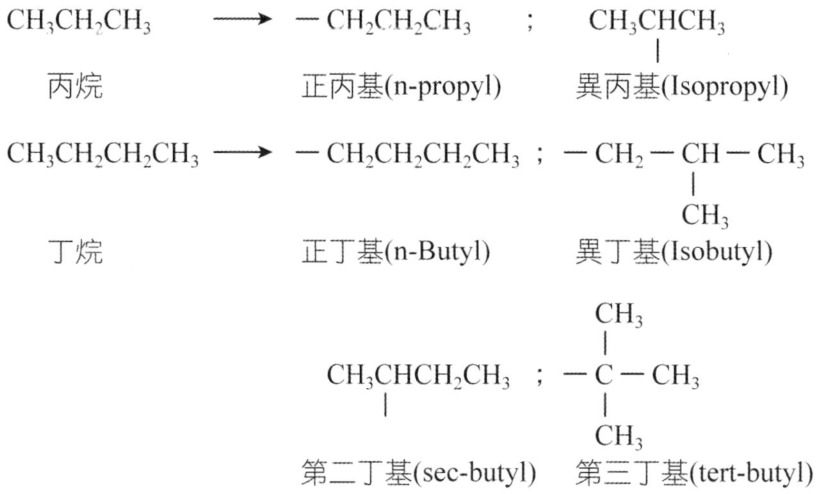

$CH_3CH_2CH_3 \longrightarrow -CH_2CH_2CH_3$; $\underset{|}{CH_3CHCH_3}$

丙烷 正丙基(n-propyl) 異丙基(Isopropyl)

$CH_3CH_2CH_2CH_3 \longrightarrow -CH_2CH_2CH_2CH_3$; $-CH_2-\underset{\underset{CH_3}{|}}{CH}-CH_3$

丁烷 正丁基(n-Butyl) 異丁基(Isobutyl)

$\underset{|}{CH_3CHCH_2CH_3}$; $-\overset{\overset{CH_3}{|}}{\underset{\underset{CH_3}{|}}{C}}-CH_3$

第二丁基(sec-butyl) 第三丁基(tert-butyl)

命名法則：任何有機化合物皆可依下列步驟進行命名：

1. 選擇含有官能基的最長碳鏈當主鏈，依官能基類別選擇適當的字尾。
2. 將主鏈上之 C 原子編號，由最靠近取代基或官能基之一端開始編起。
3. 當主鏈上有≧2 個取代基時：
   (1) 若取代基皆相同，在取代基前冠以二(di)，三(tri)，四(tetra)...並以阿拉伯數字一一標示取代基之位置。
   (2) 若取代基不相同，依取代基英文名稱之第一個字母的順序來排列其在名稱中出現的先後順序。
4. 將命名寫成單一名詞。

例題 12.1

試以 IUPAC 系統命名下列化合物：

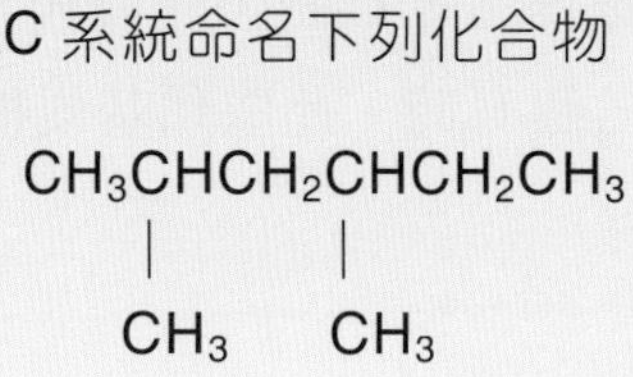

$$CH_3\underset{\underset{CH_3}{|}}{CH}CH_2\underset{\underset{CH_3}{|}}{CH}CH_2CH_3$$

依上述命名法則之步驟：

1. 由表 12.1 查得官能基為烷類；英文字尾應為 ane；主鏈為含有 6 個(hex)C 之己烷(hexane)
2. 將主鏈之 C 編號，最靠近取代基甲基(CH_3)之一端在左端，所以由 C 鏈之左端編起。
3. 主鏈上有二個取代基，同為甲基(Methyl)，分別在第 2 和第 4 個 C 上。
4. 全名為：2,4-二甲基己烷(2,4-Dimethylhexane)。

例題 12.2

試以 IUPAC 系統命名下列化合物：

$$\begin{array}{c} OH \\ | \\ CH_3CCH_2CH_2CH_3 \\ | \\ CH_3 \end{array}$$

依上述命名法則之步驟：

1. 由表 12.1 查得官能基(－OH)為醇類；英文字尾應為 ol；母體為含 5 個(pent)C 之戊醇(pentanol)。
2. 將主鏈之 C 編號，由最近官能基(－OH)之一端編起。
3. 主鏈上第 2 個 C 接有一甲基(methyl)取代基，且官能基亦在第 2 個 C 上。
4. 全名為：2-甲基-2-戊醇(2-Methyl-2-pentanol)。

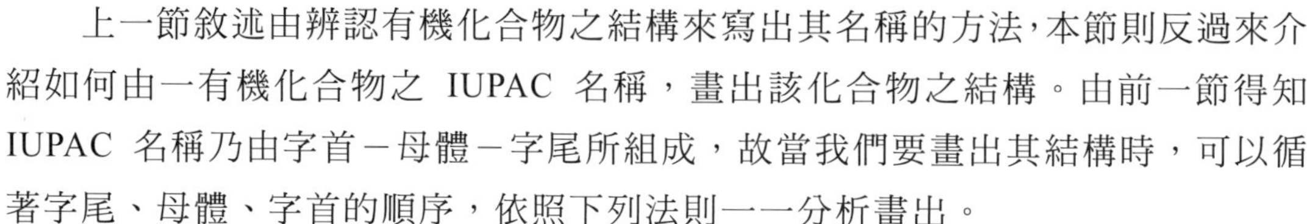

12-5 由名稱畫出結構式 (Draw the structures)

上一節敘述由辨認有機化合物之結構來寫出其名稱的方法，本節則反過來介紹如何由一有機化合物之 IUPAC 名稱，畫出該化合物之結構。由前一節得知 IUPAC 名稱乃由字首－母體－字尾所組成，故當我們要畫出其結構時，可以循著字尾、母體、字首的順序，依照下列法則一一分析畫出。

1. 先由字尾得知化合物之種類。
2. 由母體得知主鏈所含 C 的數目。
3. 由字首得知取代基種類及其在主鏈 C 上之位置。
4. 依每個 C 原子有 4 鍵之原則，加入正確數目之 H 原子。

例如

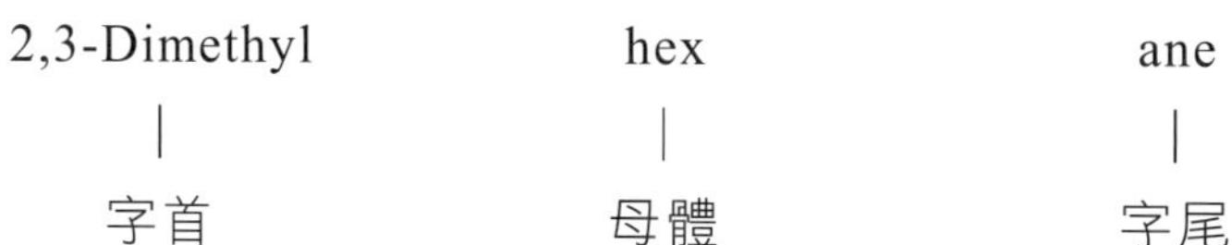

1. 字尾-ane，為烷類。
2. 母體為 hex：表示母體為具 6 個 C 之烷類，先畫出 6 個 C 之直鏈，並編號：

C － C － C － C － C － C
1　　2　　3　　4　　5　　6

3. 字首 2,3-Dimethyl，得知有 2 個甲基（一個 C 之烷基）分別在 C 鏈之第 2 和第 3 個 C 上。

```
     C    C
     |    |
C  - C  - C  - C  - C  - C
1    2    3    4    5    6
```

4. 補上正確數量之 H 原子，得結構式為：

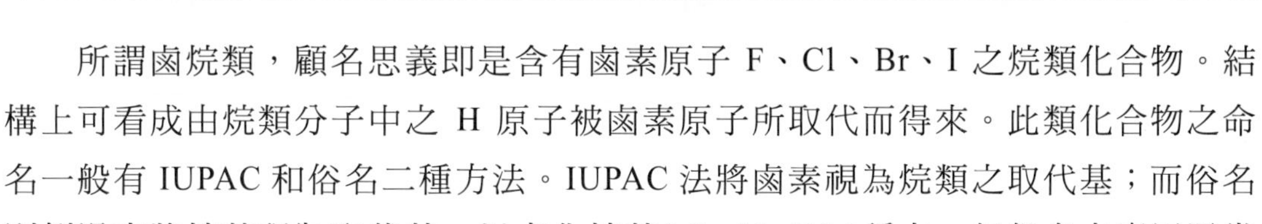

12-6 鹵烷類 (Haloalkanes)

所謂鹵烷類，顧名思義即是含有鹵素原子 F、Cl、Br、I 之烷類化合物。結構上可看成由烷類分子中之 H 原子被鹵素原子所取代而得來。此類化合物之命名一般有 IUPAC 和俗名二種方法。IUPAC 法將鹵素視為烷類之取代基；而俗名則倒過來將烷基視為取代基，以鹵化烷基(alkyl halide)稱之。但俗名之應用通常只限於含較少 C 數之簡單鹵烷。

例如：

$CH_3CH_2CHCH_3$（Br 接於第 2 個碳）之 IUPAC 名稱為 2 溴丁烷(2-Bromobutane)

而俗名則稱為溴化第二丁基(sec-Butyl Bromide)

例：以下為含氯的 4 種氯甲烷之 IUPAC 和俗名名稱供對照參考：

分子式	CH_3Cl	CH_2Cl_2	$CHCl_3$	CCl_4
IUPAC 名稱	氯甲烷 (chloromethane)	二氯甲烷 (dichloromethane)	三氯甲烷 (trichloromethane)	四氯甲烷 (tetrachloromethane)
俗名名稱	氯化甲基 (methyl chloride)	氯化亞甲基 (methylene chloride)	氯仿 (chloroform)	四氯化碳 (carbon tetrachloride)

鹵烷類一般作為溶媒和麻醉劑使用，CCl_4 過去常用於乾洗衣物去除油漬，但因會引發肝癌病變，所以目前改由二氯甲烷替代。以前亦常用氯仿為麻醉劑，後來發現其亦會導致癌症，所以目前已禁用。

12-7 環烷類 (Cycloalkanes)

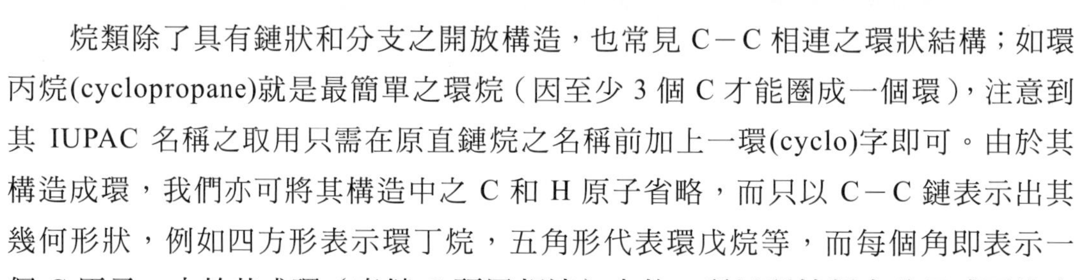

烷類除了具有鏈狀和分支之開放構造，也常見 C－C 相連之環狀結構；如環丙烷(cyclopropane)就是最簡單之環烷（因至少 3 個 C 才能圈成一個環），注意到其 IUPAC 名稱之取用只需在原直鏈烷之名稱前加上一環(cyclo)字即可。由於其構造成環，我們亦可將其構造中之 C 和 H 原子省略，而只以 C－C 鏈表示出其幾何形狀，例如四方形表示環丁烷，五角形代表環戊烷等，而每個角即表示一個 C 原子。由於其成環（直鏈 C 頭尾相連）之故，所以環烷類之分子式要比直鏈烷少 2 個 H 原子，其通式為 C_nH_{2n}（表 12.3）。

[表 12.3] 一些環烷類之簡明與幾何結構式

環烷名稱			
環丙烷 (cyclopropane)	環丁烷 (cyclobutane)	環戊烷 (cyclopentane)	環己烷 (cyclohexane)
簡明結構式			
CH_2 / H_2C—CH_2	H_2C—CH_2 / H_2C—CH_2	CH_2 / H_2C CH_2 / H_2C—CH_2	CH_2 / H_2C CH_2 / H_2C CH_2 / CH_2
幾何結構式			
△	□	⬠	⬡

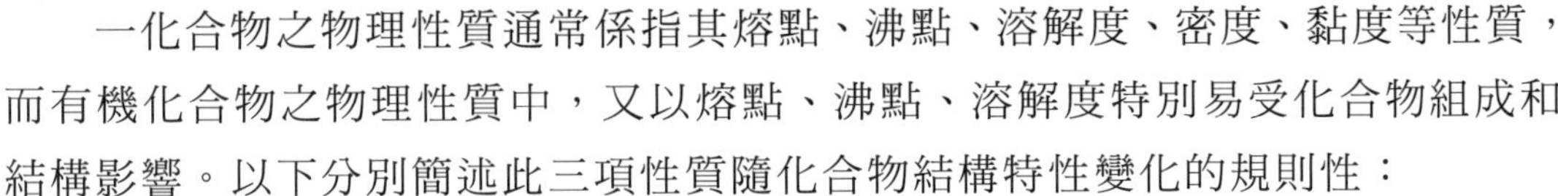

12-8 有機化合物的物理性質 (The Physical Properties of Organic Compounds)

一化合物之物理性質通常係指其熔點、沸點、溶解度、密度、黏度等性質，而有機化合物之物理性質中，又以熔點、沸點、溶解度特別易受化合物組成和結構影響。以下分別簡述此三項性質隨化合物結構特性變化的規則性：

一、熔 點

1. 分子量相近之有機化合物中，具極性者之熔點高於非極性者。此乃因極性分子間之作用力主要為偶極作用力，大於非極性分子間之凡得瓦爾力作用力。例如：乙醇分子量 46，丙烷分子量 44，二者分子量相近，但前者具極性熔點為－115℃，後者不具極性熔點為－187℃。
2. 同為非極性之有機化合物中，分子越大者，其熔點越高。此乃因非極性分子間之主要作用力為凡得瓦爾力。當分子越大時，分子間之接觸面積越大，使得作用力亦越大之故。例如七個 C 之正庚烷熔點為－90℃，而二個 C 之乙烷，熔點為－172℃。
3. 分子結構越整齊對稱者，熔點越高。此乃因規則整齊的形狀，可使分子間排列得較緊密，結合力較大，所以熔點較高。例如同為 2-丁烯，反式結構（比較對稱）之熔點為－106℃，而順式結構為－139℃

二、沸 點

1. 同一、之規則 1。
2. 同一、之規則 2。
3. 分子量相近之有機化合物中，分子間有氫鍵者較無氫鍵者高。例如甲醇與乙烷之分子量相近，甲醇因有分子間氫鍵，故沸點較高為 64.5℃；而乙烷沒有分子間氫鍵，因此其沸點較低為－88.5℃。

三、溶解度

有機化合物於溶媒（溶劑）之溶解度有一順口之通則為“相似者相溶”，即極性化合物溶於極性溶媒，而非極性化合物溶於非極性溶媒。例如汽油為非極性有機化合物，不溶於強極性之水中；而乙醇為極性分子可溶於水中。另外極性化合物可和溶媒產生氫鍵者，其溶解度較大。例如乙醇和丙酮皆可溶於水，因二者皆可與水形成 H 鍵。而同類分子中，其溶解度亦受分子量大小影響。分子越大，溶解度越低，例如：乙醇幾乎可無限量溶於水，但正丁醇於水中溶解度為 8g/100mL，此乃二者雖同為醇類，同樣具有官能基(－OH)可和水形成 H 鍵，但 C 鏈的部分為非極性，不溶於水，當 C 鏈之分子大至某一程度，其不溶於水之程度開始大於溶於水之官能基作用力，有如將極性分子由原來溶於水中之狀態拉出之故。

12-9 烷類的物理性質

(The Physical Properties of Alkanes)

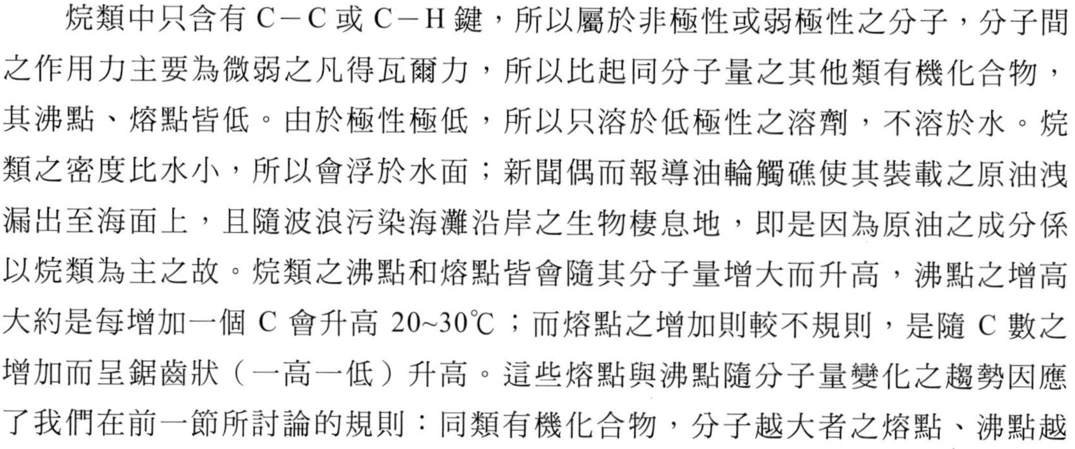
烷類中只含有 C－C 或 C－H 鍵，所以屬於非極性或弱極性之分子，分子間之作用力主要為微弱之凡得瓦爾力，所以比起同分子量之其他類有機化合物，其沸點、熔點皆低。由於極性極低，所以只溶於低極性之溶劑，不溶於水。烷類之密度比水小，所以會浮於水面；新聞偶而報導油輪觸礁使其裝載之原油洩漏出至海面上，且隨波浪污染海灘沿岸之生物棲息地，即是因為原油之成分係以烷類為主之故。烷類之沸點和熔點皆會隨其分子量增大而升高，沸點之增高大約是每增加一個 C 會升高 20~30℃；而熔點之增加則較不規則，是隨 C 數之增加而呈鋸齒狀（一高一低）升高。這些熔點與沸點隨分子量變化之趨勢因應了我們在前一節所討論的規則：同類有機化合物，分子越大者之熔點、沸點越高，因分子越大者，接觸面積越大，其分子間之凡得瓦爾作用力越大之故。

由表 12.4 可看出即便是同等分子量之烷類，其具支鏈之異構物的沸點要比直鏈之相對烷之沸點來得低，例如正丁烷之沸點為 0℃，但異丁烷為－12℃。此乃因支鏈的存在使得分子間之接觸面積縮小，從而使其間之作用力降低之故。

[表 12.4] 一些烷類化合物的物理性質

英文名稱	中文名稱	結構式	沸點 °C	熔點 °C	密度 (20°C)
Methane	甲烷	CH_4	-162	-183	
Ethane	乙烷	$CH_3\ CH_3$	-88.5	-172	
Propane	丙烷	$CH_3\ CH_2\ CH_3$	-42	-187	
n-Butane	正丁烷	$CH_3(CH_2)_2\ CH_3$	0	-138	
n-Pentane	正戊烷	$CH_3(CH_2)_3\ CH_3$	36	-130	0.626
n-Hexane	正己烷	$CH_3(CH_2)_4\ CH_3$	69	-95	0.659
n-Heptane	正庚烷	$CH_3(CH_2)_5\ CH_3$	98	-90.5	0.684
n-Octane	正辛烷	$CH_3(CH_2)_6\ CH_3$	126	-57	0.703
n-Nonane	正壬烷	$CH_3(CH_2)_7\ CH_3$	151	-54	0.718
n-Decane	正癸烷	$CH_3(CH_2)_8\ CH_3$	174	-30	0.730
n-Undecane	正十一烷	$CH_3(CH_2)_9\ CH_3$	196	-26	0.740
n-Dodecane	正十二烷	$CH_3(CH_2)_{10}\ CH_3$	216	-10	0.749
n-Eicosane	二十烷	$CH_3(CH_2)_{18}\ CH_3$		36	
Isobutane	異丁烷	$(CH_3)_2\ CHCH_3$	-12	-159	
Isopentane	異戊烷	$(CH_3)_2\ CH\ CH_2CH_3$	28	-160	0.620

12-10 烷類的化學性質
(The Chemical Properties of Alkanes)

如前所述，烷類屬非極性，其所含之 C－C 和 C－H 鍵能量頗高，不易受破壞，所以烷類不易進行化學反應，即使進行反應亦需在高壓、高溫等劇烈條件下。較常見的烷類反應為鹵化(halogenation)和燃燒(combustion)反應。

一、鹵化反應

烷類與鹵素如氯或溴之混合物，在紫外光照射，或大於 250℃之高溫下，可形成鹵烷類並釋放出鹵化氫氣體。此反應乃烷類上之 H 原子為鹵素原子所取代之自由基取代反應。其反應通式如下：

$$-\overset{|}{\underset{|}{C}}-H + X_2 \xrightarrow{>250^\circ C \text{ 或 uv}} -\overset{|}{\underset{|}{C}}-X + HX$$

$$\text{例：} CH_3CH_3 + Cl_2 \xrightarrow[250^\circ C]{uv} CH_3CH_2Cl + HCl$$

二、燃燒反應

烷類是人類最常使用之燃料，如家中的瓦斯天然氣的主要成分便是甲烷、乙烷、丙烷等，而 5 個 C 到 18 個 C 之烷類即是汽油之主要成分。我們取其燃燒主要乃利用其與氧氣反應所釋放出之燃燒熱量來加熱食物或運轉內燃機（引擎）等動力裝置，其反應通式如下：

$$C_nH_{2n+2} + O_2 \rightarrow nCO_2 + (n+1)H_2O \quad \Delta H = \text{燃燒熱}$$

$$\text{例：} C_5H_{12} + 8O_2 \rightarrow 5CO_2 + 6H_2O \quad \Delta H = -845\text{Kcal}$$

而在人體中，細胞代謝葡萄糖產生能量之方式亦屬於一種燃燒反應，雖然其反應條件不若烷類那般激烈。

$$C_6H_{12}O_6 + 6O_2 \rightarrow 6CO_2 + 6H_2O + \text{能量}$$

葡萄糖

注意到燃燒反應之副產物為水和二氧化碳。

結語

本章由最基本的原子鍵結著手探討有機化合物的組成架構。不同的原子鍵結組成不同的官能基、構成不同類的有機化合物。雖然本章主要介紹烷類的結構、命名、物理和化學性質，讀者將會在之後的幾個章節意會到，本章所提到的方法和規則同樣適用於其他類的有機化合物。

小試身手

1. 請參照官能基分類（表 12.1）寫出下列化合物之類別。

(1)
$$\begin{array}{l} CH_3CHCH_3 \\ \quad\;\;\; | \\ \quad\;\; OH \end{array}$$

(2) $CH_3CH_2OCH_2CH_3$

(3)
$$\begin{array}{c} O \\ \| \\ CH_3-C-CH_3 \end{array}$$

(4)
$$\begin{array}{l} \quad\; O \\ \quad\; \| \\ CH_3C-H \end{array}$$

(5)
$$\begin{array}{c} O \\ \| \\ CH_3-C-NH_2 \end{array}$$

(6)
$$\begin{array}{l} \quad\; O \\ \quad\; \| \\ CH_3C-OH \end{array}$$

(7)
$$\begin{array}{l} \quad\; O \\ \quad\; \| \\ CH_3C-OCH_2CH_3 \end{array}$$

2. 請依 IUPAC 命名法命名下列化合物。

(1) CH_3CH_2-Br

(2) ⬡

(3) □

(4)
$$\begin{array}{l} CH_3CH_2CHCH_3 \\ \qquad\quad\;\; | \\ \qquad\;\;\; CH_3 \end{array}$$

(5)
$$\begin{array}{l} \qquad\;\;\; CH_3 \quad Cl \\ \qquad\quad\;\; | \qquad\;\, | \\ CH_3CH_2CHCH_2CHCH_3 \end{array}$$

3. 醫院常用的麻醉劑之一為具有下列結構、商品名為 Halothane 或 Fluothane 之鹵烷類有機化合物，請問其 IUPAC 名稱為何？

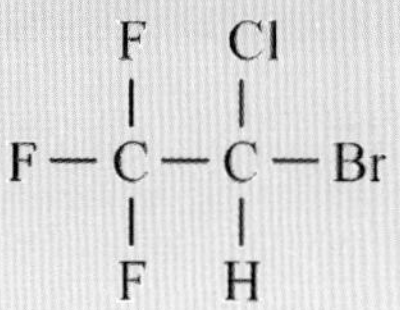

$$\begin{array}{ccccccc} & & F & & Cl & & \\ & & | & & | & & \\ F & - & C & - & C & - & Br \\ & & | & & | & & \\ & & F & & H & & \end{array}$$

4. 請指出下列各組中之結構所代表的是異構物還是同樣的分子？

(1)
$$\begin{array}{ccccc} CH_3 & & & & \\ | & & & & \\ CH_2 & - & CH_2 & - & CH_2 \\ & & & & | \\ & & & & CH_3 \end{array} \quad 和 \quad \begin{array}{ccc} & & CH_3 \\ & & | \\ CH_3 & - & CHCH_2CH_3 \end{array}$$

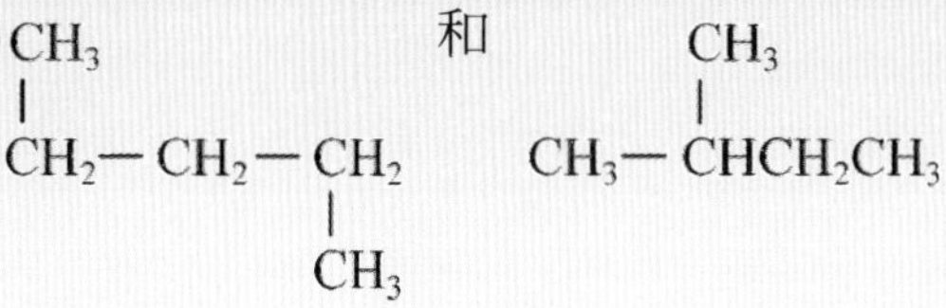

(2)
$$\begin{array}{ccccc} & & CH_3 & & \\ & & | & & \\ CH_3 & - & C & - & CH_3 \\ & & | & & \\ & & CH_3 & & \end{array} \quad 和 \quad \begin{array}{l} CH_3 \\ | \\ CHCH_2CH_3 \\ | \\ CH_3 \end{array}$$

(3)
$$\begin{array}{ccc} & & CH_3 \\ & & | \\ CH_3 & - & CHCH_2CH_3 \end{array} \quad 和 \quad \begin{array}{r} CH_3 \\ | \\ CH_3CH_2CHCH_3 \end{array}$$

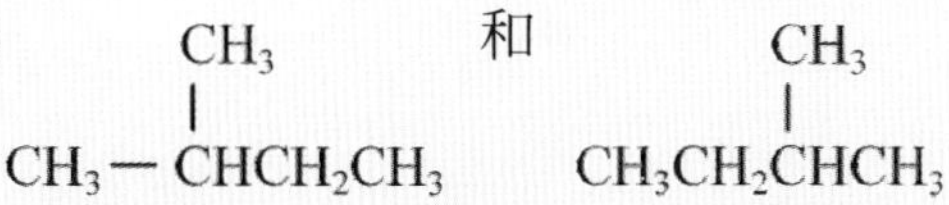

(4)
$$\begin{array}{c} CH_3CHCH_3 \\ | \\ CH_3 \end{array} \quad 和 \quad \begin{array}{r} CH_3CH_2CHCH_3 \\ | \\ CH_3 \end{array}$$

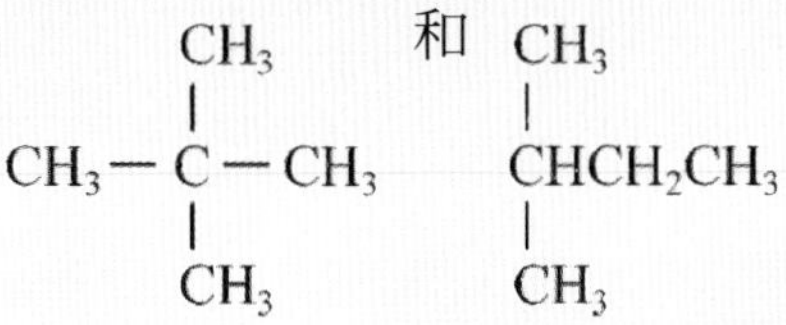

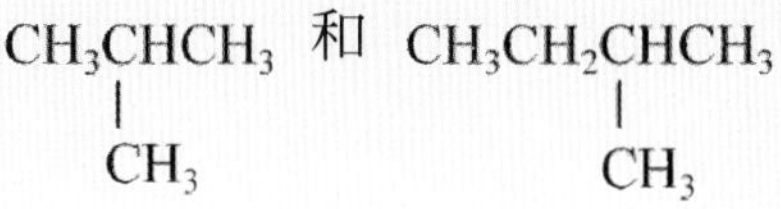

參考書籍

1. 王昭鈞(2002)．有機化學（第 2 版）．台北：藝軒。

2. Timberlake, Karen C. (2003). Chemistry: An Introduction to General, Organic, and Biological Chemistry (8th ed.). Benjamin Cummings.

3. John McMurry (2005). Fundamentals of Organic Chemistry (5th ed.). Thomson Learning.

Chapter 13

有機化學（一）

黃玲琨

本章大綱

Chapter at a Glance

13-1 不飽和碳氫化合物：烯及炔類
13-2 順反異構物
13-3 不飽和碳氫化合物的性質及反應
13-4 烯類聚合物
13-5 芳香族化合物
13-6 芳香族化合物的性質及反應

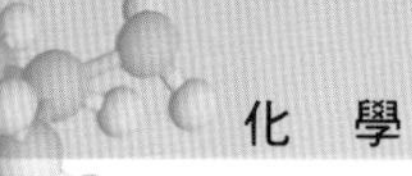

在前一章，我們學習到烷類化合物，其碳－碳原子間完全藉由單鍵結合，稱為飽和碳氫化合物。本章我們將探討不飽和碳氫化合物，其結構中包含有碳—碳原子間的雙鍵（烯類）和參鍵（炔類），它們的鍵結方式與分子形狀已在前一章的 12-2 節介紹過。

■ 圖 13.1　現代所使用的樟腦丸；又稱萘丸，組成分子式為 $C_{10}H_8$，為芳香族化合物。

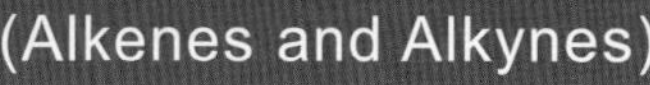

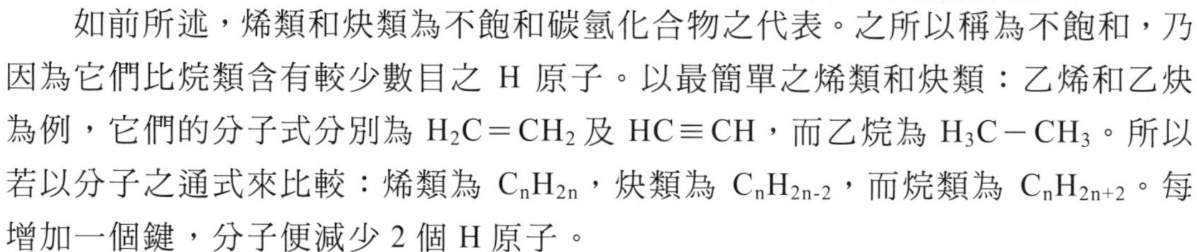

13-1　不飽和碳氫化合物：烯及炔類 (Alkenes and Alkynes)

如前所述，烯類和炔類為不飽和碳氫化合物之代表。之所以稱為不飽和，乃因為它們比烷類含有較少數目之 H 原子。以最簡單之烯類和炔類：乙烯和乙炔為例，它們的分子式分別為 $H_2C=CH_2$ 及 $HC\equiv CH$，而乙烷為 H_3C-CH_3。所以若以分子之通式來比較：烯類為 C_nH_{2n}，炔類為 C_nH_{2n-2}，而烷類為 C_nH_{2n+2}。每增加一個鍵，分子便減少 2 個 H 原子。

乙烯在自然界為植物果實成熟之必須荷爾蒙，功能為催化植物纖維素之斷裂，所以會有花謝、葉落。此外，大部分花果之香味亦來自於植物本身合成之烯類化合物，乙炔則是工業界用在焊接技術的燃料，其燃燒產生之高溫足以切斷鋼鐵材料。

烯類與炔類化合物之命名大致可依前章 12-4 節之規則配合表 12.1 進行。在此我們舉幾個例題加以說明。

例題 13.1

試以 IUPAC 命名法命名 $CH_3CH_2CH=CH_2$

回憶 12-4 節之規則，

1. 由表 12.1 得知，上述化合物之官能基為烯類雙鍵，英文字尾為-ene；主鏈含有 4 個碳，所以為 butene（丁烯）。
2. 編號主鏈之 C 原子，由最近官能基（雙鍵）之一端編起。

   $\underset{4}{C}H_3\underset{3}{C}H_2\underset{2}{C}H=\underset{1}{C}H_2$

3. 標示官能基位置，在 C_1 之後。
4. 所以全名為 1-butene（1-丁烯）。

例題 13.2

請以 IUPAC 法命名

$$\begin{array}{l} \quad\ \ CH_3 \\ \quad\ \ \ | \\ CH_3CH-C\equiv CH \end{array}$$

1. 對照表 12.1，官能基為參鍵，字尾應為 yne，主鏈含 4 個 C，稱為 butyne（丁炔）。
2. 將主鏈之 C 編號，由靠近參鍵端編起。

$$\begin{array}{l} \quad\ \ CH_3 \\ \quad\ \ \ | \\ \underset{4}{CH_3}\underset{3}{CH}-\underset{2}{C}\equiv \underset{1}{CH} \end{array}$$

3. 官能基在 C_1 之後，所以母體稱為 1-butyne（1-丁炔）。

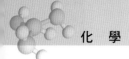

4. 主鏈之 C_3 有一個甲基(methyl)取代基。

5. 全名為：3-methyl-1-butyne（3-甲基-1-丁炔）。

例題 13.3

請以 IUPAC 法命名 CH_3

1. 參表 12.1，官能基為雙鍵，字尾應為 ene，主鏈為 5 個 C，稱為 pentene（戊烯）。

2. 主鏈為環狀，所以稱為 cyclopentene（環戊烯）。

3. 取代基之位置盡量以最低 C 號為原則，所以全名為 3-甲基-環戊烯(3-methyl-cyclopentene)。

某些低碳數（≦4 個 C）的烯類常以俗名稱之。其方法為將相當碳數之烷基字尾加上-ene，例如，乙烯之英文俗名 ethylene 來自於乙基 ethyl 加上 ene，同理丙烯俗名為 propylene，丁烯為 butylene。

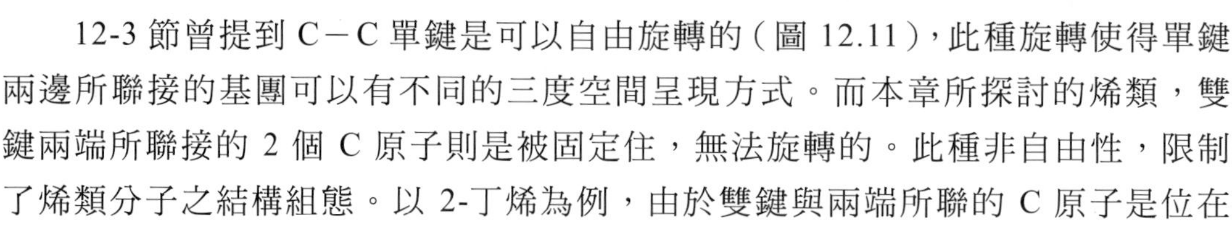

13-2 順反異構物 (Cis-Trans Isomers)

12-3 節曾提到 C－C 單鍵是可以自由旋轉的（圖 12.11），此種旋轉使得單鍵兩邊所聯接的基團可以有不同的三度空間呈現方式。而本章所探討的烯類，雙鍵兩端所聯接的 2 個 C 原子則是被固定住，無法旋轉的。此種非自由性，限制了烯類分子之結構組態。以 2-丁烯為例，由於雙鍵與兩端所聯的 C 原子是位在同一平面上，且由於雙鍵不能旋轉，所以其結構便有二種不同的表示方式：

$$\begin{array}{ccc} H & & H \\ & C{=}C & \\ H_3C & & CH_3 \end{array} \qquad \begin{array}{ccc} H_3C & & H \\ & C{=}C & \\ H & & CH_3 \end{array}$$

(A) 與 (B)

顯然的，(A)和(B)雖然分子式一樣，但因雙鍵不能旋轉，二者之結構是不同的。為了區別起見，我們把(A)，2 個甲基位於雙鍵的同一側，稱為順式-2-丁烯(*cis*-2-butene)；而把(B)，2 個甲基位於雙鍵的不同側，稱為反式-2-丁烯(*trans*-2-butene)；並把此種異構物稱為**順反異構物**(*cis-trans* isomers)。

然而並非所有烯類皆具有順反異構物，如丙烯或 1-丁烯之結構：

$$\begin{array}{ccc} H & & H \\ & C{=}C & \\ H & & CH_3 \end{array} \qquad \begin{array}{ccc} H & & H \\ & C{=}C & \\ H & & CH_2CH_3 \end{array}$$

丙烯　　1-丁烯

它們的雙鍵所聯之二個 C 之一接的同樣是 H，此時便沒有順式和反式的差別。所以規則為只要雙鍵碳之一所聯接的二基團完全一樣時，便不會有順反異構物存在。

雙鍵的非旋轉性可以「雙指模型」來加深印象。在單鍵的場合，就類似我們把左手及右手之食指對食指相接起來。此時不管我們如何旋轉左右手，雙手食指仍然保持相接。但當我們除了食指相接以外，再把雙手的中指對中指相接在一起，如圖 13.2 以表示烯類中雙鍵的場合。此時當你想要自由旋轉左手或右手時，勢必需要使食指或中指之一的接合處脫落。這展示了我們之前所討論的「雙鍵不能旋轉」，若要旋轉，唯有打斷其中一個鍵才能達成。

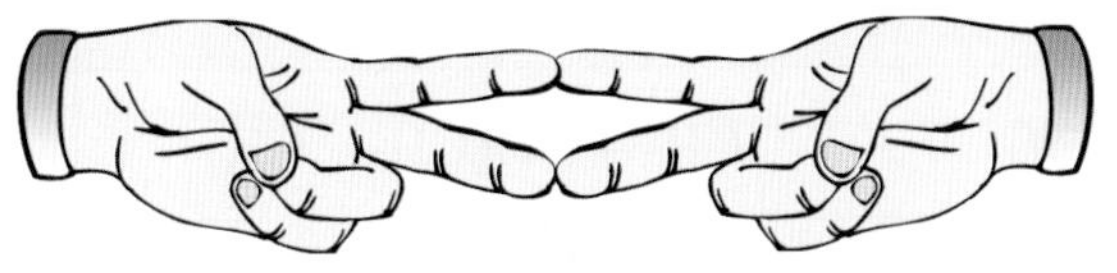

圖 13.2　雙鍵之「雙指模型」

烯類的順式和反式異構物常具有不同的物理性質，例如，順-2-丁烯之沸點為 3.7℃，熔點為−139℃；而反-2-丁烯之沸點為 0.3℃，熔點為−106℃。顯示，反式之結構比順式安定，因為在反式的場合，較大的 2 個甲基基團彼此分得較開，較無空間推擠的應力存在。

13-3 不飽和碳氫化合物的性質及反應 (The Properties and Reactions of Unsaturated Hydrocarbons)

一、物理性質

由於烯類與炔類分子中只含有 C 和 H 原子，所以它們的物理性質類似烷類，同屬非極性或低極性之化合物。我們在 12-9 節所介紹的影響烷類物理性質的因素，同樣適用於烯類和炔類。例如，化合物沸點隨分子量之增大而提高，且每增加一個 C 原子於 C 鏈，沸點約提高 20~30℃。此外，支鏈化合物比起同分子量之直鏈者有較低的沸點；而熔點亦會隨分子量之增大而呈鋸齒狀提高。表 13.1 及 13.2 分別列出一些烯類和炔類化合物的物理性質。

[表 13.1] 某些烯化合物之物理性質

英文名稱	中文名稱	結構式	沸點 °C	熔點 °C	密度 (20°C)
Ethylene	乙烯	$CH_2=CH_2$	-102	-169	
Propylene	丙烯	$CH_2=CHCH_3$	-48	-158	
1-Butene	1-丁烯	$CH_2=CHCH_2CH_3$	-6.5		
1-Pentene	1-戊烯	$CH_2=CH(CH_2)_2CH_3$	30		0.643
1-Hexene	1-己烯	$CH_2=CH(CH_2)_3CH_3$	63.5	-138	0.675
1-Hepene	1-庚烯	$CH_2=CH(CH_2)_4CH_3$	93	-119	0.698

[表 13.1] 某些烯化合物之物理性質（續）

英文名稱	中文名稱	結構式	沸點 °C	熔點 °C	密度 (20°C)
1-Octene	1-辛烯	$CH_2=CH(CH_2)_5\ CH_3$	122.5	-104	0.716
1-Nonene	1-壬烯	$CH_2=CH(CH_2)_6\ CH_3$	146		0.731
1-Decene	1-癸烯	$CH_2=CH(CH_2)_7\ CH_3$	171	-87	0.743
Cis-2-Butene	順-2 丁烯	*cis*- $CH_3CH=CHCH_3$	4	-139	
trans-2-Butene	反-2 丁烯	*trans*- $CH_3CH=CHCH_3$	1	-106	

[表 13.2] 某些炔化合物之物理性質

英文名稱	中文名稱	結構式	沸點 °C	熔點 °C	密度 (20°C)
Acetylene	乙炔	$CH\equiv CH$	-75	-82	
Propyne	丙炔	$CH\equiv CCH_3$	-23	-102	
1-Butyne	1-丁炔	$CH\equiv CCH_2\ CH_3$	-9	-122	
1-Pentyne	1-戊炔	$CH\equiv C(CH_2)_2CH_3$	40	-98	0.695
1-Hexyne	1-己炔	$CH\equiv C(CH_2)_3\ CH_3$	72	-124	0.719
1-Heptyne	1-庚炔	$CH\equiv C(CH_2)_4CH_3$	100	-80	0.733
1-Octyne	1-辛炔	$CH\equiv C(CH_2)_5CH_3$	126	-70	0.747
1-Nonyne	1-壬炔	$CH\equiv C(CH_2)_6CH_3$	151	-65	0.763
1-Decyne	1-癸炔	$CH\equiv C(CH_2)_7CH_3$	182	-36	0.770
2-Butyne	2-丁炔	$CH_3C\equiv CCH_3$	27	-24	0.694
2-Pentyne	2-戊炔	$CH_3C\equiv CCH_2CH_3$	55	-101	0.714

二、化學性質與反應

不飽和碳氫化合物主要會進行兩類化學反應：一為**親電性加成反應**(electrophilic addition reaction)，另一為**氧化反應**(oxidation)。以下分別說明。

親電性加成反應

由於烯類與炔類的雙鍵與參鍵為化合物分子電子集中的地方，特別是它們的 π 鍵易斷裂，而提供電子去吸引缺少電子的原子或原子團，一起形成新的單鍵結合。這些缺少電子的原子或原子團通稱為**親電劑**(electrophiles)。而這種把原子或原子團加到雙鍵或參鍵碳上的反應形式便稱為加成反應。親電性加成反應可以下列的一般反應式來表示：

烯類：$>C=C< + A-B \longrightarrow -\underset{|}{\overset{\overset{\large A}{|}}{C}}-\underset{|}{\overset{\overset{\large B}{|}}{C}}-$

炔類：$-C\equiv C- + A-B \longrightarrow -\underset{\underset{\large A}{|}}{C}=\underset{\underset{\large B}{|}}{C}- \xrightarrow{A-B} -\underset{\underset{\large A}{|}}{\overset{\overset{\large A}{|}}{C}}-\underset{\underset{\large B}{|}}{\overset{\overset{\large B}{|}}{C}}-$

上式中的 A－B 代表親電劑：典型的有 H_2，X_2，HX，H_2O 等。

例如，當 A－B 為 H－H（即親電劑為 H_2）時，此種加成反應便稱為氫化，因為我們是把 H 原子加到雙或參鍵的碳上去形成飽和的烷類。通常氫化反應要進行得迅速順利又完全，必須添加 Pt，Ni，Pd 等當催化劑。同理，當 A－B 為 X－X（即 X_2 當親電劑）時，會得到反應產物二鹵烷（烯類）或四鹵烷（炔類）。以下的例子說明上述反應的進行。

例如：

$$CH_3CH{=}CH_2 + H_2 \xrightarrow{P_t} CH_3CH_2CH_3$$

$$CH_3CH{=}CH_2 + Br_2 \xrightarrow{CCl_4} CH_3\underset{\substack{|\\Br}}{C}HCH_2Br$$

$$CH_3C \equiv CH + H_2 \xrightarrow{P_t} CH_3CH{=}CH_2$$

$$CH_3C \equiv CH + 2H_2 \xrightarrow{P_t} CH_3CH_2CH_3$$

上例中，由於 A 和 B 是相同的原子，所以加成反應進行中，並無法區別 A 和 B 分別加到雙或參鍵的哪一個碳上。但是當 A－B 是 H－X（鹵化氫）或 H－OH（H_2O，水）時，親電劑加到不飽和鍵上的方向性便可區分得出來了。如下例所顯示的：當丙烯與 HBr 反應時，HBr 要加到雙鍵的 2 個碳上可有兩種方式，而分別得到產物 I 及 II。

$$CH_3\underset{2}{CH}{=}\underset{1}{CH_2} + HBr \longrightarrow \underset{(\text{I})}{CH_3\underset{\substack{|\\Br}}{CH}-CH_3} + \underset{(\text{II})}{CH_3CH_2-\underset{\substack{|\\Br}}{CH_2}}$$

(I)是由親核劑中的 A（即 H）原子加到丙烯雙鍵的 1 號碳上，且 B（即 Br）原子加到 2 號碳上所形成的。(II)則是由 A(H)原子加到 2 號碳，且 B(Br)原子加到 1 號碳上所形成的。但事實上，只有產物(I)的反應會發生。上例中，雖然雙鍵所接的 2 個碳原子是一樣的，但它們個別的環境（請參 12-2 節碳的級數）卻是有差異的。級數越大的碳原子越是穩定的陽離子，而越易與親電劑的負電原子（陰離子）相結合。意即，當親電劑 HX 或 H_2O(H－OH)加到不飽和鍵上時，H 原子永遠傾向於接到含 H 較多的那一個碳上。此一規則稱為**馬可尼可夫法則 (Markovnikov's rule)**。

當然，若遇到不飽和鍵的 2 個碳原子環境相同的場合，正如乙烯或乙炔的情況，便沒有加成反應方向性的問題。此時不管反應如何加成，都只會得到同一個產物。例如，把上式中的丙烯換成乙烯來進行同樣的反應，則只會得到一種產物 CH_3CH_2Br（溴化乙烷）。

而當丙烯與水進行加成反應（稱為水合(hydration)反應）時，在酸(H^+)當催化劑下，同樣運用馬可尼可夫法則，便會引導出下列的反應產物：

$$CH_3CH=CH_2 + HOH \xrightarrow{H^+} CH_3\underset{\substack{|\\ OH}}{CH}-CH_3$$

異丙醇

而不會產生正丙醇($CH_3CH_2CH_2OH$)為產物。

例題 13.4

將 2-甲基-2-丁烯分別進行下列反應後，會得到什麼產物？ 1.氫化，2.水合，3.加 HBr。

1. 2-甲基丁烷；2. 2-甲基-2-丁醇；3. 2-溴- 2-甲基丁烷

特別注意到，上述的水合反應若發生於炔類時，會產生烯醇(enol)中間產物。由於烯醇不安定，很容易再進行自身的所謂**反復異構化**(tautomerism)而形成醛類或酮類為最終產物。

例如，

$$CH_3C\equiv CH + H_2O \xrightarrow[HgSO_4]{H_2SO_4} CH_3\underset{\substack{|\\ OH}}{C}=CH_2 \rightleftarrows CH_3\underset{\substack{\|\\ O}}{C}-CH_3$$

烯醇　　　丙酮

氧化反應

不飽和碳氫化合物的另一主要反應為**氧化**(oxidation)。在常見氧化劑如 $KMnO_4$，O_3 等的存在下，烯類和炔類分別會氧化生成如二醇類、醛、酮或酸等產物。在使用 $KMnO_4$ 的場合，由於反應的進行會使氧化劑被還原而伴隨有顏色變化，所以亦可作為判斷未知化合物中是否含有雙鍵或參鍵等不飽和化合物的依據。

烯類在室溫以下與鹼性的高錳酸鉀($KMnO_4$)水溶液反應生成二醇類(diol)：

$$\mathrm{>C{=}C<} \xrightarrow[\text{鹼，室溫}]{KMnO_4/H_2O} \mathrm{-\underset{OH}{\underset{|}{\overset{|}{C}}}-\underset{OH}{\underset{|}{\overset{|}{C}}}-}$$

二醇類

例如：

$$3CH_3CH=CHCH_3 + \underset{\text{紫色}}{2KMnO_4} + 4H_2O \longrightarrow 3CH_3\underset{OH}{\underset{|}{C}}H-\underset{OH}{\underset{|}{C}}HCH_3 + \underset{\text{棕色沉澱}}{2MnO_2} + 2KOH$$

由於反應會使原來紫色的高錳酸鉀變成棕色的二氧化錳沉澱，所以可以證明原反應物中含有雙鍵（烯類）。

上述的反應若使用酸性的高錳酸鉀且伴隨加溫，則會使二醇類再進一步反應生成酮、酸，或在末端雙鍵烯的場合，生成 CO_2。

例如：

$$CH_3CH=CHCH_3 \xrightarrow[NaIO_4]{KMnO_4} 2CH_3COOH$$

$$CH_3-\overset{CH_3}{\overset{|}{C}}=CH_2 \xrightarrow[NaIO_4]{KMnO_4} CH_3-\overset{CH_3}{\overset{|}{C}}=O + CO_2$$

烯類如果是受臭氧(O_3)氧化，則會生成易爆炸的臭氧化物，此時再加水和鋅粉當還原劑，則可得到醛或酮類生成物。

例如：

$$CH_3-\overset{\displaystyle CH_3 \atop |}{C}=CH_2 \xrightarrow[H_2O/Zn]{O_3} CH_3-\overset{\displaystyle CH_3 \atop |}{C}=O+H-\overset{\displaystyle O \atop \|}{C}-H$$

而炔類在 $KMnO_4$ 存在並加熱下，會生成酸。

例如：

$$CH_3CH_2C\equiv CCH_3 \xrightarrow[\Delta]{KMnO_4} CH_3CH_2COOH+CH_3COOH$$

13-4 烯類聚合物 (Alkene Polymers)

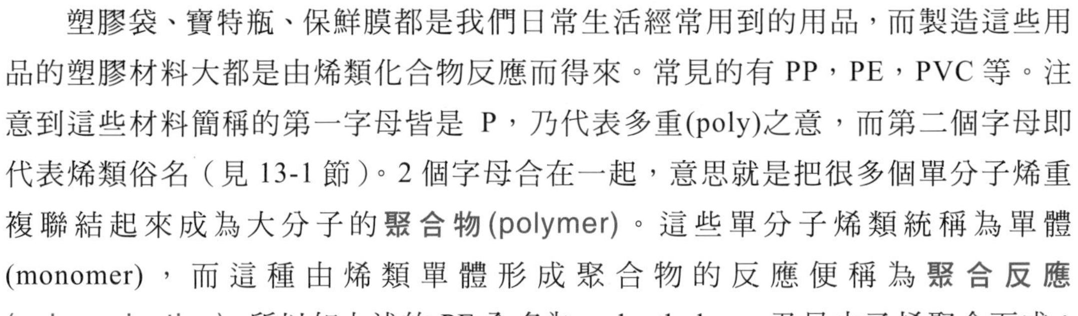

塑膠袋、寶特瓶、保鮮膜都是我們日常生活經常用到的用品，而製造這些用品的塑膠材料大都是由烯類化合物反應而得來。常見的有 PP，PE，PVC 等。注意到這些材料簡稱的第一字母皆是 P，乃代表多重(poly)之意，而第二個字母即代表烯類俗名（見 13-1 節）。2 個字母合在一起，意思就是把很多個單分子烯重複聯結起來成為大分子的**聚合物**(polymer)。這些單分子烯類統稱為單體(monomer)，而這種由烯類單體形成聚合物的反應便稱為**聚合反應**(polymerization)。所以如上述的 PE 全名為 polyethylene，乃是由乙烯聚合而成；PP 為 polypropylene，乃由丙烯聚合形成。

例如：

$$\underset{\text{Ethylene}}{n\ CH_2=CH_2} \xrightarrow{\text{聚合}} \underset{\text{PE}}{\left(CH-CH\right)_n}$$

$$\underset{\text{VC}}{n\ CH_2=\underset{\displaystyle | \atop Cl}{CH}} \xrightarrow{\text{聚合}} \underset{\text{PVC}}{\left(CH_2-\underset{\displaystyle | \atop Cl}{CH}\right)_n}$$

單體烯由於具有雙鍵，如前述性質，易進行加成反應。然其聚合產物為類似烷類之單鍵結合，所以不易反應或分解。因此大部分的塑膠製品雖耐久用，但於使用後須回收(recycle)處理，以免污染環境。

13-5 芳香族化合物 (Aromatic Hydrocarbons)

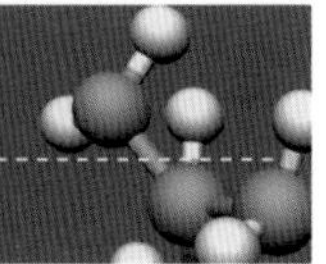

碳氫化合物概分為**脂肪族**(aliphatic)與**芳香族**(aromatic)。前面所介紹的烷、烯、炔類皆屬於前者。而本節要介紹的芳香族碳氫化合物為在結構上具有至少一個如下所示的六碳平面環，稱為**苯環**(benzene ring)**的化合物**。

此苯環的構造特徵為平面六角形，每一個角為一個碳原子。C－C 之聯結為間隔雙鍵與單鍵。所以每個碳原子就如同烯類之雙鍵 C，為 sp^2 鍵結，分別與 2 個碳及 1 個氫原子以 σ 鍵相接。而每個 C 原子又另外以一個 p 軌域和相鄰碳原子的 p 軌域重疊形成 π 鍵於平面環的上或下方。所以苯環上有 3 個雙鍵，且由於是間隔排列，所以會有共振現象。苯環的共振現象使其可以下圖簡要表示：

一、芳香族化合物的命名

芳香族化合物的命名方式大致類似前章 12-4 節之規則。在此我們以下列幾點歸納來做補充說明：以苯環為母體（官能基）、苯環做為取代基、多苯環化合物。

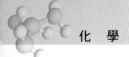

以苯環為母體

視芳香族化合物中之苯環為主體，以苯(benzene)當字尾。苯環上的取代基種類、數目、命名之先後順序悉依 12-4 節規範。

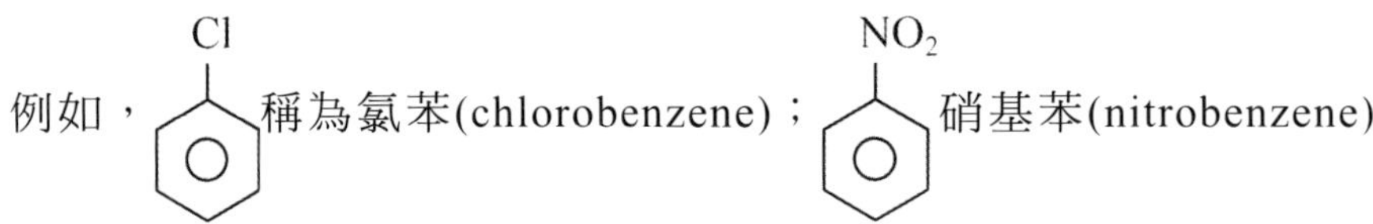

例如，（Cl 苯環）稱為氯苯(chlorobenzene)；（NO_2 苯環）硝基苯(nitrobenzene)

但以下幾例則通常以俗名稱之：

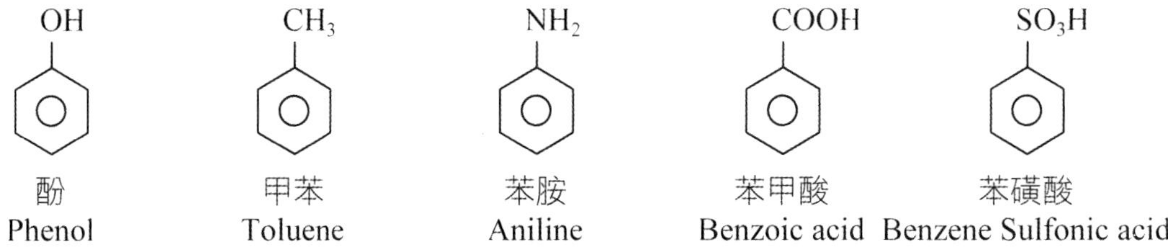

酚	甲苯	苯胺	苯甲酸	苯磺酸
Phenol	Toluene	Aniline	Benzoic acid	Benzene Sulfonic acid

而當苯環上有多於一個取代基時，為方便指出取代基之位置，必須將環之 6 個碳編號。編號之規則為將取代基先後排序後，最後那一個取代基所在之位置當 1 號碳，而其他取代基之位置則以維持號數最少為原則。

例如：（Cl、NO_2 鄰位取代苯環）

依取代基英文名稱第一個字母排序，氯基(C)在前，硝基(N)在後。所以以硝基所在當 1 號碳，氯基依最少號數原則為在 2 號碳位置。所以全名為：2-氯硝基苯(2-chloronitrobenzene)。

例如：（NO_2、Cl、Br 取代苯環）4-溴-2-氯硝基苯(4-bromo-2-chloronitrobenzene)

在雙取代基的場合，除了可以碳之號數指出取代基在苯環上的位置，另一常用方式為以鄰位－(ortho, *o*-)，間位－(meta, *m*-)，對位－(para, *p*-)指出二取代基之間的相對位置。

例如：

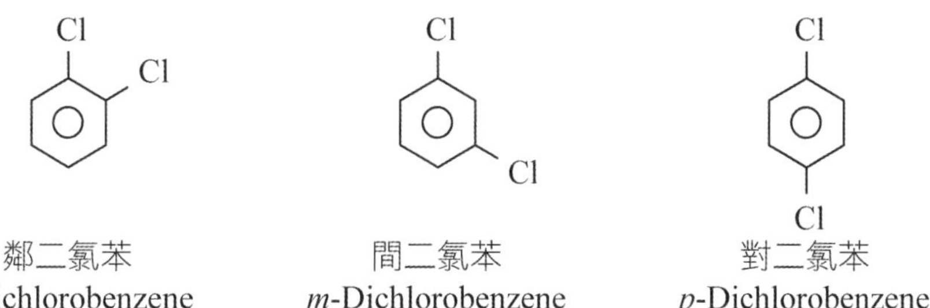

鄰二氯苯	間二氯苯	對二氯苯
o-Dichlorobenzene	*m*-Dichlorobenzene	*p*-Dichlorobenzene

例如：（Cl、NO_2 鄰位取代之苯環）另可稱為鄰氯硝基苯(o-chloronitrobenzene)

而取代基若牽涉俗名時，則以俗名之取代基所在位置當第 1 號碳。

例如：（NH_2、Br、NO_2 取代之苯環）

須以俗名 aniline 為主體，而以 NH_2 之所在當第 1 號碳，所以稱為 2-溴-4-硝基苯胺(2-bromo-4-nitroaniline)。

例如：（CH_3、O_2N、NO_2、NO_2 取代之苯環） 2,4,6-三硝基甲苯(2,4,6-trinitrotoluene, T.N.T)

以苯環當取代基

此種狀況常發生於苯環上接有長鏈的脂肪族基團時，此時化合物的命名通常以脂肪基團當主體，而將苯環視為取代基。常見的苯環取代基有如下二種：

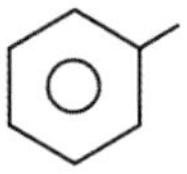

CH_2^-

苯基(Phenyl) 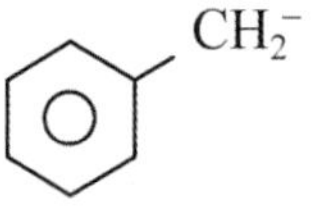　　苄基(Benzyl)

例如：

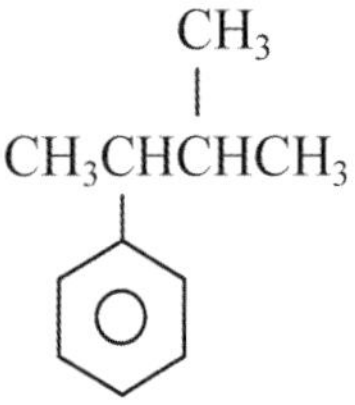

CH_3

$CH_3CHCHCH_3$ 稱為 2-甲基-3-苯基丁烷(2-methyl-3-phenylbutane)。

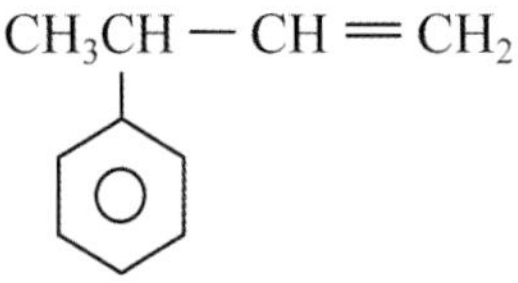

$CH_3CH-CH=CH_2$ 稱為 3-苯基-1-丁烯(3-phenyl-1-butene)。

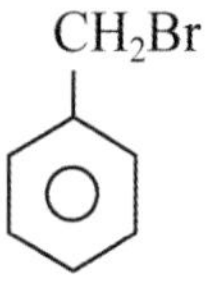

CH_2Br 稱為溴化苄(benzylbromide)。

多環化合物(Polycyclic Aromatic Hydrocarbons, PAHs)

多環化合物指的是 2 個或 2 個以上的苯環，具有邊對邊聯結在一起的形式所形成的化合物。較常見的有 2 個環的萘(naphthalene)和 3 個環形成的蒽(anthracene)及菲(phenanthrene)：

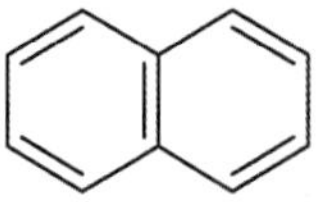

萘 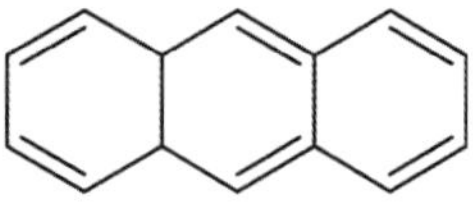　　蒽 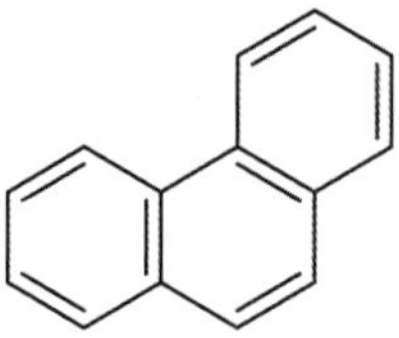　　菲

萘是樟腦丸的成分，蒽為製造染料之原料，菲則是已知的致癌物。

13-6 芳香族化合物的性質及反應

(The Properties and Reactions of Aromatic Hydrocarbons)

一、物理性質

芳香化合物由於仍以碳和氫為主要組成，所以其物理性質與前面提到之烷、烯、炔等脂肪族化合物相去不遠。例如，密度小於水；具低極性而不溶於水中，只可溶於一樣低極性之溶劑如四氯化碳和醚類等溶劑中。而對於脂肪族取代之芳香化合物，其沸點與熔點亦隨碳數增加而提高；稍不同處為分子的形狀亦會影響熔點之高低。以同分子量之二甲苯為例，對位二甲苯之熔點就高於鄰位與間位者。表 13.3 列出一些脂肪族取代芳香化合物之物理性質做比較。

[表 13.3] 一些脂肪族取代芳香化合物之物理性質

英文名稱	中文名稱	結構式	沸點 °C	熔點 °C	密度 (20°C)
Benzene	苯	C_6H_6	80	5.5	0.879
Toluene	甲苯	$C_6H_5CH_3$	111	-95	0.866
o-Xylene	鄰-二甲苯	$1,2\text{-}C_6H_4(CH_3)_2$	144	-25	0.880
m-Xylene	間-二甲苯	$1,3\text{-}C_6H_4(CH_3)_2$	139	-48	0.864
p-Xylene	對-二甲苯	$1,4\text{-}C_6H_4(CH_3)_2$	138	13	0.861
Ethylbenzene	乙苯	$C_6H_5C_2H_5$	136	-95	0.867
Styrene	苯乙烯	$C_6H_5CH=CH_2$	140	-31	0.907
Phenylacetylene	苯乙炔	$C_6H_5C\equiv CH$	142	-45	0.930

二、化學性質及反應

苯環的結構中含有 3 個雙鍵，若將其視為烯類，則按前述烯類可進行的反應推論，苯化合物應進行親電性加成反應。但事實不然，芳香族化合物只進行親電性取代反應(electrophilic substitution)，由親電劑取代苯環碳上的 H 原子，而非加到雙鍵碳上。典型的取代反應可以下列通式表示：

$$C_6H_5\text{—}H + E^+ \longrightarrow C_6H_5\text{—}E + H^+$$

E^+代表親電劑，常見的親電劑及對應的反應名稱如下：

E^+：X^+ $(Fe+FeX_3)$鹵化反應

NO_2^+ $(HNO_3+H_2SO_4)$硝化反應

SO_3 $(SO_3+H_2SO_4)$磺酸化反應

R^+ $(RX+AlX_3)$烷化反應

$R-\overset{\overset{\large O}{\|}}{C}^+ \; (R-\overset{\overset{\large O}{\|}}{C}-X+AlX_3)$ 醯化反應

H^+（水溶性稀酸）質子化反應

以下分別以實例補充說明每一種反應：

鹵化反應(Halogenation)

$$C_6H_6 + Br_2 \xrightarrow{FeBr_3} C_6H_5Br + HBr$$

溴苯

反應試劑產生親電劑 Br^+（溴離子）之機轉為：

$$Br-Br + FeBr_3 \rightarrow Br^+ + FeBr_4^-$$

硝化反應(Nitration)

$$C_6H_6 + HNO_3 \xrightarrow{H_2SO_4} C_6H_5NO_2 + H_2O$$

反應試劑產生親電劑 N^+O_2 之機轉為：

$$HONO_2 + H_2SO_4 \rightleftharpoons NO_2^+ + H_2O + HSO_4^-$$

磺酸化反應(Sulfonation)

$$C_6H_6 \xrightarrow[SO_3]{H_2SO_4} C_6H_5SO_3H$$

$$2H_2SO_4 \rightleftharpoons H_3O^+ + HSO_4^- + SO_3$$

Friedel-Crafts 烷化反應(Friedel-Crafts Alkylation)

$$C_6H_6 + CH_3Cl \xrightarrow{AlCl_3} C_6H_5CH_3 + HCl$$

$$CH_3Cl + AlCl_3 \longrightarrow CH_3^{+} + AlCl_4^{-}$$

Friedel-Crafts 醯化反應(Friedel-Crafts Acylation)

$$C_6H_6 + CH_3-\overset{O}{\overset{\|}{C}}-Cl \xrightarrow{AlCl_3} C_6H_5-\overset{O}{\overset{\|}{C}}-CH_3 + HCl$$

$$CH_3-\overset{O}{\overset{\|}{C}}-Cl + AlCl_3 \longrightarrow CH_3-\overset{O}{\overset{\|}{C}}^{+} + AlCl_4^{-}$$

質子化反應(Protonation)；去磺酸化反應(Desulfonation)

$$C_6H_5SO_3H + H^{+} \xrightarrow{H_2O} C_6H_6 + H_2SO_4$$

三、 取代基效應

取代基效應為，當反應物苯環上原本已有取代基時，再進行上述的親電性取代反應，則苯環上原本的取代基會對之後反應將取代的苯環位置有決定性的影響。我們基本上可將苯環上原本的取代基歸為二類，即活化基和去活化基。活化基為本身會釋放電子的基團，會使得苯環上的陽離子相對穩定，而使反應易於進行。反之，去活化基為本身會拉走鄰近電子的基團，它的存在會使苯環上的陽離子變得不穩定，使反應不容易進行。

活化基由強至弱排列如$-NH_2$，$-OH$，$-OCH_3$，$-NHCCH_3$（C=O），$-C_6H_5$，$-CH_3$等會引導親電劑接到苯環的鄰位和對位上。例如下式中酚的硝化反應：

$$C_6H_5OH + HNO_3 \xrightarrow{H_2SO_4} o\text{-}NO_2C_6H_4OH + p\text{-}NO_2C_6H_4OH$$

去活化基由強至弱排列如$-N^+(CH_3)_3$，$-NO_2$，$-CN$，$-SO_3H$，$-COOH$，$-CHO$，$-COR$，$-X$等會引導親電劑接到苯環的間位位置。

例如，苯磺酸的硝化反應：

$$C_6H_5SO_3H + HNO_3 \xrightarrow{H_2SO_4} m\text{-}NO_2C_6H_4SO_3H$$

需要注意的是，鹵素$-X$為弱的去活化基，其會引導親電劑接到鄰和對位的位置，是去活化基中的例外。

例如，氯苯之硝化反應：

$$C_6H_5Cl + HNO_3 \xrightarrow{H_2SO_4} p\text{-}NO_2C_6H_4Cl + o\text{-}NO_2C_6H_4Cl$$

結 語

本章介紹了分子結構中含有碳－碳雙鍵（烯類）和碳－碳參鍵（炔類）的不飽和有機化合物。我們也看到了呈環狀結構的間隔三烯類六碳化合物（芳香族化合物）。芳香族化合物雖然也含有雙鍵，在物理性質方面與烯類化合物也相去不遠，然在化學性質方面則與烯類差異頗大。烯類主要進行親電性加成反應，而苯等芳香族化合物則進行親電性取代反應。

小試身手

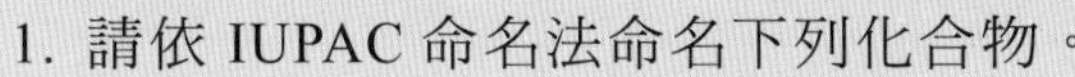

1. 請依 IUPAC 命名法命名下列化合物。

(1) $CH_3CH_2CH_2CH=CHCH_3$

(2)

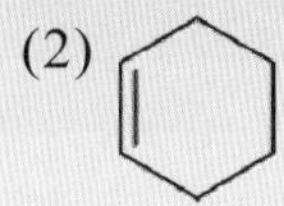

(3) $CH_3CH_2C\equiv CH$

(4)

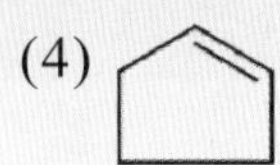

(5) 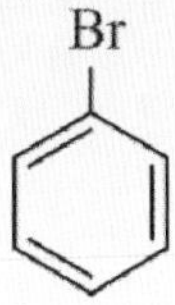 Br

(6) 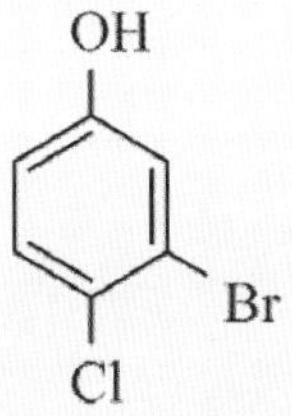 OH Br Cl

(7) 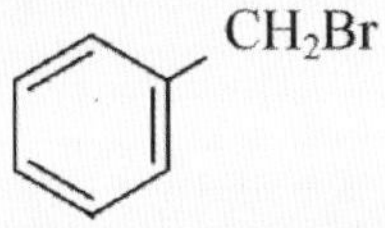 CH_2Br

2. 請指出下列各組中之結構所代表的是異構物；*cis-trans* 異構物還是同樣的分子？

(1) 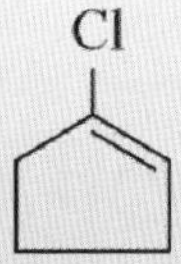 Cl 和 Cl

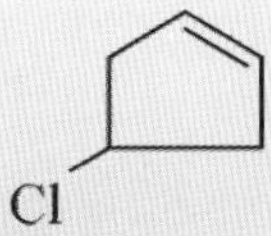

(2) 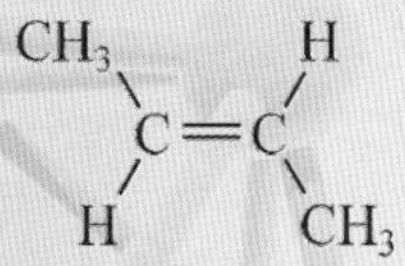 CH_3 H $C=C$ H CH_3 和 CH_3 CH_3 $C=C$ H H

(3) $CH_2=CH$ CH_2CH_3 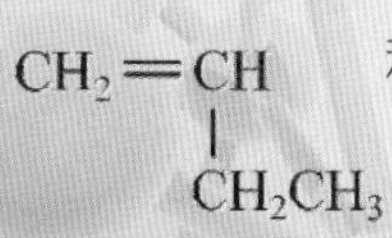 和 $CH_3CH_2CH=CH_2$

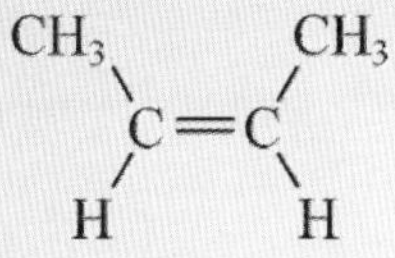

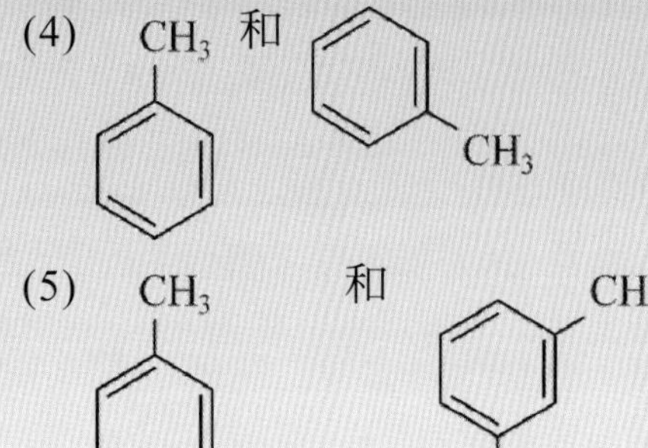

3. 請寫出下列反應之產物結構式？

(1) 環己烯 + $H_2 \xrightarrow{Pt}$

(2) $CH_3CH_2C \equiv CH + 2H_2 \xrightarrow{Pt}$

(3) 環己烯 + $H_2O \xrightarrow{H^+}$

(4) $CH_3CH_2CH = CH_2 + H_2O \xrightarrow{H^+}$

參考書籍

1. 王昭鈞(2002)．有機化學（第 2 版）．台北：藝軒。
2. John McMurry (2005). Fundamentals of Organic Chemistry (5th ed.). Thomson Learning.
3. Timberlake, Karen C. (2003). Chemistry: An Introduction to General, Organic, and Biological Chemistry (8th ed.). Benjamin Cummings.

Chapter 14

有機化學（二）

徐惠麗

本章大綱

Chapter at a Glance

只含碳氫組成之有機化合物，前一章已說明。除碳、氫外，若含氧、氮元素，則形成醇、酚、醚、醛、酮、酸、胺及醯胺類化合物，這幾類化合物普遍存在生活中，從食品、藥物、飲料等都有著它們的蹤影（圖 14.1）。研讀這幾類化合物相關知識，累積基礎能力，穩固專業課程。

圖 14.1 茶飲品含有多元酚類、有機酸、醇、醛及酮成份

14-1 醇、酚、醚化合物 (Alcohols、Phenols、 Ethers)

一、醇、酚、醚化合物的構造

具有羥官能基(hydroxyl group－OH)的是**醇類**(alcohol)與**酚類**(phenol)。醇類通式為 ROH，R 為脂肪族基團，而酚類的－OH 直接接到芳香環上，通式為 ArOH（圖 14.2）。

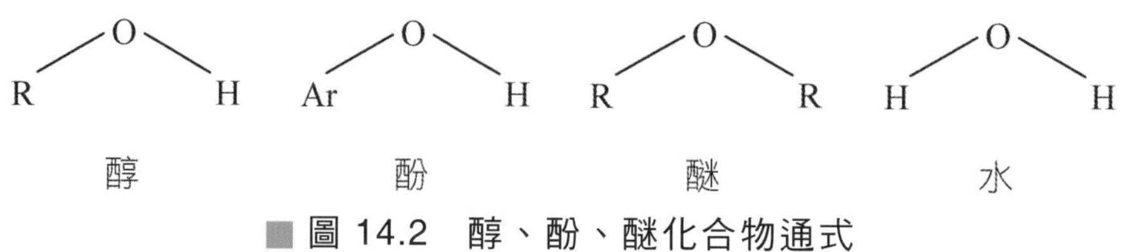

圖 14.2 醇、酚、醚化合物通式

兩類化合物以氧中心為角形形狀，和水相似。另一以氧為中心的是**醚類**(ether)，但氧兩邊連接有機基團，通式為 R－O－R、Ar－O－Ar 或 R－O－Ar。此角形形狀，C－O－C 之鍵角約 110°（圖 14.3）。

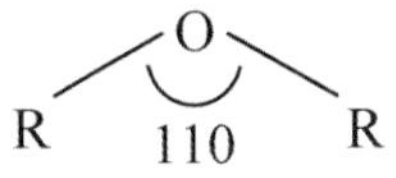

O
R
110
R

■ 圖 14.3 醚類化合物 C－O－C 之鍵角

醇類結構式若含有 1 個羥基，稱為一元醇，如甲醇、乙醇；含有 2 個羥基，稱為二元醇(glycols)，如乙二醇；含有 2 個以上羥基，稱為多元醇；如丙三醇（圖 14.4）。

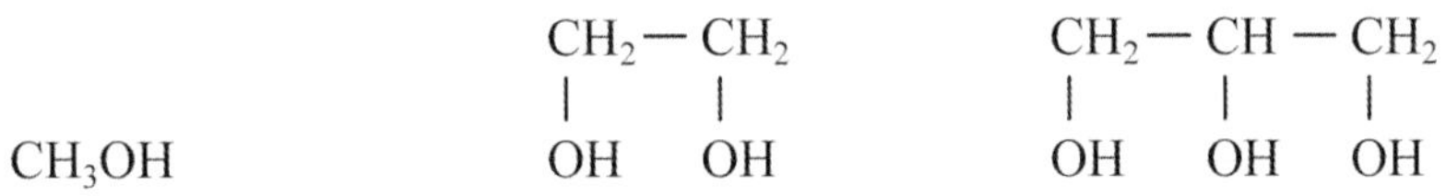

CH_3OH
CH_2-CH_2
OH OH
$CH_2-CH-CH_2$
OH OH OH

甲醇	乙二醇	丙三醇
Methanol	Ethyleneglycol	Glycerol

■ 圖 14.4 含不同數目羥基之醇類化合物

酚類最簡單化合物是酚，一些常見酚類化合物如圖 14.5 所示。

OH
OH
OH
OH
Cl
OH
OH

酚	兒茶酚	間一氯酚	對苯二酚
Phenol	*o*-Dihydroxybenzene	*m*-Chlorophenol	*p*-Dihydroxy benzene

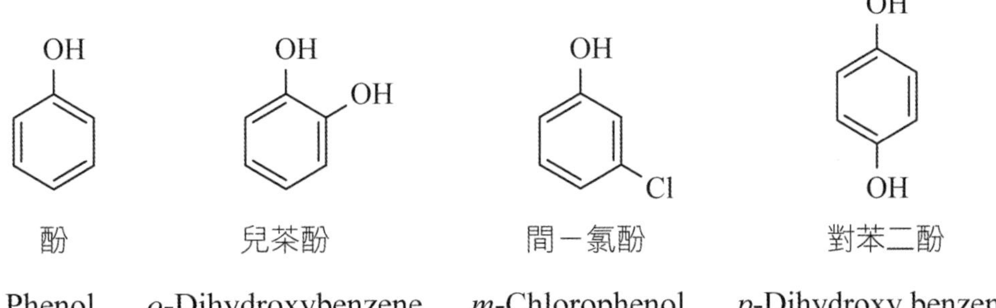

■ 圖 14.5 一些常見酚類化合物

二、醇、酚、醚化合物的命名

醇類英文名是將烷類之字尾 e 去掉，加 ol。

$CH_3CH_2CH_2OH$ 正丙醇 *n*-Propanol

$CH_3CH_2CH_2CH_2OH$ 正丁醇 *n*-Butanol

酚類英文名是以酚為基礎命名，有時則以羥基來命名。醚類英文名是以氧為中心，依其所接基團依序命名。英文名 ether。醚可分為對稱醚和不對稱醚，其中對稱醚為氧兩邊所接基團相同者，不對稱醚為氧兩邊所接基團不相同者。一些常見酚類化合物及其名稱如圖 14.6 所示。

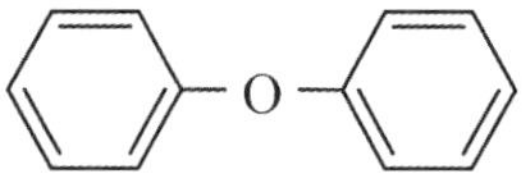

Ph–O–Ph	$CH_3CH_2-O-CH_2CH_3$
二苯醚	二乙醚
Diphenyl ether	Diethyl ether

■ 圖 14.6 一些對稱醚

三、醇、酚、醚化合物的性質及用途

醇的分子為角形形狀，結構式中氧為電負度大的原子，共用電子偏向氧一方，使得醇為一個極性大的分子，而極性隨脂肪族基團增大而變小。另外，因為氫接在電負度大的原子上，使得形成分子間氫鍵(Hydrogen Bond)（圖 14.7）。和水形成氫鍵導致小分子醇可和水互溶。醇的沸點隨碳數增加而增加，若有分支的異構物則使得熔點較低。

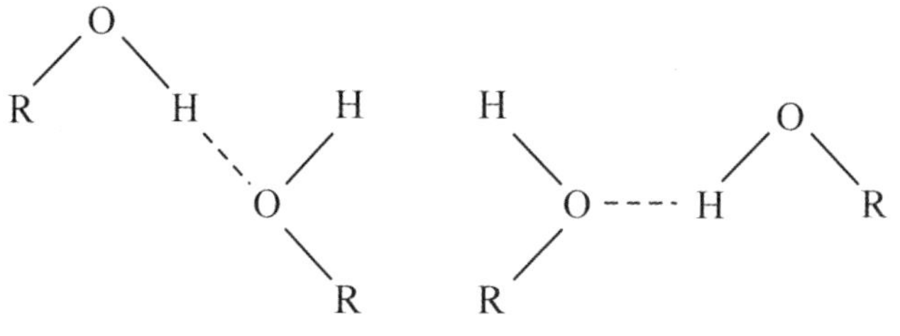

R–O–H ···· O(H)(R)　　H–O(R) ···· H–O–R

■ 圖 14.7 分子間氫鍵

[表 14.1] 同分子量有機化合物及其沸點

化合物	結構式	分子量	b.p.(℃)
正戊烷	$CH_3CH_2CH_2CH_2CH_3$	72	36
二乙醚	$CH_3CH_2-O-CH_2CH_3$	74	35
氯化正丙基	$CH_3CH_2CH_2Cl$	79	47
正丁醛	$CH_3CH_2CH_2CHO$	72	76
正丁醇	$CH_3CH_2CH_2CH_2OH$	74	118

乙醇(CH_3CH_2OH)是其中最有名的醇類。它是糖或澱粉經由生物發酵過程而產生的。乙醇的用途很廣泛，可當作有機化學品溶劑，以及染料、合成藥物、化妝品、炸藥等各項製造過程的起始劑。它也是含有酒精之飲料的其中一種組成分。乙醇是直鏈型醇類中具有最低毒性的。人體會產生一種酵素，稱為醇去氫酶，可經由氧化過程來協助代謝乙醇而轉化為乙醛：

$$CH_3CH_2OH \xrightarrow{\text{醇化氫酶}} \underset{\text{乙醛}}{CH_3CHO} + H_2$$

乙醇也可以被無機氧化劑，譬如酸性的重鉻酸鉀來氧化成乙酸：

$$3CH_3CH_2OH + \underset{\text{橘色}}{2K_2Cr_2O_7} + 8H_2SO_4 \rightarrow$$

$$3CH_3COOH + \underset{\text{綠色}}{2Cr_2(SO_4)_3} + 2K_2SO_4 + 11H_2O$$

這個反應已經被執法人員用來檢測可疑的酗酒駕駛。可將駕駛的呼吸氣體樣品送入稱為呼吸分析器的裝置中，在其中它會與酸性重鉻酸鉀溶液發生反應。根據顏色的變化現象（由橘黃色變成綠色），而偵測出駕駛血液中的乙醇含量。

最簡單的脂肪醇類是甲醇(CH_3OH)。俗稱木精的甲醇具有高毒性，只要攝取幾毫升甲醇就足以導致反胃和眼盲。工業用的乙醇通常會混入甲醇，以避免人們飲用。含有甲醇或其他有毒物質的乙醇被稱為變性酒精。其他兩種熟悉的脂肪是 2-丙醇（或稱為異丙醇），一般是作為擦拭酒精，而乙二醇則是使用來當作抗凍劑。大多數低分子量醇類具有高易燃性。

酚類和醇類一樣具有羥基，結構和醇相似，但酚類的-OH 與芳香環相連接，又稱石炭酸(carbolic acid)。由於分子間產生氫鍵而有高沸點，所以用途很廣，可用於醫藥、食品、塑膠、染料等。具有防腐及殺菌功能，其 3%溶液用於傷口、外科器具及房屋的消毒。柳酸為去角質劑，可治療雞眼及殺黴劑（圖 14.8）。柳酸甲酯為冬綠油之成分，作為肌肉擦劑。

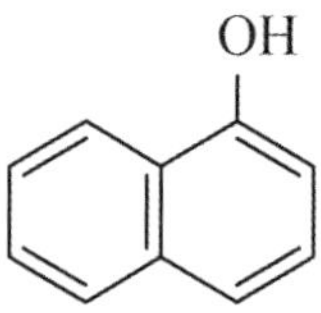

1-萘酚

1-Naphthol

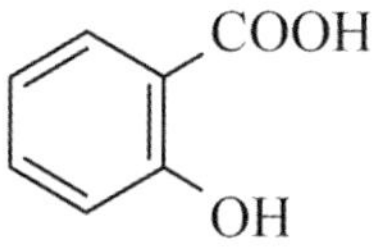

水楊酸

Salicylic acid

■ 圖 14.8　有用途之酚類化合物

如同醇類一般，醚類也是相當易燃的。當醚類殘留在空氣中，將逐漸形成易爆炸性過氧化物：二乙基醚，通常又稱為乙醚。它能藉由抑制中樞神經系統的活動而讓人失去意識，故曾經在好長一段期間中被使用來作為麻醉劑。乙醚的主要缺點是它會過敏，而且麻醉消退過後會產生反胃和嘔吐現象。甲基丙基醚(methyl propyl ether) $CH_3OCH_2CH_2CH_3$，因為不具有副作用，所以在目前經常被使用為麻醉劑。

四、醇、酚、醚化合物的製備及反應

很顯然地，在厭氧環境中，存在於細菌與酵母中的酵素會催化下列反應：

$$C_6H_{12}O_{6(aq)} \xrightarrow{\text{酵素}} 2CH_3CH_2OH_{(aq)} + 2CO_{2(g)}$$

這個過程釋放出能量，而能供應微生物來作為成長與其他用途之用。在商業中，製備乙醇的方法是在約 280℃與 300atm 下，將水加成到乙烯中而得到。有一段時間是從木材中乾餾而得到。現代化工業中，是在高溫高壓下，以一氧化碳與氫分子反應而合成出甲醇：

$$CO_{(g)} + 2H_{2(g)} \xrightarrow[\text{催化}]{Fe_2O_3} CH_3OH_{(g)}$$

甲醇

葛林鈉試劑(Grignard reagent)和醛或酮類反應，再經水解可得到醇化合物。葛林鈉試劑是利用有機鹵化物和金屬鎂在無水乙醚反應獲得。

$$RX + Mg \xrightarrow{\text{無水乙醚}} RMgX$$

葛林鈉試劑

各種羰基化合物(carbonyl compound)利用葛林鈉試劑還原得到一級醇及二級醇。醇的反應牽涉到的斷裂方式，有 C－O 鍵的斷裂，如鹵化物的形成及脫去反應；

$$CH_3CH_2CH_2MgBr + H-\overset{\overset{\displaystyle H}{|}}{C}=O \rightarrow CH_3CH_2CH_2-CH_2OMgBr + H_2O$$

Propylmagnesium bromide　　Formaldehyde

$$\rightarrow CH_3CH_2CH_2-CH_2OH$$

Butanol

O－H 鍵的斷裂，如金屬鹽的形成及酯化反應；及 C－H 鍵的斷裂，如氧化反應。通常醇類具有很弱的酸性，它們不會和強鹼（如 NaOH）發生反應。鹼金屬會與醇類發生反應產生氫氣，在中強度的氧化條件下，醇類可以被轉為醛類酮類。

$$2CH_3OH + 2Na \rightarrow 2NaOCH_3 + H_2$$

甲醇鈉

酚可由下列方法製備，即重氮鹽的水解。

$$C_6H_5NH_2 \xrightarrow{HNO_2} C_6H_5N^+ \equiv N \xrightarrow{H_2O} C_6H_5OH + N_2$$

Phenol

$$C_6H_5OH + H_2O \rightarrow C_6H_5O^- + H_3O^+$$

酚的 $Ka=1.1\times10^{-10}$，呈現弱酸性。在空氣中容易被氧化而漸漸變紅色，產物較複雜，在工業上常被用作石油、橡膠等的抗氧化劑。酚和濃硝酸反應會生成 2,4,6-三硝基酚(2,4,6-trinitrophenol)。

$$C_6H_2(OH)(NO_2)_3$$

2,4,6-三硝基酚(2,4,6-trinitrophenol)

醚(ether)含有 R－O－R’ 的鍵結方式，其中，R 與 R’ 是烴類（烷基或芳香基）。它們是兩個醇類之間發生反應而產生的。

$$CH_3OH + HOCH_3 \xrightarrow[\text{催化}]{H_2SO_4} CH_3OCH_3 + H_2O$$

二甲基醚（甲醚）

這個反應是縮合反應的一個範例，縮合反應是兩個分子結合在一起，並脫去一個小分子，通常是水分子的一種反應。

由於 C－O 鍵結不易破壞，醚類是比較不活潑的化合物，只會被酸分解且需要較劇烈的反應條件。但三員環的環氧化物(epoxides)，因有高度的角張力，使其對親核劑有較高反應性，所以是一個好的反應試劑。利用葛林鈉試劑當親核劑和環氧乙烷反應可製造一級醇。

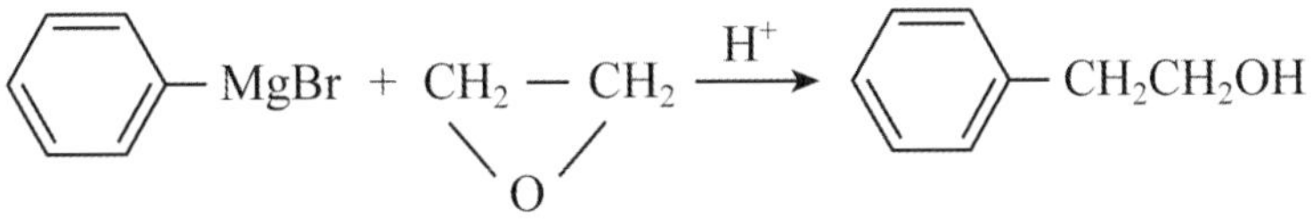

$$C_6H_5-MgBr + \underset{\diagdown\,O\,\diagup}{CH_2 - CH_2} \xrightarrow{H^+} C_6H_5-CH_2CH_2OH$$

Phenyl magnesium bromide　epoxides　2-Phenylethanol

14-2　醛、酮、酸、酯化合物 (Aldehydes、Ketones、Carboxylic Acids、Esters)

一、醛、酮、酸、酯化合物的構造

這些化合物中的官能基是羰基，$\gt C=O$。醛類(aldehyde)是至少有一個氫原子鍵結在羰基的碳原子上，而酮類(ketone)則是羰基的碳原子上鍵結有兩個烴類官能基。羰基鍵具高度極性。羧酸同時含有羰基(C=O)及羥基(－OH)，酸之通式為 RCOOH，R 為 H、烷基或是芳香烴基，結構表示如下：

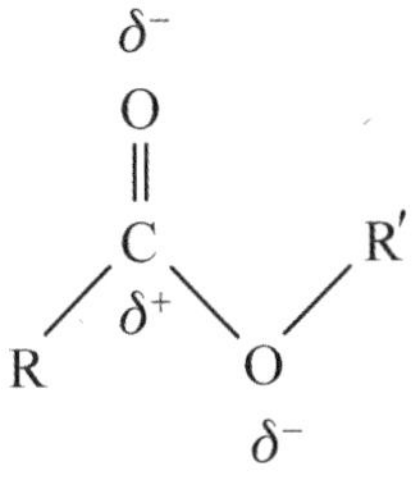

$$\underset{R}{\diagup}\overset{\overset{\delta^-}{O}}{\overset{\|}{\underset{\delta^+}{C}}}\diagdown\underset{\delta^-}{O}\diagup R'$$

酯類(ester)的通式是 RCOOR′，在其中的 R′可以是 H、烷基或是芳香烴基；而 R 則是烷基或是芳香烴基。例如圖 14.9 之酚酞有酯官能基構造。

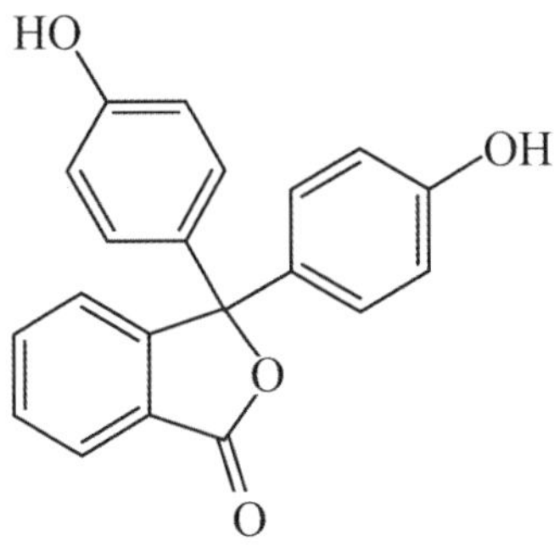

■ 圖 14.9　酚酞結構式

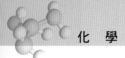

二、醛、酮、酸、酯化合物的命名

醛化合物的英文名稱，將烷類字尾 ane 去掉 e 加 al 即得。下列為醛化合物命名之使用方式及一些化合物名稱（圖 14.10）。

$$\overset{5}{C}-\overset{4}{C}-\overset{3}{C}-\overset{2}{C}-\overset{1}{C}-CHO$$

CH_3CHO	$CH_3(CH_2)_2CHO$	$CH_3CHClCHO$
乙醛	丁醛	2-氯丙醛
(Ethanal)	(Butanal)	(2-Chloropropanal)

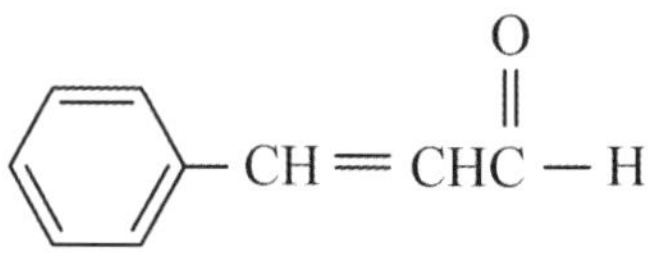

$C_6H_5-CH=CHC(=O)-H$	$C_6H_5-C(=O)-H$
桂皮醛	苯甲醛
(Cinnamaldehyde)	(Benzaldehyde)

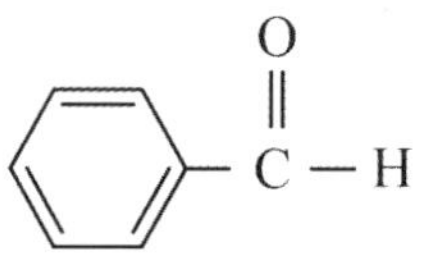

■ 圖 14.10 一些醛類結構式及名稱

酮化合物的英文名稱，將烷類字尾 ane 去掉 e 加 one 即得（圖 14.11）。

CH_3COCH_3	$CH_3CH_2COCH_2CH_3$	$C_6H_5-C(=O)-CH_3$
丙酮	3-戊酮	苯乙酮
(Propanone)	(3-Pentanone)	(Acetophenone)

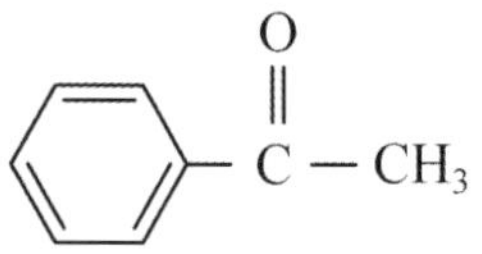

■ 圖 14.11 一些酮類結構式及名稱

酸化合物的英文名稱，將烷類字尾 ane 去掉 e 加 oic acid 即得（圖 14.12）。

CH_3COOH
乙酸
Ethanoic acid

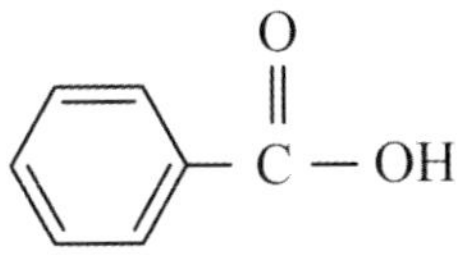

苯甲酸
Benzoic acid

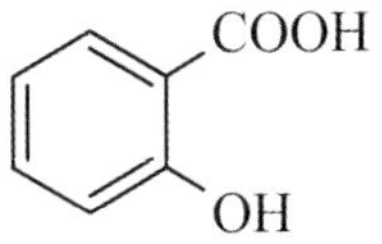

水楊酸
o-Hydroxybenzoic acid

■ 圖 14.12 一些酸類結構式及名稱

酯化合物的英文名稱，因為是由羧酸(－COOH)和羥基(－OH)反應而來，命名時羥基先寫，酸根後寫，酸根則是將酸字尾 ic acid 去掉，加 ate 即可(圖 14.13)。

$CH_3CH_2CH_2COOCH_3$
丁酸甲酯
(Methyl butyrate)

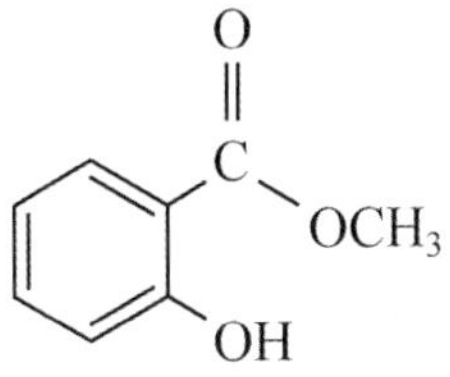

柳酸甲酯
(Methyl salicylate)

■ 圖 14.13 一些酯類結構式及名稱

三、醛、酮、酸、酯化合物的性質及用途

醛、酮化合物分子具有極性，化合物之沸點及熔點隨碳數增加而增加，沸點通常比烷類、烯類、醚類沸點高，但比分子量相近的醇及酸類沸點低。其中最簡單的醛類是甲醛($H_2C=O$)，在室溫下為氣體，具有聚合的傾向，亦即單獨分子會連接在一起，而形成一個大分子量的化合物。這個過程會釋放出大量熱能，而容易發生爆炸現象，所以通常會將甲醛製備成水溶液，可使用在聚合物工業製程中作為起始物，在實驗室中作為動物標本的防腐劑。反而是較大分子量的醛類，譬如肉桂醛具有較令人愉快的味道，能使用來製造香水，而桂皮醛具有桂皮特有的香味。

酮類的反應性會小於醛類的反應性。最簡單的酮是丙酮，這是一種聞起來令人愉快的液體，主要是使用作為有機化合物的溶劑，與指甲油的去除劑。在適當的條件下，醇類和醛類都可以被氧化成羧酸類(carboxylic acid)。實際上，上述的反應會迅速進行，所以酒類儲存時必須避免與空氣中的氧氣接觸。否則就會因為生成醋酸，而嚐起來像醋一般。酸類廣泛分佈在自然界中，植物和動物界中組成都有它們的蹤跡。

羧酸因具有 C=O、C－O、O－H 官能基，使分子具有極性，且比烴類、醚類、醛類、酮類來的大，但隨所接烴基之增大而降低。羧酸化合物之沸點亦隨其分子量增加而增加。羧酸分子間會產生 2 個氫鍵，與水分子間也形成氫鍵，故可溶於水，但在水中溶解度隨著分子量增加而減少。

酯類具有極性，但分子間不能形成氫鍵，沸點和分子量相近的醛酮化合物相近。大部分酯類具有芳香味，可以用來製造香水，以及在蜜餞與軟性飲料工業中作為風味材料。許多水果因為內部含有酯類而有它們獨特的香味，譬如，香蕉含有乙酸異戊酯[$CH_3COOCH_2CH_2CH(CH_3)_2$]，橘子含有乙酸辛酯($CH_3COOC_8H_{17}$)，而蘋果含有丁酸甲酯($CH_3CH_2CH_2COOCH_3$)。

四、醛、酮、酸、酯化合物的製備與反應

醇類氧化可形成醛、酮類化合物，常用氧化劑有氯鉻酸吡啶(pyrididum chlorochromate)、重鉻酸鉀($K_2Cr_2O_7$)、鉻酸(H_2CrO_4)、三氧化鉻(CrO_3)、高錳酸鉀($KMnO_4$)。

$$\text{Cyclohexanol (C}_6\text{H}_{11}\text{–OH)} \xrightarrow{CrO_3} \text{Cyclohexanone (C}_6\text{H}_{10}\text{=O)}$$

Cyclohexanol　　Cyclohexanone

一級醇以強氧化劑直接氧化產生羧酸。另外可利用葛林鈉試劑(Grignard reagent)和二氧化碳進行親核性加成反應，生成羧酸。

$$CH_3CH_2CH_2OH \xrightarrow{Cr_2O_7^{2-}} CH_3CH_2COOH$$

正丙醇 (*n*-propanol) → 丙酸 (propanoic acid)

$$\underset{\underset{CH_3}{|}}{CH_3CH_2CHCH_2Cl} \xrightarrow{Mg} \underset{\underset{CH_3}{|}}{CH_3CH_2CHCH_2MgCl} \xrightarrow{CO_2}$$

(1-chloro 2-methyl butane)

$$\underset{\underset{CH_3}{|}}{CH_3CH_2CHCH_2COOMg\ Cl} \xrightarrow{H_3O^+} \underset{\underset{CH_3}{|}}{CH_3CH_2CHCH_2COOH}$$

(2-methyl pentanoic acid)

將羧酸和醇在磺酸催化下加熱，可直接製備成酯類，此方法稱為 Fischer 酯化反應。酯化反應為一可逆反應，反應完成後會達到一平衡狀態，為增加酯之產量，可藉由加入過量反應物，使反應向右進行。

$$CH_3CH_2COOH + CH_3CH_2OH \rightarrow CH_3CH_2COOCH_2CH_3 + H_2O$$

羰基(C＝O)其中氧有較多電子而帶負電荷，碳則缺少電子成為正電荷中心，常是親核試劑攻擊的目標，醛、酮化合物進行親核性加成反應產生醇類。醛、酮化合物可進行醇類加成反應，在酸的催化下，醇和醛化合物進行親核性加成反應產生縮醛(acetal)，醇和酮化合物進行親核性加成反應產生縮酮(ketal)。

$$-\overset{\overset{O}{\|}}{C}- + R\ddot{O}H \underset{}{\overset{H^+}{\rightleftharpoons}} -\overset{\overset{OH}{|}}{\underset{|}{C}}-OR \rightleftharpoons -\overset{\overset{OR}{|}}{\underset{|}{C}}-OR$$

醛或酮　　　　醇　　　　縮醛或縮酮

另外，有機金屬化合物的烷基為很好的親核劑，和醛、酮化合物進行親核性加成反應產生各級醇類，如下列方程式。醛、酮化合物亦進行氧化還原反應；醛化合物非常容易被氧化成羧酸，但酮化合物不被氧化。以下斐林試液及多倫試液為緩和氧化劑。

$$RCHO + 2Cu^{2+} + 5OH^- \rightarrow RCOO^- + Cu_2O + 3H_2O$$

$$RCHO + 2Ag(NH_3)_2^+ + 3OH^- \rightarrow RCOO^- + 2Ag + 4NH_3 + 2H_2O$$

醛化合物與還原劑反應被還原成一級醇，酮化合物則被還原成二級醇；常用還原劑有硼氫化鈉(Sodium Borohydride)和鋁氫化鋰(lithium aluminumhydride)兩種金屬氫化物。另一為 Wolff-Kishner 還原法，以肼(hydrazine $H_2N\text{-}NH_2$)為還原劑，在強鹼作用下，將醛或酮還原成烷類。

$$4CH_3(CH_2)_6CHO + NaBH_4 \xrightarrow{H_3O^+} 4\ CH_3(CH_2)_6CH_2OH$$

辛醛 (Octanal)　　硼氫化鈉 (Sodium Borohydride)　　正辛醇 (Octanol)

不同於 HCl、HNO_3 與 H_2SO_4 這些無機酸類的是，酸類的酸性通常是弱的。它們會與醇類反應而生成令人聞之愉悅的酯類。酸類的其他常見反應是酸鹼中和的反應，以及酸鹵化物如乙醯氯化物的形成反應：

$$CH_3COOH + NaOH \rightarrow CH_3COONa + H_2O$$

乙酸鈉

$$CH_3COOH + PCl_5 \rightarrow CH_3COCl + HCl + POCl_3$$

乙醯氯

酸鹵化物是具有高度反應性的化合物，而能作為許多其他有機化合物的中間產物。

酯類會與水（這是一種水解反應）發生反應而產生酸和醇類。譬如在酸性溶液中，乙酸乙酯會轉變為乙酸：

$$CH_3COOC_2H_5 + H_2O \rightarrow CH_3COOH + C_2H_5OH$$

乙酸乙酯　　乙酸　　乙醇

相反地，當水解反應是在 NaOH 水溶液中進行時，因為乙酸乙酯會轉變為乙酸鈉，而不會與乙醇發生反應，所以這個反應由左到右可以反應完全：

$$CH_3COOC_2H_5 + NaOH \rightarrow CH_3COO^-Na^+ + C_2H_5OH$$

乙酸乙酯　　　　乙酸鈉　　　乙醇

皂化(saponification)（亦即製造肥皂）的這個術語，原先是使用來描述酯類與氫氧化鈉之間反應而產生肥皂分子（硬酯酸鈉）的過程。在目前，皂化過程則是通常使用來代表任何酯類的鹼性水解過程。肥皂分子的特性是具有一條長鏈型非極性烴類直鏈與一個極性羧端（$-COO^-$官能基）。烴類直鏈容易溶解在油性介質中，而離子性羧基($-COO^-$)則保留在水介質中。

$$C_{17}H_{35}COOC_2H_5 + NaOH \rightarrow C_{17}H_{35}COO^-Na + C_2H_5OH$$

硬脂酸乙酯　　　　硬脂酸鈉

14-3 胺及醯胺類化合物 (Amine and Amides)

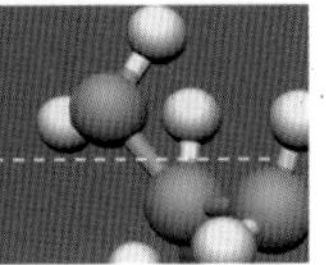

一、胺及醯胺類化合物的構造

NH_3分子中之結構為角錐體，當其中氫被有機基團取代時形成有機胺類，分為一級胺(primary amine)、二級胺(secondary amine)及三級胺(tertiary amine)。

	一級胺	二級胺	三級胺
$H-N(H)-H$	$R-N(H)-H$	$R-N(H)-R$	$R-N(R)-R$

醯胺之結構為羧酸的$-OH$被$-NH_2$所取代，形成$RCONH_2$，有下列結構式：

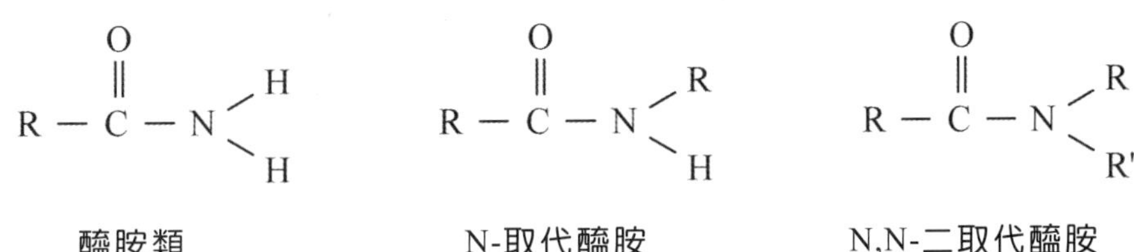

醯胺類　　N-取代醯胺　　N,N-二取代醯胺

二、胺及醯胺類化合物的命名

胺類化合物的命名是將烷類字尾 ane 去掉 e 加 amine 即可。

$CH_3CH_2CH_2NH_2$	$CH_3CH_2NHCH_3$	$HOCH_2CH_2NH_2$
Propanamine	N-甲基乙胺	2-胺基乙醇
	N-Methylethanamine	2-Aminoethanol

醯胺類化合物的命名是將羧酸的字尾 oic 或 ic 去掉，加上 amide 即可。

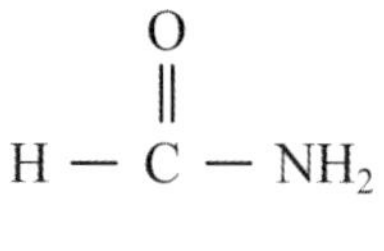

$H-\overset{\overset{\displaystyle O}{\|}}{C}-NH_2$	$C_6H_5-\overset{\overset{\displaystyle O}{\|}}{C}-N(CH_3)H$	$CH_3-\overset{\overset{\displaystyle O}{\|}}{C}-N(CH_3)_2$
甲醯胺	N-甲基苯甲醯胺	N,N-二甲基乙醯胺
Methanamide	N-Methylbenzamide	N,N-Dimethylacetamide

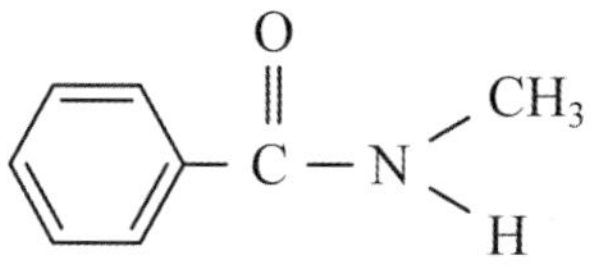

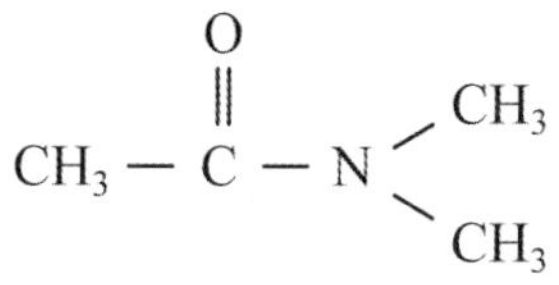

三、胺及醯胺類化合物的性質與用途

胺類(amine)是一種有機鹼類，通式是 R_3N，在其中的 R 必須是烴類或者是芳香烴基。就如同氨一般，胺類可以作為布忍司特鹼類，與酸形成鹽類。胺類之沸點較分子量相近的非極性分子高，但較醇及酸類低。除三級胺外，胺類可形成分子間氫鍵。

胺類化合物廣泛存在自然界，在人類生活上扮演非常重要的角色。所有蛋白質分子都是由胺基酸所組成的，胺基酸是一種含有胺基($-NH_2$)與羧基($-COOH$)的酸類。胺類化合物如乙醯膽鹼(acetylcholine)則為副交感神經末梢及神經肌肉接合處之神經傳導物質，造成副交感神經興奮，使胃腸蠕動增加、消化液分泌增加或造成肌肉收縮。另一胺類化合物如多巴胺(dopamine)，異常時會導致帕金森氏症(parkinsonism)。維生素也具有胺官能基，如維生素 B_1、維生素 B_6 等，可維持正常生理功能。有些胺類供作醫療用途，如阿托平(atropine)為副交感神經阻斷劑，可治療消化性胃潰瘍。有些胺類對人體有不好的影響，如存在菸草中的尼古丁(nicotine)對動物有毒性（圖 14.14）。

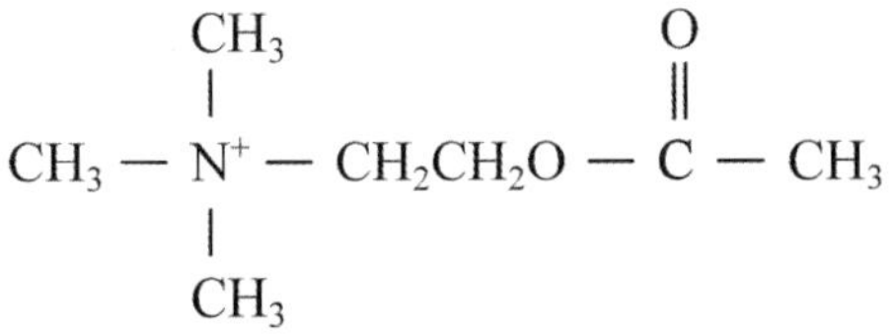

$$CH_3-\overset{\displaystyle CH_3}{\underset{\displaystyle CH_3}{N^+}}-CH_2CH_2O-\overset{\displaystyle O}{\overset{\|}{C}}-CH_3$$

乙醯膽鹼

(Acetylcholine)

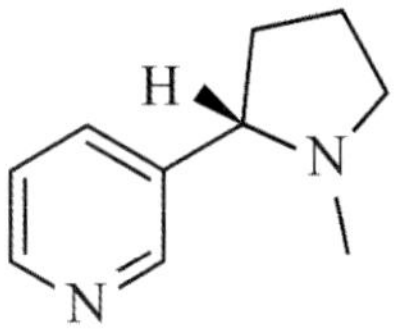

尼古丁

(Nicotine)

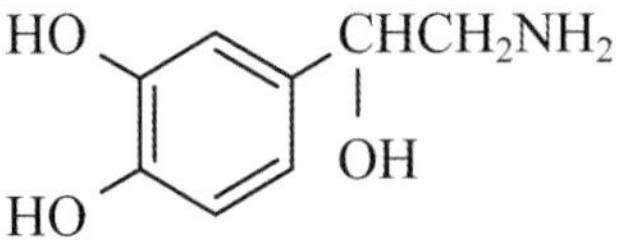

腎上腺素

(Epinephrine)

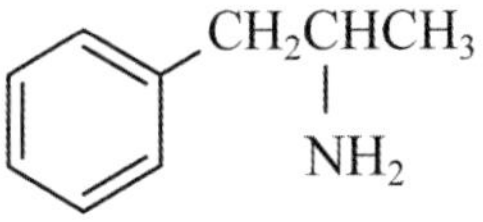

安非他命

(Amphetamine)

■ 圖 14.14 一些胺類化合物

醯胺類化合物為一極性分子，分子間會形成氫鍵，因氫鍵較強，使其沸點較其他分子量相近化合物來得高。

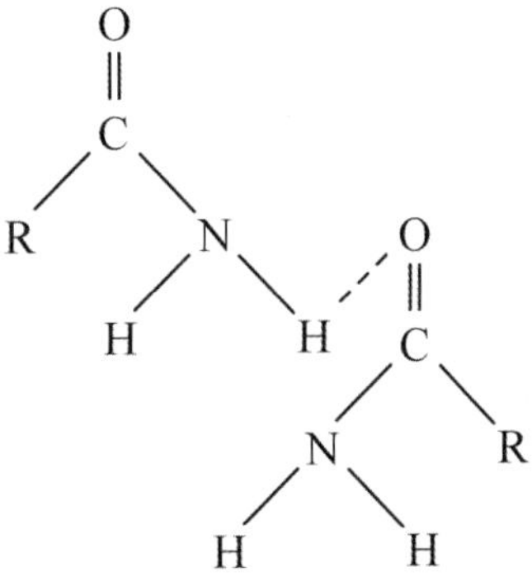

四、胺及醯胺類化合物的製備與反應

胺類化合物可由鹵化物的氨解，硝基化合物、腈類化合物、醯胺類化合物的還原來製備。

$$CH_3CH_2CH_2OH \xrightarrow{PBr_3} CH_3CH_2CH_2Br \xrightarrow{NaCN} CH_3CH_2CH_2CN$$

$$\xrightarrow{H_2,\ Ni} CH_3CH_2CH_2CH_2NH_2$$

醯胺類化合物通常由氯醯類、酸酐或酯類和氨或胺類化合物進行親核性取代反應而得到。

$$C_6H_5-\overset{\overset{\displaystyle O}{\|}}{C}-Cl + 2NH_3 \longrightarrow C_6H_5-\overset{\overset{\displaystyle O}{\|}}{C}-NH_2 + NH_4Cl$$

因為胺類化合物為路易士鹼，可與酸反應形成銨鹽，亦可作為親核試劑和鹵烷、醯化合物反應。一級胺類化合物會和亞硝酸反應生成重氮陽離子(diazonium ion)，脂肪族及芳香族二級胺和亞硝酸反應會產生 N-亞硝基胺類(N-nitrosoamines)，呈黃色油狀液體，是一種致癌物質。

$$CH_3NH_2 + HNO_3 \rightarrow CH_3NH_3^+NO_3^-$$

Methylamine　　　　Methylamonium nitrate

$$C_6H_5-N(H)(CH_3) + NaNO_2 + HCl \longrightarrow C_6H_5-N(N{=}O)(CH_3)$$

N-Methylaniline　　　　N-Nitroso-N-methylaniline

醯胺類化合物在強酸或強鹼催化下，會水解產生羧酸及銨鹽。若與還原劑作用，則被還原成一級胺、二級胺及三級胺。

$$C_6H_5-\overset{\overset{\displaystyle O}{\|}}{C}-NH_2 + LiAlH_4 \longrightarrow C_6H_5-CH_2NH_2$$

苯甲醯胺　　　　苄胺

(Benzamide)　　　　(Benzylamine)

結 語

1. 醇、酚、醚化合物

醇為一個極性大的分子，因為氫接在電負度大的原子上，形成分子間氫鍵，和水形成氫鍵導致小分子醇可和水互溶。酚類和醇類一樣具有羥基，結構和醇相似，由於分子間產生氫鍵而有高沸點，所以用途很廣，具有防腐及殺菌功能。醇的反應牽涉到的斷裂方式，有 C－O 鍵的斷裂， O－H 鍵的斷裂，及 C－H 鍵的斷裂。

2. 醛、酮、酸、酯化合物

醛、酮、羧酸、酯化合物分子具有極性，化合物之沸點及熔點隨碳數增加而增加。醛化合物非常容易被氧化成羧酸，但酮化合物不被氧化。醛化合物與還原劑反應被還原成一級醇，酮化合物則被還原成二級醇；Wolff-Kishner 還原法，以肼(hydrazine H_2NNH_2)為還原劑，在強鹼作用下，將醛或酮還原成烷類。

3. 胺及醯胺類化合物

胺類是一種有機鹼類，沸點較分子量相近的非極性分子高，胺類可形成分子間氫鍵。胺類化合物為路易士鹼，可與酸反應形成銨鹽，亦可作為親核試劑和鹵烷、醯化合物反應。醯胺類化合物在強酸或強鹼催化下，會水解產生羧酸及銨鹽。若與還原劑作用，則被還原成一級胺、二級胺及三級胺。

小試身手

1. 命名下列化合物：

   (1) 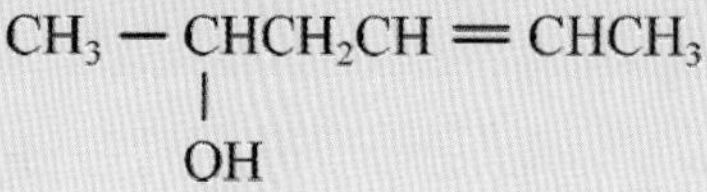 $CH_3-\underset{\mid \atop OH}{C}HCH_2CH=CHCH_3$

   (2) OH、O_2N、NO_2、NO_2 (benzene ring with OH; O_2N and NO_2 on both sides of OH; NO_2 para to OH)

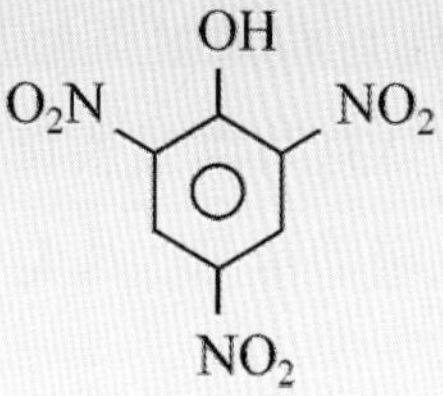

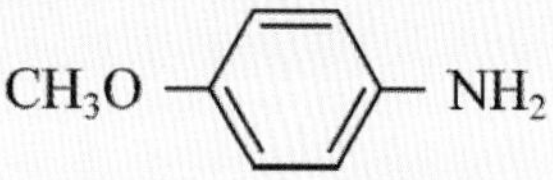

   (3) $CH_3O-C_6H_4-NH_2$ (para)

   (4) $CH_3CH_2-\underset{\mid \atop CH_3}{C}H\overset{CH_3 \atop \mid}{C}H\underset{\| \atop O}{C}CH_3$

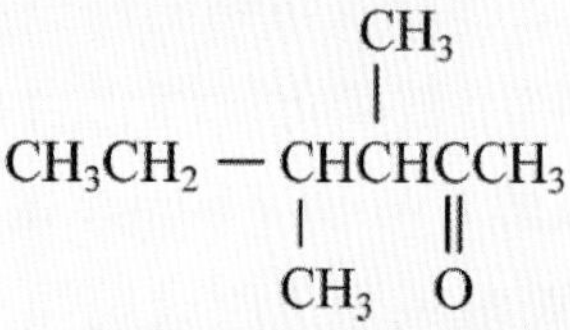

   (5) 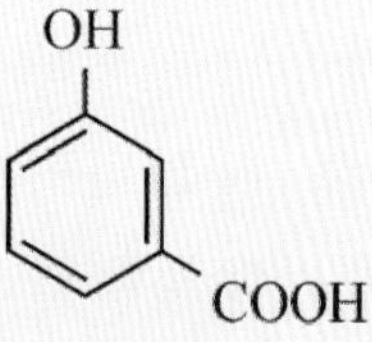 OH, COOH (benzene ring with OH and COOH in meta positions)

   (6) 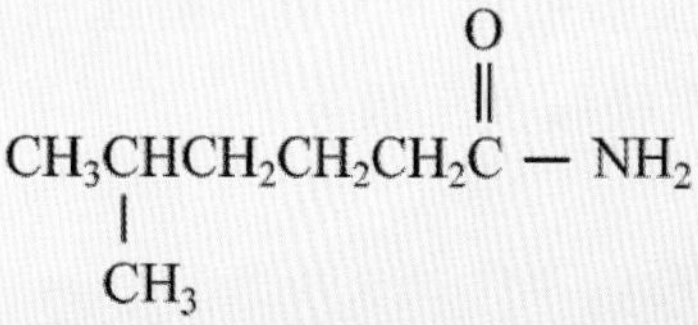 $CH_3\underset{\mid \atop CH_3}{C}HCH_2CH_2CH_2\overset{O \atop \|}{C}-NH_2$

   (7) 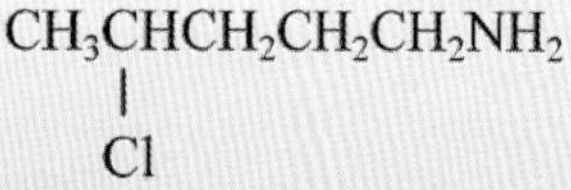 $CH_3\underset{\mid \atop Cl}{C}HCH_2CH_2CH_2NH_2$

2. 畫結構式

   (1) 2-Chloroethanol (2) p-Bromophenol (3) 3-Methyl 2-Pentanone

   (4) N-Methylbenzamide (5) Butanamine (6) Isopentyl acetate

   (7) 2-Phenylmethanol

3. 比較大小

(1) 沸點大小

(a) $CH_3CH_2CH_2CH_2OH$ ， (b) $CH_3CH_2C(=O)CH_2CH_3$

(2) 酸性大小

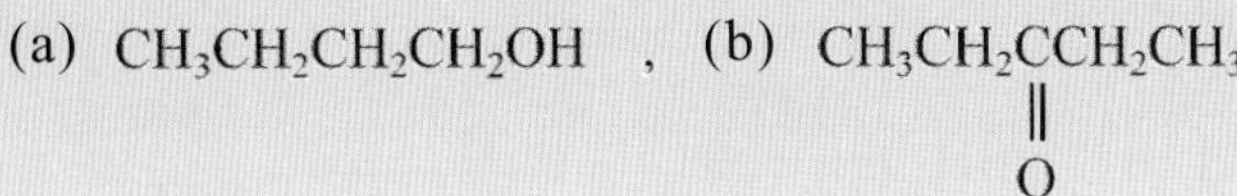

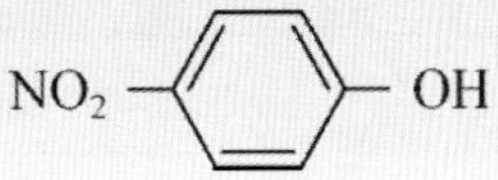

(3) 最大溶解度

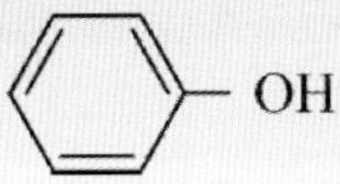

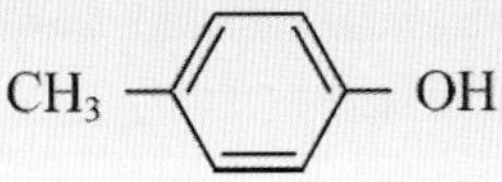

(a) $CH_3CH_2CH_2COOCH_3$ ，(b) $CH_3CH_2CH_2C(=O)CH_3$ ，(c) $CH_3CH_2CH_2CHOHCH_3$

4. 如何區別下列化合物

(1) $CH_3CH_2CH_2CHO$ 　$C_6H_5-C(=O)-CH_3$

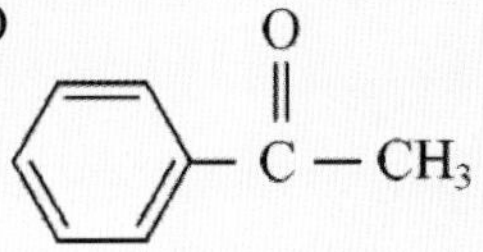

(2) $CH_3CH_2CH_2CH_2OH$ 　$CH_3C(CH_3)(OH)CH_3$

5. 完成下列反應式

(1) $CH_3CH_2CH_2MgBr$ + CH_2-CH_2（環氧，O） ⟶ A __________

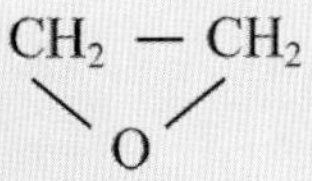

$\downarrow H_2O$

B __________

(2) 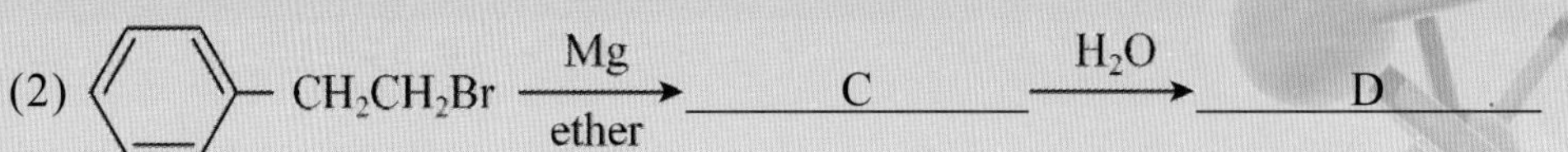

(3) $CH_3CH_2CH_2CH_2Cl \xrightarrow{Mg}$ ______E______ $\xrightarrow{CO_2}$ ______F______

(4) C_6H_5–CH_3 + $NaBH_4$ $\xrightarrow{H_3O^+}$ ______G______

(5) $CH_3CH_2COOH+PCl_3 \longrightarrow$ ______H______

(6) Cl–C_6H_4–C(=O)–NH_2 + $LiAlH_4$ $\longrightarrow$ ______I______

(7) $CH_3CH_2CH_2OH+KM_nO_4 \longrightarrow$ ______J______ $\xrightarrow{H^+}$ ______K______

參考書籍

1. 王昭鈞(2006)．有機化學．台北：藝軒。

Chapter 15

環境化學

張禎祐

本章大綱

Chapter at a Glance

環境化學是研究化學物質在環境中的循環、宿命以及對環境生態相關的一門科學，它主要是運用化學理論、方法和技術來解決環境上的各種問題，並說明環境中的許多現象。環境化學的主要範疇包含污染物質在環境中如何形成、存在的型態、轉化作用、傳輸的過程和在環境中的宿命。環境化學的另一個範疇是分析與鑑定污染物質在大氣、水中、土壤和生物圈中的種類、含量、以及物理與化學性質。環境化學是一門研究範圍極為廣闊的科學，從大氣，海洋、河流水域、到土壤與生物等都涵蓋在其研究的範圍內;由於研究過程受到環境中各種因素的影響極大，因此環境化學需要有廣泛的科學理論作為基礎，其中又以生物學、物理學、化學、生理學、生態學、醫學、工程學等有較密切的關係。

在本章我們僅針對跟我們生活較息息相關的水及空氣等相關化學，例如優養化、臭氧層破洞、溫室效應，以及環境荷爾蒙等加以討論。

圖 15.1　汽機車燃燒產生的 CO_2 是造成地球溫度上升的主要關鍵，影響全球生態環境日趨嚴重。

15-1 水資源 (Water Resource)

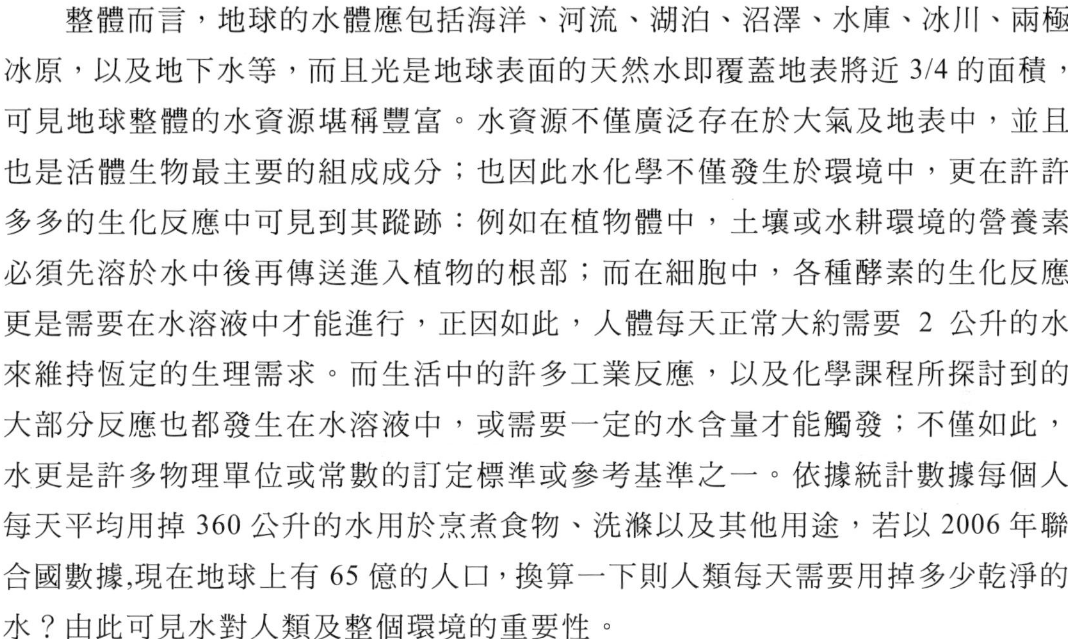

整體而言，地球的水體應包括海洋、河流、湖泊、沼澤、水庫、冰川、兩極冰原，以及地下水等，而且光是地球表面的天然水即覆蓋地表將近 3/4 的面積，可見地球整體的水資源堪稱豐富。水資源不僅廣泛存在於大氣及地表中，並且也是活體生物最主要的組成成分；也因此水化學不僅發生於環境中，更在許許多多的生化反應中可見到其蹤跡：例如在植物體中，土壤或水耕環境的營養素必須先溶於水中後再傳送進入植物的根部；而在細胞中，各種酵素的生化反應更是需要在水溶液中才能進行，正因如此，人體每天正常大約需要 2 公升的水來維持恆定的生理需求。而生活中的許多工業反應，以及化學課程所探討到的大部分反應也都發生在水溶液中，或需要一定的水含量才能觸發；不僅如此，水更是許多物理單位或常數的訂定標準或參考基準之一。依據統計數據每個人每天平均用掉 360 公升的水用於烹煮食物、洗滌以及其他用途，若以 2006 年聯合國數據,現在地球上有 65 億的人口，換算一下則人類每天需要用掉多少乾淨的水？由此可見水對人類及整個環境的重要性。

雖然海洋佔地球總水量的 97.2%，但其中只有 2.8%是淡水水體，而淡水中又有 77%被凍結在冰川和兩極冰原中，所以實際可供動、植物以及人類使用的水，只佔全球總水量的 0.65%而已。看似豐沛的水資源，實際上可供人類等生物體使用的部分卻是十分稀少，因此我們更應該珍惜這寶貴的天然資源。由於人類真正可使用的天然水極少，加上人類人口的激增與生活水準的大幅提升，對於水的需求更顯得迫切；因此，藉由海水來作為乾淨的飲用水來源便成為全球科學家與工程技術人員的焦點所在。由於去鹽程序(desalting processes)的改進，目前估計全世界每天約有 8×10^9 公升的乾淨飲用水是經由海水去鹽獲得的（海水去鹽技術又稱海水淡化技術，其為淡水缺乏又靠近海的國家，取得淡水最常用的方法，例如阿拉伯國家。目前，台灣也在評估此項計畫的可行性，以解決如澎湖、馬祖等離島長期缺水的問題），但此一技術最大的考量點是經濟效益問題。更值得慶幸的是，水資源不像其他礦物資源是不可再生的資源，水是可以再生的，它藉由大自然的循環，水從地表蒸發至大氣中，而後經再由降雨又回到地表。且由於近年來工程技術的大幅提升，使用過後或受到污染的水在經過適當的處理後又可回到自然生態環境中。雖說如此，我們仍然要珍惜水資源，否則不當的污染整治要花費的成本可能是當時污染時的千百萬倍。

而在許多日常生活裡的觀念讓我們誤以為雨水有如蒸餾水般應該是純淨無污染的，甚至 pH 值應該是中性(pH=7.0)。但所有天然水，包括雨水，甚至沒有經過人類污染過的水，都會因為溶有一些物質而變得不純。以雨水而言，正常的雨水主要不純物來自灰塵及無害性的溶解氣體，如二氧化碳，當空氣中的水汽與二氧化碳結合時即形成碳酸，使得正常的雨水 pH 值不是中性，而是在 pH 值 5.6~6.5 之間。但是由於人為的污染與石化燃料的大幅使用，酸雨已變成全球性的環境問題之一（後續 15-7 節會更進一步說明）。海水中已知至少含有 72 種元素，可以說幾乎所有天然存在元素都存在於海水中，其中大約有 3.6%的可溶性固體，主要為 NaCl（表 15.1）。地表上水的不純度與其流經的土壤與岩石的性質不同而改變，人類將雜質加入水中的情形也逐年增加（水污染）。天然存於水中的雜質包括溶入水中的氣體（如氧氣、氮氣及二氧化碳氣體，另外還有氨氣(NH_3)及硫化氫(H_2S)等氣體）、以及溶解性的鹽類、可溶性的有機質（如植物及動物腐化後的物質），以及懸浮固體（如沙、泥土、淤泥、有機質及微生物）等。

[表 15.1] 海水中所含元素

元素	濃度(g/L)
Cl	18.98
Na	10.56
Mg	1.272
S	0.884
Ca	0.400
K	0.380
Br	0.065
C^b	0.028
Sr	0.013
B^c	0.0045
F	0.0014

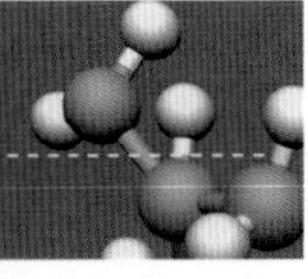

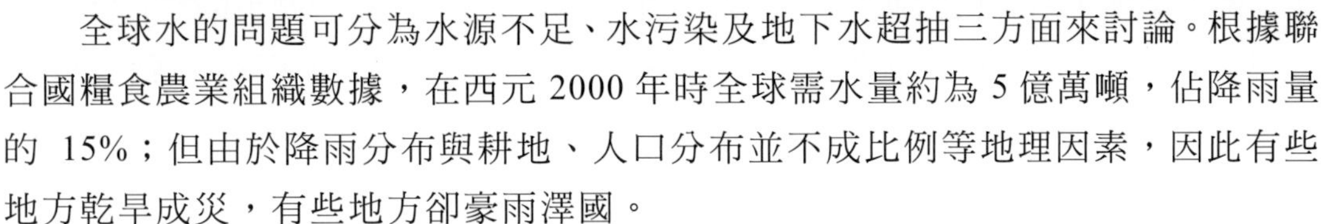

15-2 水的問題 (The Problem of Water)

全球水的問題可分為水源不足、水污染及地下水超抽三方面來討論。根據聯合國糧食農業組織數據，在西元 2000 年時全球需水量約為 5 億萬噸，佔降雨量的 15%；但由於降雨分布與耕地、人口分布並不成比例等地理因素，因此有些地方乾旱成災，有些地方卻豪雨澤國。

水源不足與分布不均是人類對水資源利用苦惱已久的問題，加上現在水污染的情況嚴重，如何獲得乾淨而足夠的淡水已變成是全人類的所關注的主要議題之一。根據聯合國兒童救濟基金會推測，開發中國家約有 20 億人口（約全球人口三分之一）正遭受缺水之苦，可見水源不足的問題其實是十分嚴重的。在水源不足又加上污染普遍存在的情況下，為了滿足用水的需求，某些地區則以鑿井抽取地下水的方式來解決問題。在以往，由於是以人力抽取井水，而且以供應民生用水為目標，因此抽取的水量有限，不至於造成後遺症；但由於需求的增加、技術的改良，以及動力機械的進步，近來某些地方大量抽取地下水以供應工業及養殖用水，其結果造成地質構造遭受破壞而出現嚴重地層下陷的現象，例如台灣雲林、嘉義、屏東沿海部分的鄉鎮，便是因為超量抽取地下水供應養殖所需，結果形成部分民宅因此地層下陷，二樓變一樓的奇特景象，而每到豪雨、颱風季節更造成海水倒灌，而使得一、二樓慘遭淹沒的情形。

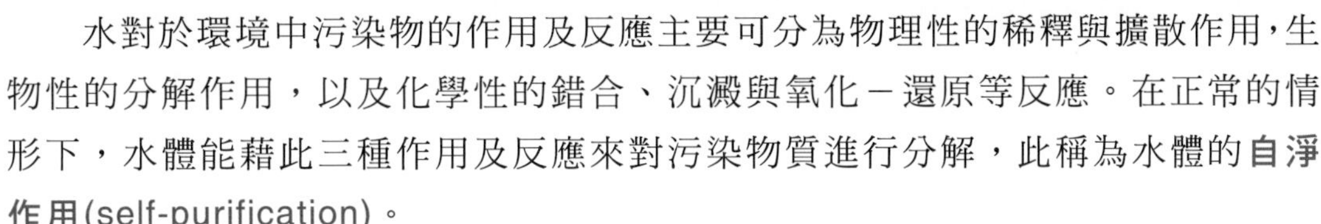

15-3 水化學 (Aquatic Chemistry)

水對於環境中污染物的作用及反應主要可分為物理性的稀釋與擴散作用，生物性的分解作用，以及化學性的錯合、沉澱與氧化－還原等反應。在正常的情形下，水體能藉此三種作用及反應來對污染物質進行分解，此稱為水體的**自淨作用**(self-purification)。

水化學在許多物質的循環過程當中，都扮演著十分重要及積極的角色，例如在河川、湖泊等水體中，生物體自然死亡或排泄所產生的有機物，在氧氣充足的條件下，細菌等微生物可將這些有機物質分解為 CO_2、H_2O、硝酸根離子及硫

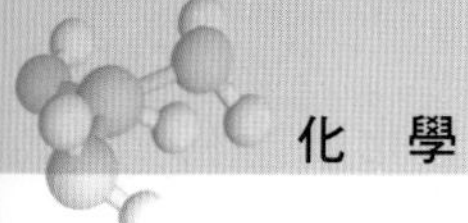

酸根離子。在此氧氣充分存在的條件下，細菌將有機物質分解的過程，稱為**好氧分解**(aerobic decomposition)。但是如果環境中的氧氣不足以供應微生物進行好氧分解所需，或者是有機物產生的量或濃度激增，會使得厭氧細菌及微生物逐漸轉為優勢菌種，對有機物進行另一種形式的分解作用，而且所產生的產物通常會有不好的味道。在此缺氧條件下，有機物質的分解過程，即稱為**厭氧分解**(anaerobic decomposition)。厭氧分解通常會伴隨著產生蛋腐臭的味道（因為產生硫化氫(H_2S)及氨(NH_3)的關係，其味道就像蛋臭了的味道），其他還會伴隨著沼氣（CH_4，甲烷）的生成，所以常會見到水變成黑色且充滿黏性或有氣泡產生。

15-4 水污染 (Water Pollution)

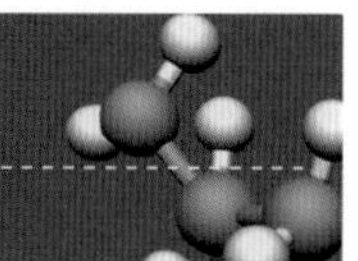

自然界（包含水體）對於污染物在大多數的情況之下都有自淨能力，而一旦污染量超過了此自淨能力，自然界便無法藉由自身的力量將汙染物自環境中移除，汙染物便會逐漸累積，即會形成所謂的“污染”，此為廣義的污染定義。狹義的污染定義為超過法規標準的污染。而常見水污染的來源有工業廢水、農業畜牧廢水、礦業廢水、垃圾滲出水及家庭污水等。若依污染物的物化性質則又可分為以下幾種：

一、重金屬類

汞、鉛、銅及鎘等重金屬進入人體後，常會引起身體各器官的傷害與病變。根據報導，近幾年來台灣政府陸續於新竹、彰化、雲林及嘉義地區的部分農田裡發現因工廠排放廢水所造成的污染，其結穗的稻米中含有超量的重金屬而強制廢耕，其中鎘米事件是較為人所知的報導案例。鎘一旦藉由食物進入到人體後，會經由食物在人體的生化代謝，以及生物濃縮作用(bioconcentration)與生物累積作用(bioaccumulation)，使得人體的鎘含量超過健康危害標準，而引起身體神經性痛，即罹患所謂的“痛痛病”。此外，另一個震驚全球也是最著名的重金屬污染事件的案例是發生在日本九州水俣灣，當地居民因食用有機汞污染的魚而得到會影響中樞神經系統的水俣病。

生活小百科

1956 年，日本九州熊本縣的一個小漁村發生了一件震驚全世界的公害事件，一個 5 歲的小女孩被送到當地「氮素株式會社」工廠的醫院求診。她的腦細胞已受到破壞，也失去了控制語言的能力；乍看之下，她的症狀像是瀕臨瘋狂的人一般。幾天之後，這個小女孩才 2 歲大的妹妹也因罹患同樣的病症被送醫救治。醫院從兩個女孩母親口中得知，鄰居小孩也得了相同的疾病。

從此小漁村都因為這一不知名的怪病搞得人心惶惶，不可終日。一位美國著名的攝影記者尤金·史密斯(W. Eugene Smith)和他的妻子愛琳，二人本著攝影記者天職的勇氣與信念，多年來親自在怪病患區探查患者的病情，並棄而不捨地追蹤、報導此一事件的源由與後續發展；日本終於在媒體持續的追蹤報導及一些醫師的良心驅策下宣布此一怪病就是「甲基汞中毒」，即一般人所謂的「水俁病」，這個事件才躍上國際版面，受到全球的矚目，而加以更深入的追查、瞭解。原來污染的源頭就是「氮素株式會社」工廠所排放的廢水，其中所含的汞進入海水或土壤中，經由微生物作用與有機化合物結合形成毒性物質甲基汞(CH_3Hg^+、$(CH_3)_2Hg$)，當人們食用含有甲基汞的飲水或魚貝類後而產生中毒症狀，就是「水俁病」。

水俁病的症狀：開始時，患者會感到刺痛，逐漸轉為四肢及嘴唇麻痺；然後肌肉及神經系統受到干擾、肢體萎縮，妨礙語言能力、視力減退，病情嚴重時，則會出現意識障礙、昏迷不醒，全身不自主的痙攣，以及不自主的尖叫等悲慘現象。日本的水俁病事件，到目前為止仍餘波盪漾，因為受到傷害的土地及人們仍未完全復原，此一代價何其慘痛啊！

反觀現今的台灣西部沿海，工廠林立，不禁令人憂心忡忡，我們能否從水俁病事件中記取教訓？隨著人們環保意識的提高，以及部分政策與法令的實施、推動，如強制進行回收含有重金屬的廢棄物（如含汞電池回收），並嚴格取締工廠不當排放含有重金屬的廢水…，這一些措施希望還來得及搶救這一塊飽受摧殘的土地。

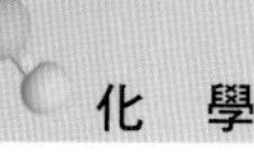

二、化學物質

從工礦廢水、農漁牧廢水乃至垃圾滲出水、家庭污水的排放中，往往檢測出含有毒害性的化學物質；雖然這些化學物質的排放量並不多，但大多具有難分解性及生物累積性或濃縮性，因此我們憂心的是這些「微量的」有害物質經過魚貝、農作物的攝取、吸收後，並經一連串的食物鏈、食物網的累積、濃縮，一旦進入了人體將會影響人體的健康而造成更多的病變。以下介紹常見於台灣環境的幾種化學物質。

多氯聯苯（Polychlorobiphenyls，簡稱為 PCBs）

多氯聯苯為聯苯與氯的結合物，其通用的結構式如下（圖 15.2）：

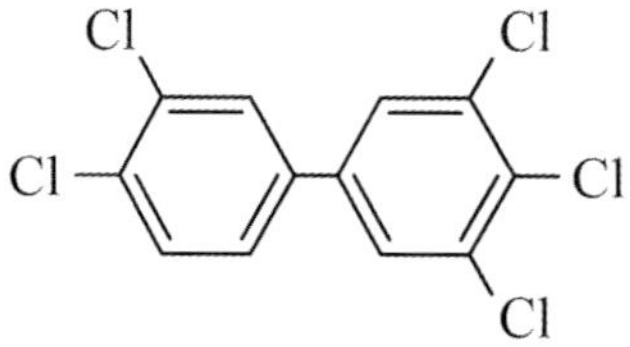

■ 圖 15.2　PCB 的結構

多氯聯苯為黏性無色的液體，高沸點，即使加熱到 1000°C 亦不會分解的安定液體，因此被稱為不會燃燒的油。其性質穩定，不易受到酸、鹼值的影響，難溶於水，因此早期常被作為高壓變壓箱的絕緣油，或用在當作熱媒體、可塑劑、非碳複寫紙、印刷墨等方面的用途。多氯聯苯對人體具有肝毒性與致死性，但偏偏多氯聯苯性質安定，不但不會在環境中被微生物所分解，而且容易擴散於土壤、河川及海洋中。其中一例為 1968 年日本九州一家生產米糠油的工廠使用多氯聯苯為熱媒，去除油中的臭味，但因裝多氯聯苯的脫臭管破裂使得多氯聯苯滲入米糠油中，結果造成 1607 人因誤食而中毒，產生肝臟障礙，指甲或皮膚病變，全身無力，甚至有人死亡。台灣在 1979 年豐原也發生米糠油中滲入多氯聯苯的事件，造成有 1153 人出現中毒的現象。雖然多氯聯苯在正常的水域或土壤中的濃度很低，且已於 1974 年禁止生產，但使用上並非銷聲匿跡，仍常被使用為電氣機具的絕緣油，加上早期汰換下來的變電箱未加以完全妥善處理，因長時間儲存的容器老化而洩漏於土壤、地下水或擴散於大氣中，甚至在魚蝦貝類當中亦常被檢出，因此成為目前注目的環境荷爾蒙之一。

環境荷爾蒙(Environmental Hormone)

荷爾蒙是由生物體的內分泌腺所合成，又稱為激素，其生理功能在經血液輸送到身體組織後，調節細胞正常的生化作用。環境荷爾蒙最早在「失竊的未來」一書中被稱為「外基因性內分泌干擾物質(Endocrine Disruptor Substance, EDS)」，而後在1997年由日本NHK提出通俗化名詞「環境荷爾蒙」來取代原有冗長的名詞。環境荷爾蒙是特指由環境的微量化學物質，藉由食物鏈進入生物體內，其化學結構與生物體內的荷爾蒙相似，傳遞抑制性或假性訊號，而錯亂生物體內正常的生理機制，對生物體產生惡性影響的一種人工合成化學物質。環境荷爾蒙與一般有害性的化學物質不同。大多數的化學物質要一定的劑量才會對人體產生傷害，如人們需食用含幾ppm以上的甲基汞的魚貝類後才會得到水俁病的傷害，但是多數的環境荷爾蒙卻只要微量（幾ppb的程度），就會影響人體的健康。常見於生活中的環境荷爾蒙有碗裝泡麵容器的BHT安定劑、焚化爐燃燒空氣中的戴奧辛、婦女為避孕而服用的人造動情素安胎藥(Diethyl Stilbestrol)、部分含有壬基苯酚的非離子型介面活性劑、清潔劑及化學性的防曬乳液中。

三、毒性污染物(Toxic Pollutants)

許多水中含有殺蟲劑（Pesticides，有機化合物一種），其能殺死病原菌、昆蟲、雜草及部分真菌類。殺蟲劑可藉由魚或其他野生生物體內經由食物鏈而濃縮，最後將之殺死（圖15.3）或降低其繁殖能力。此類的化合物有DDT（滴滴涕，二氯二苯三氯乙烷，目前已禁用）、malathion（馬拉松，一種農藥）、parathion（巴拉松，有機磷農藥）等，其具有毒性，經散播後不易分解而流入河水及土壤中，經長期累積濃縮將影響生物的健康，因此其生產及使用都須立法規範。

■ 圖 15.3 被水中毒性污染物毒死的魚

四、優養化物質

「優養化」是另一類的化學污染的例子，因為就發生在你我的身邊，因此獨立於一小節，加以說明。人類及許多動物的排泄物、工業廢水、化學肥料及家庭用清潔劑等常含有氮、磷等物質（通常是硝酸鹽及磷酸鹽）。當這些物質長期被排放於河川、湖泊及水庫時，在這些水域中充滿了營養物質（對植物來說氮、磷等物質是植物生長所必需的營養物質），這使得河川、湖泊及水庫表面長滿了綠藻、浮萍、布袋蓮及許多形形色色的水生植物，此些快速生長的水生植物遮避了陽光，使得表層以下無法行光合作用，而逐漸降低水中溶氧，終致使得水中的魚蝦貝類因缺氧而大量死亡。且隨著有機物的沉降及水生植物快速生長的過程，使得河川、湖泊及水庫快速老化、淤積，其蓄水量越來越少，湖泊慢慢轉變成沼澤，最後變成乾的陸地（圖 15.4），這種作用稱為優氧化作用 (eutropication)。

圖 15.4　優養化作用的湖泊

五、熱污染(Thermal Pollution)

水溫升高對水中魚類等水生生物會造成相當程度的傷害，同時會導致水中藻類及其他微生物的大量繁殖。同時，水溫上升亦會使得水中的溶氧量降低，而導致水中其他的大型生物無法生存。因此工廠（尤其是核能發電廠）所產生的熱水必須先經過熱交換器或冷卻塔(cooling towers)冷卻後，才能排放出來，以免影響附近水域水溫。目前，位於墾丁南灣的核三廠附近就因為其所排放出來的水溫過高，已使得附近海域的珊瑚開始產生白化的現象，連帶改變以珊瑚礁為遮蔽、覓食的熱帶魚等附近海域生態的改變。甚至曾有一度被誤認為是放射性物質污染所造成的秘雕魚事件，後來才知道是因為核電廠排水的熱污染造成長期於附近水域覓食的魚類突變所致。

15-5　大氣的組成及重要性
(Composition and importance of the atmosphere)

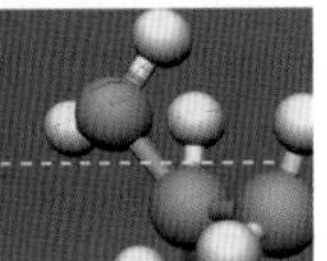

一、大氣的組成

大氣是氣態物質混合物之一。我們所賴以生存的空氣環繞著整個地球，數百萬年來，其組成變異不大，大部分為恆定的氣體，如氮氣、氧氣、二氧化碳及

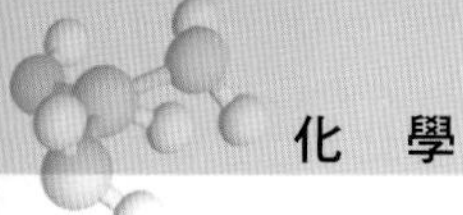

部分稀有氣體（表 15.2）。隨著大量的工業化，使得空氣中原先只有少量的污染氣體，如二氧化碳、氮氧化物(NO_x)、硫氧化物(SOx)、氨氣(NH_3)及硫化氫(H_2S)等，有日益增加的趨勢，對人類文明造成極大的威脅。

[表 15.2] 海平面乾空氣的組成成分

成分	體積(%)	成分	體積(%)
氮	78.03	氦	0.0005
氧	20.99	氪	0.0001
氬	0.94	臭氧	0.00006
二氧化碳	0.035~0.04	氫	0.00005
氖	0.0012	氙	0.000009

二、大氣的重要性

我們所生活的大氣層不僅是保護地球上自然生命的氣罩，同時亦可阻絕來自外太空輻射線（如紫外線）及隕石的侵害。大氣除了提供植物行光合作用所必需的二氧化碳，也提供了氧氣給進行呼吸作用的生物用以維生。固氮菌及部分植物也會利用大氣中的氮來合成氨及蛋白質。大氣提供保護生命的功能，它不僅吸收了大部分來自外太空的輻射線，保護地球上的生物不受輻射線的影響；神奇的大氣層藉由吸收低於 300nm 之電磁波，過濾了造成生物極大傷害的紫外光，吸收了大部分來自太陽的電磁輻射，僅讓波長 300~2,500nm 的近紫外光，可見光，以及近紅外光之輻射線與 0.01~40nm 的無線電波能，這些對生物傷害較小的波長與能量透過，到達地面，而且因為它吸收了經由地表反射回太空的紅外線，也相對穩定了地球的溫度。

15-6 空氣污染的昔日問題 (The Past Air Pollution Problems)

大部分的空氣污染是由燃燒所引起的，尤其是燃燒石化燃料，例如媒、石油、汽油及天然氣。煤主要成分是碳，而石油、汽油及天然氣主要成分是碳氫化合

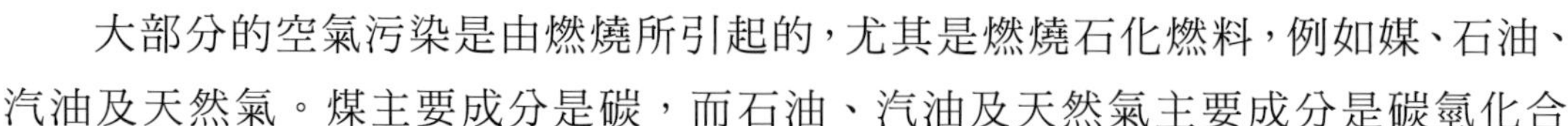

物。這些物質經由燃燒產生了二氧化碳、硫氧化物、氮氧化物，若燃燒不完全則會產生一氧化碳，而使得血液的紅血球與其結合喪失了攜帶氧氣的功能，最後因缺氧或一氧化碳中毒而死亡。

在早期極少聽到因空氣污染所造成的傷亡事件，直到工業革命以後，人類大量使用石化燃料才使得空氣污染的新聞時有所聞。其中最著名的二起事件是發生在英國的首都倫敦及美國。倫敦是有名的霧都，在 1952 年曾發生一次連續 4 天的煙(Smoke)和霧(Fog)因氣象條件不佳難以擴散，而使得 4,000 人喪生的慘劇。另一起事件是發生在 1948 年，美國賓夕法尼亞州一次嚴重的空氣污染事件，造成 20 人死亡，5,900 人生病的悲劇。這些空氣污染事件，大多發生於局部地區，且大多是因為大氣擴散條件不佳所造成。

15-7 現今主要的空氣污染問題所在 (The Main Air Pollution Problems now)

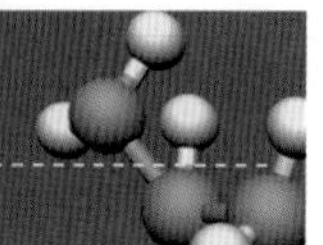

目前大氣所顯現出來的問題，其嚴重性與複雜度都比水的問題有過之而無不及。空氣污染不僅影響人體的健康（如呼吸道過敏、肺癌等），而且也造成對植物的傷害，並使得建築物褪色且破壞結構、同時亦造成金屬腐蝕生鏽…等等問題。所幸經過長期的研究與努力，科學家對於空氣污染的形成與控制有了更深一層的瞭解，加上人們對於環保意識的抬頭，以及環境工程師對空氣污染防治技術的努力與提升，在法規與技術面的多重進展下，現今要發生大規模的空氣污染死亡事件極為不可能，除非是工廠化學物質的外洩或爆炸問題。但是現在就沒有所謂的空氣汙染問題嗎？還是空氣汙染的問題已經解決了嗎？答案是不但沒有，反而由區域性的問題轉為全球性更複雜的問題，而且處理難度更高。如果將全球性的主要空氣問題加以概略區分，可從空氣污染、酸雨、大氣溫室效應、臭氧層破壞四個方面來加以討論。因為空氣污染的主要成因來自石化燃料的燃燒，而空氣污染控制技術的方法及原理眾多，且屬於環境工程的範疇，因此不在此贅述。以下僅就造成全球性問題的酸雨、臭氧層破壞、溫室效應及部分空氣污染物作簡單介紹。

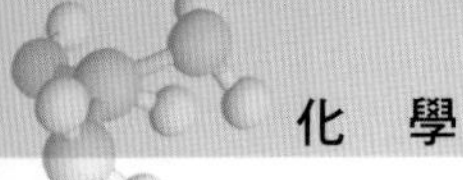

一、酸 雨

由於正常的空氣中含有 CO_2，因此當空氣中的水蒸氣與 CO_2 結合在一起，就使得正常的雨水略帶酸性，pH 值約為 5.6~6.5 之間。因此一般對於酸雨的定義，就以雨水中的 pH 值小於 5.6 稱為酸雨(acid rain)。酸雨形成的主要原因來自汽、機車及工廠燃燒石化燃料（石油、煤）產生硫氧化物或氮氧化物，經過一連串的光化學反應（污染物經由陽光照射後產生氧化作用）後和空氣中的水蒸氣結合而變成硝酸或硫酸，而使得雨水的 pH 值大幅降低（有時達到 pH 2 以下）而形成所謂的酸雨。

以下茲就二種重要污染源所形成的酸雨化學，加以簡述如下：

1. 硫氧化物(SOx)氧化途徑：

大部分的空氣污染是由燃燒所引起的，尤其是燃燒石化燃料。當煤或石油燃燒時，其中所含雜質（如硫元素或黃鐵礦(FeS_2)）即轉變成 SO_2：

$S+O_2 \rightarrow SO_2$

$4FeS_2+11O_2 \rightarrow 2Fe_2O_3+8SO_2$

而上述 SO_2 與 H_2O 作用即會產生 H_2SO_3(亞硫酸);或者 SO_2 繼續氧化為 SO_3（三氧化硫），而 SO_3 再與 H_2O 作用產生 H_2SO_4（硫酸）;而 H_2SO_3 及 H_2SO_4 正是酸雨的主要成分之一。

2. 氮氧化物(NO_x)氧化途徑：

氮氧化物的形成，主要是氮氣(N_2)及氧氣(O_2)在高溫下反應的結果：

$N_2+O_2 \rightarrow 2NO$ $\Delta H^{o}=180.5KJ$

$2NO+O_2 \rightarrow 2NO_2$ $\Delta H^{o}=\Delta-114.1KJ$

而二氧化氮與水作用生成硝酸(HNO_3)及亞硝酸(HNO_2)也是形成酸雨的成分之一：

$2NO_2+H_2O \rightarrow HNO_3+HNO_2$

二、臭氧層破壞

臭氧(O_3)是一個由 3 個氧原子結合而成的分子，具有極強的氧化能力；在正常的環境下可自行分解為氧原子(O)和氧分子(O_2)。在大氣層中，距離地球表面上空 15~50 公里的區域稱為平流層，而空氣中約 90%的臭氧即存在於這個區域當中，其中以距離地面 20 及 30 公里處，更是臭氧濃度較高的區域，稱為臭氧層(ozone layer)。由於臭氧層具有吸收紫外線的能力，因此能隔絕大部分對生物有害的輻射線，而使得地球表面上的絕大多數的生物得以獲得屏障，而生存下來。

但由於近二十年來人類大量使用氟氯碳化物（簡稱 CFC_S）等化學物質，此類氣體原本是無害且安定的物質，故被廣泛的應用為冷煤和發泡劑，不過當它被釋出後，會一直上升到平流層，當被陽光照射後會解離出氯原子(Cl)，而自由氯原子則會從臭氧分子搶得 1 個氧原子變成 1 個氧化氯和 1 個氧分子($Cl+O_3 \rightarrow ClO+O_2$)，於是，臭氧分子便被破壞了，造成此一區域臭氧濃度的減少。此類 CFC_S 物質自 1970 年開始大量生產，據估計，目前全世界每年生產的 CFC_S 物質超過 100 萬公噸，其中將會有 70%的比例被溢散至大氣中，且排出量仍持續增加中。

科學家於日前發現地球南極上空的臭氧層已產生破洞。對於臭氧層遭到破壞所造成的後果，科學家已推算出一些數據：如果臭氧層每減少 1%，進入地球的有害紫外線就會增加 2%，而人類罹患皮膚癌的機率也會提高 3%；此外，紫外線還會傷害植物，並殺死海洋浮游生物，所以對整個地球食物鏈的關係會造成結構性的改變，對整個生態系的生產力也有絕對性的影響。表 15.3 是將美國國家環境保護署(USEPA)所提供最常用的 5 種氟氯碳化物及 3 種含溴的相關化合物，其名稱、簡稱、用途及性質表列於其中。表中同時指出這些化合物在大氣中的**生命週期(life-time)**，以及對臭氧層產生的破壞程度。

目前，為了要解決由氟氯碳化物所產生的污染問題，在國外，環保組織要求報廢汽車必須回收 CFC-12（最常使用的冷媒，用於空調中）使其能重複使用，藉以降低 CFC-12 的生產量；但更具體的減量行動，則是開始於蒙特婁公約。1989 年，加拿大舉行的蒙特婁國際會議（簡稱蒙特婁公約，Montreal Protocol）最先提出減少氟氯碳化物生產量的議題。此會議主要討論會對臭氧層產生破壞的化學物質，且建議凍結氟氯碳化物的產量至 1986 年前的數量，並自 1989 年起以每年減產 15%來減少氟氯碳化物的生產；自 1993 年起，每年減產 20%；自 1998 年起每年減產 30%；希望至二十世紀末能完全停止生產氟氯碳化物。除此之外，另一個比較積極防止臭氧層被繼續破壞的方法，就是找尋氟氯碳化物的替代品；以目前的發現來說，其中最有可能的氟氯碳化物替代品的發展技術就是合成含氫的**氫氟氯碳化物**(Hydrochlorofluorocarbons, HCFCs)，例如 $CHCl_2CF_3$ (HCFC-123)及 CH_3CCl_2F (HCFC-141b)，可能取代 CCl_3F (CFC-11)；因為氟氯碳化物很穩定，不易分解，因此會長期和臭氧作用；而含氫氟氯碳化物則容易在環境中被氧化而分解，不易持續上升至平流層再與臭氧作用，因此可減緩臭氧層的破壞。話雖如此，新的物質所產生的後遺症或潛在危害，通常不是短時間內即會顯現的，因此含氫氟氯碳化物是否具有毒性，還是未知數，仍有待更進一步的研究。

[表 15.3] 1939 年蒙特婁公約管制下的氟氯碳化物產品

產品名稱	臭氧破壞程度	大氣中的生命期（年）	主要用途
Group 1-Production Cuts Mandated			
CCl_3F(CFC-11)	1.0	75	發泡設備、冷凍、空調
CCl_2F_2(CFC-12)	1.0	111	發泡設備、冷凍、空調、噴霧器、消毒、食品冷凍
$C_2Cl_3F_3$(CFC-113)	0.8	90	溶劑
$C_2Cl_2F_4$(CFC-114)	1.0	185	發泡設備、冷凍、空調
C_2ClF_5(CFC-115)	0.6	380	冷凍、空調
Group 2-Production Freeze Mandated			
$CBrClF_2$(Halon-1211)	3.0	25	滅火器
$CBrF_3$(Halon-1301)	10.0	110	滅火系統
$C_2Br_2F_4$(Halon-2402)	6.0		滅火器

三、溫室效應

所謂的「溫室效應(greenhouse effect)」，最早是指農業上培育植物的溫室，用透明塑膠把整個溫室包起來，當陽光進入溫室後，因溫室的透明塑膠吸收了陽光中的紅外線，使得溫室維持一定的溫度以促進植物的生長，故稱為「溫室效應」。

而在太陽照射地球的輻射能（太陽能）中，約有 30%會由地球大氣層反射回外太空，其餘的能量則透過大氣層到達地球表面，而地表亦會再反射一些能量返回大氣層或外太空中，其中最主要的是紅外線（即熱輻射），如圖 15.5 所示。而在大氣層中，二氧化碳、水、甲烷及其他分子是地球大氣圈中吸收太陽熱輻射最強的物質，其中又以二氧化碳為最主要的溫室氣體；而近幾十年來因為人類生活的改變，大量使用車、船、飛機等交通工具，住宅、辦公大樓皆具有溫控設備，再加上工商業活動的興盛使用了大量的電力…等，這許許多多的因素，都使得二氧化碳等溫室氣體快速累積，地球大氣也開始保留更多的太陽熱輻射，這種熱效應的結果，即稱為**地球暖化**(global warming)或稱**溫室效應**(greenhouse effect)。這種現象在這一、二年尤其明顯加劇，而後果則是會導致氣候及降水模式的明顯改變：南北極冰山開始融化，各地區莫名的降下豪大雨、產生土石流…等，皆會造成前所未有的生態浩劫及人類的生存危機。而此在大氣中能夠吸收太陽輻射能，而產生溫室效應的物質（大部分為氣體），我們稱它為**溫室氣體**(greenhouse gases)，其中以二氧化碳與水蒸氣為主，其他像甲烷（俗稱沼氣，CH_4）、一氧化二氮（俗稱笑氣，N_2O）等物質亦是溫室氣體。

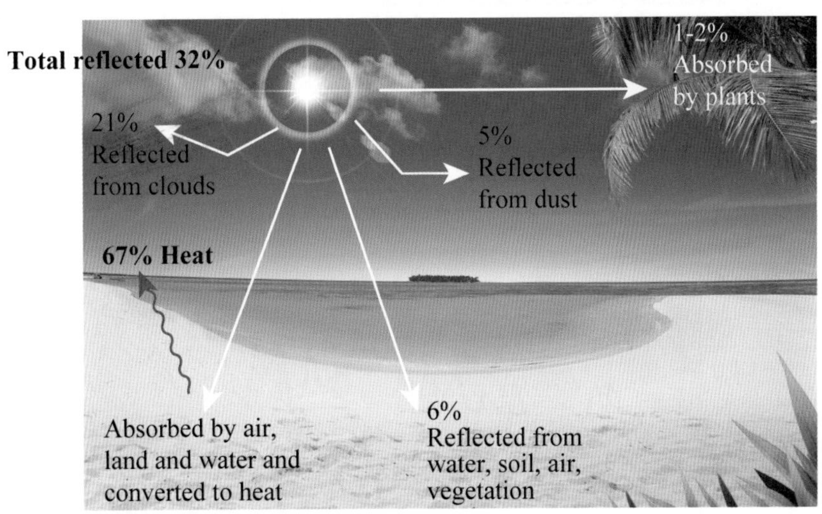

圖 15.5 太陽能在地球表面的反射及吸收情形

根據研究顯示，工業革命之後的二氧化碳氣體濃度增加了約 28%（圖 15.6），在過去的 100 年之間，地表的溫度亦增加了約 0.3~0.6℃（圖 15.7），海平面則上升了 10~15 公分，科學家預測若不採取任何預防措施，在西元 2100 年時，地表溫度將較目前增加 1~3.5℃，屆時海平面將上升 15~95 公分，到那時全球沿海都市將遭受洪水及海嘯的威脅，導致低窪地區海水倒灌，全世界三分之一居住在海岸邊緣的人口包括西雅圖、上海、北京，乃至整個荷蘭及許多海島國家都將被淹沒而消失無蹤。

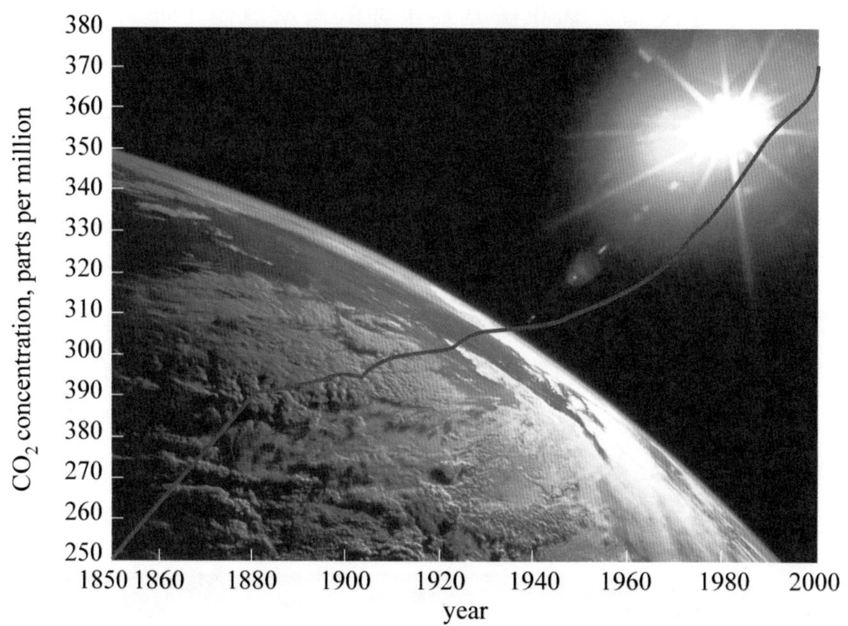

■ 圖 15.6　西元 1850~2000 年間地球上二氧化碳濃度的變化

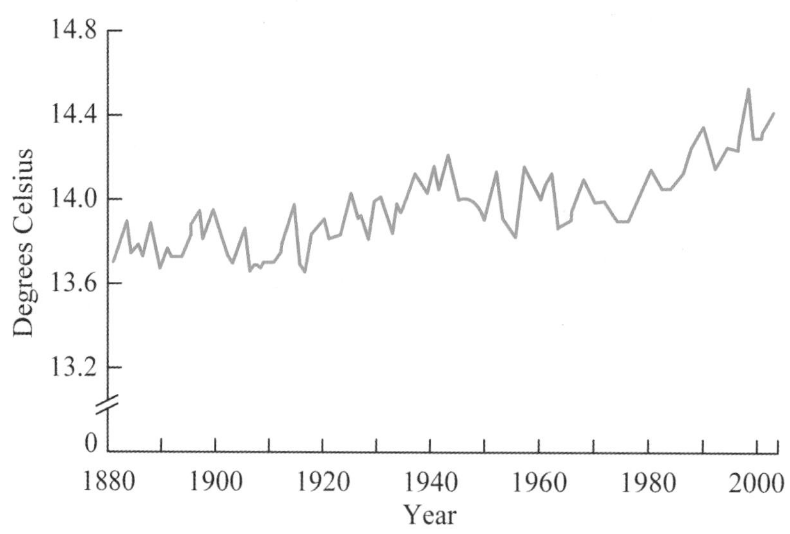

■ 圖 15.7　西元 1880~2001 年間地球表面溫度的變化

除此之外，溫室效應的直接影響，即是使得全球氣象變異，北半球冬季將縮短，並更冷更濕，而夏季則變長且更乾更熱，亞熱帶地區將更乾，而熱帶地區則更濕，各地區降水型態將會改變，並改變植物、農作物之分佈及生長力，造成土壤貧瘠，作物生長時序錯亂，且間接破壞生態環境，改變生態平衡。更由於氣溫增高加速水汽蒸發，直接影響了佔地表 70%的海洋，將使得颱風、颶風發生的頻率一年比一年更多，一次比一次的影響程度更大。

美國前副總統在 2006 年「不願面對的真相」中亦提到，氣溫上升導致了最近 15 年間有 10 年都發生了史上的最高溫度，光是其中的一年熱浪襲擊歐洲，使得 35,000 人死於高溫，而不是因為戰爭，不是因為傳染病而死亡。美國各州更是於近年來頻頻創下夏季溫度超過 38℃的恐怖紀錄。北美大陸冰河的消失、北極熊淹死在極地大陸、格陵蘭冰棚的融化、南北極永凍冰原的分崩離析、美國佛羅里達州遭受到卡崔納颶風的襲擊。一而再，再而三的證據顯示，人類正面對前所未有的威脅與災難，如果無法有效控制溫室效應，其所造成的氣候改變，將使我們付出極大的代價，若再加上全球氣候變遷引發動物大遷徒，以及禽流感、登革熱、嚴重急性呼吸道症候群(severe acute respiratory syndrome, SARS)、伊波拉病毒等疫情的大規模蔓延，後果將相當可怕。

對於溫室效應所產生的危害，環境及大氣科學家基本上提出有兩種防治方法，一種是對於已造成或將預期造成之災害採取各種因應策略，另外一種則是設法減少或預防二氧化碳氣體的產生，前者我們可以說是一種適應行為，後者則是減量措施，唯有二者相互配合，齊頭並進，才能有效防治及抑制溫室效應之危害。

四、戴奧辛(Dioxins)

1983 年，日本從垃圾焚化爐的排煙檢出戴奧辛的存在，而後在焚化爐鄰近地區、東京灣的魚類，甚至人體母乳中亦都檢測出戴奧辛的成分；因為戴奧辛是一種累積性、致癌性及致畸胎性的環境荷爾蒙，因此使得日本開始緊張及關心戴奧辛的形成與毒害性，而媒體亦從那時候開始時常報導其毒害及其相關的防護措施,全世界也開始重視焚化所衍生的戴奧辛問題。戴奧辛(polychlorinated dibenzo-p-dioxins, PCDD)指的是由兩個氧原子連接一對苯環類化合物的通稱，並不是特定的化合物。而當苯環上的氫原子被氯原子所取代時，會生成氯化戴奧辛，此類化合物約有七十幾種，其中毒性最強的是 2,3,7,8-四氯戴奧辛與 2,3,7,8-四氯呋喃等如下圖 15.8 所示。

2,3,7,8 TCDD

2,3,7,8-四氯戴奧辛

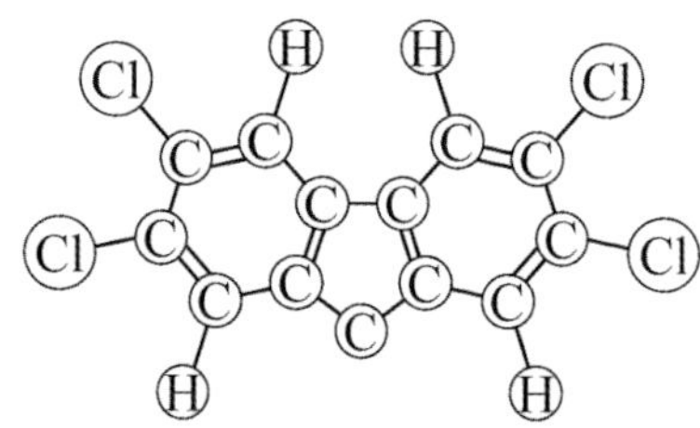

2,3,7,8 TCDF

2,3,7,8-四氯呋喃

圖 15.8　戴奧辛的三種結構

戴奧辛大多由垃圾焚化爐產生，其主要特性為脂溶性、難分解性，即使高溫（高於 750℃）分解後亦會再聚合，具生物累積性、致癌性、致畸胎性及急毒性（大量攝取後數週即會死亡），因此被稱為世紀之毒；其通常經由環境及食物進入人體體內。目前對於戴奧辛並沒有絕對有效的控制技術，除了靠活性碳的吸附外（只是相的轉移，並非永久解決），就只有靠垃圾的分類、回收再利用、減少塑膠類的廢棄物進入到焚化爐燃燒以減少戴奧辛的產生。

五、其他主要的空氣污染物

主要的空氣污染物有硫氧化物(SOx)、一氧化碳(CO)、氮氧化物(NOx)、碳氫化合物(CxHy)、光化學氧化物、氟氯碳化物(CFCs)及懸浮粒子。**一氧化碳**及**碳氫化合物**的產生主要是因為燃燒不完全所造成的；而硫氧化物則是因為燃燒含有硫的石化燃料或含硫礦物在冶鍊過程中所產生的；而氮氧化物的生成是因為氮氣和氧氣在高溫作用下（如閃電）形成的。此外另一種空氣污染物是屬於非原發性的二次污染物，其是由氮氧化物與碳氫化合物經由陽光照射而生成光化學氧化物（如過氧乙醯硝酸化合物(PAN)及臭氧(O_3)），並且形成煙霧。每一種空氣污染物都會對動植物的健康有所影響（當然包括人體），且亦會對金屬、纖維及建築物等材料或其他動植物造成影響或傷害。

當然，我們也有許多方法可以減少空氣污染物進入到大氣中，有效防止空氣污染的惡化；從提高燃燒效率、燃料脫硫技術的改進到汽車使用觸媒轉換器等都是。由於超過 95%氮氧化物的排放是來自於燃燒，其中 25%則來自火力發電廠，因此改善發電廠的燃燒過程可以降低氮氧化物的排放，但卻會降低部分的能源效率。此外，使用低含硫量的煤、天然氣及石油也可以減低空氣污染；但是，如此會使得天然氣及石油的成本增加；而在脫硫技術方面，石化燃料燃燒所產生的 SO_2 及 SO_3 氣體，比較常用的方法是利用濕的**石灰石**(wet limestone, $CaCO_3$)來吸附這些氣體：

$$SO_2 + CaCO_3 \xrightarrow{H_2O} CaSO_3 + CO_2$$

$$SO_3 + CaCO_3 \xrightarrow{H_2O} CaSO_4 + CO_2$$

而觸媒轉換器（圖 15.9）則可降低一氧化碳、氮氧化物及未燃燒之碳氫污染物的排放量。一個排放系統含有兩種轉換器，每一個轉換器含有不同的觸媒，首先氧與附著在第一觸媒表面上的污染物作用，接下來第二觸媒加速氮氧化物分解成其組成元素：

$$2NO \rightarrow N_2+O_2 \quad \Delta G^o = -173.1KJ$$

$$2NO_2 \rightarrow N_2+2O_2 \quad \Delta G^o = -102.6KJ$$

不過，觸媒轉換器亦會催化含硫化物的氧化反應，尤其是 SO_2 及 SO_3 的產生，最後與 H_2O 作用產生 H_2SO_4。慶幸的是，汽油中含硫的問題可以事先處理，以降低含硫量。正確的使用觸媒轉換器，可以大大減低汽機車的廢氣排放。最近的研究指出，觸媒轉換器可以降低 96%的碳氫化合物及一氧化碳的排放，降低 76%的氮氧化物的排放，是一種極佳的空氣汙染防制設備。

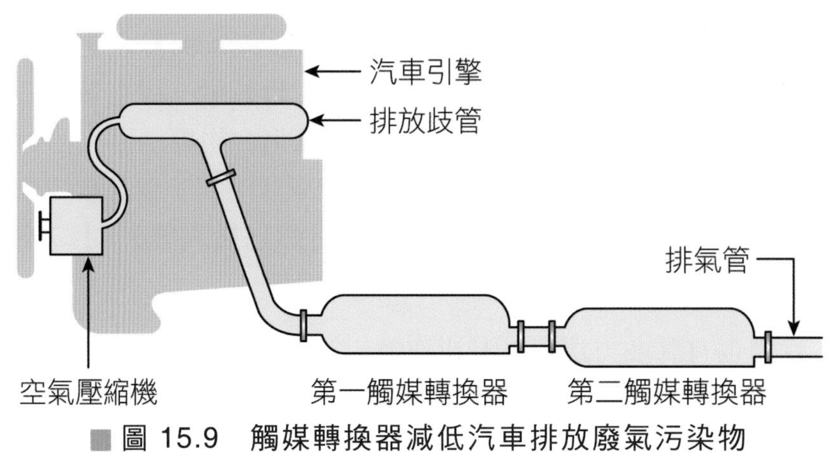

圖 15.9 觸媒轉換器減低汽車排放廢氣污染物

此外，60 多年來，**四乙基鉛**(Tetraethyl lead, $Pb(C_2H_5)_4$)一直被添加在汽油中，做為汽車引擎的抗震劑；但是當**含鉛汽油**(leaded gasoline)在引擎中燃燒時，會產生具有揮發性的含鉛物質，而隨著廢氣排放於大氣中。含鉛化合物已知會對人體造成嚴重的傷害（由其是血液及神經系統），以及破壞觸媒轉換器；為了這些理由，許多國家規定以**無鉛汽油**(unleaded gasoline)來取代含鉛汽油的使用。

結 語

總而言之，在過去人類都是站在自我為中心的角度上來看待這個世界，忽略了人類只是自然界其中的一個生物族群而已；我們每一個人也都是這個族群的一個小個體，我們無法離開這個生態系而獨立存活，因此人類不能只是對這個生態系一味的予取予求，否則整個生態系不堪人類無止境的貪婪擴張和破壞後，究竟會用何種方式來對人類進行反撲，到目前為止已有了初步的答案，而最終的結局到底會是怎麼樣？我想這是無法預知的，也是我們所不願知道的。因此，人類必需反省自身對大自然應有的責任及於現階段採取絕對必要的回饋與保護措施。在此，自然責任的內涵指的是每一個人都應該為改善現有的生態問題、促進良性的生態循環而努力，從心態、價值觀及教育改變起。而在具體的措施上，可藉由節制人口的成長、減少廢棄物的產生、實踐資源回收、限制污染源的產生與擴散、保護森林及水資源等，都是眼前刻不容緩的自然責任與社會義務；而且如果能把敬畏自然、尊重生命的理念實現在日常生活中，並建立與所有生命共存共榮的觀念，那合理的環境秩序才得以永續維持。

小試身手

1. 何謂水的「優養化」現象？

2. 何謂水俣病？其病徵為何？

3. 何謂「環境荷爾蒙」？有何影響？

4. 酸雨是如何形成？對生態環境有何影響？

5. 請解釋下列名詞

   (1) Ozone Hole

   (2) Greenhouse Gases

   (3) Global Warming

   (4) Photochemical Oxidants

   (5) Greenhouse Effect

   (6) Catalytic Converters

6. 閱讀過本章之後，請以環境化學為中心將相關概念製作概念構圖。

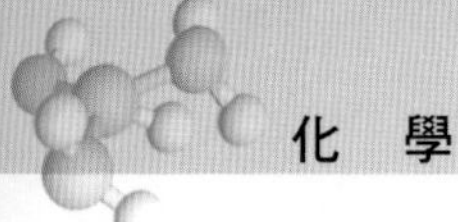

參考書籍

1. 徐惠麗、劉東明、方偉平、魏銘琪、張禎祐編譯(2007)．化學（精華版）．台北：新文京。

2. 章裕民(1995)．環境工程化學．台北：新文京。

3. 孫嘉福等(1996) ．環境化學．台北：高立。

4. Malone．化學（二版修訂）．林志鴻等編譯．台北：高立。

附　錄

 附錄 A：單位及轉換因子

長度單位

Meter (m) = 39.37 inches (in.)
= 1.094 yards (yd)
Centimeter (cm) = 0.01 m
Millimeter (mm) = 0.001 m
Kilometer (km) = 1000 m
Angstrom unit (Å) = 10^{-8} cm
= 10^{-10} m

Yard = 0.9144 m
Inch = 2.54 cm (definition)
Mile (U.S.) = 1.60934 km

體積單位

Liter (L) = 0.001 m^3 = 1000 cm^3
= 1.057 (U.S.) quarts
Milliliter (mL) = 0.001 L = 1 cm^3

Liquid quart (U.S.) = 0.9463 L
= 32 (U.S.) liquid ounces
= $\frac{1}{4}$ (U.S.) gallon
Dry quart = 1.1012 L
Cubic foot (U.S.) = 28.316 L

質量單位

Gram (g) = 0.001 kg
Milligram (mg) = 0.001 g
Kilogram (kg) = 1000 g = 2.205 lb
Ton (metric) = 1000 kg = 2204.62 lb

Ounce (oz) (avoirdupois) = 28.35 g
Pound (lb) (avoirdupois) = 0.45359237 kg
Ton (short) = 2000 lb = 907.185 kg
Ton (long) = 2240 lb = 1.016 metric ton

能量單位

4.184 joule (J) = 1 thermochemical calorie (cal) = 4.184 × 10^7 erg
Erg = 10^{-7} J
Electron-volt (eV) = 1.60217733 × 10^{-19} J = 23.061 kcal mol^{-1}
Liter atmosphere = 24.217 cal = 101.32 J

壓力單位

Torr = 1 mmHg
Atmosphere (atm) = 760 mm Hg = 760 torr = 101,325 N m^{-2} = 101,325 Pa
Pascal (Pa) = kg m^{-1} s^{-2} = N m^{-2}

附錄 B：一般物理常數

Avogadro's number	6.0221367×10^{23} mol^{-1}
Electron charge, e	$1.60217733 \times 10^{-19}$ coulomb (C)
Electron rest mass, m_e	9.109390×10^{-31} kg
Proton rest mass, m_p	$1.6726231 \times 10^{-27}$ kg
Neutron rest mass, m_n	$1.6749286 \times 10^{-27}$ kg
Charge-to-mass ratio for electron, e/m_e	$1.75881962 \times 10^{11}$ coulomb kg^{-1}
Faraday constant, F	9.6485309×10^{4} coulomb/equivalent
Planck constant, h	$6.6260755 \times 10^{-34}$ J s
Boltzmann constant, k	1.380658×10^{-23} J K^{-1}
Gas constant, R	8.205784×10^{-2} L atm mol^{-1} K^{-1} = 8.314510 J mol^{-1} K^{-1}
Speed of light (in vacuum), c	2.99792458×10^{8} m s^{-1}
Atomic mass unit (= $\frac{1}{12}$ the mass of an atom of the ^{12}C nuclide), amu	$1.6605402 \times 10^{-27}$ kg
Rydberg constant, R_∞	$1.0973731534 \times 10^{7}$ m^{-1}

附錄 C：溶解度

物質	K_{sp} at 25°C	物質	K_{sp} at 25°C
Aluminum		Bismuth	
$Al(OH)_3$	1.9×10^{-33}	$BiO(OH)$	1×10^{-12}
Barium		$BiOCl$	7×10^{-9}
$BaCO_3$	8.1×10^{-9}	Bi_2S_3	7.3×10^{-91}
$BaC_2O_4 \cdot 2H_2O$	1.1×10^{-7}	Cadmium	
$BaSO_4$	1.08×10^{-10}	$Cd(OH)_2$	1.2×10^{-14}
$BaCrO_4$	2×10^{-10}	CdS	2.8×10^{-35}
BaF_2	1.7×10^{-6}	$CdCO_3$	2.5×10^{-14}
$Ba(OH)_2 \cdot 8H_2O$	5.0×10^{-3}	Calcium	
$Ba_3(PO_4)_2$	1.3×10^{-29}	$Ca(OH)_2$	7.9×10^{-6}
$Ba_3(AsO_4)_2$	1.1×10^{-13}	$CaCO_3$	4.8×10^{-9}

溶解度（續）

物質	K_{sp} at 25°C	物質	K_{sp} at 25°C
$CaSO_4 \cdot 2H_2O$	2.4×10^{-5}	Hg_2Cl_2	1.1×10^{-18}
$CaC_2O_4 \cdot H_2O$	2.27×10^{-9}	Hg_2Br_2	1.26×10^{-22}
$Ca_3(PO_4)_2$	1×10^{-25}	Hg_2I_2	4.5×10^{-29}
$CaHPO_4$	5×10^{-6}	Hg_2CO_3	9×10^{-17}
CaF_2	3.9×10^{-11}	Hg_2SO_4	6.2×10^{-7}
Chromium		Hg_2S	8×10^{-52}
$Cr(OH)_3$	6.7×10^{-31}	Hg_2CrO_4	2×10^{-9}
Cobalt		HgS	2×10^{-59}
$Co(OH)_2$	2×10^{-16}	Nickel	
$CoS(\alpha)$	4.5×10^{-27}	$Ni(OH)_2$	1.6×10^{-14}
$CoS(\beta)$	6.7×10^{-29}	$NiCO_3$	1.36×10^{-7}
$CoCO_3$	1.0×10^{-12}	$NiS(\alpha)$	2×10^{-27}
$Co(OH)_3$	2.5×10^{-43}	$NiS(\beta)$	8×10^{-33}
Copper		Potassium	
$CuCl$	1.85×10^{-7}	$KClO_4$	1.07×10^{-2}
$CuBr$	5.3×10^{-9}	K_2PtCl_6	1.1×10^{-5}
CuI	5.1×10^{-12}	$KHC_4H_4O_6$	3×10^{-4}
$CuSCN$	4×10^{-14}	Silver	
Cu_2S	1.2×10^{-54}	$\frac{1}{2}Ag_2O\ (Ag^+ + OH^-)$	2×10^{-8}
$Cu(OH)_2$	5.6×10^{-20}	$AgCl$	1.8×10^{-10}
CuS	6.7×10^{-42}	$AgBr$	3.3×10^{-13}
$CuCO_3$	1.37×10^{-10}	AgI	1.5×10^{-16}
Iron		$AgCN$	1.2×10^{-16}
$Fe(OH)_2$	7.9×10^{-15}	$AgSCN$	1.0×10^{-12}
$FeCO_3$	2.11×10^{-11}	Ag_2S	8×10^{-58}
FeS	8×10^{-26}	Ag_2CO_3	8.2×10^{-12}
$Fe(OH)_3$	1.1×10^{-36}	Ag_2CrO_4	9×10^{-12}
Lead		$Ag_4Fe(CN)_6$	1.55×10^{-41}
$Pb(OH)_2$	2.8×10^{-16}	Ag_2SO_4	1.18×10^{-5}
PbF_2	3.7×10^{-8}	Ag_3PO_4	1.8×10^{-18}
$PbCl_2$	1.7×10^{-5}	Strontium	
$PbBr_2$	6.3×10^{-6}	$Sr(OH)_2 \cdot 8H_2O$	3.2×10^{-4}
PbI_2	8.7×10^{-9}	$SrCO_3$	9.42×10^{-10}
$PbCO_3$	1.5×10^{-13}	$SrCrO_4$	3.6×10^{-5}
PbS	6.5×10^{-34}	$SrSO_4$	2.8×10^{-7}
$PbCrO_4$	1.8×10^{-14}	$SrC_2O_4 \cdot H_2O$	5.61×10^{-8}
$PbSO_4$	1.8×10^{-8}	Thallium	
$Pb_3(PO_4)_2$	3×10^{-44}	$TlCl$	1.9×10^{-4}
Magnesium		$TlSCN$	5.8×10^{-4}
$Mg(OH)_2$	1.5×10^{-11}	Tl_2S	9.2×10^{-31}
$MgCO_3 \cdot 3H_2O$	*ca* 1×10^{-5}	$Tl(OH)_3$	1.5×10^{-44}
$MgNH_4PO_4$	2.5×10^{-13}	Tin	
MgF_2	6.4×10^{-9}	$Sn(OH)_2$	5×10^{-26}
MgC_2O_4	8.6×10^{-5}	SnS	6×10^{-35}
Manganese		$Sn(OH)_4$	1×10^{-56}
$Mn(OH)_2$	4.5×10^{-14}	Zinc	
$MnCO_3$	8.8×10^{-11}	$ZnCO_3$	6×10^{-11}
MnS	4.3×10^{-22}	$Zn(OH)_2$	4.5×10^{-17}
Mercury		ZnS	1×10^{-27}
$Hg_2O \cdot H_2O$	1.6×10^{-23}		

附錄 D：錯離子形成常數

平衡	K_f
$Al^{3+} + 6F^- \rightleftharpoons [AlF_6]^{3-}$	5×10^{23}
$Cd^{2+} + 4NH_3 \rightleftharpoons [Cd(NH_3)_4]^{2+}$	4.0×10^{6}
$Cd^{2+} + 4CN^- \rightleftharpoons [Cd(CN)_4]^{2-}$	1.3×10^{17}
$Co^{2+} + 6NH_3 \rightleftharpoons [Co(NH_3)_6]^{2+}$	8.3×10^{4}
$Co^{3+} + 6NH_3 \rightleftharpoons [Co(NH_3)_6]^{3+}$	4.5×10^{33}
$Cu^{+} + 2CN^- \rightleftharpoons [Cu(CN)_2]^{-}$	1×10^{16}
$Cu^{2+} + 4NH_3 \rightleftharpoons [Cu(NH_3)_4]^{2+}$	1.2×10^{12}
$Fe^{2+} + 6CN^- \rightleftharpoons [Fe(CN)_6]^{4-}$	1×10^{37}
$Fe^{3+} + 6CN^- \rightleftharpoons [Fe(CN)_6]^{3-}$	1×10^{44}
$Fe^{3+} + 6SCN^- \rightleftharpoons [Fe(NCS)_6]^{3-}$	3.2×10^{3}
$Hg^{2+} + 4Cl^- \rightleftharpoons [HgCl_4]^{2-}$	1.2×10^{15}
$Ni^{2+} + 6NH_3 \rightleftharpoons [Ni(NH_3)_6]^{2+}$	1.8×10^{8}
$Ag^{+} + 2Cl^- \rightleftharpoons [AgCl_2]^{-}$	2.5×10^{5}
$Ag^{+} + 2CN^- \rightleftharpoons [Ag(CN)_2]^{-}$	1×10^{20}
$Ag^{+} + 2NH_3 \rightleftharpoons [Ag(NH_3)_2]^{+}$	1.6×10^{7}
$Zn^{2+} + 4CN^- \rightleftharpoons [Zn(CN)_4]^{2-}$	1×10^{19}
$Zn^{2+} + 4OH^- \rightleftharpoons [Zn(OH)_4]^{2-}$	2.9×10^{15}

附錄 E：弱酸解離常數

酸	分子式	K_a at 25°C
Acetic	CH_3CO_2H	1.8×10^{-5}
Arsenic	H_3AsO_4	4.8×10^{-3}
	$H_2AsO_4^-$	1×10^{-7}
	$HAsO_4^{2-}$	1×10^{-13}
Arsenous	H_3AsO_3	5.8×10^{-10}
Boric	H_3BO_3	5.8×10^{-10}
Carbonic	H_2CO_3	4.3×10^{-7}
	HCO_3^-	7×10^{-11}

弱酸解離常數（續）

酸	分子式	K_a at 25°C
Cyanic	$HCNO$	3.46×10^{-4}
Formic	HCO_2H	1.8×10^{-4}
Hydrazoic	HN_3	1×10^{-4}
Hydrocyanic	HCN	4×10^{-10}
Hydrofluoric	HF	7.2×10^{-4}
Hydrogen peroxide	H_2O_2	2.4×10^{-12}
Hydrogen selenide	H_2Se	1.7×10^{-4}
	HSe^-	1×10^{-10}
Hydrogen sulfate ion	HSO_4^-	1.2×10^{-2}
Hydrogen sulfide	H_2S	1.0×10^{-7}
	HS^-	1.0×10^{-19}
Hydrogen telluride	H_2Te	2.3×10^{-3}
	HTe^-	1×10^{-5}
Hypobromous	$HBrO$	2×10^{-9}
Hypochlorous	$HClO$	3.5×10^{-8}
Nitrous	HNO_2	4.5×10^{-4}
Oxalic	$H_2C_2O_4$	5.9×10^{-2}
	$HC_2O_4^-$	6.4×10^{-5}
Phosphoric	H_3PO_4	7.5×10^{-3}
	$H_2PO_4^-$	6.3×10^{-8}
	HPO_4^{2-}	3.6×10^{-13}
Phosphorous	H_3PO_3	1.6×10^{-2}
	$H_2PO_3^-$	7×10^{-7}
Sulfurous	H_2SO_3	1.2×10^{-2}
	HSO_3^-	6.2×10^{-8}

附錄 F：弱鹼解離常數

鹼	解離方程式	K_b at 25°C
Ammonia	$NH_3 + H_2O \rightleftharpoons NH_4^+ + OH^-$	1.8×10^{-5}
Dimethylamine	$(CH_3)_2NH + H_2O \rightleftharpoons (CH_3)_2NH_2^+ + OH^-$	7.4×10^{-4}
Methylamine	$CH_3NH_2 + H_2O \rightleftharpoons CH_3NH_3^+ + OH^-$	4.4×10^{-4}
Phenylamine (aniline)	$C_6H_5NH_2 + H_2O \rightleftharpoons C_6H_5NH_3^+ + OH^-$	4.6×10^{-10}
Trimethylamine	$(CH_3)_3N + H_2O \rightleftharpoons (CH_3)_3NH^+ + OH^-$	7.4×10^{-5}

附錄 G：標準電極（還原）電位

半反應	$E°$, V	半反應	$E°$, V
$Li^{+} + e^{-} \longrightarrow Li$	−3.09	$SnS + 2e^{-} \longrightarrow Sn + S^{2-}$	−0.94
$K^{+} + e^{-} \longrightarrow K$	−2.925	$Cr^{2+} + 2e^{-} \longrightarrow Cr$	−0.91
$Rb^{+} + e^{-} \longrightarrow Rb$	−2.925	$Fe(OH)_2 + 2e^{-} \longrightarrow Fe + 2OH^{-}$	−0.877
$Ra^{2+} + 2e^{-} \longrightarrow Ra$	−2.92	$SiO_2 + 4H_3O^{+} + 4e^{-} \longrightarrow Si + 6H_2O$	−0.86
$Ba^{2+} + 2e^{-} \longrightarrow Ba$	−2.90	$NiS + 2e^{-} \longrightarrow Ni + S^{2-}$	−0.83
$Sr^{2+} + 2e^{-} \longrightarrow Sr$	−2.89	$2H_2O + 2e^{-} \longrightarrow H_2 + 2OH^{-}$	−0.828
$Ca^{2+} + 2e^{-} \longrightarrow Ca$	−2.87	$Zn^{2+} + 2e^{-} \longrightarrow Zn$	−0.763
$Na^{+} + e^{-} \longrightarrow Na$	−2.714	$Cr^{3+} + 3e^{-} \longrightarrow Cr$	−0.74
$La^{3+} + 3e^{-} \longrightarrow La$	−2.52	$HgS + 2e^{-} \longrightarrow Hg + S^{2-}$	−0.72
$Ce^{3+} + 3e^{-} \longrightarrow Ce$	−2.48	$[Cd(NH_3)_4]^{2+} + 2e^{-} \longrightarrow Cd + 4NH_3$	−0.597
$Nd^{3+} + 3e^{-} \longrightarrow Nd$	−2.44	$Ga^{3+} + 3e^{-} \longrightarrow Ga$	−0.53
$Sm^{3+} + 3e^{-} \longrightarrow Sm$	−2.41	$S + 2e^{-} \longrightarrow S^{2-}$	−0.48
$Gd^{3+} + 3e^{-} \longrightarrow Gd$	−2.40	$[Ni(NH_3)_6]^{2+} + 2e^{-} \longrightarrow Ni + 6NH_3$	−0.47
$Mg^{2+} + 2e^{-} \longrightarrow Mg$	−2.37	$Fe^{2+} + 2e^{-} \longrightarrow Fe$	−0.440
$Y^{3+} + 3e^{-} \longrightarrow Y$	−2.37	$[Cu(CN)_2]^{-} + e^{-} \longrightarrow Cu + 2CN^{-}$	−0.43
$Am^{3+} + 3e^{-} \longrightarrow Am$	−2.32	$Cr^{3+} + e^{-} \longrightarrow Cr^{2+}$	−0.41
$Lu^{3+} + 3e^{-} \longrightarrow Lu$	−2.25	$Cd^{2+} + 2e^{-} \longrightarrow Cd$	−0.403
$\frac{1}{2}H_2 + e^{-} \longrightarrow H^{-}$	−2.25	$Se + 2H_3O^{+} + 2e^{-} \longrightarrow H_2Se + 2H_2O$	−0.40
$Sc^{3+} + 3e^{-} \longrightarrow Sc$	−2.08	$[Hg(CN)_4]^{2-} + 2e^{-} \longrightarrow Hg + 4CN^{-}$	−0.37
$[AlF_6]^{3-} + 3e^{-} \longrightarrow Al + 6F^{-}$	−2.07	$ClO_4^{-} + H_2O + 2e^{-} \longrightarrow ClO_3^{-} + 2OH^{-}$	−0.36
$Pu^{3+} + 3e^{-} \longrightarrow Pu$	−2.07	$PbSO_4 + 2e^{-} \longrightarrow Pb + SO_4^{2-}$	−0.356
$Th^{4+} + 4e^{-} \longrightarrow Th$	−1.90	$In^{3+} + 3e^{-} \longrightarrow In$	−0.342
$Np^{3+} + 3e^{-} \longrightarrow Np$	−1.86	$[Ag(CN)_2]^{-} + e^{-} \longrightarrow Ag + 2CN^{-}$	−0.31
$Be^{2+} + 2e^{-} \longrightarrow Be$	−1.85	$Co^{2+} + 2e^{-} \longrightarrow Co$	−0.277
$U^{3+} + 3e^{-} \longrightarrow U$	−1.80	$[SnF_6]^{2-} + 4e^{-} \longrightarrow Sn + 6F^{-}$	−0.25
$Hf^{4+} + 4e^{-} \longrightarrow Hf$	−1.70	$Ni^{2+} + 2e^{-} \longrightarrow Ni$	−0.250
$SiO_3^{2-} + 3H_2O + 4e^{-} \longrightarrow Si + 6OH^{-}$	−1.70	$Sn^{2+} + 2e^{-} \longrightarrow Sn$	−0.136
$Al^{3+} + 3e^{-} \longrightarrow Al$	−1.66	$CrO_4^{2-} + 4H_2O + 3e^{-} \longrightarrow Cr(OH)_3 + 5OH^{-}$	−0.13
$Ti^{2+} + 2e^{-} \longrightarrow Ti$	−1.63	$Pb^{2+} + 2e^{-} \longrightarrow Pb$	−0.126
$Zr^{4+} + 4e^{-} \longrightarrow Zr$	−1.53	$MnO_2 + 2H_2O + 2e^{-} \longrightarrow Mn(OH)_2 + 2OH^{-}$	−0.05
$ZnS + 2e^{-} \longrightarrow Zn + S^{2-}$	−1.44	$[HgI_4]^{2-} + 2e^{-} \longrightarrow Hg + 4I^{-}$	−0.04
$Cr(OH)_3 + 3e^{-} \longrightarrow Cr + 3OH^{-}$	−1.3	$2H_3O^{+} + 2e^{-} \longrightarrow H_2 + 2H_2O$	0.00
$[Zn(CN)_4]^{2-} + 2e^{-} \longrightarrow Zn + 4CN^{-}$	−1.26	$NO_3^{-} + H_2O + 2e^{-} \longrightarrow NO_2^{-} + 2OH^{-}$	+0.01
$Zn(OH)_2 + 2e^{-} \longrightarrow Zn + 2OH^{-}$	−1.245	$[Ag(S_2O_3)_2]^{3-} + e^{-} \longrightarrow Ag + 2S_2O_3^{2-}$	+0.01
$[Zn(OH)_4]^{2-} + 2e^{-} \longrightarrow Zn + 4OH^{-}$	−1.216	$[Co(NH_3)_6]^{3+} + e^{-} \longrightarrow [Co(NH_3)_6]^{2+}$	+0.1
$CdS + 2e^{-} \longrightarrow Cd + S^{2-}$	−1.21	$S + 2H_3O^{+} + 2e^{-} \longrightarrow H_2S + 2H_2O$	+0.141
$[Cr(OH)_4]^{-} + 3e^{-} \longrightarrow Cr + 4OH^{-}$	−1.2	$Sn^{4+} + 2e^{-} \longrightarrow Sn^{2+}$	+0.15
$[SiF_6]^{2-} + 4e^{-} \longrightarrow Si + 6F^{-}$	−1.2	$Cu^{2+} + e^{-} \longrightarrow Cu^{+}$	+0.153
$V^{2+} + 2e^{-} \longrightarrow V$	*ca* −1.18	$Co(OH)_3 + e^{-} \longrightarrow Co(OH)_2 + OH^{-}$	+0.17
$Mn^{2+} + 2e^{-} \longrightarrow Mn$	−1.18	$[HgBr_4]^{2-} + 2e^{-} \longrightarrow Hg + 4Br^{-}$	+0.21
$[Cd(CN)_4]^{2-} + 2e^{-} \longrightarrow Cd + 4CN^{-}$	−1.03	$AgCl + e^{-} \longrightarrow Ag + Cl^{-}$	+0.222
$[Zn(NH_3)_4]^{2+} + 2e^{-} \longrightarrow Zn + 4NH_3$	−1.03	$Hg_2Cl_2 + 2e^{-} \longrightarrow 2Hg + 2Cl^{-}$	+0.27
$FeS + 2e^{-} \longrightarrow Fe + S^{2-}$	−1.01	$ClO_3^{-} + H_2O + 2e^{-} \longrightarrow ClO_2^{-} + 2OH^{-}$	+0.33
$PbS + 2e^{-} \longrightarrow Pb + S^{2-}$	−0.95	$Cu^{2+} + 2e^{-} \longrightarrow Cu$	+0.337

標準電極(還原)電位(續)

半反應	$E°$, V	半反應	$E°$, V
$[Fe(CN)_6]^{3-} + e^- \longrightarrow [Fe(CN)_6]^{4-}$	+0.36	$NO_3^- + 4H_3O^+ + 3e^- \longrightarrow NO + 6H_2O$	+0.96
$[Ag(NH_3)_2]^+ + e^- \longrightarrow Ag + 2NH_3$	+0.373	$Pd^{2+} + 2e^- \longrightarrow Pd$	+0.987
$O_2 + 2H_2O + 4e^- \longrightarrow 4OH^-$	+0.401	$Br_2(l) + 2e^- \longrightarrow 2Br^-$	+1.0652
$[RhCl_6]^{3-} + 3e^- \longrightarrow Rh + 6Cl^-$	+0.44	$ClO_4^- + 2H_3O^+ + 2e^- \longrightarrow ClO_3^- + 3H_2O$	+1.19
$Ag_2CrO_4 + 2e^- \longrightarrow 2Ag + CrO_4^{2-}$	+0.446	$Pt^{2+} + 2e^- \longrightarrow Pt$	*ca* +1.2
$NiO_2 + 2H_2O + 2e^- \longrightarrow Ni(OH)_2 + 2OH^-$	+0.49	$ClO_3^- + 3H_3O^+ + 2e^- \longrightarrow HClO_2 + 4H_2O$	+1.21
$Cu^+ + e^- \longrightarrow Cu$	+0.521	$O_2 + 4H_3O^+ + 4e^- \longrightarrow 6H_2O$	+1.23
$TeO_2 + 4H_3O^+ + 4e^- \longrightarrow Te + 6H_2O$	+0.529	$MnO_2 + 4H_3O^+ + 2e^- \longrightarrow Mn^{2+} + 6H_2O$	+1.23
$I_2 + 2e^- \longrightarrow 2I^-$	+0.5355	$Cr_2O_7^{2-} + 14H_3O^+ + 6e^- \longrightarrow 2Cr^{3+} + 21H_2O$	+1.33
$[PtBr_4]^{2-} + 2e^- \longrightarrow Pt + 4Br^-$	+0.58	$Cl_2 + 2e^- \longrightarrow 2Cl^-$	+1.3595
$MnO_4^- + 2H_2O + 3e^- \longrightarrow MnO_2 + 4OH^-$	+0.588	$HClO + H_3O^+ + 2e^- \longrightarrow Cl^- + 2H_2O$	+1.49
$[PdCl_4]^{2-} + 2e^- \longrightarrow Pd + 4Cl^-$	+0.62	$Au^{3+} + 3e^- \longrightarrow Au$	+1.50
$ClO_2^- + H_2O + 2e^- \longrightarrow ClO^- + 2OH^-$	+0.66	$MnO_4^- + 8H_3O^+ + 5e^- \longrightarrow Mn^{2+} + 12H_2O$	+1.51
$[PtCl_6]^{2-} + 2e^- \longrightarrow [PtCl_4]^{2-} + 2Cl^-$	+0.68	$Ce^{4+} + e^- \longrightarrow Ce^{3+}$	+1.61
$O_2 + 2H_3O^+ + 2e^- \longrightarrow H_2O_2 + 2H_2O$	+0.682	$HClO + H_3O^+ + e^- \longrightarrow \frac{1}{2}Cl_2 + 2H_2O$	+1.63
$[PtCl_4]^{2-} + 2e^- \longrightarrow Pt + 4Cl^-$	+0.73	$HClO_2 + 2H_3O^+ + 2e^- \longrightarrow HClO + 3H_2O$	+1.64
$Fe^{3+} + e^- \longrightarrow Fe^{2+}$	+0.771	$Au^+ + e^- \longrightarrow Au$	*ca* +1.68
$Hg_2^{2+} + 2e^- \longrightarrow 2Hg$	+0.789	$NiO_2 + 4H_3O^+ + 2e^- \longrightarrow Ni^{2+} + 6H_2O$	+1.68
$Ag^+ + e^- \longrightarrow Ag$	+0.7991	$PbO_2 + SO_4^{2-} + 4H_3O^+ + 2e^- \longrightarrow$	
$Hg^{2+} + 2e^- \longrightarrow Hg$	+0.854	$PbSO_4 + 6H_2O$	+1.685
$HO_2^- + H_2O + 2e^- \longrightarrow 3OH^-$	+0.88	$H_2O_2 + 2H_3O^+ + 2e^- \longrightarrow 4H_2O$	+1.77
$ClO^- + H_2O + 2e^- \longrightarrow Cl^- + 2OH^-$	+0.89	$Co^{3+} + e^- \longrightarrow Co^{2+}$	+1.82
$2Hg^{2+} + 2e^- \longrightarrow Hg_2^{2+}$	+0.920	$F_2 + 2e^- \longrightarrow 2F^-$	+2.87
$NO_3^- + 3H_3O^+ + 2e^- \longrightarrow HNO_2 + 4H_2O$	+0.94		

附錄 H： 標準莫耳生成熱，標準莫耳自由能，標準絕對熵 25℃，1atm

物質	ΔH_f°, kJ mol^{-1}	ΔG_f°, kJ mol^{-1}	S_{298}°, J K^{-1} mol^{-1}
Aluminum			
$Al(s)$	0	0	28.3
$Al(g)$	326	286	164.4
$Al_2O_3(s)$	−1676	−1582	50.92
$AlF_3(s)$	−1504	−1425	66.44
$AlCl_3(s)$	−704.2	−628.9	110.7

標準莫耳生成熱，標準莫耳自由能，標準絕對熵(25℃，1atm)(續)

物質	ΔH_f°, kJ mol^{-1}	ΔG_f°, kJ mol^{-1}	S_{298}°, J K^{-1} mol^{-1}
$AlCl_3 \cdot 6H_2O(s)$	−2692	—	—
$Al_2S_3(s)$	−724	−492.4	—
$Al_2(SO_4)_3(s)$	−3440.8	−3100.1	239
Antimony			
$Sb(s)$	0	0	45.69
$Sb(g)$	262	222	180.2
$Sb_4O_6(s)$	−1441	−1268	221
$SbCl_3(g)$	−314	−301	337.7
$SbCl_5(g)$	−394.3	−334.3	401.8
$Sb_2S_3(s)$	−175	−174	182
$SbCl_3(s)$	−382.2	−323.7	184
$SbOCl(s)$	−374	—	—
Arsenic			
$As(s)$	0	0	35
$As(g)$	303	261	174.1
$As_4(g)$	144	92.5	314
$As_4O_6(s)$	−1313.9	−1152.5	214
$As_2O_5(s)$	−924.87	−782.4	105
$AsCl_3(g)$	−258.6	−245.9	327.1
$As_2S_3(s)$	−169	−169	164
$AsH_3(g)$	66.44	68.91	222.7
$H_3AsO_4(s)$	−906.3	—	—
Barium			
$Ba(s)$	0	0	66.9
$Ba(g)$	175.6	144.8	170.3
$BaO(s)$	−558.1	−528.4	70.3
$BaCl_2(s)$	−860.06	−810.9	126
$BaSO_4(s)$	−1465	−1353	132
Beryllium			
$Be(s)$	0	0	9.54
$Be(g)$	320.6	282.8	136.17
$BeO(s)$	−610.9	−581.6	14.1
Bismuth			
$Bi(s)$	0	0	56.74
$Bi(g)$	207	168	186.90
$Bi_2O_3(s)$	−573.88	−493.7	151
$BiCl_3(s)$	−379	−315	177
$Bi_2S_3(s)$	−143	−141	200
Boron			
$B(s)$	0	0	5.86
$B(g)$	562.7	518.8	153.3
$B_2O_3(s)$	−1272.8	−1193.7	53.97
$B_2H_6(g)$	36	86.6	232.0
$B(OH)_3(s)$	−1094.3	−969.01	88.83
$BF_3(g)$	−1137.3	−1120.3	254.0
$BCl_3(g)$	−403.8	−388.7	290.0
$B_3N_3H_6(l)$	−541.0	−392.8	200
$HBO_2(s)$	−794.25	−723.4	40

標準莫耳生成熱，標準莫耳自由能，標準絕對熵(25℃，1atm)(續)

物質	ΔH_f°, kJ mol^{-1}	ΔG_f°, kJ mol^{-1}	S_{298}°, J K^{-1} mol^{-1}
Bromine			
$Br_2(l)$	0	0	152.23
$Br_2(g)$	30.91	3.142	245.35
$Br(g)$	111.88	82.429	174.91
$BrF_3(g)$	−255.6	−229.5	292.4
$HBr(g)$	−36.4	−53.43	198.59
Cadmium			
$Cd(s)$	0	0	51.76
$Cd(g)$	112.0	77.45	167.64
$CdO(s)$	−258	−228	54.8
$CdCl_2(s)$	−391.5	−344.0	115.3
$CdSO_4(s)$	−933.28	−822.78	123.04
$CdS(s)$	−162	−156	64.9
Calcium			
$Ca(s)$	0	0	41.6
$Ca(g)$	192.6	158.9	154.78
$CaO(s)$	−635.5	−604.2	40
$Ca(OH)_2(s)$	−986.59	−896.76	76.1
$CaSO_4(s)$	−1432.7	−1320.3	107
$CaSO_4 \cdot 2H_2O(s)$	−2021.1	−1795.7	194.0
$CaCO_3(s)$ (calcite)	−1206.9	−1128.8	92.9
$CaSO_3 \cdot 2H_2O(s)$	−1762	−1565	184
Carbon			
$C(s)$ (graphite)	0	0	5.740
$C(s)$ (diamond)	1.897	2.900	2.38
$C(g)$	716.681	671.289	157.987
$CO(g)$	−110.52	−137.15	197.56
$CO_2(g)$	−393.51	−394.36	213.6
$CH_4(g)$	−74.81	−50.75	186.15
$CH_3OH(l)$	−238.7	−166.4	127
$CH_3OH(g)$	−200.7	−162.0	239.7
$CCl_4(l)$	−135.4	−65.27	216.4
$CCl_4(g)$	−102.9	−60.63	309.7
$CHCl_3(l)$	−134.5	−73.72	202
$CHCl_3(g)$	−103.1	−70.37	295.6
$CS_2(l)$	89.70	65.27	151.3
$CS_2(g)$	117.4	67.15	237.7
$C_2H_2(g)$	226.7	209.2	200.8
$C_2H_4(g)$	52.26	68.12	219.5
$C_2H_6(g)$	−84.68	−32.9	229.5
$CH_3COOH(l)$	−484.5	−390	160
$CH_3COOH(g)$	−432.25	−374	282
$C_2H_5OH(l)$	−277.7	−174.9	161
$C_2H_5OH(g)$	−235.1	−168.6	282.6
$C_3H_8(g)$	−103.85	−23.49	269.9
$C_6H_6(g)$	82.927	129.66	269.2
$C_6H_6(l)$	49.028	124.50	172.8
$CH_2Cl_2(l)$	−121.5	−67.32	178

標準莫耳生成熱，標準莫耳自由能，標準絕對熵(25℃，1atm)(續)

物質	ΔH_f°, kJ mol^{-1}	ΔG_f°, kJ mol^{-1}	S_{298}°, J K^{-1} mol^{-1}
$CH_2Cl_2(g)$	−92.47	−65.90	270.1
$CH_3Cl(g)$	−80.83	−57.40	234.5
$C_2H_5Cl(l)$	−136.5	−59.41	190.8
$C_2H_5Cl(g)$	−112.2	−60.46	275.9
$C_2N_2(g)$	308.9	297.4	241.8
$HCN(l)$	108.9	124.9	112.8
$HCN(g)$	135	124.7	201.7
Chlorine			
$Cl_2(g)$	0	0	222.96
$Cl(g)$	121.68	105.70	165.09
$ClF(g)$	−54.48	−55.94	217.8
$ClF_3(g)$	−163	−123	281.5
$Cl_2O(g)$	80.3	97.9	266.1
$Cl_2O_7(l)$	238	—	—
$Cl_2O_7(g)$	272	—	—
$HCl(g)$	−92.307	−95.299	186.80
$HClO_4(l)$	−40.6	—	—
Chromium			
$Cr(s)$	0	0	23.8
$Cr(g)$	397	352	174.4
$Cr_2O_3(s)$	−1140	−1058	81.2
$CrO_3(s)$	−589.5	—	—
$(NH_4)_2Cr_2O_7(s)$	−1807	—	—
Cobalt			
$Co(s)$	0	0	30.0
$CoO(s)$	−237.9	−214.2	52.97
$Co_3O_4(s)$	−891.2	−774.0	103
$Co(NO_3)_2(s)$	−420.5	—	—
Copper			
$Cu(s)$	0	0	33.15
$Cu(g)$	338.3	298.5	166.3
$CuO(s)$	−157	−130	42.63
$Cu_2O(s)$	−169	−146	93.14
$CuS(s)$	−53.1	−53.6	66.5
$Cu_2S(s)$	−79.5	−86.2	121
$CuSO_4(s)$	−771.36	−661.9	109
$Cu(NO_3)_2(s)$	−303	—	—
Fluorine			
$F_2(g)$	0	0	202.7
$F(g)$	78.99	61.92	158.64
$F_2O(g)$	−22	−4.6	247.3
$HF(g)$	−271	−273	173.67
Hydrogen			
$H_2(g)$	0	0	130.57
$H(g)$	217.97	203.26	114.60
$H_2O(l)$	−285.83	−237.18	69.91
$H_2O(g)$	−241.82	−228.59	188.71
$H_2O_2(l)$	−187.8	−120.4	110
$H_2O_2(g)$	−136.3	−105.6	233

標準莫耳生成熱，標準莫耳自由能，標準絕對熵(25℃，1atm)(續)

物質	ΔH_f°, kJ mol^{-1}	ΔG_f°, kJ mol^{-1}	S_{298}°, J K^{-1} mol^{-1}
$HF(g)$	−271	−273	173.67
$HCl(g)$	−92.307	−95.299	186.80
$HBr(g)$	−36.4	−53.43	198.59
$HI(g)$	26.5	1.7	206.48
$H_2S(g)$	−20.6	−33.6	205.7
$H_2Se(g)$	30	16	218.9
Iodine			
$I_2(s)$	0	0	116.14
$I_2(g)$	62.438	19.36	260.6
$I(g)$	106.84	70.283	180.68
$IF(g)$	95.65	−118.5	236.1
$ICl(g)$	17.8	−5.44	247.44
$IBr(g)$	40.8	3.7	258.66
$IF_7(g)$	−943.9	−818.4	346
$HI(g)$	26.5	1.7	206.48
Iron			
$Fe(s)$	0	0	27.3
$Fe(g)$	416	371	180.38
$Fe_2O_3(s)$	−824.2	−742.2	87.40
$Fe_3O_4(s)$	−1118	−1015	146
$Fe(CO)_5(l)$	−774.0	−705.4	338
$Fe(CO)_5(g)$	−733.9	−697.26	445.2
$FeCl_2(s)$	−341.79	−302.30	117.95
$FeCl_3(s)$	−399.49	−334.00	142.3
$FeO(s)$	−272	—	—
$Fe(OH)_2(s)$	−569.0	−486.6	88
$Fe(OH)_3(s)$	−823.0	−696.6	107
$FeS(s)$	−100	−100	60.29
$Fe_3C(s)$	25	20	105
Lead			
$Pb(s)$	0	0	64.81
$Pb(g)$	195	162	175.26
$PbO(s)$ (yellow)	−217.3	−187.9	68.70
$PbO(s)$ (red)	−219.0	−188.9	66.5
$Pb(OH)_2(s)$	−515.9	—	—
$PbS(s)$	−100	−98.7	91.2
$Pb(NO_3)_2(s)$	−451.9	—	—
$PbO_2(s)$	−277	−217.4	68.6
$PbCl_2(s)$	−359.4	−314.1	136
Lithium			
$Li(s)$	0	0	28.0
$Li(g)$	155.1	122.1	138.67
$LiH(s)$	−90.42	−69.96	25
$Li(OH)(s)$	−487.23	−443.9	50.2
$LiF(s)$	−612.1	−584.1	35.9
$Li_2CO_3(s)$	−1215.6	−1132.4	90.4
Manganese			
$Mn(s)$	0	0	32.0
$Mn(g)$	281	238	173.6

標準莫耳生成熱，標準莫耳自由能，標準絕對熵(25℃，1atm)(續)

物質	ΔH_f°, kJ mol^{-1}	ΔG_f°, kJ mol^{-1}	S_{298}°, J K^{-1} mol^{-1}
$MnO(s)$	−385.2	−362.9	59.71
$MnO_2(s)$	−520.03	−465.18	53.05
$Mn_2O_3(s)$	−959.0	−881.2	110
$Mn_3O_4(s)$	−1388	−1283	156
Mercury			
$Hg(l)$	0	0	76.02
$Hg(g)$	61.317	31.85	174.8
$HgO(s)$ (red)	−90.83	−58.555	70.29
$HgO(s)$ (yellow)	−90.46	−57.296	71.1
$HgCl_2(s)$	−224	−179	146
$Hg_2Cl_2(s)$	−265.2	−210.78	192
$HgS(s)$ (red)	−58.16	−50.6	82.4
$HgS(s)$ (black)	−53.6	−47.7	88.3
$HgSO_4(s)$	−707.5	—	—
Nitrogen			
$N_2(g)$	0	0	191.5
$N(g)$	472.704	455.579	153.19
$NO(g)$	90.25	86.57	210.65
$NO_2(g)$	33.2	51.30	239.9
$N_2O(g)$	82.05	104.2	219.7
$N_2O_3(g)$	83.72	139.4	312.2
$N_2O_4(g)$	9.16	97.82	304.2
$N_2O_5(g)$	11	115	356
$NH_3(g)$	−46.11	−16.5	192.3
$N_2H_4(l)$	50.63	149.2	121.2
$N_2H_4(g)$	95.4	159.3	238.4
$NH_4NO_3(s)$	−365.6	−184.0	151.1
$NH_4Cl(s)$	−314.4	−201.5	94.6
$NH_4Br(s)$	−270.8	−175	113
$NH_4I(s)$	−201.4	−113	117
$NH_4NO_2(s)$	−256	—	—
$HNO_3(l)$	−174.1	−80.79	155.6
$HNO_3(g)$	−135.1	−74.77	266.2
Oxygen			
$O_2(g)$	0	0	205.03
$O(g)$	249.17	231.75	160.95
$O_3(g)$	143	163	238.8
Phosphorus			
$P_4(s)$	0	0	164
$P_4(g)$	58.91	24.5	280.0
$P(g)$	314.6	278.3	163.08
$PH_3(g)$	5.4	13	210.1
$PCl_3(g)$	−287	−268	311.7
$PCl_5(g)$	−375	−305	364.5
$P_4O_6(s)$	−1640	—	—
$P_4O_{10}(s)$	−2984	−2698	228.9
$HPO_3(s)$	−948.5	—	—
$H_3PO_2(s)$	−604.6	—	—
$H_3PO_3(s)$	−964.4	—	—

標準莫耳生成熱，標準莫耳自由能，標準絕對熵(25℃，1atm)(續)

物質	ΔH_f°, kJ mol^{-1}	ΔG_f°, kJ mol^{-1}	S_{298}°, J K^{-1} mol^{-1}
$H_3PO_4(s)$	−1279	−1119	110.5
$H_3PO_4(l)$	−1267	—	—
$H_4P_2O_7(s)$	−2241	—	—
$POCl_3(l)$	−597.1	−520.9	222.5
$POCl_3(g)$	−558.48	−512.96	325.3
Potassium			
$K(s)$	0	0	63.6
$K(g)$	90.00	61.17	160.23
$KF(s)$	−562.58	−533.12	66.57
$KCl(s)$	−435.868	−408.32	82.68
Silicon			
$Si(s)$	0	0	18.8
$Si(g)$	455.6	411	167.9
$SiO_2(s)$	−910.94	−856.67	41.84
$SiH_4(g)$	34	56.9	204.5
$H_2SiO_3(s)$	−1189	−1092	130
$H_4SiO_4(s)$	−1481	−1333	190
$SiF_4(g)$	−1614.9	−1572.7	282.4
$SiCl_4(l)$	−687.0	−619.90	240
$SiCl_4(g)$	−657.01	−617.01	330.6
$SiC(s)$	−65.3	−62.8	16.6
Silver			
$Ag(s)$	0	0	42.55
$Ag(g)$	284.6	245.7	172.89
$Ag_2O(s)$	−31.0	−11.2	121
$AgCl(s)$	−127.1	−109.8	96.2
$Ag_2S(s)$	−32.6	−40.7	144.0
Sodium			
$Na(s)$	0	0	51.0
$Na(g)$	108.7	78.11	153.62
$Na_2O(s)$	−415.9	−377	72.8
$NaCl(s)$	−411.00	−384.03	72.38
Sulfur			
$S_8(s)$ (rhombic)	0	0	254
$S(g)$	278.80	238.27	167.75
$SO_2(g)$	−296.83	−300.19	248.1
$SO_3(g)$	−395.7	−371.1	256.6
$H_2S(g)$	−20.6	−33.6	205.7
$H_2SO_4(l)$	−813.989	690.101	156.90
$H_2S_2O_7(s)$	−1274	—	—
$SF_4(g)$	−774.9	−731.4	291.9
$SF_6(g)$	−1210	−1105	291.7
$SCl_2(l)$	−50	—	—
$SCl_2(g)$	−20	—	—
$S_2Cl_2(l)$	−59.4	—	—
$S_2Cl_2(g)$	−18	−32	331.4
$SOCl_2(l)$	−246	—	—
$SOCl_2(g)$	−213	−198	309.7
$SO_2Cl_2(l)$	−394	—	—
$SO_2Cl_2(g)$	−364	−320	311.8

標準莫耳生成熱，標準莫耳自由能，標準絕對熵(25℃，1atm)(續)

物質	ΔH_f°, kJ mol^{-1}	ΔG_f°, kJ mol^{-1}	S_{298}°, J K^{-1} mol^{-1}
Tin			
$Sn(s)$	0	0	51.55
$Sn(g)$	302	267	168.38
$SnO(s)$	−286	−257	56.5
$SnO_2(s)$	−580.7	−519.7	52.3
$SnCl_4(l)$	−511.2	−440.2	259
$SnCl_4(g)$	−471.5	−432.2	366
Titanium			
$Ti(s)$	0	0	30.6
$Ti(g)$	469.9	425.1	180.19
$TiO_2(s)$	−944.7	−889.5	50.33
$TiCl_4(l)$	−804.2	−737.2	252.3
$TiCl_4(g)$	−763.2	−726.8	354.8
Tungsten			
$W(s)$	0	0	32.6
$W(g)$	849.4	807.1	173.84
$WO_3(s)$	−842.87	−764.08	75.90
Zinc			
$Zn(s)$	0	0	41.6
$Zn(g)$	130.73	95.178	160.87
$ZnO(s)$	−348.3	−318.3	43.64
$ZnCl_2(s)$	−415.1	−369.43	111.5
$ZnS(s)$	−206.0	−201.3	57.7
$ZnSO_4(s)$	−982.8	−874.5	120
$ZnCO_3(s)$	−812.78	−731.57	82.4
Complexes			
$[Co(NH_3)_4(NO_2)_2]NO_3$, *cis*	−898.7	—	—
$[Co(NH_3)_4(NO_2)_2]NO_3$, *trans*	−896.2	—	—
$NH_4[Co(NH_3)_2(NO_2)_4]$	−837.6	—	—
$[Co(NH_3)_6][Co(NH_3)_2(NO_2)_4]_3$	−2733	—	—
$[Co(NH_3)_4Cl_2]Cl$, *cis*	−997.0	—	—
$[Co(NH_3)_4Cl_2]Cl$, *trans*	−999.6	—	—
$[Co(en)_2(NO_2)_2]NO_3$, *cis*	−689.5	—	—
$[Co(en)_2Cl_2]Cl$, *cis*	−681.1	—	—
$[Co(en)_2Cl_2]Cl$, *trans*	−677.4	—	—
$[Co(en)_3](ClO_4)_3$	−762.7	—	—
$[Co(en)_3]Br_2$	−595.8	—	—
$[Co(en)_3]I_2$	−475.3	—	—
$[Co(en)_3]I_3$	−519.2	—	—
$[Co(NH_3)_6](ClO_4)_3$	−1035	−227	636
$[Co(NH_3)_5NO_2](NO_3)_2$	−1089	−418.4	350
$[Co(NH_3)_6](NO_3)_3$	−1282	−530.5	469
$[Co(NH_3)_5Cl]Cl_2$	−1017	−582.8	366
$[Pt(NH_3)_4]Cl_2$	−728.0	—	—
$[Ni(NH_3)_6]Cl_2$	−994.1	—	—
$[Ni(NH_3)_6]Br_2$	−923.8	—	—
$[Ni(NH_3)_6]I_2$	−808.3	—	—

附錄 I：商業用酸與鹼之組成

酸或鹼	密度 (g/ml)	重量比	莫耳濃度	當量濃度
Hydrochloric acid	1.19	38%	12.4	12.4
Nitric acid	1.42	70%	15.8	15.8
Sulfuric acid	1.84	95%	17.8	35.6
Acetic acid	1.05	99%	17.3	17.3
Aqueous ammonia	0.90	28%	14.8	14.8

附錄 J：放射性同位素的半衰期

同位素	半衰期	放射型態[a]	同位素	半衰期	放射型態[a]
$^{14}_{6}C$	5730 yr	(β^-)	$^{206}_{83}Bi$	6.243 d	$(E.C.)$
$^{13}_{7}N$	9.97 m	(β^+)	$^{210}_{83}Bi$	5.01 d	(β^-)
$^{15}_{9}F$	5×10^{-22} s	(p)	$^{212}_{83}Bi$	60.5 m	$(\alpha$ or $\beta^-)$
$^{24}_{11}Na$	14.97 hr	(β^-)	$^{210}_{84}Po$	138.4 d	(α)
$^{32}_{15}P$	14.28 d	(β^-)	$^{212}_{84}Po$	3×10^{-7} s	(α)
$^{40}_{19}K$	1.26×10^{9} yr	$(\beta^-$ or $E.C.)$	$^{216}_{84}Po$	0.16 s	(α)
$^{49}_{26}Fe$	0.08 s	(β^+)	$^{218}_{84}Po$	3.11 m	(α)
$^{60}_{26}Fe$	1.5×10^{6} yr	(β^-)	$^{215}_{85}At$	1.0×10^{-4} s	(α)
$^{60}_{27}Co$	5.2 yr	(β^-)	$^{218}_{85}At$	1.6 s	(α)
$^{87}_{37}Rb$	4.7×10^{10} yr	(β^-)	$^{220}_{86}Rn$	55.6 s	(α)
$^{90}_{38}Sr$	29 yr	(β^-)	$^{222}_{86}Rn$	3.82 d	(α)
$^{115}_{49}In$	4.4×10^{14} yr	(β^-)	$^{224}_{88}Ra$	3.66 d	(α)
$^{131}_{53}I$	8.040 d	(β^-)	$^{226}_{88}Ra$	1590 yr	(α)
$^{142}_{58}Ce$	5×10^{15} yr	(α)	$^{228}_{88}Ra$	5.75 yr	(β^-)
$^{208}_{81}Tl$	3.052 m	(β^-)	$^{228}_{89}Ac$	6.13 hr	(β^-)
$^{210}_{82}Pb$	22.6 yr	(β^-)	$^{228}_{90}Th$	1.912 yr	(α)
$^{212}_{82}Pb$	10.6 hr	(β^-)	$^{232}_{90}Th$	1.4×10^{10} yr	(α)
$^{214}_{82}Pb$	26.8 m	(β^-)	$^{233}_{90}Th$	23 m	(β^-)

放射性同位素的半衰期（續）

同位素	半衰期	放射型態[a]	同位素	半衰期	放射型態[a]
$^{234}_{90}Th$	24.10 d	(β^-)	$^{241}_{95}Am$	458 yr	(α)
$^{233}_{91}Pa$	27 d	(β^-)	$^{242}_{96}Cm$	162.8 d	(α)
$^{233}_{92}U$	1.62×10^5 yr	(α)	$^{243}_{97}Bk$	4.5 hr	(α or *E.C.*)
$^{234}_{92}U$	2.45×10^5 yr	(α)	$^{253}_{99}Es$	20.47 d	(α)
$^{235}_{92}U$	7.04×10^8 yr	(α)	$^{254}_{100}Fm$	3.24 hr	(α or *S.F.*)
$^{238}_{92}U$	4.51×10^9 yr	(α)	$^{255}_{100}Fm$	20.1 hr	(α)
$^{239}_{92}U$	23.54 m	(β^-)	$^{256}_{101}Md$	76 m	(α or *E.C.*)
$^{239}_{93}Np$	2.3 d	(β^-)	$^{254}_{102}No$	55 s	(α)
$^{239}_{94}Pu$	2.411×10^4 yr	(α)	$^{257}_{103}Lr$	0.65 s	(α)
$^{240}_{94}Pu$	6.58×10^3 yr	(α)	$^{260}_{105}Unp$	1.5 s	(α or *S.F.*)
$^{241}_{94}Pu$	14.4 yr	(α or β^-)	$^{263}_{106}Unh$	0.8 s	(α or *S.F.*)

[a] *E.C.* = electron capture, *S.F.* = spontaneous fission; yr = years, d = days, hr = hours, m = minutes, s = seconds.

附錄 K：原子相關概念圖

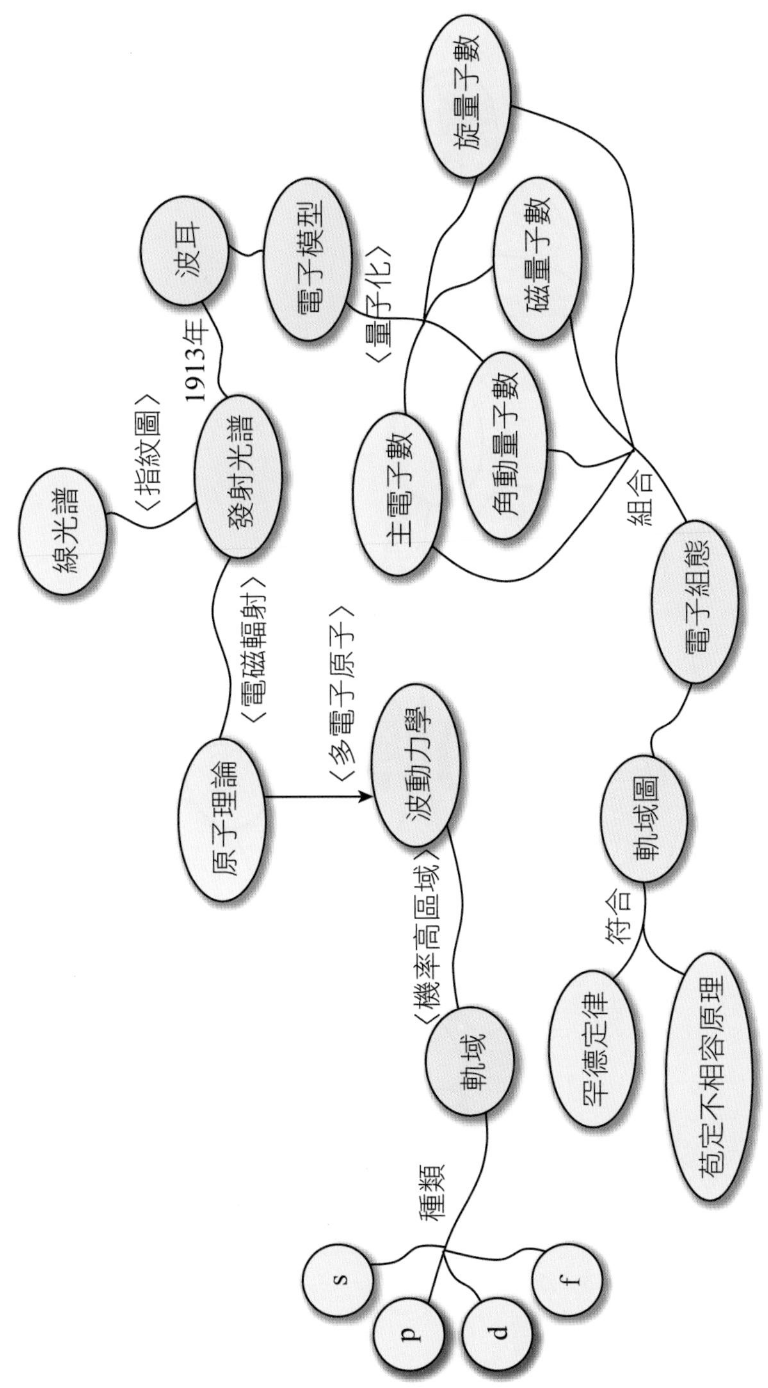
原子理論
〈電磁輻射〉
發射光譜
〈指紋圖〉
線光譜
1913年
波耳
電子模型
〈量子化〉
主電子數
角動量子數
磁量子數
旋量子數
組合
電子組態
軌域圖
符合
罕德定律
苞定不相容原理
〈多電子原子〉
波動力學
〈機率高區域〉
軌域
種類
s
p
d
f

附錄 L：水溶液概念構圖

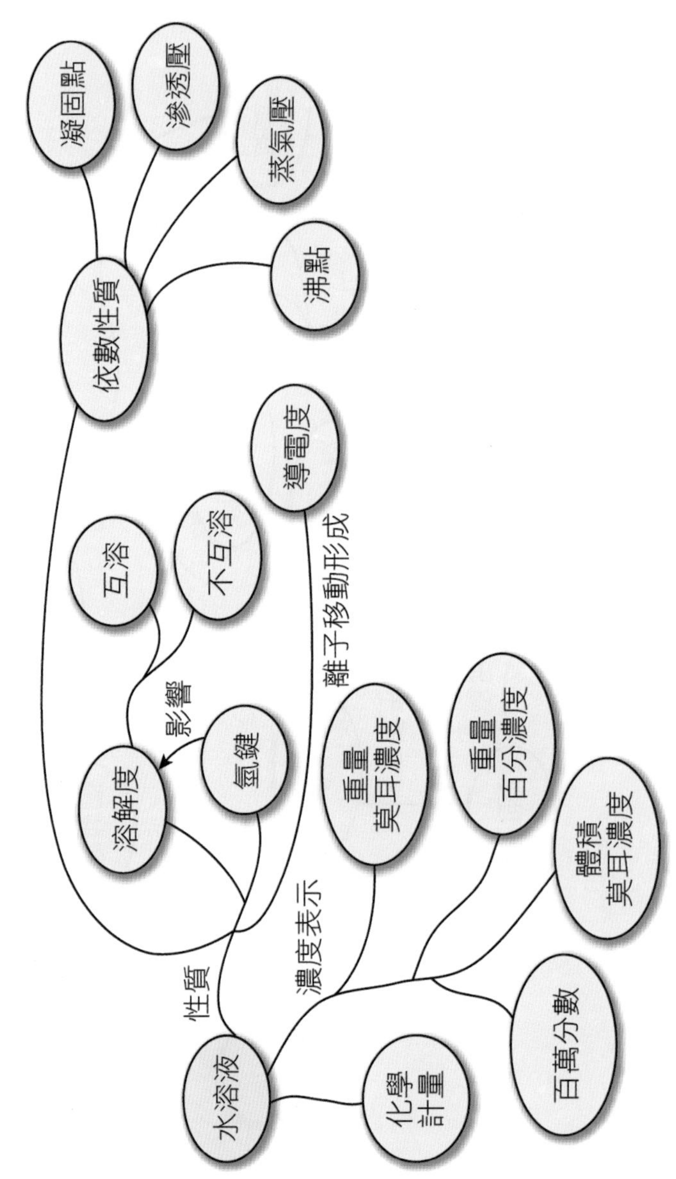
凝固點
滲透壓
蒸氣壓
沸點
依數性質
導電度
互溶
不互溶
離子移動形成
影響
氫鍵
溶解度
重量
莫耳濃度
重量
百分濃度
體積
莫耳濃度
濃度表示
性質
水溶液
化學
計量
百萬分數

附錄 M：物質狀態概念構圖

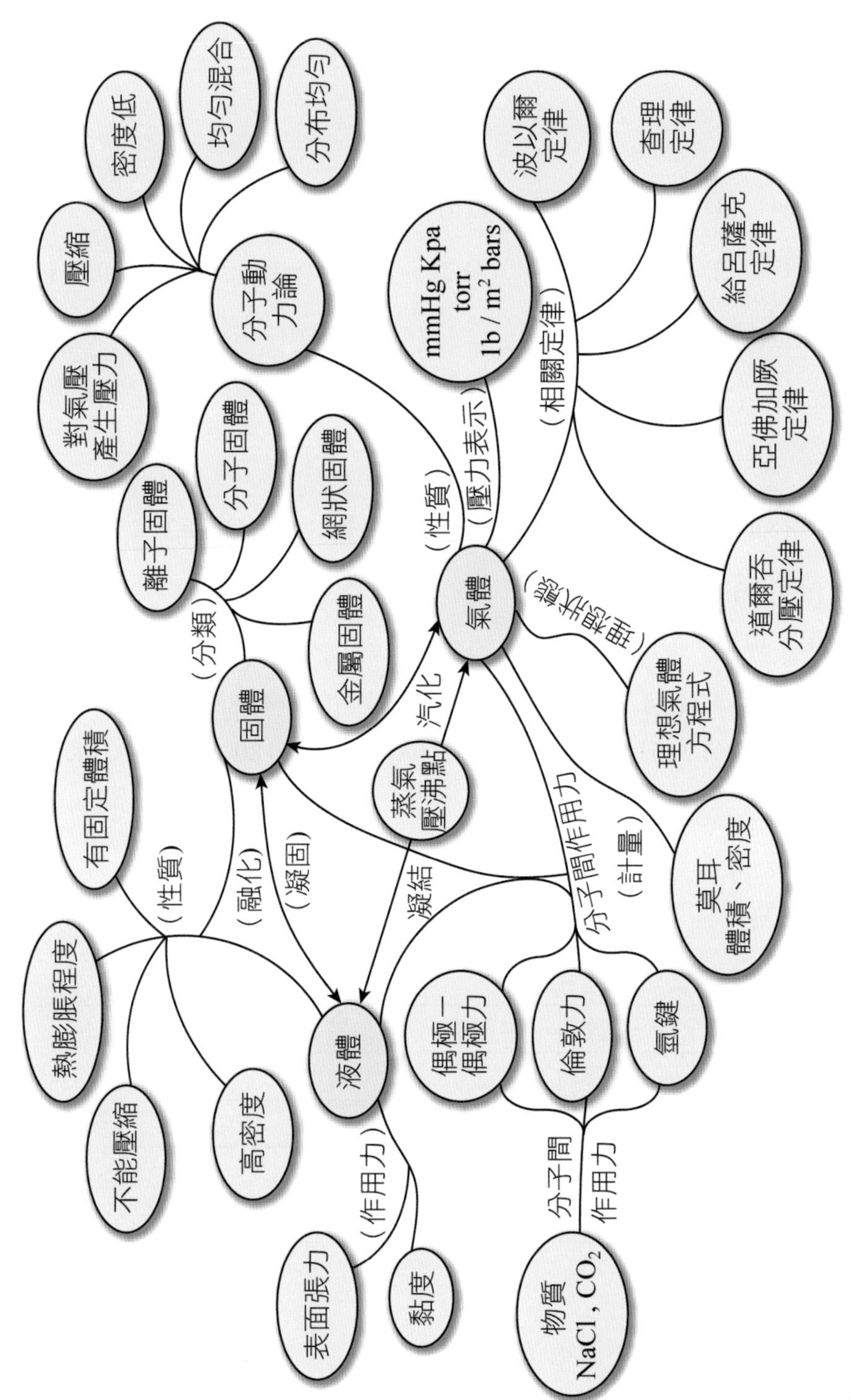

習題解答

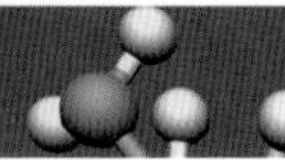

第一章

4. (2) (3)

5. (1) 4 (2) 4 (3) 2 (4) 4 (5) 2 (6) 4 (7) 3 (8) 4

6. (1) 7.6×10^{2} (2) 1.4 (3) 0.17 (4) 22 (5) 6.5×10^{3} (6) 3×10^{3} (7) 16

7. (1) 26.3m (2) 25.8kg/s^{2}

8. (1) 12.208g (2) 0.50ml (3) 10.1s

第二章

3. 元素：(6)(8)(9) 化合物：(2)(3)(10) 混合物：(1)(4)(5)(7)

4. 物理變化：(1)(3)(7)
   化學變化：(2)(4)(5)(6)(8)(9)(10)

5. (1) 5.68×10^{-3}g (2) 4.712×10^{-4}km (3) 484mL (4) 85.6mL
   (5) 0.2743m (6) 34510mg (7) 2.8×10^{5} mL (8) 1800g (9) 338K

6. 0.1285g/mL 7. 38.0mL

8. (1) 6×10^{-9} (2) 5.32×10^{8} (3) 2.694×10^{-3} (4) 3.680×10^{4}

第三章

2.

元素	質子數	中子數	質量數
(1)	1	2	3
(2)	20	20	40
(3)	7	7	14
(4)	79	118	197

3. 12.01

4. 4s, 4p, 4d, 4f 共容納 32 個電子

5. 4f>5p>4p>3d>4s>3s

6. (1) $1s^22s^22p^6$

(2) $1s^22s^22p^63s^23p^6$

(3) $1s^22s^23s^23p^6$

(4) $1s^22s^22p^63s^23p^63d^94s^2 \rightarrow 1s^22s^22p^63s^23p^63d^{10}4s^1$

7. (1) $4s^2$

(2) $2s^22p^1$

(3) $4s^24p^6$

(4) $3d^44s^2$

8. 略

9. (1) N>O>Be (2) Be>Mg>Ca

10. (1) H>Na>K (2) O>Cl>Mg

11. Na>Mg>Al>Si>P>S>Cl>Ar

12. (1) 6 (2) 2 (3) 14 (4) 10

13. (1) 2p (2) 4d (3) 5f

第四章

1. 1, 6, 3, 1, 7, 5, 2, 7

2. •Li，:Cl•，•Mg•，:S•，•Al•，:I•，•K，•Ca•，•Sr•，:F•

3. +1, -1, +2, -2, +3, -1, +1, +2, +2 -1

4. Li^+，Cl^-，Mg^{+2}，S，Al^{+3}，I^-，K^+，Ca^{+2}，Sr^{+2}，F^-

5. H:Br:，:O::C::O:，:Cl:Mg:Cl:，Ca:O:，:N::O:，Cl / Cl Fe Cl

6. 離子化合物：$MgCl_2$, $FeBr_2$, K_2O, KI, CaO

共價化合物：CO_2, HBr, NCl_3, NO_2

7. 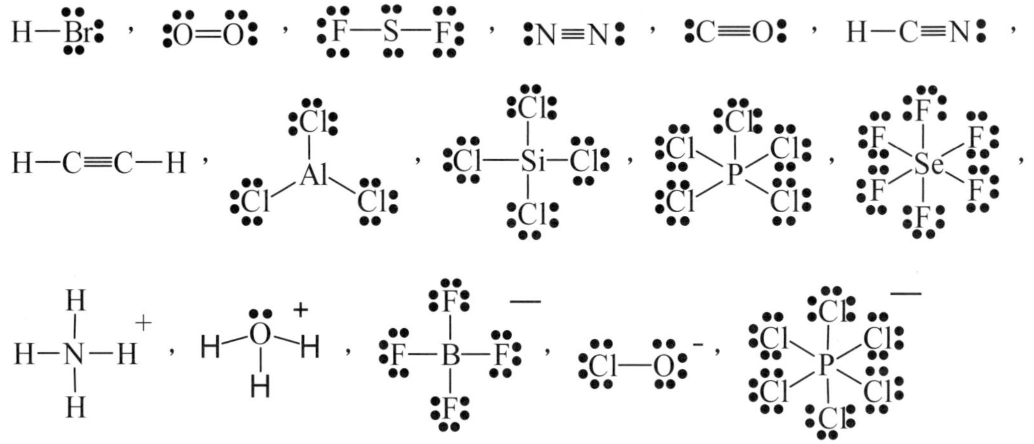 H—Br，O=O，F—S—F，N≡N，C≡O，H—C≡N，

H—C≡C—H，$AlCl_3$（Al 與三個 Cl 相連），$SiCl_4$（Si 與四個 Cl 相連），PCl_5（P 與五個 Cl 相連），SeF_6（Se 與六個 F 相連），

NH_4^+（N 與四個 H 相連）$^+$，H_3O^+（O 與三個 H 相連）$^+$，BF_4^-（B 與四個 F 相連）$^-$，$[Cl—O]^-$，PCl_6^-（P 與六個 Cl 相連）$^-$

8. (1) C<N<O<F

(2) Te<Se<S<O

(3) Ba=Ca<Mg<Be

(4) I<Br<Cl<F

(5) Na<Mg<Al<Si

(6) Si<P<S< Cl

9. HCl, O_3, NO_3^-, H_2S

10. N_2, CO_2, CH_4, BeF_2, CBr_4

11. 正四面體, 三角錐形, 三角錐形, V 字形, 三角錐形

12. 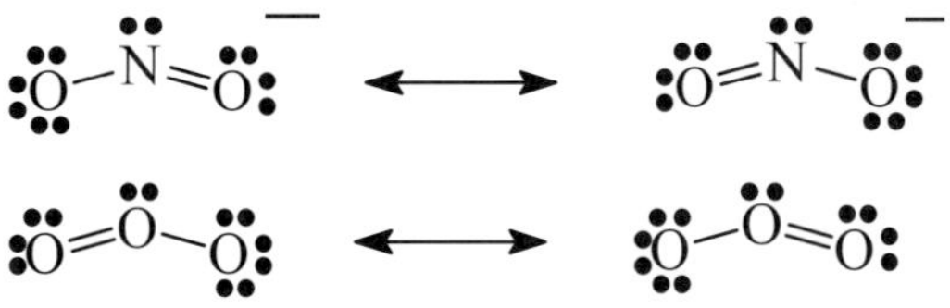 $[O—N=O]^-$ ⟷ $[O=N—O]^-$

O=O—O ⟷ O—O=O

第五章

1. (1) $N_2 + O_2 \rightarrow 2NO$

   (2) $Mg + 2AgNO_3 \rightarrow Mg(NO_3)_2 + 2Ag$

   (3) $2Al + 6HCl \rightarrow 2AlCl_3 + 3H_2$

2. (1) 分解反應 (2) 加成反應 (3) 氧化還原反應
   (4) 單置換反應 (5) 雙置換反應

3. (1) 1.5 莫耳 (2) 8 莫耳

4. (1) 0.2 莫耳 (2) 1.0 莫耳

5. (1) 62 克 (2) 0.5 莫耳 (3) 16 克

6. (1) 58.7 克 (2) 106.4 克 (3) 159 克

7. (1) 1.07 莫耳 (2) 0.38 莫耳 (3) 1.76 莫耳

第六章

1,2,3 略

4. 113.1℃

5. 3.6×10^{24}

6. 1200 個

7. 174℃

8. 29.9atm

9. 0.92g

10. 3.17g/L

11. 45L

12. 0.223mole

13. 0.95atm

14. 1.25g/L

15. (D)

16. 3700torr

17. 0.522mole

第七章

1.

(a)

$$CaCl_2\ \%\ (m/m) = \frac{12g}{(12+48)g} \times 100\% = 20\%\ (m/m)$$

(b)

$$KBr\ \%\ (m/m) = \frac{5g}{80g} \times 100\% = 6.25\%\ (m/m)$$

2.

(a)

$$MgSO_4\ \%\ (m/v) = \frac{4.3g}{100mL} \times 100\% = 4.3\%\ (m/v)$$

(b)

$$KNO_3\ \%\ (m/v) = \frac{15g}{300mL} \times 100\% = 5\%\ (m/v)$$

(c)

$$CuSO_4\ \%\ (m/v) = \frac{1.596g}{100mL} \times 100\% = 1.596\%\ (m/v)$$

3.

70% (v/v) × 800 (mL) = 95% × V 酒精 (mL)

V 酒精 (mL) = 589.47 (mL)

4.

(a)

475 g × 1.2% = 5.7 g 食鹽

(b)

$$3.5\ \%\ (m/v) = \frac{M蔗糖g}{500mL} \times 100\%$$

M 蔗糖 = 17.5 g

5.

(a)

$$Ca^{2+}的莫耳數 = \frac{2.2g}{40.08g/mol} = 0.055\ mol$$

$$Ca^{2+}的容積莫耳濃度(M) = \frac{0.055mol}{1.0L} = 0.055\ M$$

(b)

$$乙二醇的莫耳數 = \frac{248g}{62.07g/mol} = 4.0\ mol$$

$$乙二醇的容積莫耳濃度(M) = \frac{4.0mol}{0.500L} = 8.0\ M$$

(c)

$$NH_3的莫耳數 = \frac{5.95g}{17.03g/mol} = 0.35\ mol$$

$$NH_3的容積莫耳濃度(M) = \frac{0.35mol}{0.750L} = 0.47\ M$$

6.

(1)

$$Na_2CO_3的莫耳數 = \frac{3.922g}{105.99g/mol} = 0.037\ mol$$

$$Na_2CO_3的重量莫耳濃度(m) = \frac{0.037mol}{1.0kg} = 0.037\ m$$

(2)

NaCl 的莫耳數 $= \dfrac{3.51\ g}{58.44 g/mol} = 0.06\ mol$

NaCl 的重量莫耳濃度(m) = $\dfrac{0.06mol}{1.0kg} = 0.06\ m$

7. 計算第 5 題溶液中的溶質及溶劑個別的莫耳分率。

(1)

Na_2CO_3 的莫耳數 $= \dfrac{3.922g}{105.99g/mol} = 0.037\ mol$

H_2O 的莫耳數 $= \dfrac{1000g}{18.00g/mol} = 55.56\ mol$

$XNa_2CO_3 = \dfrac{0.037mol}{(0.037+55.56)mol} = 0.0007$

$XH_2O = 1.0 - 0.0007 = 0.9993$

(2) 3.51 g 的氯化鈉(NaCl)溶於 1 kg 的水中。

NaCl 的莫耳數 $= \dfrac{3.51g}{58.44g/mol} = 0.06\ mol$

H_2O 的莫耳數 $= \dfrac{1000g}{18.00g/mol} = 55.56\ mol$

$XNaCl = \dfrac{0.06mol}{(0.06+55.56)mol} = 0.001$

$XH_2O = 1.0 - 0.001 = 0.999$

8.

1.0 ppm = 1.0 mg/L

200 ppm = 200 mg/L = 200×10^{-3} g/L

$CaCO_3$ 的莫耳數 $= \dfrac{200\times10^3 g}{100.09g/mol} = 1.998 \times 10^{-3}\ mol$

$CaCO_3$ 的容積莫耳濃度(M) $= \dfrac{1998.20mol}{1.0L} = 1.998 \times 10^{-3}\ M$

9. 請描述如何製備 1.0 M 的 KI 溶液 500 mL？

KI 的莫耳數 $= \dfrac{X_{KI}g}{166g/mol} = 1.0\ (mol/L) \times 0.500\ (mL)$

$X_{KI} = 83\ g$

10.

由表 7.1 得知水的莫耳凝固點下降常數(K_f)為 1.86℃/m，水的凝固點為 0℃

$\Delta T_f = 0℃ - 2.43℃ = 2.43℃$ $\Delta T_f = K_f \times m$

$$m = \frac{\Delta T_f}{K_f} = \frac{2.43°C}{1.86°C/m} = 1.31\ m$$

$$1.31\ m = \frac{溶質莫耳數(mol)}{0.065kg}$$

溶質莫耳數(mol) = 1.31 mol/kg × 0.065 kg = 0.08515 mol

$$0.08515\ mol = \frac{8.5g}{分子量}$$

分子量 = 8.5 g ÷ 0.08515 mol = 99.82 g/mol

11.

$$重量莫耳濃度\ (m) = \frac{0.69mol}{0.3kg} = 2.3\ m$$

$\Delta T_b = K_b \times m = 0.512℃/m \times 2.3\ m = 1.1776℃$

由表 7.1 得知水的沸點為 100.0℃

此 Na_2SO_4 水溶液之沸點 = 100.0℃ + 1.1776℃ =101.1776℃

12.

π = MRT

$$760\ torr = 1\ atm，38\ torr = \frac{38torr}{760torr/atm} = 0.05\ atm$$

π 0.05 atm

$$M = \frac{\pi}{RT} = \frac{0.05atm}{0.082L \cdot atm/mol \cdot K \times (273+25)°C} = 0.0020\ mol/L = 0.0020\ M$$

因為此溶液 1 公升中含有 0.732 g 的膽固醇，所以 0.732 g 膽固醇的莫耳數等於 0.0020 mol

$$0.0020\ mol = \frac{0.732g}{分子量g/mol}$$

分子量 = 366 g/mol

13. BBB

(a) B

(b) A

(c) A

(d) B

14.

$\pi = MRT$

$$M = \frac{\pi}{RT} = \frac{7.6\text{atm}}{0.082\text{L}\cdot\text{atm/mol}\cdot\text{K}\times(273+37)°\text{C}} = 0.299\ \text{mol/L} = 0.299\ \text{M}$$

RT　　0.082 L·atm/mol·K　×　(273 + 37)℃

$$0.299\ \text{mol/L} = \frac{\frac{MC_6H_{12}O_6\ \text{g}}{180.156\text{g/mol}}}{1\text{L}}$$

$MC_6H_{12}O_6 = 53.87$ g

第八章

1. 略

2. $Cl + O_{3(g)} \rightarrow ClO_{(g)} + O_{2(g)}$
   $ClO_{(g)} + O \rightarrow Cl + O_{2(g)}$

3. (A) (2) (B) $R = k\,[I]^2[H_2] = k\,[I_2][H_2]$ (C) 二級反應

4. (A) $K=\frac{[CO_2][H_2]}{[CO][H_2O]}$　(B) $K=\frac{[Cl_2]^2[H_2O]^2}{[HCl]^4[O_2]}$

   (C) $K=[NO_2]^4[O_2]$　(D) $K=\frac{[H_2O]^2}{[H_2]^2[O_2]}$

5. (A) ← (B) → (C) → (D) →

6. (A) → (B) → (C) ← (D) →

7. 略

8. $[SO_3]=0.1190M$

9. $[H_2S]=92.32M$

10. (A)

$$Q=\frac{[NH_3]^2}{[N_2][H_2]^3}$$

(B) Q＝18

Q＜K(18＜155)，反應向右移動，造成生成物量增加。

(C) Q＝1562.5

Q＞K(1562.5＞155)，反應向左移動，造成反應物量增加。

第九章

2.3.題見課本內容

4. (1) 硫酸工廠排放 SO_2，溶於雨水形成亞硫酸，成酸性。

(2) 肥皂製作過程需要氫氧化鈉參與，製成產品，成鹼性。

5. 弱酸性：(A)(E) 弱鹼性：(D)(F)(G) 中性：(B)(C)(H)

6. (A) $NH_3 + H_2O \rightleftharpoons NH_4^+ + OH^-$

弱鹼 弱酸 弱酸 弱鹼

(B) $HCN + H_2O \rightleftharpoons CN^- + H_3O^+$

弱酸 弱鹼 弱鹼 弱酸

(C) $CH_3COO^- + H_2O \rightleftharpoons CH_3COOH + OH^-$

弱鹼 弱酸 弱酸 弱鹼

7. (A) pH=3 (B) pH=5-log2 (C) pH=5-log3.0 (D) pH=10

酸性大小：(A)>(C)>(B)>(D)

8. (A) $[OH^-]=10^{-8}$ pH=6 pOH=8

(B) $[OH^-]= 2.5\times10^{-12}$ pH=3-log4.0 pOH=11+log4.0

(C) $[OH^-]=2.0\times10^{-6}$ pH=9-log5.0 pOH=5+log5.0

9. 4-log1.38

10. (A) 2.70×10^{-6}mole，0.000387g

(B) 7.16×10^{-5}mole，0.0199g

11. (A) 0.20M (B)0.092M

第十章

1. (4)

2. 略

3. (1) (3) (4) (5) ; (5)> (3)> (4)> (1)

4. (1) (2) (5) (7) ; (5)> (2)> (7)> (1)

5.

	氧化劑(OA)	還原劑(RA)
(1)	PbO	C
(2)	$AgNO_3$	Cu
(3)	MnO_4^-	$C_2O_4^{2-}$

6. (1) +5 (2) Cl:+5 O:-2 (3) H:+1 C:+3 (4) K:+1 Cr:+6

7. (1) $5Fe^{2+}{}_{(aq)} + MnO_4^-{}_{(aq)} + 8\ H_3O^+{}_{(aq)} \rightarrow 5Fe^{3+}{}_{(aq)} + Mn^{2+}{}_{(aq)} + 12\ H_2O$

   (2) $I_2 + 2S_2O_3^{2-}{}_{(aq)} \rightarrow 2\ I^-{}_{(aq)} + S_4O_6^{2-}{}_{(aq)}$

   (3) $3Cu_{(s)} + 8H_3O^+{}_{(aq)} + 2NO_3^-{}_{(aq)} \rightarrow 3Cu^{2+}{}_{(aq)} + 2NO + 12H_2O$

   (4) $Cd^{2+}{}_{(aq)} + Zn(s) \rightarrow Cd_{(s)} + Zn^{2+}$

   (5) $3C_2H_5OH + 2Cr_2O_7^{2-}{}_{(aq)} + 16\ H_3O^+{}_{(aq)} \rightarrow 3CH_3COOH + 4Cr^{3+}{}_{(aq)} + 27H_2O$

8. 9. 略

第十一章

1. 2.略

3.

元素	質子數	中子數
(1)	27	33
(2)	53	78
(3)	92	143

4. 7.75×10^{-5}

5. 2.5 克

6. 略

7. (1) ${}_{8}^{17}O$ (2) ${}_{-1}^{0}e$(3) ${}_{2}^{4}He$

8. 略

第十二章

1. a.醇類 b.醚類 c.酮類 d.醛類 e.醯胺類 f.羧酸類 g.酯類

2. a. 溴乙烷(Bromoethane)
   b. 環已烷(Cyclohexane)
   c. 環丁烷(Cyclobutance)
   d. 2-甲基丁烷(2-Methylbutane)
   e. 2-氯-2-甲基已烷(2-chloro-2-Methyl hexane)

3. 1-bromo-1-chloro-2,2,2-trifluoroethane

4. a.異構物 b.異構物 c.同樣分子 d.同樣分子

第十三章

1. a. 2-已烯(2-hexene)
   b. 環已烯(Cyclohexene)
   c. 1-丁炔(1-butyne)
   d. 環戊烯(Cyclopentene)
   e. 溴苯(Bromobenzene)
   f. 3-溴-4-氯酚(3-bromo-4-chlorophenol)
   g. 溴化苄(benzyl Bromide)

2. a.異構物 b.cis-tras 異構物 c.同樣分子 d.同樣分子 e.同樣分子

3. a. 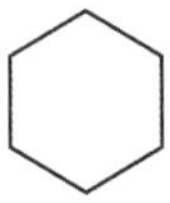
   b. $CH_3CH_2CH_2CH_3$

c. 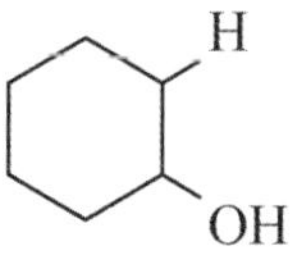

d. $CH_3CH_2\underset{\displaystyle OH}{\underset{|}{C}}HCH_3$

第十四章

1. (1) 5-Hydroxy 2-hexene
   (2) 2,4,6-Trinitro phenol
   (3) p-Methoxy Aniline (或 p-Methoxy pheny)
   (4) 3,4 Dimethyl 2-hexanone
   (5) 3-Hydroxy benzoic acid
   (6) 5-Methyl Hexanamide
   (7) 4-chloro pentanamine

2. (1) $HOCh_2Ch_2Cl$
   (2) 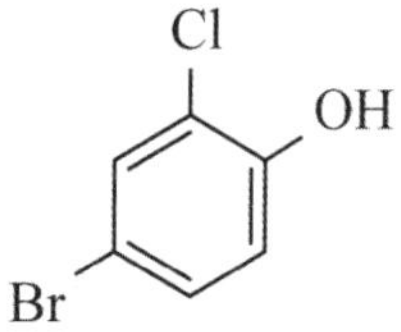

   (3) $CH_3\underset{\displaystyle O}{\underset{\|}{C}}\underset{\displaystyle CH_3}{\underset{|}{C}}HCH_2CH_3$
   (4) 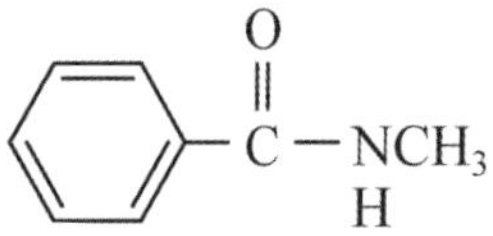

   (5) $CH_3CH_2CH_2CH_2NH_2$
   (6) $CH_3COO\overset{\displaystyle H}{\underset{\displaystyle CH_3}{\underset{|}{C}}}CH_3$
   (7) 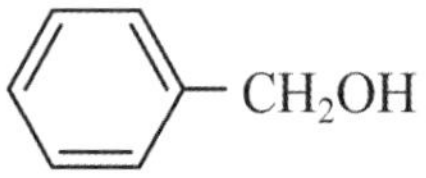

4. (1) $CH_3CH_2CH_2CHO + 2Cu^{2+} + 5^-OH \rightarrow CH_3CH_2CH_2COO^- + Cu_2O + 3H_2O$

藍色　　　　　　　　　　　　紅色沉澱

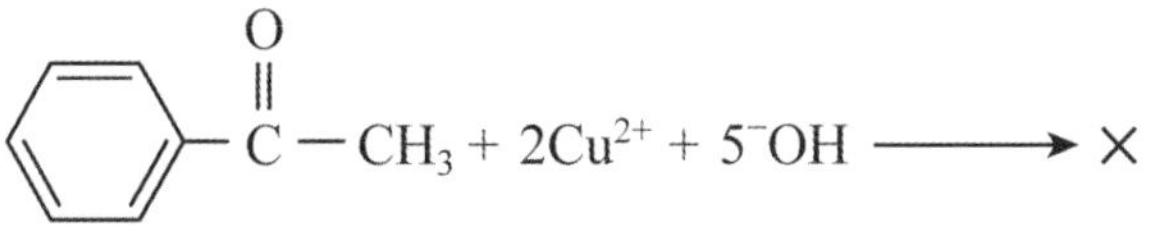

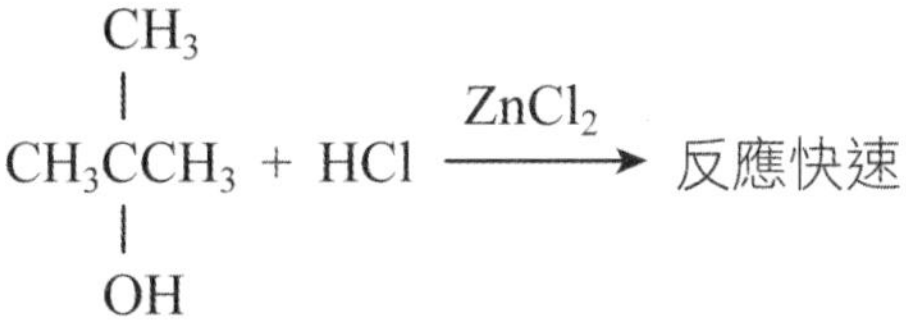

$$C_6H_5-\overset{O}{\overset{\|}{C}}-CH_3 + 2Cu^{2+} + 5^-OH \longrightarrow \times$$

(2)

$$CH_3\underset{OH}{\underset{|}{\overset{CH_3}{\overset{|}{C}}}}CH_3 + HCl \xrightarrow{ZnCl_2} \text{反應快速}$$

室溫下

$$CH_3CH_2CH_2CH_2OH \xrightarrow[ZnCl_2]{HCl_2} \text{不反應}$$

5. (1) A：$CH_3CH_2CH_2CH_2O^-$

B：$CH_3CH_2CH_2CH_2CH_2OH$

(2) C：$C_6H_5-CH_2CH_2MgBr$

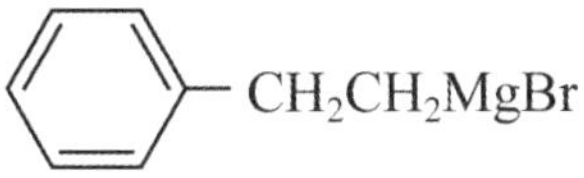

D：$C_6H_5-CH_2CH_3$

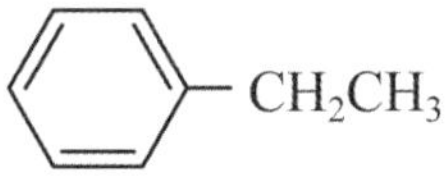

(3) E：$CH_3CH_2CH_2CH_2MgCl$

F：$CH_3CH_2CH_2CH_2COOH$

(4) G：$C_6H_5-CH_2CH_2OH$

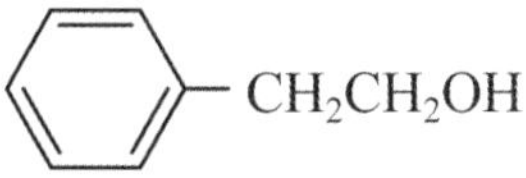

(5) H：CH_3CH_2COCl

(6) I：(Cl 取代之苯環)$-CH_2CH_2$

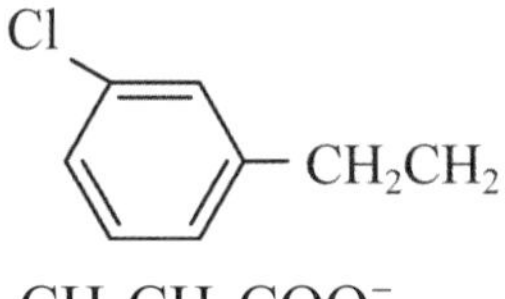

(7) J：$CH_3CH_2COO^-$

K：CH_3CH_2COOH

國家圖書館出版品預行編目資料

化學／徐惠麗等編著. －第四版. －新北市：
新文京開發，2020.10
面；　公分

ISBN 978-986-430-675-6（平裝）

1. 化學

340　　109015583

化學（第四版）　（書號：**E326e4**）

編 著 者　徐惠麗　林麗玲　張瓊云　謝玲鈴　黃玲琨　張禎祐
出 版 者　新文京開發出版股份有限公司
地　　址　新北市中和區中山路二段 362 號 9 樓
電　　話　(02) 2244-8188（代表號）
F A X　(02) 2244-8189
郵　　撥　1958730-2
初　　版　西元 2009 年 6 月 10 日
第 二 版　西元 2013 年 8 月 15 日
第 三 版　西元 2016 年 8 月 12 日
第 四 版　西元 2020 年 11 月 01 日

　建議售價：620 元

法律顧問：蕭雄淋律師
ISBN 978-986-430-675-6

New Wun Ching Developmental Publishing Co., Ltd.

New Age · New Choice · The Best Selected Educational Publications — NEW WCDP

新文京開發出版股份有限公司

新世紀 · 新視野 · 新文京 — 精選教科書 · 考試用書 · 專業參考書